D1701926

Sichere Planung und Verarbeitung
von Verbundabdichtungen an
Duschrinne und Punktablauf

www.sealsystem.net

PUNKT. LINIE.
DICHT!

PRAXISWISSEN VERBUNDABDICHTUNG IN SANITÄRRÄUMEN

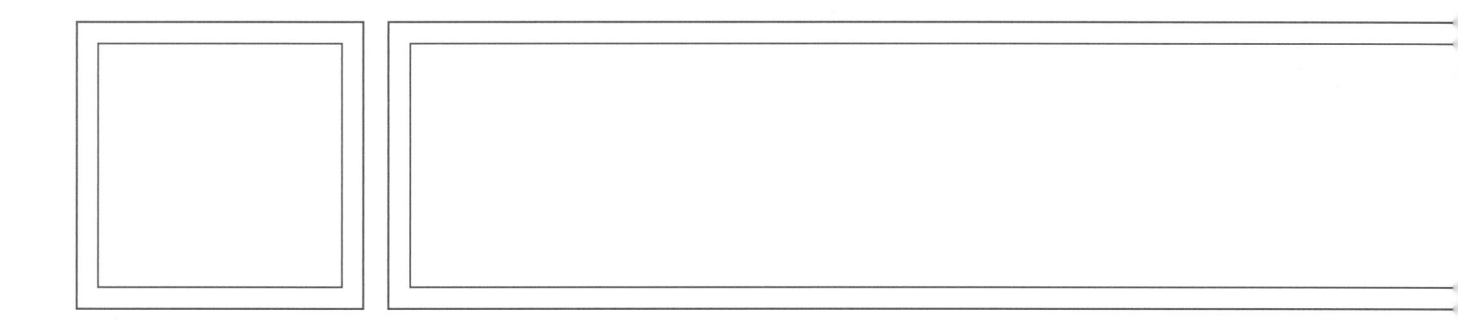

seal system
ZERTIFIZIERTE VERBUNDABDICHTUNG

Herausgeber:
Seal System
Dipl.-Ing. (FH) Martin Krabbe
Hollefeldstraße 57
48282 Emsdetten

Autoren:
Reinhold P. Bäder
Dipl.-Ing. (FH) Martin Krabbe
Kai Schytrumpf B.Eng.
Grit Wehling M.A.
Dipl.-Betriebsw. (BA) Holger Siegel

Layout und Satz:
Michael Keller

Diese Publikation wurde mit größtmöglicher Sorgfalt erstellt. Ohne ausdrückliche Genehmigung von Seal System darf kein Teil dieser Publikation vervielfältigt werden – mit Ausnahme der Prüfzertifikate. Seal System übernimmt keine Verantwortung für etwaige Ungenauigkeiten oder für die Folgen der Verwendung oder des Missbrauchs der darin enthaltenen Informationen.

ISBN 978-3-00-040275-3

Vorwort

„EINE VERSICHERUNGSPOLICE IN SACHEN BODENABLAUF"

Befragt man Architekten, Planer, Handwerker und andere Baubeteiligte, dann ist es vor allem die Komplexität im Bauablauf, die allen zu schaffen macht. Die Bauzulieferindustrie und die baubeteiligten Ingenieurwissenschaften haben in den vergangenen Jahren und Jahrzehnten riesige Entwicklungsschritte in Form von Produkten und Lösungen an die Baustellen weitergegeben – und an den Schnittstellen der Praxis raufen sich nicht nur die Praktiker die Haare.

Ein kleines Problem dieser komplexen Welt des Bauens hat sich Seal System herausgepickt – ein Problem mithin, das immense Schadensfälle nach sich ziehen kann und also im Detail (wenn man es hat) gar kein kleines Problem ist! Es geht um die punkt- oder linienförmigen Bodenabläufe – und um die so praktischen weil unaufwendigen Verbundabdichtungen. Es geht um beide.

In weitläufigen Galaxien der Bauzulieferindustrien haben nämlich die Größen der Bauchemie und die Größen der Haustechnik wunderbare und mit allen Prüfstempeln und Gütekriterien versehene Produkte entwickelt. Doch wenn auf der Baustelle Dichtschlämme und Duschrinne auf dem Boden der Tatsachen aufeinandertreffen, dann findet sich plötzlich eine Normenlücke und die Frage stellt sich: Ist das dann letztlich auch dicht? Und was, wenn nicht?

Seal System hilft bei der Überwindung dieser Normenlücke – und die Firmen TECE und Basika haben das Potenzial der Idee erkannt und Seal System ins Leben gerufen. Das vorliegende Werk schlägt eine sichere Brücke zwischen Fliesenleger und der Haustechnik-Installation – und das vom Start weg mit einer hohen Abdeckung der am Markt befindlichen Produkte auf beiden Seiten. Es ist eine Versicherungspolice für Planer und Verarbeiter – und sie versichert das Beste, was Verbundabdichtung und Haustechnik in Sachen Bodenablauf zu bieten haben.

Emsdetten im Januar 2013
Die Herausgeber

INHALT:

1. **Einleitung** .... Seite **8**

2. **Abdichtung von Bauteilen und Bauwerken:**
   Verbundabdichtungen .... Seite **10**

   2.1 Abdichtung, wozu? .... Seite **10**
   2.2 Neue Regelwerke .... Seite **11**
   2.3 Beanspruchungsklassen .... Seite **14**
   2.4 Abdichtstoffe .... Seite **16**
   2.5 Untergründe .... Seite **16**
   2.6 Prinzipielle Anordnung von Verbundabdichtungen
       anhand von Beispielen .... Seite **20**
   2.7 Ausführung der Abdichtung .... Seite **23**

3. **Entwässerung in Gebäuden** .... Seite **30**

   3.1 Normenübersicht Abläufe .... Seite **30**
   3.2 Allgemeine Normenanforderungen .... Seite **31**
   3.3 Übersicht der bauphysikalischen Bodenaufbauten .... Seite **33**
   3.4 Übersicht Bauwerksabdichtungen mit Einbaubeispielen .... Seite **34**
   3.5 Rohraußendurchmesser unterschiedlicher Rohrarten / Werkstoffe .... Seite **35**
   3.6 Normanforderungen für Abdichtring / Sickerwasserring .... Seite **36**
   3.7 Belastungsklassen für Verkehrsflächen, Abdeckungen und Roste .... Seite **37**
   3.8 Sicherheitsanforderungen für Rutschhemmung bei Abdeckungen und Rosten .... Seite **37**
   3.9 Abflussvermögen für Abläufe .... Seite **38**
   3.10 Schallschutz .... Seite **38**
   3.11 Normen und Richtlinien für den vorbeugenden Brandschutz .... Seite **39**
   3.12 Regeln für Betrieb und Wartung .... Seite **42**

4.	**Fliesbare Duschen als Alternative zur Duschtasse**	Seite **44**
4.1	Punktablauf oder Duschrinne?	Seite **45**
4.1.1	Das Fliesenbild beachten	Seite **46**
4.1.2	Punktablauf in der Praxis	Seite **46**
4.1.3	Typologie der Duschrinnen	Seite **47**
4.1.4	Positionierung der Rinne im Raum	Seite **50**
4.2	Die Duschrinne und ihre Integration in die Verbundabdichtung	Seite **52**
4.2.1	Seal System Dichtband	Seite **53**
4.2.2	Einbau und Abdichtung	Seite **54**
4.3	Der Punktablauf und seine Integration in die Verbundabdichtung	Seite **56**
4.3.1	Seal System Dichtmanschette	Seite **56**
4.3.2	Einbau und Abdichtung	Seite **57**
4.4	Schallschutz und Brandschutz	Seite **59**
5.	**Parallelwelten der Systeme**	Seite **60**
5.1	Vorteile bodenintegrierter Entwässerung	Seite **60**
5.2	Vorteile von Verbundabdichtungen	Seite **61**
5.3	Abstimmungsvakuum zwischen den Regelwerken	Seite **62**
5.4	Seal System schafft Sicherheit	Seite **64**
5.5	Ablauf der Seal System Prüfungen	Seite **66**
6.	**Zertifikate und Systemaufbauten**	Seite **70**
	Stichwortverzeichnis	Seite **270**

1. EINLEITUNG

Die Publikation ist so aufgebaut, dass sie als Nachschlagewerk genutzt werden kann. Sei es, um sich mit den Vorgaben von Normen und Regelwerken auseinanderzusetzen, oder sei es, um die Einbauschritte einer Verbundabdichtung oder eines Bodenablaufs nachzuvollziehen. Jedes Kapitel steht für sich und kann als abgeschlossene Einheit zu einem bestimmten Thema genutzt werden.

Den Anfang macht eine Übersicht über die Normen, Regelwerke und die verschiedenen Arten von Verbundabdichtungen. Im Mittelpunkt steht dabei immer das Badezimmer. Die Autoren stellen dar, welche Abdichtungssysteme es gibt und wie sie regelgerecht anzuwenden sind. Neben den Beanspruchungsklassen werden die Anordnung der Verbundabdichtungen im Bad, die Abdichtungsarten und ihre Anwendung beleuchtet.

Um die Normenanforderungen an die Entwässerung innerhalb Gebäuden geht es in Kapitel 3. Daneben werden Richtlinien für den vorbeugenden Brandschutz sowie Regeln für Betrieb und Wartung von Entwässerungslösungen behandelt.

Kapitel 4 beschreibt im ersten Teil den fachgerechten Einbau und die Abdichtung einer TECEdrainline-Duschrinne. Sämtliche Einbauschritte werden in Bildern dargestellt und kommentiert. Da sich die Installation eines Punktablaufs vom Duschrinneneinbau in wesentlichen Teilen unterscheidet, wird in einem zweiten Teil der Einbau eines TECEdrainpoint-S-Ablaufs gezeigt.

Kapitel 5 erläutert das Seal System Projekt und befasst sich mit den Systemprüfungen, die von dem unabhängigen Institut Kiwa TBU GmbH, Greven, vorgenommen wurden. Es werden die Bedingungen dargestellt, unter denen die Prüfungen auszuführen sind. Ein repräsentativer Versuchsaufbau von über 100 Prüfaufbauten wurde fotografisch dokumentiert. Anhand dieser Dokumentation wird im Anschluss an den theoretischen Teil eine Prüfung stellvertretend für alle anderen Tests ausführlich vorgestellt. Im letzten Kapitel wird ein Großteil der Prüfzeugnisse aufgeführt. Neben den Zertifikaten sind die jeweiligen Komponenten, spezielle Einbauanforderungen sowie der Prüfaufbau dargestellt.

Das Format des Buches wurde so gewählt, dass es der Kommunikation zwischen den verschiedenen Gewerken und dem Planer dient. Die Publikation ist handlich und trotzdem groß genug, dass alle Details in den Prüfzeugnissen lesbar sind. So können die Zertifikate bei Bedarf kopiert und zum ausführenden Handwerker gefaxt werden.

Die Printpublikation wird durch die Internetseite **www.sealsystem.net** ergänzt, die alle Zertifikate im PDF vorhält und zudem ständig um weitere Zertifikate ergänzt wird. Ein Download ermöglicht den Ausdruck oder den Versand auch per E-Mail.

seal system

ZERTIFIZIERTE VERBUNDABDICHTUNG

www.sealsystem.net

2. ABDICHTUNG VON BAUTEILEN UND BAUWERKEN: VERBUNDABDICHTUNGEN

2.1 ABDICHTUNG, WOZU?

Bauteile und Bauwerke werden immer wieder von Feuchtigkeit beansprucht. Im Außenbereich von Regen, Schnee, Nebel, Tauwasser, Spritzwasser. Im Innenbereich sind es hauptsächlich „Nass- und Feuchträume", die betroffen sind: Baderäume, Waschräume und Küchen im privaten Bereich, Großküchen, Waschanlagen und Produktionsräume im gewerblichen und industriellen Bereich sowie Schwimmbäder, Sportanlagen und Duschanlagen im öffentlichen Bereich.

Feuchtigkeit kann in die Bauteile eindringen und bauphysikalische oder bauchemische Veränderungen hervorrufen.

Feuchtigkeit kann in die Bauteile eindringen und bauphysikalische oder bauchemische Veränderungen hervorrufen, zum Beispiel eine Verschlechterung der Wärmedämmung oder Schimmelbildung. Dies kann zur Zerstörung von Bauteilen und zu gesundheitlichen Beeinträchtigungen der Bewohner führen.

ERSTE REGELWERKE

Die Bauordnungen der Länder – Landesbauordnungen – schreiben deshalb den Schutz der Bauteile und Bauwerke vor Feuchtigkeit und Nässe vor. Entsprechende Schutzmaßnahmen wurden ursprünglich in der DIN 18195, 1-10 „Bauwerksabdichtungen" geregelt. Im Bereich von gefliesten Wand- und Bodenbelägen waren normengerechte Abdichtungsmaßnahmen aufwendig und technisch anspruchsvoll auszuführen.

NEUE ENTWICKLUNGEN

Das Ansetzen und Verlegen im Dünnbett und die Entwicklung entsprechender Produkte seitens der bauchemischen Industrie ermöglichte ein ganz neues Verfahren: Die „Abdichtung im Verbund mit Fliesen- und Plattenbelägen", kurz die „Verbundabdichtung".

> *Abb. 1*
> *Verbundabdichtung bei Bodenbelägen.*

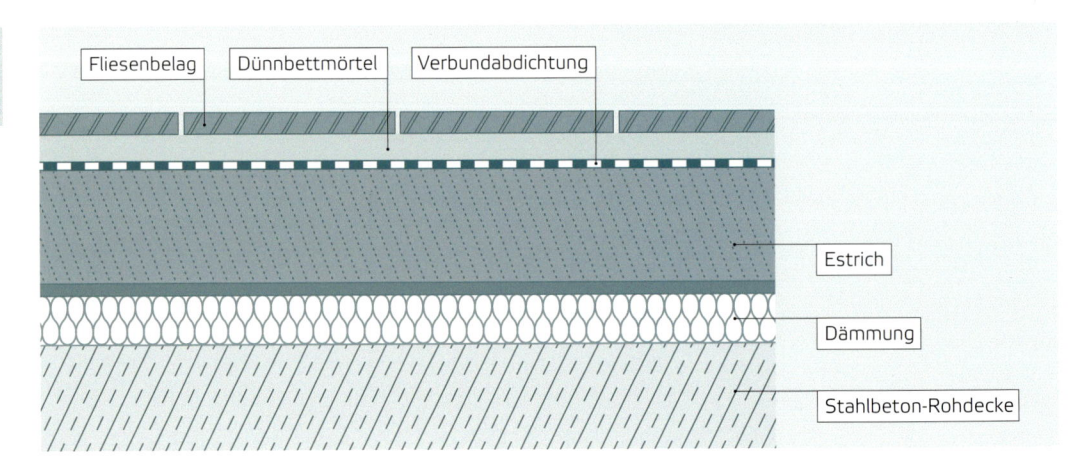

Fliesenbelag | Dünnbettmörtel | Verbundabdichtung

Estrich

Dämmung

Stahlbeton-Rohdecke

Hierbei kann der Fliesenleger in einem relevanten System eine Abdichtung innerhalb des Belagaufbaus – von Oberkante Rohboden oder Oberkante Rohwand bis Fertigbelag – selbst herstellen. Das System ist nicht mehr durch Dichtungsbahnen getrennt, sondern kraftschlüssig durch die verschiedenen Aufbaumaßnahmen mit dem Belag verbunden (Abb. 1).

Diese Ausführungsart war eine gute Alternative zur bisherigen normengerechten Abdichtung. Sie wurde deshalb auch als „Alternative Abdichtung" bezeichnet.

2.2 NEUE REGELWERKE

Diese Baustoff- und Ausführungstechnologie entwickelte sich zunächst im normfreien Raum. Um entsprechende Sicherheiten für die Partner am Bau, den Auftraggeber und Auftragnehmer, zu erreichen, wurden neue Regelwerke entworfen und eingeführt. Vorreiter waren die vom Fachverband des Deutschen Fliesengewerbes ausgearbeiteten ZDB-Merkblätter „Hinweise für die Ausführung von Abdichtungen im Verbund mit Bekleidungen und Belägen aus Fliesen und Platten für den Innen- und Außenbereich".

Für die technologische Entwicklung auf diesem Gebiet steht, dass die aktuelle Ausgabe 2012 dieses Merkblattes bereits fünfmal überarbeitet werden musste.
Hinzu kommen aktualisierte Teile der DIN 18195, die Bauregelliste A (BRL) und die „Leitlinie für die Europäische Technische Zulassung" (ETAG 022).

Um zukünftig schneller auf entsprechende Änderungen im Stand der Technik reagieren zu können, wird die gesamte Abdichtungsnorm DIN 18195 zurzeit neu gegliedert und überarbeitet. Die Zusammenfassung von so unterschiedlichen Anwendungsbereichen, wie z.B. der Außenabdichtung von Bauwerken und der Abdichtung von Duschen im Innenbereich, hat sich als zu starr und oft missverständlich erwiesen. Die einzelnen Bereiche werden daher zukünftig mit eigenständigen Normen geregelt. Für den Innenbereich wird dies die neue DIN 18534 sein. Diese enthält dann auch Inhalte, welche zurzeit noch im ZDB-Merkblatt geregelt sind.

Die bisherige DIN 18195 wird zukünftig in folgende Normen aufgeteilt:

- DIN 18531   Abdichtungen für nicht genutzte und genutzte Dächer
- DIN 18532   Abdichtungen für befahrene Verkehrsflächen aus Beton
- DIN 18533   Abdichtungen für erdberührte Bauteile
- DIN 18534   Abdichtungen für Innenräume
- DIN 18535   Abdichtungen für Behälter und Becken

ZDB-MERKBLATT

Das Merkblatt „Hinweise für die Ausführung von Abdichtungen im Verbund mit Bekleidungen und Belägen aus Fliesen und Platten für den Innen- und Außenbereich" gilt für Räume und Bauteile, die durch Feuchtigkeit beansprucht werden. Die dabei ausgeführten Bekleidungen und Beläge aus Fliesen und Platten gelten zwar als wasserabweisend, jedoch nicht als wasserdicht.
Welche Abdichtungsmöglichkeiten gibt es hierfür? – In der Praxis haben sich „flüssig zu verarbeitende Verbundabdichtungen" hervorragend bewährt (Abb. 2). Die bauchemische Indus-

2. Abdichtung von Bauteilen und Bauwerken: Verbundabdichtungen

trie kann derzeit die entsprechenden Materialien bereitstellen. Diese Abdichtungen werden im ZDB-Merkblatt beschrieben und geregelt. Dabei wird die begrenzte Rissüberbrückung dieser Abdichtungsmethode durchaus als Nachteil herausgestellt.

> **Abb.2**
> Flüssige Verbundabdichtungen haben sich bewährt. Hier beispielhaft Abdichtungssystem von PCI.

Im Wesentlichen werden folgende Themen beschrieben:
- Anwendungsbereiche und Beanspruchungsklassen
- Gruppen und Anforderungen der Abdichtungsstoffe
- Anwendungstabellen für Wand- und Bodenbeläge mit Untergründen für mäßige und hohe Beanspruchung
- Abdichtungen auf der Fläche und an Details
- Regelwerke
- Begriffe und Definitionen
- Prinzipielle Anordnungen von Verbundabdichtungen

DIN 18195 BAUWERKSABDICHTUNGEN

Die Norm regelt den Schutz von Bauwerken gegen Feuchtigkeit und Wasser.
DIN 18195-5 „Abdichtungen gegen nicht drückendes Wasser auf Deckenflächen und in Nassräumen": Bei den hier geregelten Abdichtungen handelt es sich nicht um Verbundabdichtungen im oben beschriebenen Sinn.
Seit 2009 regelt die DIN 18195-7 „Abdichtungen für den hoch beanspruchten Bereich" (Behälterbau, Schwimmbadbau) mit:
- starren und flexiblen Dichtschlämmen auf Zementbasis
- Reaktionsharzen.

LEITLINIEN FÜR DIE EUROPÄISCHE TECHNISCHE ZULASSUNG (EUROPEAN TECHNICAL APPROVAL GUIDELINE – ETAG)

> Die ETAG ist die Leitlinie für die Zulassung von Bauprodukten auf europäischer Ebene.

Die ETAG 022 regelt die Anforderungen und Merkmale für Abdichtungen von Wänden und Böden in Nassräumen mit „Flüssig aufzubringende Abdichtungen mit oder ohne Nutzschicht" (Teil 1). Zuständig ist die Europäische Organisation für Technische Zulassung (EOTA). Diese ist ein Zusammenschluss der europäischen Mitgliedstaaten.
Bei der ETAG handelt es sich wiederum um den Brauchbarkeitsnachweis für ein Bauprodukt, dieses Mal auf europäischer Ebene. Sie umfasst alle wesentlichen Merkmale des Bauprodukts.

BAUREGELLISTE A (BRL A)

> Die gängigen Verbundabdichtsysteme in Deutschland besitzen ein abP und sind somit nach Bauregelliste einsetzbar.

In der Bauregelliste BRL werden technische Regeln veröffentlicht. Herausgeber und Verwalter ist das Deutsche Institut für Bautechnik DIBt.

In der Bauregelliste A (BRL A) werden zum Beispiel veröffentlicht:
- „Abdichtungsstoffe im Verbund mit Fliesen- und Plattenbelägen für Bauwerksabdichtungen gegen nicht drückendes Wasser bei hoher Beanspruchung, wie z. B. im öffentlichen und gewerblichen Bereich, sowie gegen von innen drückendes Wasser, wie z. B. bei Schwimmbecken im Innen und Außenbereich."
- Für die Verwendung der aufgelisteten Baustoffe ist ein „allgemeines bauaufsichtliches Prüfzeugnis" (abP) vorzulegen.

- Das abP wird durch bauaufsichtlich anerkannte Prüfstellen erteilt. Dies sind z. B. Materialprüfanstalten (MPA).
- Das abP wird für das „System" erstellt, das heißt, der mit der Verbundabdichtung verwendete Klebemörtel wird in die Prüfung mit einbezogen.
- Komponenten wie z.B. Grundierungen, Dichtbänder, Manschetten, Gewebeeinlagen etc. müssen ihre Eignung im Rahmen der Prüfung des Abdichtungssystems nachweisen.
- Einbauteile, wie Bodenabläufe, Duschrinnen und Rohrdurchdringungen, sind nicht Teil des Abdichtungssystems. Sie müssen aber beim Nachweis der Funktionstüchtigkeit des Systems berücksichtigt werden.

Norm / Regelwerk	Titel	Details	Ausgabe
Merkblatt Verbundabdichtungen	„Hinweise für die Ausführung von Abdichtungen im Verbund mit Bekleidungen und Belägen aus Fliesen und Platten für den Innen- und Außenbereich", Herausgeber: Zentralverband des deutschen Baugewerbes e. V., Berlin		2012
DIN 18195-5	Bauwerksabdichtungen – nicht drückendes Wasser	Teil 5 „Abdichtungen gegen nicht drückendes Wasser auf Deckenflächen und in Nassräumen; Bemessung und Ausführung"	2011
ETAG 022 Teil 1	Leitlinie für die Europäische Technische Zulassung von „Abdichtungen von Wänden und Böden in Nassräumen"	Teil 1 „Flüssig aufzubringende Abdichtungen mit oder ohne Nutzschicht"	2007
BRL A	Bauregelliste A, Herausgeber: Deutsches Institut für Bautechnik (DIBt), Berlin	Teil 2 „Nicht geregelte Bauprodukte, die entweder nicht der Erfüllung erheblicher Anforderungen an die Sicherheit baulicher Anlagen dienen und für die es keine allgemein anerkannten Regeln der Technik gibt oder die nach allgemein anerkannten Prüfverfahren beurteilt werden"	2012
PG-AIV	DIBt- Prüfgrundsätze zur Erteilung von allgemeinen bauaufsichtlichen Prüfzeugnissen für Abdichtungen im Verbund mit Fliesen- und Plattenbelägen	Beschreibung der Anforderungen und der Systemprüfungen, welche für die Erlangung eines abP`s notwendig sind. Es gibt die PG-AIV-F [a] für flüssige Abdichtungen und die PG-AIV-B/-P [b] für bahnenförmige oder Plattenabdichtungen.	2010 [a] 2012 [b]
Merkblatt 5 – Bäder im Trockenbau	Bäder und Feuchträume im Holzbau und Trockenbau	Merkblatt vom Bundesverband der Gipsindustrie e.V. zur Erstellung von Bädern und Nassräumen bei geringer oder mäßiger Feuchtigkeitsbeanspruchung	2006*
IVD-Merkblatt Nr.3	Konstruktive Ausführung und Abdichtung von Fugen in Sanitär- und Feuchträumen	Merkblatt vom Arbeitskreis „Sanitärfuge" im INDUSTRIEVERBAND DICHTSTOFFE E. V. (IVD) mit Ausführungsdetails zur sachgerechten Erstellung von Fugen.	2012

*Wird zurzeit überarbeitet

Tabelle 1 Regelwerke zur Abdichtung von Bauteilen und Bauwerken.

NACHWEISE UND KENNZEICHNUNG FÜR BAUPRODUKTE

- Das abP (Allgemeines bauaufsichtliches Prüfzeugnis) ist der nationale Nachweis für die Verwendbarkeit innerhalb von Deutschland
- Das Ü-Zeichen (Übereinstimmungszeichen) bestätigt die Übereinstimmung des Bauproduktes mit den Bauordnungen der Länder
- Das CE-Zeichen (Communauté européenne) ergänzt das abP und das Ü-Zeichen auf europäischer Ebene.

2.3 BEANSPRUCHUNGSKLASSEN

Grundsätzlich wird zwischen „hoher Beanspruchung" und „mäßiger Beanspruchung" unterschieden.

Bei der hohen Beanspruchung werden drei Klassen mit steigender Anforderung gebildet:

- **A** hohe Beanspruchung durch nicht drückendes Wasser im Innenbereich
- **B** hohe Beanspruchung durch von innen ständig drückendes Wasser im Innen- und Außenbereich
- **C** hohe Beanspruchung durch nicht drückendes Wasser mit zusätzlichen chemischen Einwirkungen im Innenbereich

Beanspruchungs-klassen	Anwendungsbereiche	Untergründe	Abdichtung erforderlich	Abdichtungsart (Regelwerk)	Stoffe
A Hohe Beanspruchung durch nicht drückendes Wasser im Innenbereich	**A** Direkt und indirekt beanspruchte[1] Flächen in Räumen, in denen sehr häufig oder lang anhaltend mit Brauch- und Reinigungswasser umgegangen wird, wie z.B.: Umgänge von Schwimmbecken und Duschanlagen (öffentlich oder privat)	Nur feuchtigkeits-unempfindliche[2] Untergründe	ja	**Abdichtung im Verbund mit Fliesen- und Plattenbelägen:** • Wand- und Bodenflächen: Produkte mit ETA nach ETAG 022, Teil 1 mit Nachweisen für Beanspruchungsklasse A[3] • Wand- und Bodenflächen: Produkte mit ETA ohne Leitlinie, die diesen Anwendungsbereich erfasst • Wand- und Bodenflächen: Produkte mit abP nach BRL A, Teil 2, lfd. Nr. 2.50, Beanspruchungsklasse A	• Polymerdispersionen, nur für Wände • Kunststoff-Mörtel-Kombinationen • Reaktionsharze
B Hohe Beanspruchung durch von innen ständig drückendes Wasser im Innen- und Außenbereich	**B** Durch Druckwasser beanspruchte Flächen von Behältern, wie z.B.: öffentliche und private Schwimmbecken im Innen- und Außenbereich	Nur feuchtigkeits-unempfindliche[2] Untergründe	ja	**Abdichtung im Verbund mit Fliesen- und Plattenbelägen:** • Wand- und Bodenflächen: Produkte mit abP nach BRL A, Teil 2, lfd. Nr. 2.50 mit Nachweisen für Beanspruchungsklasse B • Wand- und Bodenflächen: Produkte mit ETA ohne Leitlinie, die diesen Anwendungsbereich erfasst	• Kunststoff-Mörtel-Kombinationen • Reaktionsharze
C Hohe Beanspruchung durch nicht drückendes Wasser mit zusätzlichen chemischen Einwirkungen im Innenbereich	**C** Direkt und indirekt beanspruchte[1] Flächen in Räumen, in denen sehr häufig oder lang anhaltend mit Brauch- und Reinigungswasser umgegangen wird, wobei es auch zu begrenzten chemischen Beanspruchungen der Abdichtung kommt, wie z.B. in gewerblichen Küchen und Wäschereien	Nur feuchtigkeits-unempfindliche[2] Untergründe	ja	**Abdichtung im Verbund mit Fliesen- und Plattenbelägen:** • Wand- und Bodenflächen: Produkte mit abP nach BRL A, Teil 2, lfd. Nr. 2.50, Beanspruchungsklasse C, unter Berücksichtigung chemischer Einwirkungen • Wand- und Bodenflächen: Produkte mit ETA ohne Leitlinie, die diesen Anwendungsbereich erfasst	• Reaktionsharze

[1] Siehe Abschnitt 2.7
[2] Siehe Abschnitt 2.5
[3] Siehe Teil 2 der Liste der technischen Baubestimmungen lfd. Nr. 2.13

Tabelle 2
Beanspruchungsklassen A B C. Quelle: ZDB, Merkblatt Verbundabdichtungen, 2012.

Bei der mäßigen Beanspruchung ergeben sich zwei Klassen:

A0 mäßige Beanspruchung durch nicht drückendes Wasser im Innenbereich
B0 mäßige Beanspruchung durch nicht drückendes Wasser im Außenbereich
0 Wand- und Bodenflächen, die nur zeitweise und kurzfristig mit Spritzwasser gering beansprucht sind

Produkte für die Anwendung innerhalb der hohen Beanspruchung (A, B, C) erfordern ein allgemeines bauaufsichtliches Prüfzeugnis (abP). Darin werden festgelegt:

- Anwendungsbereich des Systems
- Mindesttrockenschichtdicke des Abdichtstoffes
- Produktbezeichnung des zugelassenen Dünnbettmörtels oder Klebestoffes

Produkte für die Anwendung innerhalb der mäßigen Beanspruchung (A0, B0) erfordern kein allgemeines bauaufsichtliches Prüfzeugnis (abP). Es wird jedoch empfohlen, Produkte zu verwenden, die den Prüfungsanforderungen entsprechen.

Beanspruchungs-klassen	Anwendungsbereiche	Untergründe	Abdichtung erforderlich	Abdichtungsart (Regelwerk)	Stoffe
A0 mäßige Beanspruchung durch nicht drückendes Wasser im Innenbereich	**A0** direkt und indirekt beanspruchte[1] Flächen in Räumen, in denen nicht sehr häufig mit Brauch- und Reinigungswasser umgegangen wird, wie z. B. in häuslichen Bädern, Badezimmern von Hotels.	feuchtigkeitsunempfindliche[2] Untergründe	ja[5]	**Abdichtung im Verbund mit Fliesen- und Plattenbelägen:** ▶ Wand- und Bodenflächen: Produkte mit ETA nach ETAG 022, Teil 1 **mit Nachweis für Beanspruchungsklasse A[4]** ▶ Wand- und Bodenflächen: Produkte mit ETA ohne Leitlinie, die diesen Anwendungsbereich erfasst ▶ Wand- und Bodenflächen: Produkte mit abP nach BRL A, Teil 2, lfd. Nr. 2.50, Beanspruchungsklasse A[6]	▶ Polymerdispersionen ▶ Kunststoff-Mörtel-Kombinationen ▶ Reaktionsharze
		feuchtigkeitsempfindliche[2] Untergründe[3]	ja		
B0 mäßige Beanspruchung durch nicht drückendes Wasser im Außenbereich	**B0** direkt und indirekt beanspruchte[1] Flächen im Außenbereich mit nicht drückender Wasserbelastung, wie z. B. auf Balkonen und Terrassen (nicht über genutzten Räumen)	Nur feuchtigkeitsunempfindliche[2] Untergründe	ja	**Abdichtung im Verbund mit Fliesen- und Plattenbelägen:** ▶ Wand- und Bodenflächen: Produkte mit abP nach BRL A, Teil 2, lfd. Nr. 2.50, Beanspruchungsklasse B ▶ Wand- und Bodenflächen: Produkte mit ETA ohne Leitlinie, die diesen Anwendungsbereich erfasst	▶ Kunststoff-Mörtel-Kombinationen ▶ Reaktionsharze

[1] Siehe Abschnitt 2.7
[2] Siehe Abschnitt 2.5
[3] Bei Bodenflächen mit Bodenablauf sind feuchtigkeitsempfindliche Untergründe nicht zulässig.
[4] Siehe Teil II der Liste der technischen Baubestimmungen lfd. Nr. 2.13
[5] Bei feuchtigkeitsunempfindlichen Untergründen im mäßig beanspruchten Bereich ist eine Abdichtung auf Wandflächen je nach Anwendungsfall nicht zwingend erforderlich. Der Anschluss an andere beanspruchte Flächen ist mit einem Dichtband herzustellen.

Tabelle 3
Beanspruchungsklassen A0 B0. Quelle: ZDB, Merkblatt Verbundabdichtungen, 2012.

2.4 ABDICHTSTOFFE

Grundsätzlich werden drei Gruppen von Abdichtstoffen unterschieden.

Die Gruppeneinteilung erfolgt nach der Zusammensetzung der Rohstoffe und nach der Art der Erhärtung. Danach werden drei Gruppen von Abdichtstoffen unterschieden:

- Polymerdispersionen (D): Gemisch aus Polymerdispersionen und organischen Zusätzen, mit oder ohne mineralische Füllstoffe. Die Erhärtung erfolgt durch Trocknung.
- Kunststoff-Zementmörtel-Kombinationen (M): Gemisch aus hydraulisch abbindenden Bindemitteln, mineralischen Zuschlägen und organischen Zusätzen. Die Erhärtung erfolgt durch Hydratation und Trocknung.
- Reaktionsharze (R): Gemisch aus synthetischen Harzen mit oder ohne mineralische Füllstoffe. Die Erhärtung erfolgt durch chemische Reaktion.

Polymerdispersionen (D): werden gebrauchsfertig in entsprechenden Gebinden angeliefert. Eine Grundierung des Untergrundes wird empfohlen. Die Trockenschichtdicke muss mindestens 0,5 mm betragen. Polymerdispersionen werden im Innenbereich, an mäßig beanspruchten Wandflächen (A0), eingesetzt.

Kunststoff-Zementmörtel-Kombinationen (M): werden pulverförmig angeliefert und müssen an der Baustelle angemacht werden. Die Trockenschichtdicke muss mindestens 2 mm betragen. Sie werden an Wand- und Bodenflächen im Innen- und Außenbereich, zur Behälter- und Schwimmbadabdichtung sowie im hochbelasteten privaten und gewerblichen Bereich A und B eingesetzt.

Reaktionsharze (R): werden in Komponenten geliefert, die an der Baustelle nach genauen Anteilen vermischt werden. Die Trockenschichtdicke muss mindestens 1 mm betragen. Die Anwendung ist temperaturabhängig. Eine Mindesttemperatur von 10 Grad Celsius wird empfohlen. Reaktionsharzabdichtungen werden bei hohen Beanspruchungen (A, B, C), im Innen- und Außenbereich, vorwiegend in Bereichen mit zusätzlicher chemischer Einwirkung (C), eingesetzt.

2.5 UNTERGRÜNDE

Im mäßig beanspruchten Bereich (A0 B0) sind feuchtigkeitsempfindliche Untergründe für Verbundabdichtungen zulässig.

Die Untergründe für Abdichtungen werden bezüglich ihrer Beständigkeit gegen Feuchtigkeit unterschieden.

Feuchtigkeitsempfindliche Untergründe sind zum Beispiel:

- calciumsulfatgebundene Estriche
- gipsgebundene Putze und Platten
- Holzkonstruktionen

Feuchtigkeitsunempfindliche Untergründe sind zum Beispiel:

- Beton
- Porenbeton
- zementgebundene Estriche
- Putze der Mörtelgruppe PII (hydraulischer Kalk oder Kalk-Zement-Putz)

- Putze der Mörtelgruppe PIII (Zement-Kalk-Putz, Zementputz)
- Mauerwerk
- zementgebundene mineralische Bauplatten

Im hoch beanspruchten Bereich (A, B, C) müssen die Untergründe feuchtigkeitsunempfindlich sein. Im mäßig beanspruchten Bereich (A0, B0) können die Untergründe feuchtigkeitsempfindlich sein. Falls im mäßig beanspruchten Bereich (A0, B0) feuchtigkeitsunempfindliche Untergründe bei Wandflächen vorhanden sind, kann eine Abdichtung entfallen.

ALLGEMEINE ANFORDERUNGEN AN UNTERGRÜNDE:

An die Untergründe für Abdichtungen im Verbund mit Bekleidungen und Belägen aus Fliesen und Platten werden zahlreiche Anforderungen gestellt:

- ebenflächig und maßgenau
- tragfähig und fest
- frei von durchgehenden Rissen (Vorhandene Risse sind auf eine Rissweitenveränderung von maximal 0,2 mm zu begrenzen.)
- Scheinfugen und Schwindrisse > 0,2 mm sind kraftschlüssig zu verschließen
- gleichmäßige Beschaffenheit
- frei von haftungsmindernden Stoffen
- begrenzte Verformung
- Bei Untergründen, die schwinden oder kriechen, müssen Abdichtung und Belag möglichst spät aufgebracht werden. Für Beton oder Mauerwerk aus mit Bindemittel gebundenen Steinen gilt eine Wartezeit von sechs Monaten.

Die Untergründe müssen außerdem trocken sein, der Feuchtigkeitsgehalt ist mit dem CM-Gerät zu bestimmen. Es gelten folgende Grenzwerte:

- bei beheizten calciumsulfatgebundenen Estrichen >/= 0,3 CM%
- bei unbeheizten calciumsulfatgebundenen Estrichen </= 0,5 CM%
- bei Zementestrichen </= 2,0 CM%. Zementestriche sollen außerdem mindestens 28 Tage alt sein.

CM-Geräte werden in der Regel zum Messen des Estrichs verwendet.

UNTERGRÜNDE FÜR WANDBELÄGE

Geeignete Untergründe für Wandbeläge (Tabelle 4) sind:

- Beton
- Putze aus Zement, Kalkzement
- Mauerwerk
- Elemente aus Porenbeton
- Elemente aus Hohlraumwandplatten aus Leichtbeton
- Elemente aus Hartschaumträgern mit Mörtelbeschichtung
- zementgebundene mineralische Bauplatten
- Feuchtraumplatten aus Gipskarton

2. Abdichtung von Bauteilen und Bauwerken: Verbundabdichtungen

Beanspruchungsklassen	A	A0	B	B0	C
Beanspruchung	hoch	mäßig	hoch	mäßig	hoch
Anwendungsbereiche	direkt und indirekt beanspruchte Wandflächen in Räumen, in denen sehr häufig oder lang anhaltend mit Brauch- und Reinigungswasser umgegangen wird, wie z.B. in Duschanlagen (öffentlich oder privat)	direkt und indirekt beanspruchte Wandflächen in Räumen, in denen nicht sehr häufig mit Brauch- und Reinigungswasser umgegangen wird, wie z.B. in häuslichen Bädern, Badezimmern von Hotels	durch Druckwasser beanspruchte Wandflächen von Behältern, wie z.B. öffentliche und private Schwimmbecken im Innen- und Außenbereich	direkt und indirekt beanspruchte Wandflächen im Außenbereich mit nicht drückender Wasserbelastung, wie z.B. auf Balkonen und Terrassen (nicht über genutzten Räumen)	direkt und indirekt beanspruchte Wandflächen, auf denen sehr häufig oder lang anhaltend mit Brauch- und Reinigungswasser umgegangen wird, wobei es auch zu begrenzten chemischen Beanspruchungen der Abdichtung kommt, wie z.B. in gewerblichen Küchen und Wäschereien
Beton nach DIN1045/DIN EN 206	DMR	DMR	MR	MR	R
Kalkzementputz der Mörtelgruppe P II CS III nach DIN V 18550 und DIN EN 998-1, Druckfestigkeit 3,5 bis 7,5 N/mm²	DMR	DMR	–	MR	R
Kalkzement-Leichtputz der Mörtelgruppe P II CS II nach DIN V 18550 und DIN EN 998-1, Druckfestigkeit mindestens 2,5 N/mm²	DMR	DMR	–	MR	R
Kalksandstein-Planblocksteine ohne oder mit nur dünner Spachtelung	DMR	DMR	–	MR	R
Zementputz der Mörtelgruppe P III CS IV nach DIN V 18550 und DIN EN 998-1, Druckfestigkeit mindestens 6,0 N/mm²	DMR	DMR	–	MR	R
Zementputz in Schwimmbädern der Mörtelgruppe P III CS IV nach DIN V 18550 und DIN EN 998-1 ohne Zusatz von Kalkhydrat/Kalkzuschlag, Druckfestigkeit mindestens 6,0 N/mm²	–	–	MR	–	–
Hohlwandplatten aus Leichtbeton nach DIN 18148, verarbeitet nach DIN 4103 mit hydraulisch erhärtenden Mörteln	DMR	DMR	–	–	R
zementgebundene mineralische Bauplatten	DMR	DMR	–	–	R
Verbundelemente aus expandiertem oder extrudiertem Polystyrol mit Mörtelbeschichtung und Gewebearmierung	DMR	DMR	–	–	R
Porenbeton-Bauplatten nach DIN 4166, verarbeitet nach DIN 4103	DMR	DMR	–	–	R
Gipsputz der Mörtelgruppe P IV nach DIN 18550-1 und 18550-2	–	DMR	–	–	–
Gipswandbauplatten nach DIN 12859	–	DMR	–	–	–
Gipsfaserplatten nach DIN EN 15283-2, Gipsplatten nach DIN 18180 bzw. DIN EN 5201	–	DMR	–	–	–

Untergründe für mäßige Beanspruchung A0, B0
Untergründe für hohe Beanspruchung A, B, C

Abdichtungsstoffe:
D Polymerdispersionen
M Kunststoff-Zement-Mörtel-Kombinationen
R Reaktionsharze

Bei feuchtigkeitsunempfindlichen Untergründen der Beanspruchungsklasse A0 ist eine Abdichtung nicht zwingend erforderlich.

Tabelle 4
Untergründe für Wandbeläge.
Quelle: ZDB, Merkblatt Verbundabdichtungen, 2012.

UNTERGRÜNDE FÜR BODENBELÄGE

Geeignete Untergründe für Bodenbeläge (Tabelle 5) sind:
- Beton
- Zementestriche unbeheizt oder beheizt
- Gussasphaltestriche, unbeheizt, besandet
- Verbundelemente aus extrudiertem oder expandiertem Polystyrol mit Mörtelbeschichtung, mit Gewebe bewehrt für den Innenbereich
- Gipsfaserplatten
- Calciumsulfatgebundene Estriche ohne Bodenabläufe mit Verbundabdichtung sind für mäßige Beanspruchung (Beanspruchungsklasse A0) zugelassen.

Tabelle 5
Untergründe für Bodenbeläge. Quelle: ZDB, Merkblatt Verbundabdichtungen, 2012.

Beanspruchungsklassen	A	A0	B	B0	C
Beanspruchung	hoch	mäßig	hoch	mäßig	hoch
Anwendungsbereiche	direkt und indirekt beanspruchte Bodenflächen in Räumen, in denen sehr häufig oder lang anhaltend mit Brauch- und Reinigungswasser umgegangen wird, wie z.B. in Duschanlagen (öffentlich oder privat)	direkt und indirekt beanspruchte Bodenflächen in Räumen, in denen nicht sehr häufig mit Brauch- und Reinigungswasser umgegangen wird, wie z.B. in häuslichen Bädern, Badezimmern von Hotels	durch Druckwasser beanspruchte Bodenflächen von Behältern, wie z.B. öffentliche und private Schwimmbecken im Innen- und Außenbereich	direkt und indirekt beanspruchte Bodenflächen im Außenbereich mit nicht drückender Wasserbelastung, wie z.B. auf Balkonen und Terrassen (nicht über genutzten Räumen)	direkt und indirekt beanspruchte Bodenflächen, auf denen sehr häufig oder lang anhaltend mit Brauch- und Reinigungswasser umgegangen wird, wobei es auch zu begrenzten chemischen Beanspruchungen der Abdichtung kommt, wie z.B. in gewerblichen Küchen und Wäschereien
Beton nach DIN 1045/DIN EN 206	MR	DMR	MR	MR	R
Zementestriche nach DIN 18560	MR	DMR	MR	MR	R
Gussasphaltestriche nach DIN 18560	MR	DMR	-	-	R
zementgebundene mineralische Bauplatten[1,2]	MR	DMR	-	MR	-
Verbundelemente aus expandiertem oder extrudiertem Polystyrol mit Mörtelbeschichtung und Gewebearmierung[1,2]	MR	DMR	-	-	-
Gipsfaserplatten[1] nach DIN EN 15283-2, Gipsplatten[1] nach DIN 18180 bzw. DIN EN 5201[1]	-	DMR	-	-	-
calciumsulfatgebundene Estriche nach DIN 18560[1]	-	DMR	-	-	-

Untergründe für mäßige Beanspruchung A0, B0 / für hohe Beanspruchung A, B, C

Abdichtungsstoffe:
D Polymerdispersionen
M Kunststoff-Zement-Mörtel-Kombinationen
R Reaktionsharze

[1] ohne Bodenablauf
[2] Falls Bodenabläufe vorgesehen sind, müssen Elemente mit werkseitig eingebautem Bodenablauf und Eignungsnachweis durch ein abP verwendet werden.

Bei indirekter Beanspruchung gilt zusätzlich: In der Beanspruchungsklasse A sind bei indirekter Beanspruchung feuchtigkeitsempfindliche Untergründe für die Verbundabdichtung nicht zulässig. In der Beanspruchungsklasse A0 können bei indirekter Beanspruchung auch feuchtigkeitsempfindliche Untergründe zugelassen werden.

UNTERGRÜNDE IN TROCKENBAUWEISE

Das Merkblatt „Bäder und Feuchträume im Holzbau und Trockenbau" liefert einen guten Überblick über die Behandlung von Untergründen im Trockenbau.

Neben den Räumen mit hoher Feuchtigkeitsbeanspruchung und Räumen mit hoher Beanspruchung durch Chemikalien oder extreme mechanische Beanspruchung, wie z. B. in öffentlichen Duschen in Sportstätten, Schwimmbädern, Saunen, Wellnessanlagen oder in gewerblich genutzten Großküchen und Wäschereien, gibt es ein Vielzahl von Anwendungen mit geringer oder mäßiger Beanspruchung.

Typische Anwendungsbereiche sind hierbei:

- Bäder, WCs einschließlich Duschbereich (auch barrierefrei ohne Duschtassen)
  - in privaten Wohnbereichen
  - in Hotels und Krankenzimmern
  - in Gemeinschaftswohnungen (z. B. Studentenwohnheimen)
  - in Alten- und Pflegeheimen
- öffentliche WCs
  - in Hotelgebäuden
  - in Gaststätten
  - in Bildungseinrichtungen
  - in Museen
- Küchen im privaten Wohnbereich
- Laborräume (z.B. Arztpraxen)

Einen guten Überblick über Trockenbauanwendungen in diesen Bereichen liefert das Merkblatt „Bäder und Feuchträume im Holzbau und Trockenbau", welches von verschiedenen Verbänden und Instituten aus dem Trockenbaubereich erarbeitet und herausgegeben wurde.

Generell ist die Verwendung von Trockenbausystemen mit Gipskarton- oder Gipsfaserplatten in diesen Bereichen zulässig. In Bereichen mit mäßiger Beanspruchung (A0) ist zwingend eine Abdichtung vorzusehen.

In Bereichen mit geringer Beanspruchung (Beanspruchungsklasse 0) ist eine Abdichtung nicht zwingend erforderlich. Sie kann aber vom Auftraggeber oder Planer vorgesehen und beauftragt werden.

2.6 PRINZIPIELLE ANORDNUNG VON VERBUNDABDICHTUNGEN ANHAND VON BEISPIELEN

Wo sollte die Verbundabdichtung angeordnet werden? Die Anordnung richtet sich nach der Beanspruchungsklasse der durch Feuchtigkeit beanspruchten Wand- und Bodenflächen.

HOCH UND DIREKT BEANSPRUCHTE FLÄCHEN DER BEANSPRUCHUNGSKLASSE A

Es handelt sich um Wand- und Bodenflächen in öffentlichen Duschen von Sportanlagen, Turn- und Sporthallen, Mannschaftsräumen von Stadien und Schwimmbädern, die direkt vom Duschwasser beansprucht sind. Diese Flächen sind vollflächig über den gesamten Boden- und Wandbelag raumhoch abzudichten. Der Boden-Wandanschluss ist sorgfältig auszuführen.

INDIREKT BEANSPRUCHTE FLÄCHEN DER BEANSPRUCHUNGSKLASSE A

Die Flächen außerhalb des Duschbereiches, zum Beispiel in Umkleideräumen, zählen zu den indirekt beanspruchten Flächen. Es sind in der Regel Bodenflächen, die durch nasse Kleidung, nasse Badetücher oder Nässe, die durch die Benutzer selbst herbeigeführt wird, beansprucht werden. Diese Flächen sind als Bodenfläche vollflächig abzudichten. Die Abdichtung ist im Sockelbereich hochzuführen.

❶
Duschen in Schwimmbädern und Sportstätten:
Im direkten Beanspruchungsbereich mit Duschwasser sind die Wandflächen deckenhoch abzudichten. Bodenflächen müssen durchgängig auch im indirekten Beanspruchungsbereich abgedichtet werden. Im indirekt beanspruchten Bereich muss der Wand-Boden-Übergang sorgfältig abgedichtet werden.

MÄSSIG BEANSPRUCHTE FLÄCHEN DER BEANSPRUCHUNGSKLASSE A0

Es handelt sich um mäßig beanspruchte Wand- und Bodenflächen.

❷
Häusliches Bad mit Badewanne, die gleichzeitig als Duschwanne benutzt wird:
Die Wandfläche ist seitlich über die Abmessungen der Badewanne und in der Höhe über den Duschkopf hinaus abzudichten. Die Abdichtung der Bodenfläche ist vollflächig auszuführen und im Sockelbereich hochzuführen.

❸
Häusliches Bad mit Badewanne und separater Duschwanne:
Die Abdichtung der Wand ist seitlich über die Abmessungen der Badewanne und in der Höhe über den Wanneneinlauf hinauszuführen. Die Wandfläche der Dusche ist im gesamten Duschbereich über den Duschkopf hinaus abzudichten. Die Abdichtung der Bodenfläche ist vollflächig auszuführen und im Sockelbereich hochzuführen.
Falls die Dusche über einen wirksamen Spritzwasserschutz verfügt, zum Beispiel eine Duschkabine, und falls der Untergrund des Bodenbelages aus feuchtigkeitsunempfindlichen Baustoffen hergestellt wurde, kann die Abdichtung des Bodenbelages entfallen.

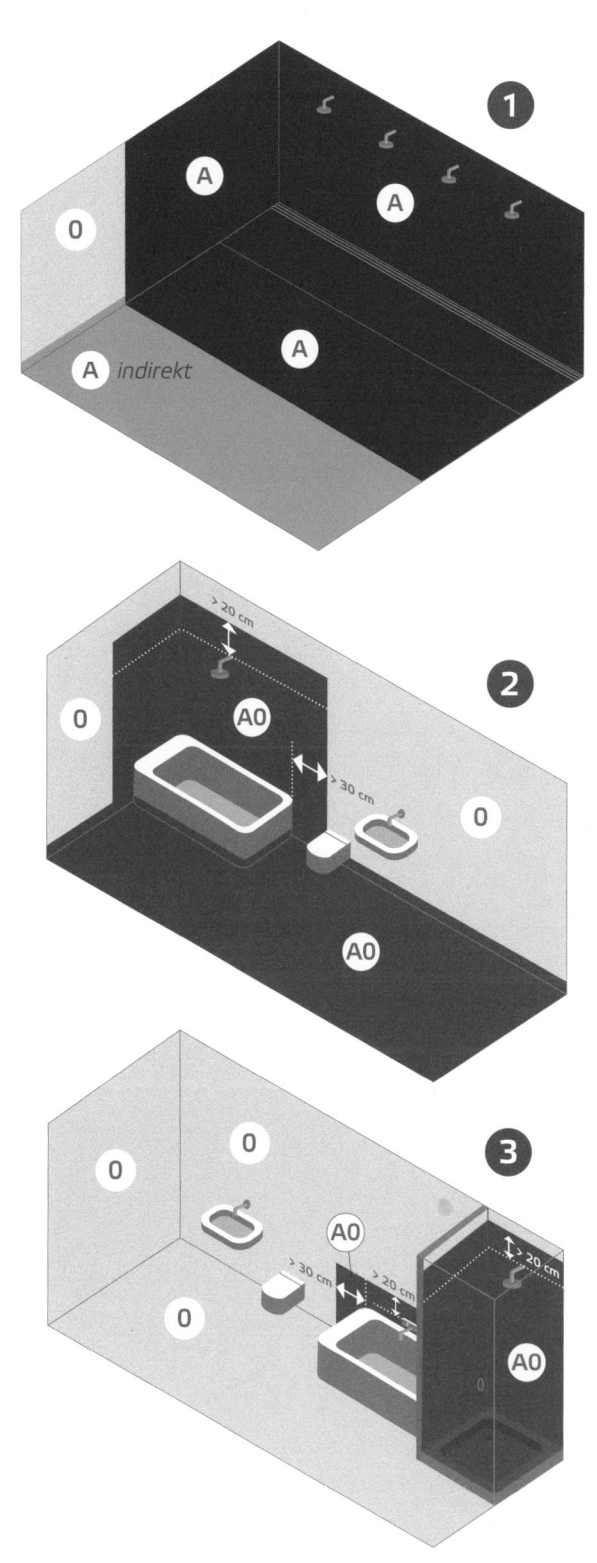

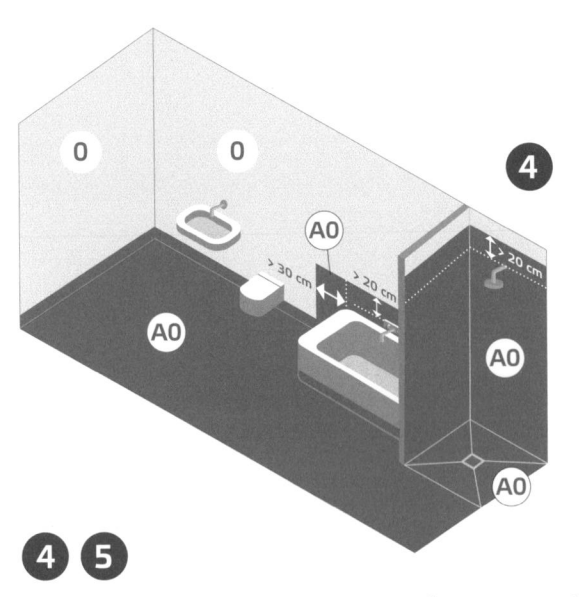

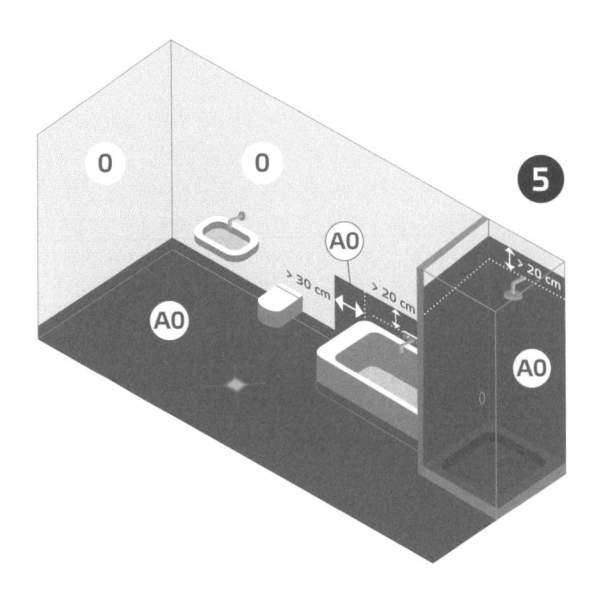

2. Abdichtung von Bauteilen und Bauwerken: Verbundabdichtungen

4 **5**
Häusliches Bad mit separater Badewanne und Dusche, jedoch mit Bodenablauf entweder innerhalb des Badbodens oder innerhalb des Duschbereiches:

Der Wandbelag im Bereich der Badewanne sollte seitlich über die Abmessungen der Badewanne und in der Höhe über den Wanneneinlauf hinaus abgedichtet werden. Der Wandbelag der Dusche ist im gesamten Duschbereich über den Duschkopf hinaus abzudichten. Die Abdichtung der Bodenfläche ist vollflächig auszuführen und im Sockelbereich hochzuführen.

GERING BEANSPRUCHTE FLÄCHEN OHNE ANFORDERUNGEN – BEANSPRUCHUNGSKLASSE 0

6
Gäste-WC:
Wand- und Bodenflächen, welche nur zeitweise und kurzfristig mit Spritzwasser gering beansprucht werden.

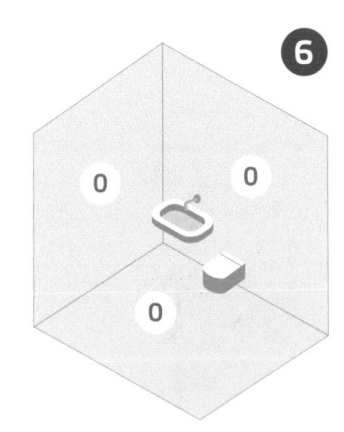

☑ *Tabelle 6*
Klassen der Feuchtigkeitsbeanspruchung im bauaufsichtlich nicht geregelten Bereich. Quelle: Bäder und Feuchträume im Holzbau und Trockenbau

Beanspruchungsklasse	Beanspruchung	Anwendung z.B.
0	Wand- und Bodenflächen, die nur zeitweise und kurzfristig mit Spritzwasser *gering* beansprucht sind	· Gäste WCs (ohne Dusch- und Bademöglichkeit) · Hauswirtschaftsräume · Küchen mit haushaltsüblicher Nutzung · an Wänden im Bereich von Sanitärobjekten, z.B. Handwaschbecken und wandhängenden WCs
A0[1]	Wandflächen, die nur zeitweise und kurzfristig mit Spritzwasser *mäßig* beansprucht sind	in Bädern mit haushaltsüblicher Nutzung im unmittelbaren Spritzwasserbereich von Duschen und Badewannen mit Duschabtrennung
A0[2]	Bodenflächen, die nur zeitweise und kurzfristig mit Spritzwasser *mäßig* beansprucht sind	in Bädern mit haushaltsüblicher Nutzung ohne und mit einem planmäßig genutzten Bodenablauf, z.B. barrierefreie Duschen.

[1] Wandflächen. In einigen Publikationen wird der mäßig beanspruchte Bereich über den Index 1 oder 2 in Wand- und Bodenflächen unterteilt.
[2] Bodenflächen

2.7 AUSFÜHRUNG DER ABDICHTUNG

Vor der Ausführung von Abdichtungsarbeiten ist der Untergrund zu prüfen. Die Anforderungen an den Untergrund sind in Kapitel 2.5 aufgezählt. Wenn es die Prüfung erfordert, sind entsprechende Vorarbeiten auszuführen. Falls die Vorarbeiten im Leistungsverzeichnis nicht vorgesehen sind, sollte der Auftragnehmer mit dem Auftraggeber bzw. dem Planer entsprechende Vereinbarungen treffen.

FLÄCHENABDICHTUNG

Die Abdichtungsstoffe sind durch Spachteln, Streichen, Rollen oder Spritzen aufzutragen. Es sind grundsätzlich zwei Arbeitsgänge erforderlich. Der zweite Auftrag erfolgt nach dem Trocknen oder Erhärten der ersten Schicht, sodass diese nicht verletzt wird.

Abb. 3
Auftragen der Flächenabdichtung durch Rollen.

Der Auftrag ist gleichmäßig, frei von Fehlstellen und in der vorgeschriebenen Materialdicke auszuführen. Bei der Materialdicke werden Nassschichtdicke und Trockenschichtdicke unterschieden.

Als Mindestdicke für die trockene Abdichtungsschicht gelten:

- für Polymerdispersionen   0,5 mm
- für Kunststoff-Mörtel-Kombinationen   2,0 mm
- für Reaktionsharz   1,0 mm

Die Nassschichtdicke wird vom Hersteller angegeben. Entsprechende Angaben für den Verbrauch je Flächeneinheit sind zu beachten.

Die Nassschichtdicke kann auch mit Messschablonen überprüft werden. Zur Kontrolle der Trockenschichtdicke sind Messpunkte festzulegen. An diesen Messpunkten wird die gesamte Abdichtungsschicht entfernt und gemessen.

Nach dem Auftrag der ersten Schicht werden die Systemkomponenten eingearbeitet. Diese sind Dichtbänder, Innen-, Außenecken, Vlies oder Gewebe, Dichtmanschetten. Selbstklebende Abdichtungsbänder wie das Seal System Band zum Eindichten von Duschrinnen haben den Vorteil, dass sie vor dem Aufbringen der ersten Systemkomponente aufgebracht werden können. Dieses ist im Bauablauf häufig ein Vorteil.

Einwirkungen der Witterung (Regen, Schnee, Frost, Wasser) oder mechanische Belastungen sind bis zur Trocknung oder Aushärtung der Abdichtung zu vermeiden.

BAHNENABDICHTUNG

Durch die Entwicklung entsprechender Dichtungsbahnen ergibt sich eine praktikable Alternative zu den flüssig zu verarbeitenden Abdichtungssystemen. Es handelt sich um Polyethylen-Bahnen, die beidseitig mit Vlies kaschiert sind. Dieses Vlies ermöglicht die sichere Verankerung des Dünnbettmörtels. Für diese Dichtungsbahnen werden allgemeine bauaufsichtliche Prüfzeugnisse (abP) erstellt.

> *Abb. 4*
> *Bahnenabdichtung als Alternative zu flüssigen Abdichtungssystemen.*

Folgende Vorteile können gegenüber flüssig zu verarbeitenden Abdichtungssystemen geltend gemacht werden:

- einfache und sichere Ausführung, verbunden mit einem schnellen Arbeitsfortgang
- keine Wartezeiten für Trocknen und Erhärten
- einheitliche Schichtstärke
- hohe Rissüberbrückung und Entkoppelung
- hoher Wasserdampfdiffusionswiderstand
- hohe Beständigkeit gegen chemische Belastungen

Dichtungsbahnen aus Polyethylen können in allen Beanspruchungsklassen eingesetzt werden (A, B, C, A0, B0).

ABDICHTUNG AN DETAILS

Die Abdichtung von Detailpunkten ist mit besonderer Sorgfalt auszuführen. Die verwendeten Materialien (Dichtbänder, Manschetten, Flansche …) müssen im System mit den Abdichtungsstoffen geprüft sein. Die Prüfung erfolgt nach den Prüfgrundsätzen zur Erteilung von allgemeinen bauaufsichtlichen Prüfzeugnissen für Abdichtungen im Verbund mit Fliesen- und Plattenbelägen (PG-AIV-F).

BEWEGUNGSFUGEN, RANDFUGEN

Bei der Abdichtung von Bewegungsfugen (Randfugen, Feldbegrenzungsfugen) können Einlagen aus Vlies, Gewebe oder Folien und Dichtbänder verwendet werden. Durch die Ausbildung von Schlaufen wird die Möglichkeit, Bewegungen zwischen den Bauteilen aufzunehmen, verstärkt.

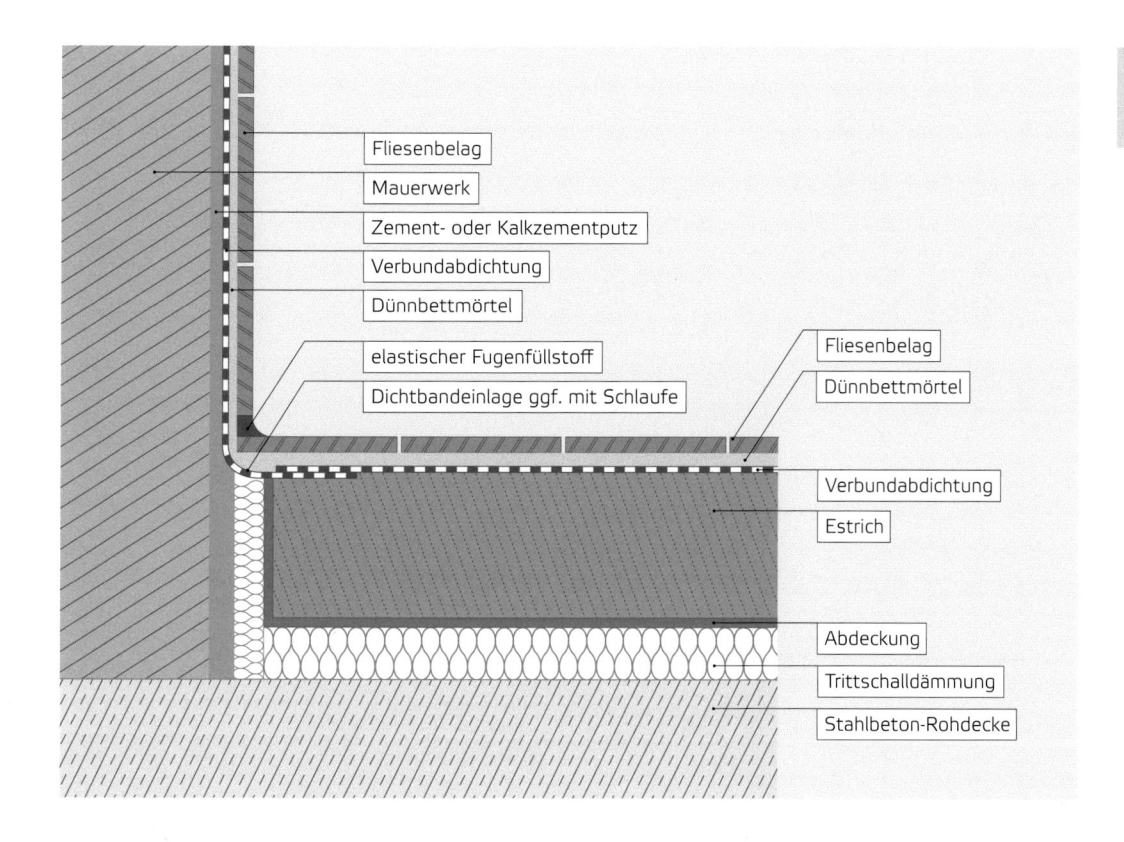

Abb. 5
Wandanschluss im Nassraum.

RAUMÜBERGÄNGE VOM NASSRAUM ZU ANGRENZENDEN RÄUMEN

Für den Einbau von Trennschienen ist im Estrich eine entsprechende Aussparung vorzusehen. Die Trennschiene wird kraftschlüssig durch Verkleben mit Reaktionsharz befestigt. Die Flächenabdichtung wird mit entsprechenden Systemelementen (Vlies, Band) an die Trennschiene angearbeitet. Türzargen sollten erst nach der Ausführung der Verbundabdichtung eingebaut werden.

ROHRDURCHFÜHRUNGEN

Durchführungen von Rohren oder Installationen werden durch Dichtflansche oder Dichtmanschetten abgedichtet.

> **Abb. 6**
> Rohrdurchführung.

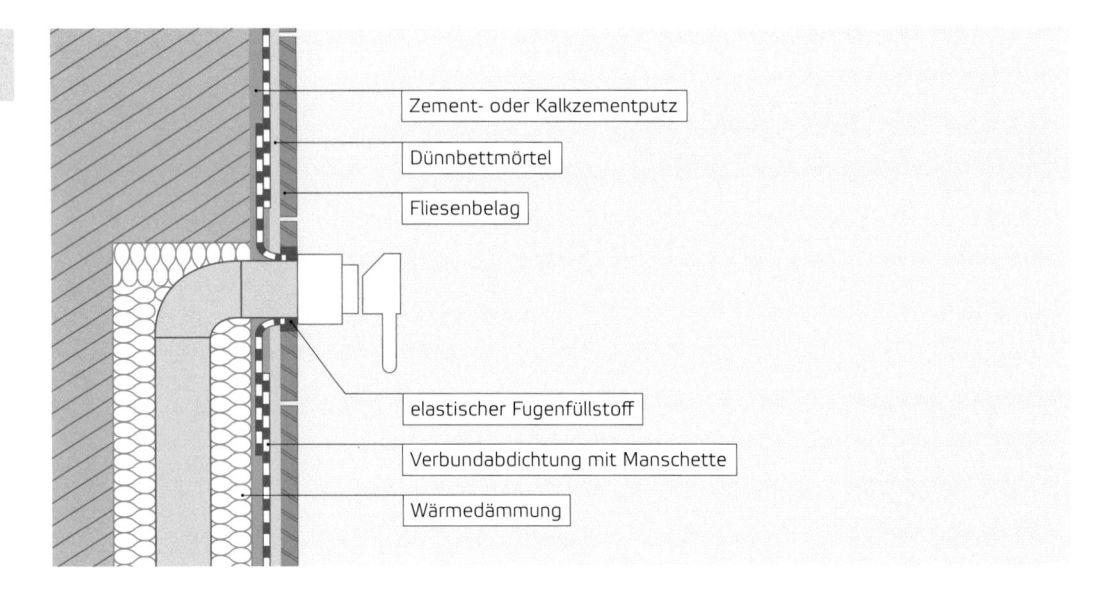

Labels: Zement- oder Kalkzementputz; Dünnbettmörtel; Fliesenbelag; elastischer Fugenfüllstoff; Verbundabdichtung mit Manschette; Wärmedämmung

BODENABLÄUFE

Für Bodenabläufe müssen konstruktiv Klebeflansche oder Los- und Festflansche vorgesehen sein. Der Anschluss an die Flächenabdichtung erfolgt durch Systemelemente wie Dichtflansche oder Dichtmanschetten. Der Nachweis der Funktionstüchtigkeit erfolgt im Rahmen der Prüfungen zum allgemeinen bauaufsichtlichen Prüfzeugnis (abP) oder separat nach den anerkannten Prüfkriterien (PG-AIV-F).

> **Abb. 7**
> Anschluss Bodenablauf.

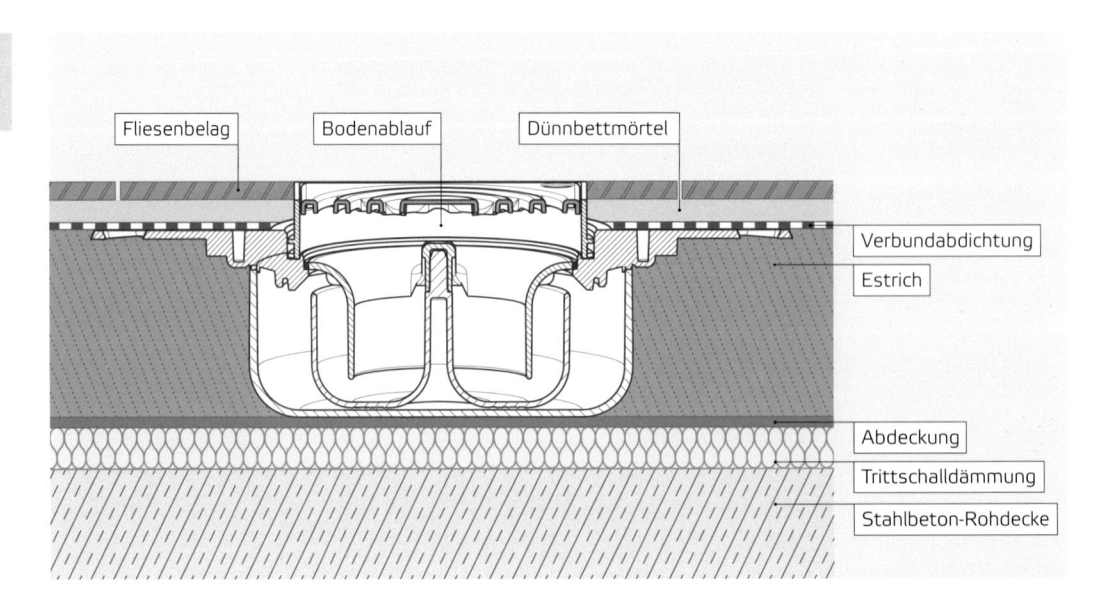

Labels: Fliesenbelag; Bodenablauf; Dünnbettmörtel; Verbundabdichtung; Estrich; Abdeckung; Trittschalldämmung; Stahlbeton-Rohdecke

BADEWANNEN UND DUSCHWANNEN

Der Anschluss von Bade- und Duschwannen an die Wand- oder Bodenbeläge wird üblicherweise mit elastischen Füllstoffen, z. B. Silikonharzen, verschlossen. Diese elastisch gefüllten Fugen können jedoch nicht als wasserdicht gelten. Chemische und mechanische Prozesse können zur Überforderung der Elastizitätswerte und zur Ablösung führen.

In der Praxis können besonders bei älteren Fugen zahlreiche Randablösungen festgestellt werden. Eine Fortführung der Flächenabdichtung hinter und unterhalb von Bade- und Duschwannen wird deshalb dringend empfohlen. Dies gilt verbindlich bei Wand- und Bodenbauteilen aus feuchtigkeitsempfindlichen Baustoffen sowie bei hoher Beanspruchung der Klassen A und C.

Alternativen:

- Fortführung der Abdichtung hinter und unter der Wanne mit einer Bahnenabdichtung. Diese wird mit Dünnbettmörtel fixiert.

- Verwendung von Dichtbändern, die an den Wannenrand angeklebt und in die Flächenabdichtung von Wand und Boden eingearbeitet werden.

Bade- und Duschwannen sind so standfest einzubauen, dass die Anschlussfugen nicht über ihre zulässige Gesamtverformung belastet werden.

BEFESTIGUNG VON SANITÄREINRICHTUNGEN

Im Rahmen der Fertigmontage wird der Installateur zur Anbringung von Sanitäreinrichtungen zahlreiche Befestigungsdübel setzen. Diese Dübel durchdringen die Abdichtung und mindern ihre Funktion. Die Verwendung von Spreizdübeln führt häufig zu Schäden durch das Eindringen von Feuchtigkeit. Bei der Verwendung von Klebeharzdübeln können diese Schäden vermieden werden. Dabei wird Reaktionsharz in die perforierten Dübelhülsen eingefüllt und darin die Verschraubung für die Sanitäreinrichtung verankert. Das Reaktionsharz härtet aus und dichtet das Bohrloch ab.

> **!** Bei der Ausführung von Abdichtungsarbeiten, Fliesen- und Plattenarbeiten und Sanitärarbeiten ist eine Abstimmung zwischen Planer, Fliesenleger und Sanitärinstallateur dringend erforderlich!

BARRIEREFREIE KONSTRUKTIONEN

Es gibt zahlreiche Regelwerke über barrierefreies Bauen.
Die wichtigste Norm ist hier die DIN 18040. Einen guten Überblick über die Anforderungen bietet die Internetseite www.nullbarriere.de

Einige Regeln sind:

- Türen müssen eine lichte Breite von mindestens 90 cm und eine lichte Höhe von mindestens 210 cm haben.
- Türen von Duschräumen dürfen nicht nach innen aufschlagen.
  Dies gilt auch für Duschabtrennungen.
- Untere Türanschläge und -schwellen sind zu vermeiden.
  Falls sie technisch unbedingt erforderlich sind, dürfen sie nicht höher als 2 cm sein.
- Für Rollstuhlfahrer sollte die Duschfläche mindestens 150 x 150 cm sein.
- Die Bedienungselemente müssen in einer Höhe von 85 cm angebracht sein.
- Der Boden sollte aus einem rutschfesten Belagsmaterial hergestellt werden.

Durch den Wegfall der Duschwanne kann der Bodenbelag durchgängig und ohne „Barriere" ausgebildet werden. Er bildet eine optische Einheit mit dem gesamten Badboden.

Die Untergründe müssen für die Aufnahme von Verbundabdichtungen und keramischen Belägen geeignet sein. Sie müssen aus feuchtigkeitsunempfindlichen Materialien bestehen.

Die Entwässerung kann durch einen punktförmigen Bodenablauf oder durch eine Entwässerungsrinne erfolgen. Das erforderliche Gefälle zwischen 1 und 3% muss unterhalb der Abdichtung hergestellt werden.

> *Abb. 8/9*
> **Links:** Rollstuhlgerechte Dusche: Die Duschfläche sollte mindestens 150 x 150 cm sein.
> **Rechts:** Befliese Ablaufrinne, die in Wandnähe platziert wurde.

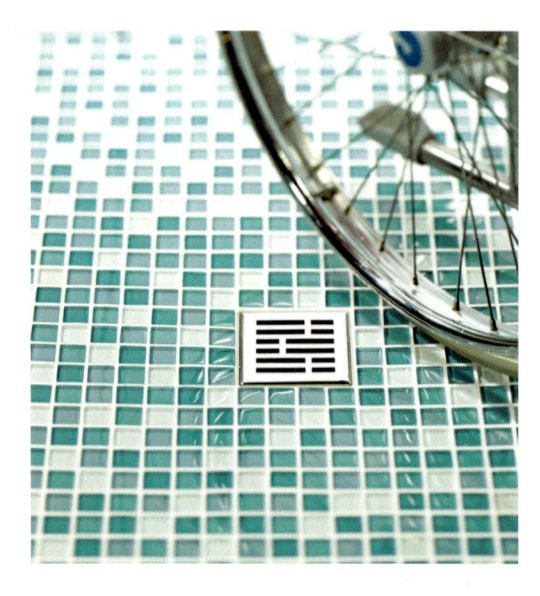

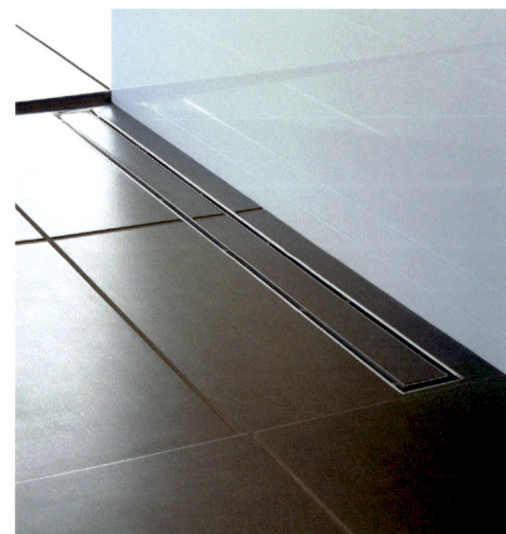

KONSTRUKTION MIT GEFÄLLE-ESTRICH

Die Anordnung des Bodenablaufes kann von der Raummitte bis zur Wandnähe (Abb. 9) variiert werden. Das Duschwasser kann über einen punktförmigen Bodenablauf oder über eine Ablaufrinne abgeführt werden.

Die Bodenabläufe sind mit den entsprechenden Systemelementen (Dichtbändern, Dichtmanschetten oder Dichtflanschen) mit der Abdichtung zu verbinden. Abdichtsystem und Bodenabläufe oder Rinnen müssen aufeinander abgestimmt sein.

KONSTRUKTION MIT FORMTEILEN – FLIESENTRÄGERELEMENTEN

Durch die Entwicklung von Fliesenträgerelementen für Duschen ergeben sich vielfältige Ausführungs- und Gestaltungsmöglichkeiten im Bereich der barrierefreien Duschen. Es handelt sich um wasserdichte Hartschaumträger mit vorgefertigtem Gefälle. Entsprechende Bodenabläufe sind als Systemelemente einzusetzen und mit den entsprechenden Dichtbändern, Manschetten oder Flanschen anzuschließen.

Einige Hartschaumträger haben eine geringe Druckfestigkeit und sind besonders gegen punktförmige Belastungen empfindlich. Die Hersteller empfehlen deshalb die Verwendung von Fliesen > 5 cm Seitenlänge. Bei Mosaik mit < 5 cm Seitenlänge wird die Verlegung und Verfugung mit Reaktionsharz empfohlen. Produkte aus PU-Hartschaum oder zementgebundenem Leichtbeton sind so druckfest, dass sie auch direkt mit Mosaik befliest werden können.

Abb. 10
Installation Hartschaumträger mit hoher Festigkeit. Bei diesem Produkt können auch Mosaikfliesen verwendet werden.

3. ENTWÄSSERUNG IN GEBÄUDEN

Beim Einbau von Abläufen und Duschrinnen sind neben den Regelungen der Abdichtungstechnik auch die Normen zu beachten, die den Bereich der Entwässerung regeln. Das folgende Kapitel stellt diese Regelwerke übersichtsartig vor, ohne jedoch allzu sehr ins Detail zu gehen. Es soll vor allem vermittelt werden, in welcher Norm oder Vorschrift welche Anforderungen zu finden sind.

3.1 NORMENÜBERSICHT ABLÄUFE

Norm / Richtlinie	Titel	Stand / Ausgabe
DIN EN 12056-1	Schwerkraftentwässerungsanlagen innerhalb von Gebäuden – Teil 1: Allgemeine Ausführungsanforderungen	Januar 2001
DIN EN 12056-2	Schwerkraftentwässerungsanlagen innerhalb von Gebäuden – Teil 2: Schmutzwasseranlagen – Planung und Bemessung	Januar 2001
DIN EN 12056-5	Schwerkraftentwässerungsanlagen innerhalb von Gebäuden – Teil 5: Installation und Prüfung, Anleitung für Betrieb, Wartung und Gebrauch	Januar 2001
DIN 1986-100 (Restnorm)	Entwässerungsanlagen für Grundstücke und Gebäude (Zusätzliche Bestimmungen zu DIN EN 12056 und DIN EN 752)	Mai 2008
DIN 1986-3	Entwässerungsanlagen für Grundstücke und Gebäude: Regeln für Betrieb und Wartung	November 2004
DIN 1986-30	Entwässerungsanlagen für Grundstücke und Gebäude: Instandhaltung (Inspektion und Wartung)	Februar 2012
DIN EN 1253-1	Abläufe für Gebäude – Anforderungen	September 2003
DIN EN 1253-2	Abläufe für Gebäude – Prüfverfahren	März 2004
DIN EN 1253-3	Abläufe für Gebäude – Güteüberwachung	Juni 1999
DIN EN 1253-4	Abläufe für Gebäude – Abdeckungen	Februar 2000
DIN EN 1253-5	Abläufe für Gebäude – Abläufe mit Leichtflüssigkeitssperren	März 2004
DIN 4102	Brandverhalten von Baustoffen und Bauteilen	
DIN 4109	Schallschutz im Hochbau	
GUV-I-8527	Merkblatt der gesetzlichen Unfallversicherung Bodenbeläge für nassbelastete Barfußbereiche	Oktober 2010
DIN 51097	Prüfung von Bodenbelägen – Bestimmung der rutschhemmenden Eigenschaft	November 1992

3.2 ALLGEMEINE NORMANFORDERUNGEN

Norm	Anforderungen
Einsatzbereiche Abläufe DIN 1986-100 Abs. 5.7.2.1 Abs. 5.7.2.3 Abs. 5.10 Abs. 9.2.1 Abs. 9.2.5	▶ Jeder Wasserentnahmestelle innerhalb von Gebäuden muss ein Ablauf zugeordnet sein. (Ausnahmen: Wasserentnahmestellen für Feuerlöschzwecke sowie für Wasch- und Geschirrspülmaschinen). ▶ Sanitärräume in Gebäuden, die allgemein zugänglich oder für einen wechselnden Personenkreis bestimmt sind (wie z.B. Gaststätten, Hotels, Sportstätten, Schulen etc.), müssen einen Bodenablauf mit Geruchsverschluss enthalten. ▶ Badezimmer in Wohnungen sollten einen Bodenablauf enthalten, wenn nicht die Bodenentwässerung bereits durch eine bodenebene Duschrinne oder Ablauf gesichert ist. ▶ Gemäß Arbeitsstätten-Richtlinien muss in Waschräumen für 30 m^2 zu reinigender Grundfläche ein Bodenablauf eingebaut werden. ▶ Balkone und Loggien sollten einen Ablauf bzw. eine vorgehängte Entwässerungsrinne erhalten. ▶ Abläufe in Räumen, in denen im Störungsfall unplanmäßig mit dem Abfließen von Leichtflüssigkeiten in die Entwässerungsanlage zu rechnen ist (z.B. in Räumen für Ölheizanlagen), sind mit einer Sperre für Leichtflüssigkeiten nach DIN EN 1253-5 zu versehen. ▶ Abwasser aus gewerblicher oder industrieller Herkunft, welches z.B. Leichtflüssigkeiten, Fette oder Stärke enthalten kann, ist in speziellen Abscheideranlagen zu behandeln.
Geruchverschlüsse DIN 1986-100 Abs. 5.7.1 Abs. 5.7.2.3 Abs. 9.2.3 DIN 1999-100 Abs. 5.5.1	▶ Jeder Entwässerungsgegenstand ist mit einem Geruchsverschluss zu versehen. Mehrere Ablaufstellen gleicher Art können einen gemeinsamen Geruchsverschluss erhalten (z.B. bei Reihenwaschanlagen), wenn die Verbindungsleitung nicht länger als 4 m ist und an der höchsten Stelle der Verbindungsleitung eine Reinigungsöffnung installiert wird. ▶ Idealerweise sind häufig eingesetzte Entwässerungsgegenstände an Bodenabläufe anzuschließen, z.B. Waschtische, um das Sperrwasser im Geruchsverschluss ständig zu erneuern. ▶ Einzubauende Geruchsverschlüsse oder Bauteile mit Geruchsverschluss müssen den entsprechend gültigen Normen (DIN EN 1253 etc.) entsprechen. Die Geruchsverschlusshöhe (Sperrwasserhöhe) muss mindestens betragen: – für Schmutzwasserabläufe 50 mm – für Regenwasserabläufe 100 mm ▶ Bodenabläufe, die über Fettabscheideranlagen entwässert werden, müssen einen Geruchsverschluss erhalten, um Geruchbelästigungen im Raum zu verhindern. **Ausnahmen für Ablaufstellen ohne Geruchverschluss:** ▶ Bodenabläufe, die an Leichtflüssigkeitsabscheideranlagen angeschlossen werden, dürfen keinen Geruchverschluss erhalten, da diese Abscheider bereits einen entsprechenden Geruchverschluss im Zulauf haben. In diesem speziellen Fall soll vermieden werden, dass sich bereits im Bereich des Bodenablaufs Leichtflüssigkeit ansammelt und durch Entzündung ein offenes Feuer entsteht. ▶ Ablaufstellen für Regenwasser, die an Regenwasserleitungen im Trennverfahren angeschlossen sind. ▶ Ablaufstellen für Regenwasser, die an Regenwasserleitungen im Mischverfahren angeschlossen sind, wenn die Ablaufstellen mindestens 2 m von Fenster und Türen von Aufenthaltsräumen entfernt sind oder die Leitungen Geruchverschlüsse an frostfreier Stelle erhalten. ▶ Bodenabläufe in Garagen, die an Abwasserleitungen im Mischverfahren angeschlossen sind, wenn die Abwasserleitungen Geruchverschlüsse an frostfreier Stelle erhalten. ▶ Überläufe und Abläufe von Apparaten / Armaturen, wie z.B. Sicherungseinrichtungen einer Trinkwasserinstallation, dürfen nach DIN EN 1717 nur über einen freien Auslauf mit einem Trichter und Geruchverschluss und nicht unmittelbar mit der Abwasserleitung verbunden werden.

3. Entwässerung in Gebäuden

ALLGEMEINE NORMANFORDERUNGEN: PLANUNGSREGELN

Norm	Anforderungen
Planungsregeln DIN 1986-100 Abs. 5.7.2.1 Abs. 5.7.2.3 Abs. 5.6 Abs. 9.4	▶ Ablaufstellen, deren Ablauföffnungen verschlossen werden können, beispielsweise wie bei Waschtischen, Spülen, Badewannen, müssen einen freien Überlauf mit ausreichendem Abflussvermögen haben (bei Duschwannen gilt hierfür auch ein Standrohr). ▶ Bodenabläufe sind wasserdicht einzubauen bzw. an Bauwerksabdichtungen gemäß DIN 18195-5 anzuschließen. ▶ Sinkstoffe: Bodenabläufe, bei denen viele Sinkstoffe (wie z.B. in der Lebensmittelverarbeitung) anfallen, müssen ausreichend große Schlammeimer besitzen. Abläufe von Entwässerungsrinnen sind mit Rosten zu versehen. ▶ Frosteinwirkung: Außerhalb der Grundfläche von Gebäuden sind sowohl Entwässerungsanlagen als auch Geruchverschlüsse in frostfreier Tiefe einzubauen. Diese ist entsprechend den örtlichen klimatischen Verhältnissen gegebenenfalls in Abstimmung mit der zuständigen Behörde festzulegen. Die frostfreie Tiefe sollte mindestens 800 mm betragen. ▶ Kondensate: Für das Einleiten von Kondensaten aus Feuerungsanlagen ist das ATV-Arbeitsblatt A 251 zu berücksichtigen, sofern in den örtlichen Entwässerungssatzungen nichts anderes festgelegt ist.
Ausführungsanforderungen DIN 12056-1, Abs. 5	▶ Funktion: Entwässerungsanlagen sind so zu planen, zu installieren und instandzuhalten, dass sie bei normalem, ordnungsgemäßen Gebrauch weder Gefahren oder Belästigungen verursachen noch das Eigentum gefährden, wie das Gebäude, die Versorgungssysteme oder andere Einrichtungen innerhalb des Gebäudes. ▶ Hygiene & Sicherheit: Entwässerungsanlagen sind so zu planen und zu installieren, dass die Gesundheit und Sicherheit der Benutzer nicht beeinträchtigt wird. Schutz gegenüber: – Austreten von Kanalgasen (Geruchverschluss) – Mechanische Beanspruchung – Frosteinwirkung – Rückstau von Abwasser in das Gebäude – Verunreinigung der Trinkwasseranlage – Korrosion – Brandübertragung ▶ Brandschutz: Wo Leitungen durch Wände und Decken mit besonderen Anforderungen hinsichtlich des Feuerwiderstandes führen, müssen besondere Vorkehrungen in Übereinstimmung mit den nationalen und regionalen Vorschriften (z.B. Leitungsanlagen-Richtlinie) getroffen werden. ▶ Wasser- und Gasdichtheit: Entwässerungsanlagen müssen gegenüber den auftretenden Betriebsdrücken ausreichend wasser- und gasdicht (Kanalgase) sein. Aus den Abläufen dürfen keine Gerüche und Kanalgase in das Gebäude austreten. ▶ Rückstau: Wenn das Risiko eines Rückstaus in der Kanalisation besteht, sind entsprechende Maßnahmen vorzusehen, um Wasserschäden im Gebäude zu vermeiden. Soweit keine anderen Angaben zur Rückstauebene verfügbar sind, ist dies die Straßenoberkante im Bereich des öffentlichen Anschlusskanals.

3.3 ÜBERSICHT DER BAUPHYSIKALISCHEN BODENAUFBAUTEN

Bodenaufbau / Typ	Allgemeine Beschreibung	Ausführung des Ablaufs	Ablaufbeispiel
Ohne Abdichtungsebene **TYP 1**	Bodenaufbau ohne Feuchtigkeitsabdichtung	Boden-, Deckenablauf mit Halterand	
Eine Abdichtungsebene Bodenbelag **TYP 2**	Bodenaufbau mit Feuchtigkeitsabdichtung durch den Bodenbelag z.B. PVC-Bodenbelag, Dickbeschichtung oder feuchtigkeitsabdichtender Bodenbelag wie Acryl-, Epoxyd- oder andere Kunstharzböden	Boden-, Deckenablauf mit Anschlussflansch für Kunstharzböden am Aufsatzstück	
Eine Abdichtungsebene Polymere Dichtungsbahn / flüssige Dichtmasse **TYP 3**	Bodenaufbau mit Feuchtigkeitsabdichtung durch eine polymere Dichtungsbahn z.B. EPDM-Abdichtungsbahn, PVC-Abdichtungsbahn oder Bitumenschweißbahn etc.	Boden-, Deckenablauf mit Klebeflansch, einteilig	
		Boden-, Deckenablauf mit Pressdichtungsflansch, einteilig	
	oder eine flüssige Dichtmasse z.B. alternative Verbundabdichtung	Boden-, Deckenablauf mit Seal System Dichtflansch	
Zwei Abdichtungsebenen Polymere Dichtungsbahn / flüssige Dichtmasse **TYP 4**	Bodenaufbau mit Feuchtigkeitsabdichtung durch zwei polymere Dichtungsbahnen oder alternativ mit einer flüssigen Dichtmasse z.B. EPDM-Abdichtungsbahn, PVC-Abdichtungsbahn oder Bitumenschweißbahn etc.	Boden-, Deckenablauf mit Abdichtflansch in unterschiedlichen Ausführungskombinationen Klebeflansch, Pressdichtungsflansch und Dünnbettflansch, zweiteilig	

3. Entwässerung in Gebäuden

3.4 ÜBERSICHT BAUWERKSABDICHTUNGEN MIT EINBAUBEISPIELEN

Im folgenden Schaubild sind einige Einbaubeispiele gezeigt. In der Praxis spielen die Einbauten mit Anschluss an die Verbundabdichtung in den letzten Jahren eine immer größere Rolle. Vor allem im Bereich der Dusch- und Badentwässerungen wird kaum noch etwas anderes verbaut. Der Grund dafür: Bei der Verbundabdichtung kann bauwerksschädigendes Wasser erst gar nicht in die Zwischenschichten eindringen.

Ablaufausführung	Art der Feuchtigkeitsabdichtung / Anwendungsbereich	Einbaubeispiel
1. Boden-, Deckenablauf mit Halterand	Boden-, Deckenablauf ohne Feuchtigkeitsabdichtung ▶ **Anwendungsbereich:** Überall dort, wo keine Bauwerksabdichtung erforderlich ist.	
2. Boden-, Deckenablauf mit PVC-Klebeflansch am Aufsatzstück z.B. PVC-Bodenbelag, Linoleum	Boden-, Deckenablauf mit Feuchtigkeitsabdichtung durch den Bodenbelag ▶ **Anwendungsbereich:** Zur Feuchtigkeitsabdichtung von Boden- und Deckenkonstruktionen durch den Bodenbelag	
3. Boden-, Deckenablauf aus Edelstahl oder Gusseisen z.B. PVC-Abdichtungsbahn, EPDM-Abdichtungsbahn oder Bitumenschweißbahn	Boden-, Deckenablauf mit Feuchtigkeitsabdichtung durch eine polymere Dichtungsbahn ▶ **Anwendungsbereich:** Zur Feuchtigkeitsabdichtung von Boden- und Deckenkonstruktionen in Nassräumen. **ACHTUNG:** Es dürfen nur feuchteunempfindliche Zwischenschichten verwendet werden.	
4. Boden-, Deckenablauf mit Pressdichtungsflansch z.B. PVC-Abdichtungsbahn, EPDM-Abdichtungsbahn oder Bitumenschweißbahn	Boden-, Deckenablauf mit Feuchtigkeitsabdichtung durch eine polymere Dichtungsbahn ▶ **Anwendungsbereich:** Zur Feuchtigkeitsabdichtung von Boden- und Deckenkonstruktionen in Nassräumen sowie bei Flachdächern. Bauwerkschutz. **ACHTUNG:** Es dürfen nur feuchteunempfindliche Zwischenschichten verwendet werden.	
5. Boden-, Deckenablauf mit Dünnbettflansch am Aufsatzstück Seal System geprüfte Verbundabdichtung	Boden-, Deckenablauf mit Feuchtigkeitsabdichtung durch eine flüssige Dichtmasse ▶ **Anwendungsbereich:** Zur Feuchtigkeitsabdichtung von Boden- und Deckenkonstruktionen in Bädern, Duschen und sonstigen Nassräumen mit nicht drückendem Wasser.	
6. Boden-, Deckenablauf und Zwischenstück mit Pressdichtungsflansch und Verbundabdichtung z.B. PVC-Abdichtungsbahn, EPDM-Abdichtungsbahn oder Bitumenschweißbahn und Seal System Verbundabdichtung	Boden-, Deckenablauf mit unterer Feuchtigkeitsabdichtung durch polymere Dichtungsbahnen und oberer Seal System Verbundabdichtung ▶ **Anwendungsbereich:** Zur Feuchtigkeitsabdichtung von Boden- und Deckenkonstruktionen in allen Feucht- und Nassräumen sowie in Bodenplatten (Übergrunddecken) mit nicht drückendem Wasser. Bauwerkschutz.	

3.5 ROHRAUSSENDURCHMESSER UNTERSCHIEDLICHER ROHRARTEN / WERKSTOFFE

Rohrarten		Muffenlose SML- und KML-Rohre nach DIN 19522 / DIN EN 877	Kunststoffrohre aus Polypropylen (PP) mit Muffe (HT-Rohre) nach DIN 19560 / DIN EN 1451	Kunststoffrohre aus Polyvinylchlorid (PVC-U) mit Muffe (KG-Rohre) nach DIN EN 1401-1
Rohr-Nennweite	Rohr-Nennweite			
DN	Zoll	Rohraußendurchmesser DA in mm	Rohraußendurchmesser DA in mm	Rohraußendurchmesser DA in mm
DN 40	1 ½ Zoll	–	40	–
DN 50	2 Zoll	58	50	–
DN 70	–	78	75	–
DN 80	3 Zoll	84	–	–
DN 100	4 Zoll	110	110	110
DN 125	5 Zoll	135	125	125
DN 150	6 Zoll	160	160	160

Begriffserläuterungen	
SML-Rohr	Muffenloses Rohr aus Gusseisen. Rohr außen mit rotbrauner Farbgrundierung, innen beschichtet mit Zweikomponenten-Epoxidharz.
KML-Rohr	Muffenloses Rohr aus Gusseisen. Sonderausführung des SML-Rohrs Typ K: Rohre innen mit zweifacher Epoxid-Teer-Beschichtung, außen verzinkt darüber grau acrylharzbeschichtet. Verwendung für Ableitung aggressiver, fetthaltiger, heißer Abwässer, z.B. aus Großküchen.
PP-Rohr / HT-Rohr	Kunststoffrohr aus Polypropylen (bekannt als HT-Rohr) – heißwasserbeständig. Einsatzbereich innerhalb von Gebäuden. Farbe mittelgrau, mit Steckmuffe und angefastem Rohrspitzende. Temperaturbeständigkeit bis ca. 95° C.
PVC-U-Rohr / KG-Rohr	Kunststoffrohr aus weichmacherfreiem Polyvinylchlorid (bekannt als KG-Rohr). Einsatzbereich drucklose Verlegung im Erdreich. Farbe orangebraun, mit Steckmuffe und angefastem Rohrspitzende. Temperaturbeständigkeit bis ca. 60° C. PVC-U = „unplasticized"

3.6 NORMANFORDERUNG FÜR ABDICHTRING / SICKERWASSERRING

In der Vergangenheit kam es bei der Frage, ob ein Abdicht- oder Sickerwasserring zu verwenden sei, immer wieder zu Problemen. Mit dem Siegeszug der Verbundabdichtung sind diese weitgehend gelöst. Wird eine Verbundabdichtung verwendet, sollte eine zweite, untere Abdichtebene immer mit einem Abdichtring wasserdicht verbaut werden. Die Gefahr, dass Wasser vom Ablauf in eine Zwischenschicht einsickert und dadurch ein Schaden entsteht, ist weit größer als die Gefahr, dass die Verbundabdichtung undicht ist.

Funktionsbeschreibung Abdichtring / Sickerwasserring	
Abdichtring	**Sickerwasserring**
Rückstausichere Abdichtung des Ringspaltes zwischen Ablauf-Grundkörper und Aufsatzstück.	Sichere Ableitung von anfallendem Sickerwasser vom keramischen Bodenbelag bzw. von der Abdichtebene über den Ablauf-Grundkörper.
Durch den Abdichtring wird das mögliche Eindringen von Abwasser oberhalb des Ablauf-Grundkörpers bei Rückstau oder Aufstau, wie z.B. durch Leitungsverstopfung oder Kanalrückstau, in den Bodenaufbau bzw. die Abdichtungsebene vermieden.	Rückstauendes bzw. aufstauendes Abwasser im Ablauf darf nicht zu Bauwerksschäden durch Feuchtigkeit im Bodenbelag, in der Wärmedämmung oder im Bodenaufbau führen. Dies ist bei der Planung zu berücksichtigen oder bauseits abzuklären.

Normanforderung	
Abdichtring DIN EN 1253-1, Abs. 8.9.6	Wo die Gegebenheiten Dichtheit zwischen Aufsatzstück und Ablaufkörper erforderlich machen, muss die Verbindung zwischen Aufsatzstück und Ablauf-Grundkörper nach DIN EN 1253-2, Abs. 10.2 wasserdicht sein.
Sickerwasserring DIN 18195-5, Abs. 6.7	Abläufe zur Entwässerung von Belagsoberflächen, die die Abdichtung durchdringen, müssen sowohl die Nutzfläche (Bodenbelag) als auch die Abdichtungsebene (nachfolgender Bodenaufbau oberhalb der Bauwerksabdichtung) dauerhaft entwässern. ▶ Sickerwasserablauf muss gewährleistet sein. Mit der stärkeren Verbreitung der Verbundabdichtung spielt diese Einbauart eine immer geringere Rolle. Wenn direkt unterhalb der Fliese ein Aufsatzstück mit Abdichtflansch und Seal System Verbundabdichtung montiert wird, dann kann kein Sickerwasser in den Untergrund eindringen.

3. Entwässerung in Gebäuden

3.7 BELASTUNGSKLASSEN FÜR VERKEHRSFLÄCHEN, ABDECKUNGEN UND ROSTE

Klassifizierung der Belastungsklassen nach DIN EN 1253-1, Abs. 4. / 5.1		
Belastungsklasse	Maximale zulässige Belastung	Einsatzbereich / Einsatzort
H 1,5	< 150 kg	Für nicht genutzte Flachdächer, wie beispielsweise Dächer mit Bitumenkies, Kiesschüttdächer, und für Abläufe in Baderäumen, die nicht belastet werden können
K 3	< 300 kg	Für Flächen ohne Fahrverkehr, wie beispielsweise Baderäume in Wohnungen, Hotels, Altenheimen, Schulen, Schwimmbädern, öffentlichen Wasch- und Duschanlagen, Balkone, Loggien, Terrassen und begrünte Dächer
L 15	< 1,5 t	Für Flächen mit leichtem Fahrverkehr, ausgenommen Gabelstapler, in gewerblich genutzten Räumen
M 125	< 12,5 t	Für Flächen mit Fahrverkehr, wie beispielsweise Parkhäuser, Fabriken und Werkstätten

▶ Die Auswahl der geeigneten Klasse liegt in der Verantwortung des Planers.

3.8 SICHERHEITSANFORDERUNGEN FÜR RUTSCHHEMMUNG BEI ABDECKUNGEN UND ROSTEN

Normanforderungen für Rutschhemmung	
Bodenbeläge für nassbelastete Barfußbereiche Arbeitsstättenverordnung GUV-I 8527, §3, Abs.1 (Merkblatt der gesetzlichen Unfallversicherung)	▶ Fußböden in Räumen müssen eben und rutschhemmend ausgeführt sein, um das potenzielle Sturzrisiko zu vermeiden, sowie leicht zu reinigen sein. Diese Anforderungen bestehen insbesondere für nassbelastete Barfußbereiche, Arbeitsräume und Arbeitsbereiche, in denen aufgrund der verarbeiteten Produkte oder Arbeitsverfahren erhöhte Rutschgefahr besteht, z.B. durch Fett, Öl oder Wasser.
Prüfung von Bodenbelägen DIN 51097 / 51130	▶ Die Erfüllung der beiden Prüfnormanforderungen ist nötig, da die Roste je nach Installationsumfeld barfuß bei Nässe (DIN 51097) oder öl- / fettverschmiert mit Schuhen (DIN 51130) begangen werden.
Öffnungen in Rosten DIN EN 1253-1, Abs. 8.5	▶ Bei Rosten der Belastungsklasse K 3 und L 15 darf die Öffnung (Schlitzbreite) in Barfußbereichen max. 8 mm betragen.

3.9 ABFLUSSVERMÖGEN FÜR ABLÄUFE

Abflussvermögen (Zufluss über den Rost) – Mindestabflusswerte für Abläufe (Auszug aus DIN EN 1253-1)			
Nennwert des Abflussstutzens		Bodenabläufe	
DN/OD	DN/ID	Abflusswerte	Stauhöhe a
32	30	0,4 l/s	20 mm
40	40	0,6 l/s	20 mm
50	50	0,8 l/s	20 mm
63		0,8 l/s	20 mm
75	70	0,8 l/s	20 mm
90	75	0,8 l/s	20 mm
100		1,4 l/s	20 mm
110	100	1,4 l/s	20 mm
125	125	2,8 l/s	20 mm
160	150	4,0 l/s	20 mm
200			20 mm

Anmerkung: Bei Verwendung eines Ablaufes mit Geruchverschluss ohne seitliche Anschlüsse kann für die Aufnahme des Abwassers eines einzelnen Duschkopfes ein Mindestabflusswert von 0,4 l/s nach EN 274-1 angenommen werden.

3.10 SCHALLSCHUTZ

Schallschutz			
Geräusche DIN EN 12056-1, Abs. 5.6.2	Das Geräuschverhalten einer Entwässerungsanlage in Verbindung mit dem Bauwerk ist bei der Planung und Installation in Betracht zu ziehen. Grundsätzlich soll jeder Entwässerungsgegenstand (Ablauf) schallisolierend eingebaut werden. ▶ In der Praxis kann es aber durchaus notwendig und sinnvoll sein, Duschrinne, Ablauf und Anschlussleitung schallhart direkt im Estrich einzubauen. Dieses ist besonders bei niedrigen Bodenaufbauten aus statischen Gründen häufig erforderlich. In diesen Fällen ist unbedingt darauf zu achten, dass die Gesamtkonstruktion von der Rohbaudecke entkoppelt ist. Dieses wird z.B. durch spezielle schallentkoppelnde Gummigranulatmatten erreicht. Es sollten nur Systeme eingesetzt werden, welche ihre Einsatztauglichkeit in Prüfständen nachgewiesen haben.		
Schallschutz im Hochbau DIN 4109	Der zulässige Schallschutzpegel für Wasserversorgungs- und Abwasseranlagen ist für schutzbedürftige Räume vorgeschrieben:		
	Geräuschquelle	Art des schutzbedürftigen Raumes	
		Wohn- und Schlafraum Kennzeichnender Schalldruckpegel in dB(A)	Unterrichts- und Arbeitsraum Kennzeichnender Schalldruckpegel in dB(A)
	Wasserinstallationen (Wasserversorgung und Abwasseranlagen gemeinsam)	LIn ≤ 30	LIn ≤ 35
	Sonstige haustechnische Anlagen	LAFmax ≤ 30	LAFmax ≤ 35
	Betriebe tags 6 bis 22 Uhr	Lr ≤ 35	Lr ≤ 35
	Betriebe nachts 22 bis 6 Uhr	Lr ≤ 25	Lr ≤ 35

Die Anforderungen an den Installationsschallpegel nach DIN 4109 beziehen sich auf den „schutzbedürftigen Raum" im fremden Wohnbereich.

Schutzbedürftig sind:
- Wohnräume (inkl. Wohndielen)
- Schlafräume (inkl. Hotels und Sanatorien)
- Unterrichtsräume
- Büroräume (ausgenommen Großraumbüros)

Als nicht schutzbedürftig im Sinne der DIN 4109 (nur bei Installationsgeräuschen) gilt z. B. der eigene Wohnbereich, der Raum, in dem sich der geräuschverursachende Sanitärgegenstand befindet, „laute" Räume im fremden Wohnbereich (z. B. Badezimmer, Küche) und Räume, die nicht für den ständigen Aufenthalt von Personen dienen (z. B. Keller, Abstellräume).

ERHÖHTER SCHALLSCHUTZ

Anforderungen an den erhöhten Schallschutz sollten immer unter Angabe des Regelwerkes und des tatsächlich geforderten Schallpegelwertes vereinbart werden. Aufgrund von verschiedenen Anforderungen in den Regelwerken zu DIN 4109: 1989-11 und VDI 4100:2012-10 ist die alleinige Angabe „erhöhter Schallschutz" nicht eindeutig und damit nicht ausreichend. Um die Anforderungen an eine erhöhte Schallschutzstufe auf der Baustelle tatsächlich erfüllen zu können, ist bei der Planung und Ausführung äußerste Sorgfalt anzuwenden. Die Norm selbst fordert, einen Sachverständigen für Bauakustik hinzuzuziehen.

3.11 NORMEN UND RICHTLINIEN FÜR DEN VORBEUGENDEN BRANDSCHUTZ

Durchschnittlich 800 mal täglich steht in Deutschland ein Gebäude in Flammen. Der Rauch ist bei einem Brand das größte Problem für die Menschen im Gebäude und für die Feuerwehr. Er verhindert ein schnelles Vordringen zum Brandherd und zu den eingeschlossenen Menschen, gefährdet die Gesundheit der Feuerwehrleute und behindert ihre Lösch- und Rettungsarbeiten. Deshalb hat der vorbeugende bauliche Brandschutz absolute Priorität!

Die Planung und Ausschreibung von Maßnahmen zum vorbeugenden Brandschutz bei Leitungsdurchführungen in Kombination mit dem Schall- und Wärmeschutz obliegen dem Planer. Die Ausführung wird verantwortlich vom Installationsunternehmen durchgeführt. Das fachgerechte Verschließen der Wand- und Deckendurchbrüche aller Gewerke wird in der Regel vom verantwortlichen Bauleiter koordiniert. Es empfiehlt sich, rechtzeitig eindeutige Verantwortlichkeiten festzulegen.

Brandschutzanforderungen gibt es in der Entwässerungstechnik vorwiegend bei senkrechten Bodenabläufen. Aber auch waagerechte Abläufe müssen in Einzelfällen ihre Eignung nachweisen, z.B. wenn die Abwasserführung in einer klassifizierten Wand erfolgt und im Übergang kein Brandschott gesetzt wird. Als Grundsatz gilt: Wird eine Bauwerksdecke oder eine Wand durchbrochen, so darf die brandschutztechnisch relevante Eigenschaft des Bauteils nicht verringert werden. Wenn eine Decke z.B. die Feuerwiderstandsklasse F90 erfüllen muss, dann darf nur ein Bodenablauf diese Decke durchdringen, der ebenfalls 90 Minuten einem Brand standhält und dieses auch in einer Brandschutzprüfung belegt hat.

3. Entwässerung in Gebäuden

Bei senkrechten Bodenabläufen und Duschrinnen gibt es mittlerweile entsprechende Lösungen, die diese Anforderungen erfüllen. Für die Anwendung im Bad und Duschbereich spielen nur Abläufe der Dimension 50 eine Rolle. Diese nehmen so viel Wasser auf, dass kaum eine Anwendung vorstellbar ist, bei der eine größere Ablaufleistung notwendig wäre. Zudem besitzen sie die kleinste Öffnung, was wiederum für die Brandschutzlösung von Vorteil ist.

Normen, Richtlinien, technische Regeln für den vorbeugenden Brandschutz	
Sicherheit DIN EN 12056-1, Abs. 5.4	▶ Entwässerungsanlagen sind so zu planen und auszuführen, dass ein sicherer Schutz gewährleistet ist, gegen: – Brandübertragung …
Brandschutz DIN EN 12056-1, Abs. 5.4.1	▶ In Bauwerken, wo Rohrleitungen durch Wände und Decken mit besonderen Anforderungen bezüglich des Feuerwiderstandes geführt werden, müssen besondere Vorkehrungen in Übereinstimmung mit den nationalen und internationalen Vorschriften getroffen werden.

Brandverhalten von Baustoffen und Bauteilen, Baustoffklassen
DIN 4102-1 / ff
	▶ Das Brandverhalten von Baustoffen, z.B. für Rohrleitungen (Abläufe), Rohrdurchführungen, Wärmedämmungen und Rohrummantelungen, wird durch die Einstufung in festgelegte Baustoffklassen (A1 / A2 / B1 / B2 / B3) aufgrund durchgeführter Prüfungen nach DIN 4102-1 definiert.
	▶ Leicht entflammbare Baustoffe dürfen für den Bereich der Haustechnik nicht verwendet werden.
	▶ Die Grundnorm für den Brandschutz DIN 4102 besteht aus 18 Teilen und beschreibt das ganze Spektrum des Brandverhaltens von Baustoffen und Bauteilen sowie deren Prüfung. Sie regelt u.a. die Ausführungsgrundsätze von abschottenden Maßnahmen, Bedachungen, Rohrleitungen und Rohrdurchführungen sowie das Brandverhalten von Baustoffen.
	
	Da ein Bauteil (Wand- oder Boden-, Deckenkonstruktion) aus mehreren Einzelmaterialien besteht, ist es zwingend notwendig, die einzelnen Baustoffe in nicht brennbar und brennbar zu unterteilen. Für die jeweilige Zuordnung und Einteilung müssen Nachweise erbracht werden, z.B.
	– durch Brandversuche und Prüfungen
	  – Erteilung eines Prüfzeugnisses
	  – Erteilung eines Prüfbescheids mit Prüfzeichen
	– durch Einordnung in DIN 4102 – Teil 4
	
	Nach einem abgeschlossenen Brandversuch durch ein autorisiertes Prüfinstitut (MPA-NRW etc.) wird der Baustoff der entsprechenden Baustoffklasse zugeordnet und durch ein Prüfzeugnis (Allgemeine bauaufsichtliche Zulassung abZ wird vom DIBt erteilt oder Allgemeines bauaufsichtliches Prüfzeugnis abP) oder ein Prüfzeichen zertifiziert. Die entsprechenden Prüfanforderungen sind in der DIN 4102 geregelt. Im Zuge der europäischen Harmonisierung entstand eine „Europäische technische Zulassung - European technical approval - ETA". Diese ETA-Zulassungen sind ebenfalls vom DIBt anerkannt und gleichwertig zur deutschen Zulassung.

Brandschutz für bauliche Anlagen Landesbauordnung Art. 17 (z.B. BauO NRW), §17 Brandschutz	▶ Bauliche Anlagen sowie andere Anlagen und Einrichtungen müssen unter Berücksichtigung insbesondere: – der Brennbarkeit der Baustoffe, – der Feuerwiderstandsdauer der Bauteile, ausgedrückt in Feuerwiderstandsklassen, – der Dichtheit der Verschlüsse von Öffnungen, – der Anordnung von Rettungswegen, so beschaffen sein, dass der Entstehung eines Brandes und der Ausbreitung von Feuer und Rauch vorgebeugt wird. Baustoffe, die nach Verarbeitung oder dem Einbau leicht entflammbar sind, dürfen bei der Errichtung und Änderung baulicher Anlagen sowie anderer Anlagen und Einrichtungen nicht verwendet werden.
Feuerwiderstandsklassen DIN 4102-2	▶ Bei der Feuerwiderstandsdauer wird die Mindestdauer ermittelt, bei der das ausgeführte Bauteil unter Brandbelastung seine Funktion nach DIN 4102-2 erfüllt.

Normen, Richtlinien, technische Regeln für den vorbeugenden Brandschutz-LAR

Anforderungen DIN EN 12056-1 DIN 1986-100	▶ Boden-, Decken- und Dachabläufe sind jeweils die Anfangspunkte einer Entwässerungsanlage und gelten nach DIN EN 12056 und DIN 1986-100 als deren Bestandteil. Deshalb müssen auch diese Bauteile die Anforderungen der Leitungsanlagen-Richtlinie erfüllen.
Ausführung von Leitungsdurchführungen und Abschottungen LAR (Leitungsanlagen-Richtlinie)	▶ Die Leitungsanlagen-Richtlinie ist eine unerlässliche Richtlinie für die Planung und Verlegung von Rohrleitungen und Abläufen im vorbeugenden Brandschutz. Sie ist in den Bundesländern eingeführt und ersetzt somit das Ausführungsregelwerk der DIN 4102-11. Somit ist sie die Ausführungsverordnung der Bundesländer. In der LAR werden die Anforderungen an Rohrleitungen einschließlich der erforderlichen Befestigungen und Dämmstoffe im Zusammenhang mit der Verlegung in Rettungswegen beschrieben. ▶ Die LAR soll den vorbeugenden Brandschutz bei den Leitungsanlagen verbessern und alle Baubeteiligten bei Planung und Ausführung unterstützen, das Gebäude in einem angemessenen und verträglichen Sicherheitsstandard zu errichten. Sie findet Anwendung für alle Gebäudearten, die entsprechend in den Landesbauordnungen LBO geregelt sind. ▶ Die LAR definiert ebenso die Ausführungsgrundsätze für die Durchdringung einer Rohrleitung oder eines Boden-, Deckenablaufs in senkrechter Ausführung durch eine feuerbeständige Wand / Decke. Danach sind Wand- und / oder Deckendurchführungen in R 90-Qualität oder höher auszuführen. ▶ Sowohl für nicht brennbare als auch für brennbare Entwässerungsleitungen müssen die Anforderungen der LAR erfüllt werden.
Klassifizierte Abschottungen LAR	▶ Für klassifizierte Abschottungen in R 30- bis R 120-Qualität ist prinzipiell eine Brandprüfung auf Grundlage der DIN 4101-11 bei einer akkreditierten und staatlich anerkannten Materialprüfanstalt vorgeschrieben. Der Eignungsnachweis erfolgt – durch eine Allgemeine bauaufsichtliche Zulassung (abZ), wenn im Brandfall aufschäumende Baustoffe die Abschottung bewirken, – durch eine Europäische Technische Zulassung (ETA), wenn die harmonisierten europäischen Anforderungen eingehalten werden oder – durch ein Allgemeines bauaufsichtliches Prüfzeugnis (abP), wenn die brandschutztechnische Eignung durch die besondere Einbaulage erreicht wird. Durch die Brandprüfung wird die maximal zulässige Oberflächentemperaturerhöhung auf der dem Brand abgewandten Seite nachgewiesen. Mit dieser Begrenzung werden Übertragungen von Sekundärbränden im Brandfall sicher vermieden. ▶ Bei der Verwendung von klassifizierten Abschottungen für die Feuerwiderstandsklassen von R 30 bis R 120 kann der Planer auf Grundlage der Zulassungen und Prüfzeugnisse auf die Festlegung zusätzlicher bauseitiger Maßnahmen verzichten. Dies gewährleistet absolute Planungssicherheit, insbesondere bei den Schnittstellen der Abschottungen zum Bauwerk.

3.12 REGELN FÜR BETRIEB UND WARTUNG

Für den sicheren Betrieb müssen Bodenabläufe von Zeit zu Zeit gereinigt und geprüft werden. Im Grunde eine Selbstverständlichkeit. Doch in Deutschland gibt es selbst dafür Normen. Aber: Was im privaten Bereich eher amüsiert, ergibt beim gewerblichen Immobilienmanagement durchaus Sinn.

Wartungs- und Inspektionsmaßnahmen nach DIN 1986-3, Tabelle 1 / DIN EN 13564-1, Anhang B			
Entwässerungsgegenstand	Maßnahme	Durchführung	Zeitintervall
Reinigungsverschlüsse, Reinigungsöffnungen	Inspektion	▶ Visuelles Prüfen auf Dichtheit, Befestigung und Zugänglichkeit ▶ Wird der Verschluss geöffnet, ist beim Wiederverschließen auf richtige Lage und Sauberkeit der Dichtflächen sowie genügenden Anzug von Verschluss- oder Deckelbefestigung zu achten, damit die Wasser- und Geruchsdichtheit beim Verschließen wieder hergestellt ist.	1 Jahr
Inspektionsöffnungen	Inspektion	▶ Prüfen auf Sauberkeit und Zugänglichkeit	1 Jahr
Abläufe	Inspektion und ggf. Wartung	▶ Prüfung auf ungehinderten Ein- und Ablauf auch etwaiger seitlicher Zuläufe, Dichtheit ▶ Reinigung von Schmutzfängern (Schlammeimer) und Öffnungen in den Einlaufrosten, besonders bei Hof- und Kellerabläufen	6 Monate oder nach Bedarf in geringeren Zeitspannen
Dachabläufe und Notüberläufe	Inspektion und ggf. Wartung	▶ Prüfung auf ungehinderten Ein- und Ablauf auch etwaiger seitlicher Zuläufe, Dichtheit ▶ Reinigung von Schmutzfängern (Schlammeimer) und Öffnungen in den Einlaufrosten bzw. Laub- oder Kiesfang sowie ggf. Funktionskontrolle der Beheizung ▶ Bei Dachabläufen für das Druckentwässerungssystem ist auf korrekten Sitz der Funktionsteile zu achten ▶ Fehlende oder defekte Teile sind zu ersetzen	6 Monate, insbesondere im Herbst
Geruchverschlüsse	Inspektion und ggf. Wartung	▶ Kontrolle des Wasserstandes der Geruchverschlüsse, gegebenenfalls Auffüllen mit Wasser ▶ Reinigung der Schmutzwasser führenden Geruchverschlüsse	Bei Bedarf, insbesondere bei wenig benutzten Ablaufstellen
Rückstauverschlüsse für fäkalienfreies Abwasser (Grauwasser/Regenwasser)	Inspektion	▶ Prüfung der Funktion des Betriebsverschlusses ▶ Betätigung des Notverschlusses durch Schließen und Öffnen	1 Monat
	Wartung	**Folgende Wartungsarbeiten sollten von sachkundigem Personal durchgeführt werden:** ▶ Entfernung von Schmutz und Ablagerungen ▶ Prüfung aller Dichtungen und Dichtflächen auf einwandfreien Zustand, ggf. Austausch der Dichtungen ▶ Kontrolle der Mechanik der beweglichen Abdichtorgane, ggf. nachfetten ▶ Feststellen der Dichtheit der Betriebsverschlüsse durch eine Funktionsprüfung nach Herstellerangaben	6 Monate

4. FLIESBARE DUSCHEN ALS ALTERNATIVE ZUR DUSCHTASSE

Viele Jahrzehnte lang repräsentierte die Duschtasse und mit ihr die geschlossene Kabine den typischen Duschplatz im Badezimmer. Seit jedoch Anfang des neuen Jahrtausends die ersten Entwässerungslösungen für gefliese Duschen im Privatbad auf den Markt kamen, befinden sich diese herkömmlichen Duschen auf dem Rückzug. Die Popularität von Punkt- und Linienabläufen für den Bodeneinbau nimmt ständig zu. Die Nachfrage ist so groß, dass, wie zuvor gezeigt, sogar Unsicherheiten beim Einbau in Kauf genommen werden. Doch woher speist sich diese gewaltige Popularität? Hauptmerkmal dieser Ablauflösungen ist, dass sie bodenbündig eingebaut werden können. Der Duschplatz liegt damit auf Fußbodenniveau und kann wie dieser gefliest werden. Das bringt neue Möglichkeiten für die Badgestaltung mit sich – ästhetisch wie auch funktionell.

> *Abb. 11*
> *Entwässerungslösungen, die bodenbündig eingebaut werden, bringen neue Gestaltungsmöglichkeiten für das Badezimmer mit sich.*

Die neuen Ablauflösungen dienen der architektonischen und damit einheitlichen Gestaltung des Badezimmers. Diese Eigenschaft ist bereits in der Natur der Systeme begründet. Rinne oder Ablauf werden in den Boden integriert, die Abdeckung schließt bündig mit den Fliesen oder Natursteinplatten ab. Die Dusche steht nicht mehr als Fremdkörper mit weißer Wanne im Raum, sondern ist selbst Teil der Badarchitektur. Die Entwässerungstechnik ist nahezu unsichtbar. Der Badfußboden kann im Duschbereich fortgeführt werden und ein durchgängiges Fliesenbild entsteht. Die Grenzen zwischen Nass- und Trockenbereich verschwimmen. Der Raum wirkt größer, klarer und auch hochwertiger. Vor allem kleine Bäder profitieren von diesem äußeren Eindruck. Tatsächlich mehr Platz gewinnt man, wenn die Duschkabine auf Spritzschutzwände reduziert oder gar ganz weggelassen werden kann. Da das Spritzwasser nach dem Duschen leicht mit einem Abzieher abgeführt werden kann, dienen Kabinen oder Glaswände nur noch dem ganz gezielten Schutz von Einrichtungsgegenständen. Die Dusche wird damit endgültig Teil des Raumes.

4. Fliesbare Duschen als Alternative zur Duschtasse

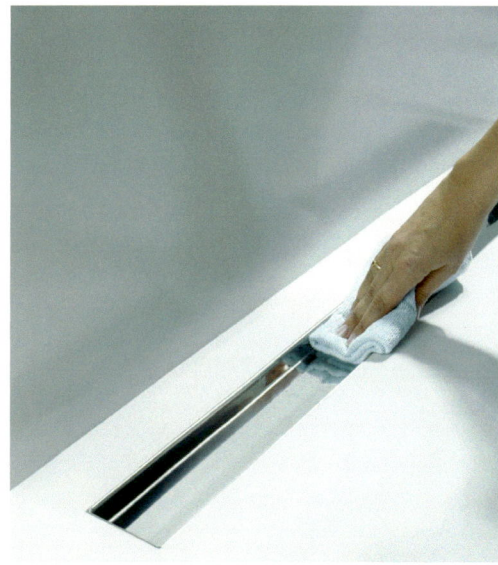

Abb. 12/13
Links: Bodenebene, geflieste Duschen haben ästhetische und praktische Vorteile gegenüber der herkömmlichen Duschtasse.
Rechts: Der Edelstahlkörper ist einfach zu reinigen.

Neben den ästhetischen Vorzügen hat die bodenebene Dusche einen entscheidenden praktischen Vorteil gegenüber der Duschtasse: Sie ist stolperkantenfrei und bei normgerechter Installation mit dem Rollstuhl befahrbar. Kurz, sie ist barrierefrei. Barrierefrei integriert, statt auszugrenzen: Ein ganz starkes Nachhaltigkeitsargument unseres Zeitalters. Barrierefrei trägt dem Wandel in der Altersstruktur unserer Gesellschaft Rechnung. Der Anteil älterer Menschen wird in den nächsten Jahrzehnten rasant steigen. Und da ein hohes Alter meist mit körperlichen Einschränkungen einhergeht, sollen vor allem Funktionen des täglichen Bedarfs barrierefrei sein. Wie beispielsweise das Bad – und hier die Dusche für die tägliche Körperpflege. Doch der Begriff der Barrierefreiheit ist heute noch viel weitgefasster und deckt nicht nur den behindertengerechten Bereich ab. Er steht vielmehr mindestens ebenso für Komfort und Universalität. Ein bodenebener Duschplatz ist für Familien mit Kindern genauso bequem wie für Senioren. Das Bad wird unabhängig von seinen Nutzern und der jeweiligen Lebenssituation. Das ist im Eigenheim von Vorteil und ebenso in Mietwohnungen mit wechselnden Bewohnern, aber auch in Hotel- und Ferienanlagen.

4.1 PUNKTABLAUF ODER DUSCHRINNE?

Ist die Entscheidung des Bauherren für einen gefliesten Duschbereich gefallen, bleibt noch die Wahl des Ablaufsystems. Worin unterscheiden sich Punkt- und Linienentwässerung voneinander? In ihrer Leistungsfähigkeit heben sich die Systeme kaum voneinander ab. Beide Sortimente bieten senkrechte und waagerechte Ausläufe in verschiedenen Ablaufleistungen. Beide halten Lösungen für flache Fußbodenaufbauten für Alt- und Neubau bereit. Die Duschrinne hat den Vorteil, dass sie bei einer bestimmten Länge mit zwei Ausläufen ausgestattet werden kann. So kann ein und dasselbe System besonders große Mengen Wasser aufnehmen und abführen. Neben den linearen Rinnen sind Winkelrinnen erhältlich, die das Wasser auf zwei Seiten der Duschfläche abführen können. Grundsätzlich sind beide Systeme für die meisten Anwendungssituationen im Privatbad geeignet. Unterschiede ergeben sich aus den Platzierungsmöglichkeiten im Raum und aus der Form und vor allem in der Gestaltung des Fliesenbildes.

4.1.1 DAS FLIESENBILD BEACHTEN

Bevor das Ablaufsystem gewählt wird, sollte feststehen, wie der Fußboden gestaltet werden soll. Aufgrund ihrer unterschiedlichen Abmessungen stellen Punktablauf und Duschrinne verschiedene Anforderungen an:

- Platzierung der Ablaufs
- Ausbildung des Gefälles
- Befliesung des Duschbereichs

Die Duschrinne bietet vielfältige Möglichkeiten bei der Platzierung im Raum und echte Vorteile bei großformatigen Fliesen.

Die Edelstahlroste von Punktabläufen sind meist quadratisch und in den präferierten Maßen 100 x 100 mm oder 150 x 150 mm. Einige Hersteller bieten runde Roste an, die sich jedoch schwieriger ins Fliesenbild integrieren lassen. Punktabläufe mit quadratischen Rosten sind ideal für den Anschluss an kleine Fliesen und vor allem an Mosaikfliesen. Da der Punktablauf immer in der Mitte der Duschfläche platziert wird, muss ein vierseitiges Gefälle angelegt werden. Je kleiner die Fliesen sind, desto weniger Fliesenschnitte sind nötig. Je größer, desto mehr wird das Fliesenbild durch Diagonalschnitte gestört.

Die Duschrinne bietet vielfältigere Möglichkeiten bei Platzierung und Fliesenwahl. Sie wird am Rand des Duschbereichs positioniert, an welcher Seite ist grundsätzlich egal, und kann sich nach den Gegebenheiten des Raumes richten. Wandnah eingebaut wirkt die Duschrinne besonders unauffällig. Am Ausgang der Dusche hingegen bildet sie eine optische Trennlinie zwischen Nass- und Trockenbereich. Gerade Duschrinnen sind meist zwischen 700 und 1200 mm lang. Da sie immer am Rand der Dusche liegen, muss das Gefälle stets nur zu einer Seite hin angelegt werden. Für das Fliesenbild ist das optimal, egal welches Format verwendet wird. Große Fliesen und vor allem Natursteinplatten kombinieren sich deshalb besser mit Duschrinnen als mit Punktabläufen. Neben Rostabdeckungen werden Duschrinnen häufig auch mit befliesbaren Abdeckungen angeboten. Dieser befliestete Rost integriert sich perfekt in den Fliesenboden – das Wasser versickert fast unsichtbar durch die schmalen Schlitze im ansonsten durchgehenden Fliesenbelag.

Ein mehr gefühlter als wirklich relevanter Unterschied ergibt sich aus der Lage des Ablaufs. Viele Nutzer bevorzugen eine durchgehende Standfläche im Duschbereich. Auf dem Ablauf zu stehen, behagt ihnen wenig. Auch in diesem Fall ist die Duschrinne die erste Wahl, da sie immer am Rand der Dusche liegt. Legt man hingegen einen Punktablauf an den Rand oder in die Ecke einer Dusche, so verliert der Fliesenbelag durch notwendige Diagonalschnitte seine Symmetrie.

4.1.2 PUNKTABLAUF IN DER PRAXIS

Die gestalterischen Vorteile haben in den letzten Jahren zum klaren Siegeszug der Rinnenentwässerung im Duschbereich geführt. Die Punktentwässerung ist hingegen in funktionsorientierten Räumen weiterhin der Standard. Diese sind z.B. Hauswirtschaftsräume, Technikräume, öffentlich zugängige Toiletten- oder Waschräume oder Ablaufbereiche unter Wasserhähnen. In diesen Räumen wird die Entwässerung primär für Reinigungszwecke oder als Notentwässerung benötigt. Sehr häufig werden Bodenbeläge daher ohne oder mit sehr geringem Gefälle ausgeführt. Da die Bodenreinigung heute meist mit wenig Wasser auskommt und dieses dann gezielt zum Ablauf hin abgezogen werden kann, sind aufwendige Gefälleausführungen oft nicht notwendig.

Bei Notabläufen, welche Wasser beispielsweise im Falle eines platzenden Schlauchs aufnehmen sollen, ist darauf zu achten, dass Wasser auch in den Ablauf fließt und sich nicht den Weg durch die nächste Tür sucht. Ein leichtes Ansteigen des Fliesenbelages zur Tür oder – wo zulässig – eine kleine Schwelle gewährleisten diese Funktion. Generell sollten Schwellen bei barrierefreier Planung vermieden werden. Genaueres regelt hier die Norm zum barrierefreien Bauen DIN 18040. Sollte aber aus technischen Gründen eine Schwelle nicht vermeidbar sein, so sind selbst nach dieser Norm Schwellen bis zu einer Höhe von 2 Zentimetern möglich. Je nach Wasseranfall und Aufnahmekapazität des Bodenablaufes können schon weit geringere Erhebungen den Wasseraustritt durch die Tür sicher stoppen. Eine praxisgerechte und barrierefreie Lösung ist das Schrägstellen der Fliesen im Bereich der Türzarge mit einer Höhendifferenz von etwa einem Zentimeter.

◁ Abb. 14/15
Links: *Großformatige Fliesen lassen sich besser mit einer Duschrinne als mit einem Punktablauf kombinieren. Ein Grund, warum die Duschrinne im Bad bevorzugt wird.*
Rechts: *In funktionsorientierten Räumen ist jedoch der Punktablauf Standard.*

4.1.3 TYPOLOGIE DER DUSCHRINNEN

A Unterschiedliche Materialien

Duschrinnen gibt es aus Kunststoff oder Edelstahl. Während die Rinnenkörper meist aus Edelstahl hergestellt werden, sind die Ablauftöpfe der Duschrinnen fast immer aus Kunststoff. Bei diesen Abläufen hat sich Polypropylen (PP) als Werkstoff bewährt. PP ist auch der Werkstoff des grauen Abwasserrohres (HT-Rohr = Hochtemperatur- Rohr) und hat damit seine Dauerfestigkeit und Praxistauglichkeit unter Beweis gestellt. Beim Rinnenkörper konnten sich Kunststoffprodukte bisher nicht durchsetzen. Da die Rinne ja mindestens 30 Jahre ihre Funktion bewahren soll, ist dies auch verständlich. Edelstahl ist gut zu reinigen, unempfindlich gegen übliche Haushaltsreiniger, verändert sich farblich auch bei langjährigem Gebrauch nicht und ist absolut temperaturstabil. Alles Vorzüge, die nicht jeder Kunststoff bieten kann.

B Unterschiedliche Ausführung der Rinnenkante

Duschrinnen gibt es mit sichtbarer, direkt angeformter Rinnenkante oder komplett ohne Rinnenkante. Im zweiten Fall bildet entweder der Bodenbelag (Fliese oder die Natursteinplatte) die Rinnenkante oder es wird ein separates Edelstahl-Fliesenprofil als Abschluss gesetzt. Was ist nun die bessere Duschrinne? Wie so oft haben beide Lösungen Vor- und Nachteile. Letztendlich hängt es von der Bausituation und vom persönlichen Geschmack ab, welche Ausführung bevorzugt wird.

> *Abb. 16*
> *Duschrinne mit durchgängigem Rinnenkörper und Edelstahlsichtkante.*

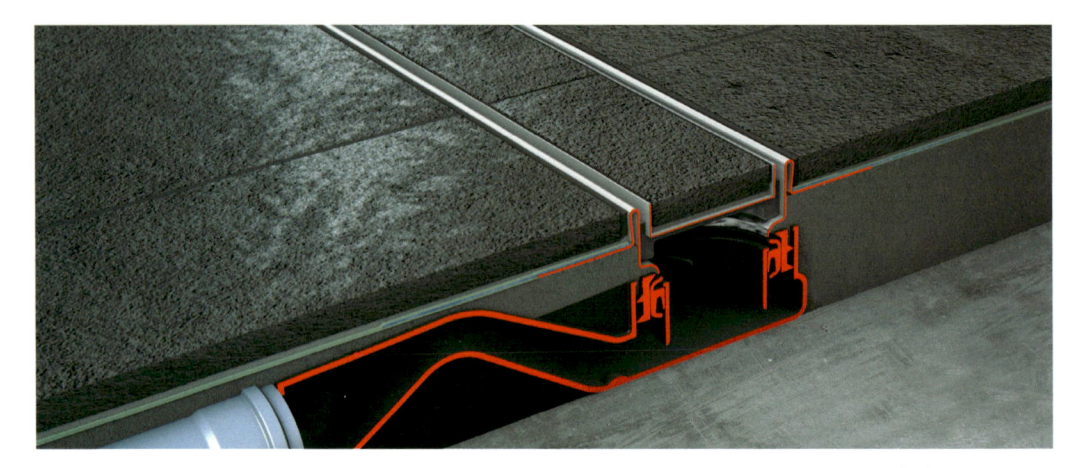

Varianten:

Duschrinnen mit durchgängigem Rinnenkörper und Edelstahlsichtkante:

Vorteile:
- besser zu reinigen und zu pflegen
- besonders geeignet für Fliesenbeläge
- keine Wartungsfugen außerhalb des Sichtbereichs
- kein zusätzliches Fliesenprofil
- keine scharfkantigen Übergänge

Nachteile:
- Sichtkante ist, wie der Name schon sagt, sichtbar
- aufwendiger in der Fertigung

Duschrinnen mit Rinnenkörper unterhalb der Fliesenebene – ohne sichtbare Fliesenkante:

Vorteile:
- keine sichtbare Edelstahlkante bei unempfindlichen Fliesen oder Naturstein
- besonders geeignet für Naturstein mit geschliffener Kante

Nachteile:
- Bei empfindlichen Fliesen oder Naturstein muss ein zusätzliches Fliesenprofil gesetzt werden.
- Nicht einsehbare Fuge im Ablaufbereich der Rinne.
- Wenn die Fuge zwischen Fliese und Rinnenflansch nicht dauerhaft abgedichtet ist, kann Wasser bei Anstau in der Rinne unter die Fliesen ziehen.

> **EXKURS: SICKERWASSER-ENTWÄSSERUNG**
>
> In den Anfängen der Rinnenentwässerung im Duschbereich wurde teilweise eine sogenannte „Sickerwasser-Entwässerung" im Inneren der Duschrinne gefordert. Diese Entwässerung sollte dafür sorgen, dass durch defekte Fliesenfugen einsickerndes Wasser unterhalb der Fliesen in den Rinnenkörper eingeleitet wird. In der Realität fließt aber kein Wasser unter den Fliesen! Selbst in den Rillen des Zahnspachtels kann aufgrund des Kapillareffekts einmal eingesickertes Wasser lediglich durch Verdunstung wieder austreten. Die „Sickerwasser-Entwässerung" birgt im Gegenteil sogar die Gefahr, dass durch die Öffnungen Wasser, Seifenreste, Haut- und Haarschuppen oder sonstige Verunreinigungen unter die Fliesen ziehen. Nicht die Feuchtigkeit ist hierbei das Problem, da sich diese ja oberhalb der Abdichtung befindet. Durch die mikrobiologische Zersetzung des organischen Materials kann es an solchen Rinnen zur Geruchsbelästigung kommen. Letztendlich kann dieses Problem nur durch die Entfernung der Fliesen und durch ein dauerhaftes Verschließen der „Sickerwasser-Entwässerung" behoben werden.

Da ein Anstau des Wassers im Inneren der Duschrinne bei jedem Duschgang der Regelfall und nicht die Ausnahme ist, gilt der Grundsatz, dass auch bei Duschrinnen ohne sichtbare Rinnenkante die Fuge zwischen Rinnenflansch und Fliese dauerhaft abzudichten ist. Dieses kann beispielsweise durch Epoxidharz oder durch andere geeignete Kleber oder Dichtstoffe erfolgen.

C Duschrinnen mit Styropor-Unterfütterung

Der Großteil der Duschrinnen wird komplett in den Estrich eingebaut und auch mit Estrich unterfüttert. Wird der gesamte Bodenaufbau im Bad mit einheitlichem Estrichmaterial ausgeführt, kann es nicht zur Rissbildung aufgrund von unterschiedlichen Festigkeiten oder Wärmeausdehnungen kommen. Eine Unterfütterung der Rinne mit Styropor erleichtert zwar den Einbau, bietet aber eben keinen durchgängigen Estrichkörper.

D Duschrinnen in einem Hartschaum-Dusch-Element

Besonders im Bereich der Punktabläufe erfreuen sich Hartschaum-Duschelemente großer Beliebtheit. Durch die vorgegebene Gefälleneigung ist die aufwendige Gestaltung eines vierseitigen Gefälle-Estrichs nicht notwendig. Da Duschböden mit Duschrinnen meist mit einem einseitigen oder zweiseitigen Gefälle ausgebildet werden, ist das Einbringen des Gefälle-Estriches deutlich einfacher. Meist sogar genauso einfach wie das Einbringen von Höhenausgleichs-Schichten unterhalb eines Duschelementes aus Hartschaum. Aus diesem Grund kommen Duschelemente mit Duschrinnen deutlich seltener zum Einsatz als Duschelemente mit Punktabläufen. Von Seiten der Abdichtung bringen diese Elemente keine Vorteile. Problematisch sind bei der Abdichtung die Übergänge zu den benachbarten Bauteilen. Diese sind bei Duschelementen die Wände und die angrenzenden Bodenflächen. Bei der herkömmlich eingebauten Duschrinne ist es der Dichtflansch zur angrenzenden Estrichfläche.

E Duschrinnen im Trockenbau

Seit Kurzem bietet Firma Fermacell mit dem Powerpanel TE Gefälle-Set eine Trockenbaulösung an, in die eine Duschrinne sicher integriert werden kann. Der gesamte Boden wird hierbei aus einer zementären Trockenbauplatte aufgebaut. Auch hierbei erhält man wieder einen einheitlichen Bodenaufbau ohne Materialsprünge. Die Duschrinne wird mit dem Seal System Dichtband und der Fermacell Flüssigfolie sicher eingedichtet. Der Hauptvorteil von Trockenbaukonstruktionen ist der Wegfall von Trocknungszeiten in der Bauphase.

> **Abb. 17/18**
> Auch im Trockenbau können Duschrinnen eingebaut werden – mit Fermacell Powerpanel TE.

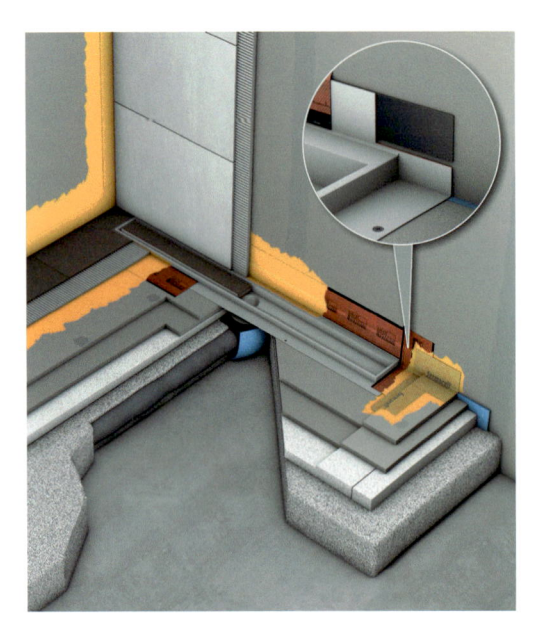

F Winkelrinne – eine besondere Form der Duschrinne

Wie der Name schon sagt, bestehen diese Rinnen aus zwei im 90°-Winkel angeordneten geraden Schenkeln. Diese sind zum Raum hin angeordnet. Ein Einbau zur Wand hin ist schwierig, da ein gleichmäßiges Gefälle zur Wand meist nicht realisiert werden kann. Winkelrinnen sollten für jeden Schenkel einen Ablauf besitzen. Ansonsten wird die Rinnenlänge, welche in einen mittigen Ablauf entwässert, schnell zu lang.

4.1.4 POSITIONIERUNG DER RINNE IM RAUM

A Wandnahe Montage

In der Praxis hat sich die Positionierung zur Wandseite, mit einem Abstand von ca. 10 cm zur Wand, bewährt. Diese Position hat den Vorteil, dass das Gefälle zur Wand und nicht zum Raum hin verläuft. Selbst wenn es einmal ein Problem mit dem Abfluss gibt, wird nicht gleich der ganze Raum geflutet. Das Abrücken von der Wand führt zu einer klaren Trennung von Wand- und Bodenbereich. Hierdurch gibt es weniger Probleme bei der Realisierung der Schnittstelle Wand-Boden hinsichtlich Schallentkopplung und Abdichtung. Auch ist die Reinigung der Rinne meist einfacher, wenn diese etwas von der Wand abgerückt ist.

B Positionierung direkt an der Wand

Aus optischen Gründen wird die Rinne teilweise direkt an der Wand positioniert. Für diesen Einbaufall gibt es spezielle Rinnen mit angeformtem Wandflansch. Alternativ können manche universelle Rinnen auch bauseitig über eine Vorstanzung hochgekantet werden. Je nachdem, wie dick die Wandfliese ist, kann der Spalt zwischen dieser und der Rinnenkante variieren. Bei der werkseitig gekanteten Rinne ist dieses in der Regel unproblematisch, da im Übergang poliertes Edelstahl zu sehen ist. Bei bauseitig aufgekanteten Modellen sollte das Spaltmaß bei der Planung berücksichtigt werden.

◁ *Abb. 19/20*
Links: *Der wandnahe Einbau hat sich in der Praxis bewährt. Wandabstand ca. 10 cm.*
Rechts: *Einbau direkt an der Wand: Hochkantung eines vorgestanzten Rinnenflansches.*

C Positionierung zum Raum

Um Nass- und Trockenbereich klar voneinander zu trennen, können Rinnen auch zum Raum hin positioniert werden. Hier muss darauf geachtet werden, dass ein Gegengefälle zum Raum hin ein Überschwallen der Rinne vermeidet. Schon 5 mm Höhenversatz reichen hier aus. Wird die Rinne unter einer Duschtür positioniert, so muss darauf geachtet werden, dass die Rinnenabdeckung noch entnommen werden kann.

4.2 DIE DUSCHRINNE UND IHRE INTEGRATION IN DIE VERBUNDABDICHTUNG

Viele Duschrinnen werden aus Edelstahl gefertigt, einem Werkstoff, der aufgrund seiner Materialeigenschaften hohe hygienische Standards setzt. Auf der polierten Oberfläche des äußerst dichten Materials finden Keime und Bakterien kaum Halt und können sich nur schwer vermehren. Auch die Rinnenform sollte die einfache Reinigung und somit die Hygiene unterstützen. Dies bedeutet, dass der Rinnenkörper nach Möglichkeit keine Ecken und Kanten besitzen sollte, welche nicht zugängig sind. Hohlräume, wie sie teilweise bei den ersten Duschrinnen unter einer losen Rinnenkante entstanden sind, müssen unbedingt vermieden werden. In solche Hohlräume dringt bei jedem Duschen Wasser ein. Dieses Wasser transportiert Haare, Hautschuppen oder Seifenreste in den Hohlraum unter der Rinnenkante. Wenn dieser dann nicht gereinigt werden kann, entstehen unangenehme Gerüche und hygienisch bedenkliche Ansammlungen von Mikroorganismen. Hohlräume und unzugängliche Kanten und Ecken sind daher unbedingt zu vermeiden. Auch in den Rinnenkörper eingeschweißte Bolzen sollten vermieden werden, da sich an diesen besonders Haare gerne verfangen.

Ein eingearbeitetes Gefälle sorgt für einen zügigen und rückstandslosen Ablauf des Wassers. In die Duschrinne ist in der Regel ein Geruchverschluss integriert. Das Tauchrohr des Geruchverschlusses muss entnehmbar sein, damit im Notfall der Zugang mit einer kleinen Reinigungsspirale möglich ist. Es gibt noch immer Rinnen am Markt, die keinen Zugang zur Abwasserleitung bieten. Dieses kann im Falle einer Verstopfung extreme Probleme und Kosten verursachen und sollte deshalb bei der Planung berücksichtigt werden.

Eine notwendige und zugleich gestalterische Komponente stellt die Abdeckung dar. Als wesentliches sichtbares Element der Rinne kommt der Abdeckung eine hohe ästhetische Bedeutung zu. Es gibt Edelstahlroste in vielen Designs, durch deren Muster das Wasser in die Rinne geführt wird. Darüber hinaus sind durchgehende Leisten aus Edelstahl oder Glas erhältlich. Das Wasser verschwindet über eine schmale Fuge zwischen Abdeckung und Bodenbelag. Nahezu unsichtbar wird die Entwässerungslösung, wenn eine befliesbare Abdeckung gewählt wird. Die schon erwähnte Edelstahlmulde wird mit den Fliesen des Fußbodens belegt und passt sich dem Fliesenbild an. Für Natursteinböden gibt es spezielle Rinnenlösungen, die mit beliebig dicken Platten und Fliesen belegt werden können.

Abb. 21
Komponenten Duschrinne:
1. Rinnenkörper aus Edelstahl
2. Flansch mit Schutzfolie
3. Ablauf mit Geruchverschluss
4. Schallentkoppelte Montagefüße

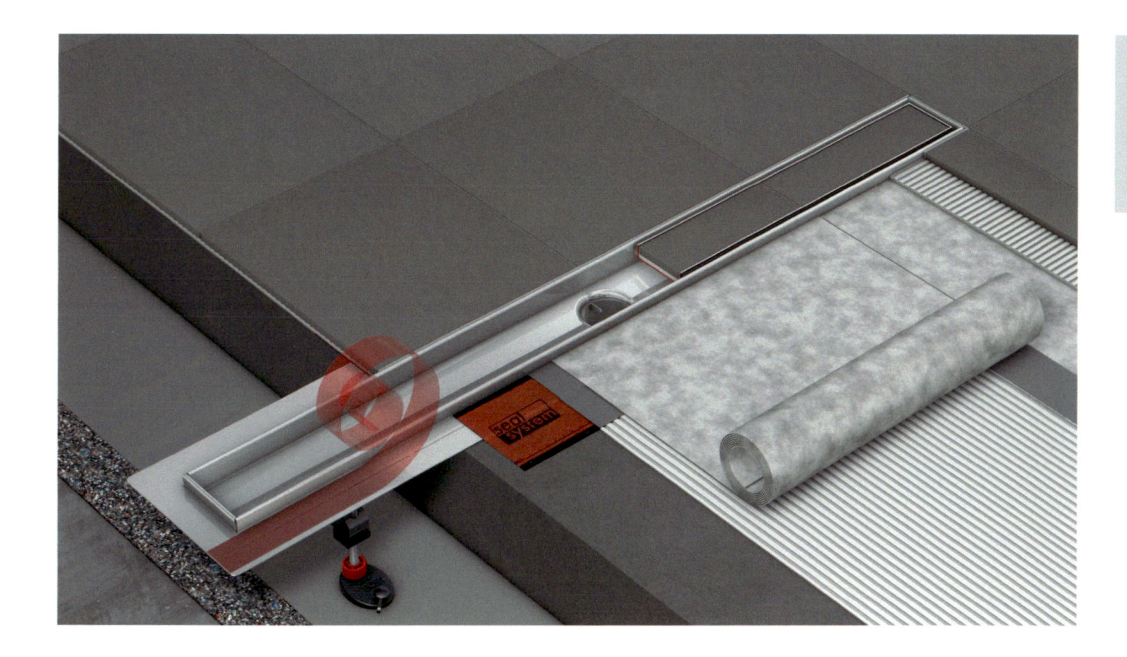

Abb. 22
Das Seal System Dichtband verbindet zuverlässig den Rinnenflansch mit der Verbundabdichtung.

4.2.1 SEAL SYSTEM DICHTBAND

Am Edelstahlkörper der Seal System zertifizierten Duschrinnen ist ein umlaufender Montageflansch ausgearbeitet, der die Abdichtung direkt am Übergang zwischen Rinne und Fußboden sichert. Zur bauseitigen Abdichtung wird das Seal System Band, ein einseitig vlieskaschiertes Dichtband, standardmäßig mit der Rinne ausgeliefert. Das mit Butylkautschuk beschichtete Band ist eine Spezialentwicklung und als solche Teil von Seal System. Ein schmaler Streifen an den Rändern des Bandes ist nicht mit Vlies beschichtet. Die Bänder werden entsprechend der Längen von Schmal- und Längsseiten zugeschnitten und dann auf den Edelstahlflansch geklebt. Die an den Ecken überlappenden Bänder werden ebenfalls zusammengeklebt. Die Stellen, an denen das Vlies ausgespart wurde, verbinden sich dabei so innig miteinander, dass der Kapillareffekt des Vlieses unterbunden wird.

Das Seal System Dichtband hat zwei wesentliche Funktionen: Erstens schafft es eine ausreichend große Fläche für die zuverlässige Verbindung von Abdichtung und Klebeflansch. Zweitens fängt es eventuelle Bauteilbewegungen auf und schützt damit am Übergang zum Duschrinnenflansch dauerhaft vor Rissen in der Verbundabdichtung.

Abb. 23
Spezialentwicklung: Seal System Dichtband aus Butylkautschuk.

4.2.2 EINBAU UND ABDICHTUNG

Im folgenden Bildteil werden die einzelnen Schritte für den Einbau und die Abdichtung einer TECEdrainline-Duschrinne dargestellt. Für dieses Beispiel wurde eine zweikomponentige Kunststoff-Zementmörtel-Abdichtung verwendet.

> ▶ *Das Aufstellen und Anschließen der Duschrinne übernimmt der Sanitärinstallateur. Für die Estrichverfüllung, die Verbundabdichtung und das Fliesenlegen ist der Fliesenleger zuständig.*

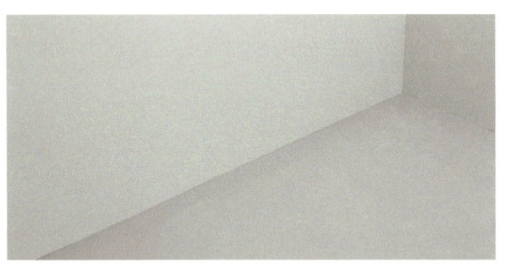

Der trockene Raum ist die Grundlage des kompletten Schichtaufbaus.

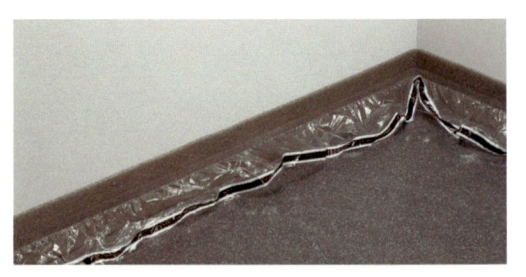

Die Trittschalldämmung wird eingebracht. Die Wände werden mit Randdämmstreifen entkoppelt.

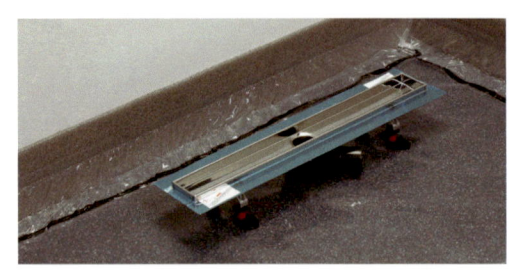

Die Duschrinne wird im Raum platziert und in der Höhe ausgerichtet.

Duschrinne kann mit Schrauben und Dübeln fixiert werden.

Die Duschrinne wird verrohrt und mit Estrich unterfüttert. Die Ausrichtung wird mit der Wasserwaage kontrolliert.

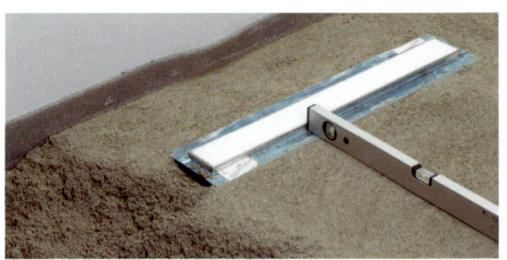

Das Gefälle zur Rinne sollte ca. 1% betragen.

Die Randdämmstreifen zur Wand werden mit einem scharfen Messer an der Estrichoberkante entfernt.

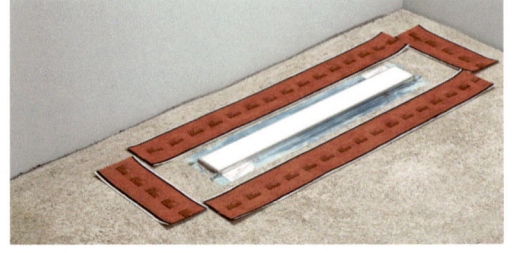

Das Seal System Dichtband wird auf die Duschrinnenmaße hin mit überlappenden Zonen abgelängt.

4. Fliesbare Duschen als Alternative zur Duschtasse

Die Schutzfolie auf dem Edelstahl-Ablaufflansch wird abgezogen.

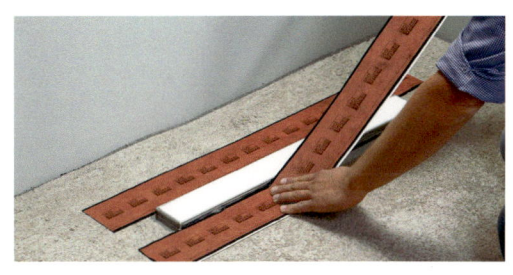

Das Seal System Band wird mit dem Flansch der Rinne verklebt.

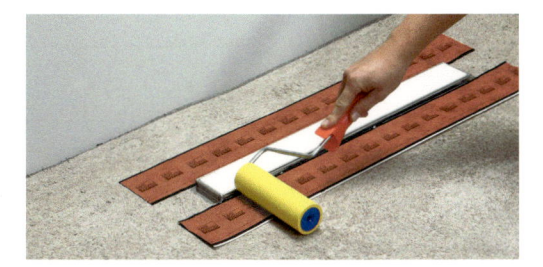

Mit dem Gummiroller wird die Verbindung zwischen der Butylkautschukschicht und dem Stahl verdichtet.

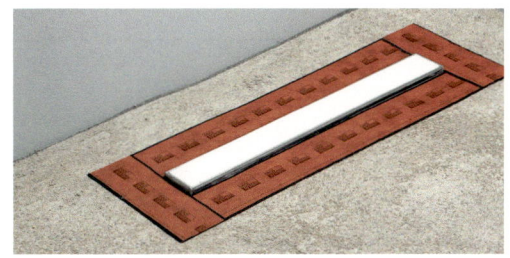

Die restlichen Seal System Bänder werden überlappend ebenfalls aufgebracht.

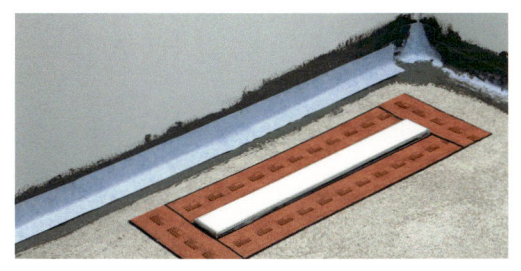

Die Ecken und Winkel werden mit der flüssigen Verbundabdichtung ausgestrichen – das Dichtvlies wird eingelegt.

Die erste Schicht der flüssigen Verbundabdichtung wird mit dem Pinsel aufgetragen.

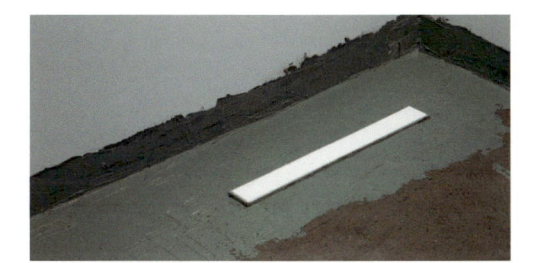

Wenn die erste Schicht getrocknet ist, wird die zweite Schicht der Abdichtung aufgetragen.

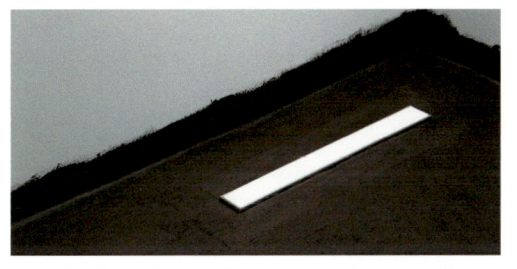

So sieht die Verbundabdichtung nach dem getrockneten zweiten Verbundabdichtung-Auftrag aus.

Der Fliesenkleber wird mit dem Zahnspachtel aufgetragen. Die Fliesen werden gelegt.

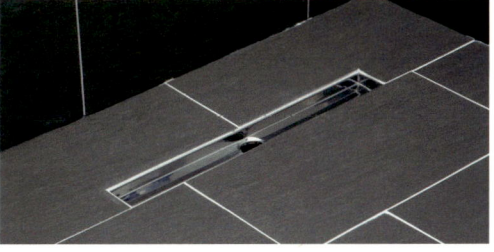

Die fertig verfugte und ins Fliesenraster eingepasste Duschrinne (ohne Abdeckung).

55

4.3 DER PUNKTABLAUF UND SEINE INTEGRATION IN DIE VERBUNDABDICHTUNG

Die Punktabläufe mit Seal System Dichtflansch bestehen aus hochwertigem PP-Kunststoff. Der Werkstoff ist temperaturbeständig, chemikalienresistent und hygienisch. Für alle häuslichen Abwässer sind diese Abläufe deshalb bestens geeignet. Ein Universalflansch erlaubt die Kombination mit flüssigen und bahnenförmigen Abdichtungen und ebenso mit Klemmflanschverbindungen. Zur sicheren und dauerhaften Anbindung an alle Verbundabdichtungen ist auf dem Flansch ein Vlies eingespritzt. Die Verbindung von Vlies und Flansch ist wiederum Bestandteil der Kombinationsprüfungen und somit Bestandteil der Seal System Abdichtung.

Wie bei den Duschrinnen ist der sichtbare Teil des Ablaufs – der Ablaufrost – variabel. Es steht eine Vielzahl Designroste aus Edelstahl zur Verfügung. Abläufe gibt es in unterschiedlichen Größen und Leistungsklassen. Sie bilden den Geruchverschluss des Punktablaufs.

EXKURS: PUNKTABLAUF ALS NOTENTWÄSSERUNG
In immer mehr Haushalten dient der Punktablauf vornehmlich als Notablauf – beispielsweise neben der Waschmaschine. Die ursprüngliche regelmäßige Entwässerung entfällt hier. Dies führt zu neuen Problemen. Da viele Abläufe nicht mehr regelmäßig mit Wasser beaufschlagt werden, trocknet der Siphon aus. Der Geruchsverschluss funktioniert nicht mehr – es stinkt. Verschiedene neuartige Geruchsverschlüsse mit Klappen, Federn oder Schwimmkörpern haben versucht, dieses Problem zu lösen. Letztendlich reicht aber keine Entwicklung an die Funktionssicherheit eines wassergefüllten Siphons heran. Neu sind jetzt zweistufige Membrangeruchsverschlüsse. Diese setzen bewusst auf das bewährte Sperrwasser, unterbinden aber die Verdunstung des Sperrwassers in den Raum durch eine hochflexible Silikonmembran. Sollte nach sehr langer Zeit dann doch einmal das gesamte Sperrwasser verdunstet sein, wirkt die Membran zudem auch ohne Wasser als Geruchverschluss. Solche Membrangeruchsverschlüsse gibt es neuerdings auch für Duschrinnen und hier sogar zum nachrüsten.

4.3.1 SEAL SYSTEM DICHTMANSCHETTE

Abb. 24
Seal System Dichtmanschette zum sicheren Abdichten.

Zur sicheren bauseitigen Abdichtung ist zu den zertifizierten Abläufen eine beidseitig vlieskaschierte Dichtmanschette erhältlich. Diese wird in den ersten Anstrich eingelegt. Dann erfolgt darüber ein zweiter Anstrich. Der flüssige Dichtstoff verbindet sich mit dem Vlies zu einer absolut dichten Schicht. Der Einsatz der Manschette ist bei allen Abdichtsystemen Bestandteil der Seal System Abdichtungsprüfung. Bahnenförmige Abdichtsysteme können direkt mit der Dichtmanschette verklebt werden. Hierbei kommt jeweils der gleiche Kleber zum Einsatz, welcher auch für die Stoßverklebung der Abdichtvliese verwendet und zugelassen ist.

Verbundabdichtungen sind nur begrenzt rissüberbrückend: Die Seal System Dichtmanschette wird komplett in die Dünnbettabdichtung eingebettet und damit eine mögliche Rissbildung verhindert, wie sie beispielsweise durch unterschiedliche Längenausdehnungen oder Setzbewegungen im Ablaufbereich entstehen können.

4. Fliesbare Duschen als Alternative zur Duschtasse

4.3.2 EINBAU UND ABDICHTUNG

Im folgenden Bildteil werden die einzelnen Schritte für den Einbau und die Abdichtung eines Ablaufes mit Seal System gezeigt. Für dieses Beispiel wurde eine zweikomponentige Kunststoff-Zementmörtel-Abdichtung verwendet.

Der trockene Raum ist die Grundlage des kompletten Schichtaufbaus.

Die Trittschalldämmung wird eingebracht. Die Wände werden mit Randdämmstreifen entkoppelt.

Der Punktablauf wird angeschlossen und auf seine Dichtigkeit hin geprüft.

Um den Punktablauf wird der Estrich angefüllt.

◀ *Bodenablauf mit Universalflansch: Auf dem Flansch ist ein Vlies für die dauerhafte Anbindung an die Verbundabdichtung eingespritzt.*

Mit der Wasserwaage wird das Gefälle kontrolliert.

Die Randdämmstreifen zur Wand werden mit einem scharfen Messer an der Estrichoberkante entfernt.

Die Ecken und Winkel werden mit der Verbundabdichtung ausgestrichen – das Dichtvlies wird eingelegt.

Die erste Abdichtungsschicht wird aufgetragen. Die Schutzfolie auf dem Ablaufflansch wird abgezogen.

4. Fliesbare Duschen als Alternative zur Duschtasse

Die erste Schicht der Verbundabdichtung wird aufgetragen.

Die Seal System Dichtmanschette wird in die noch feuchte erste Schicht der Verbundabdichtung eingelegt.

So sieht die erste Schicht der Verbundabdichtung aus, wenn sie getrocknet ist.

Die zweite Schicht der flüssigen Verbundabdichtung wird mit dem Pinsel aufgetragen.

Die zweite Schicht der Verbundabdichtung nach dem Austrocknen.

Mit dem Zahnspachtel wird der Fliesenkleber aufgetragen.

Perfektes Fliesenbild mit Punktablauf.

4.4 SCHALLSCHUTZ UND BRANDSCHUTZ

Häufig gibt es Anforderungen an Schall- und/oder Brandschutz im Bereich von Duschrinnen und Bodenabläufen. Stellen Sie im Planungsprozess sicher, dass das ausgewählte System diese Anforderungen erfüllt. Nach dem Einbau ist eine Nachrüstung oder auch nur ein Nachweis meist teuer oder gar nicht möglich. Im breiten Sortiment der Seal System Duschrinnen und Punktabläufe gibt es unterschiedlichste Lösungen für den Schall- und Brandschutz.

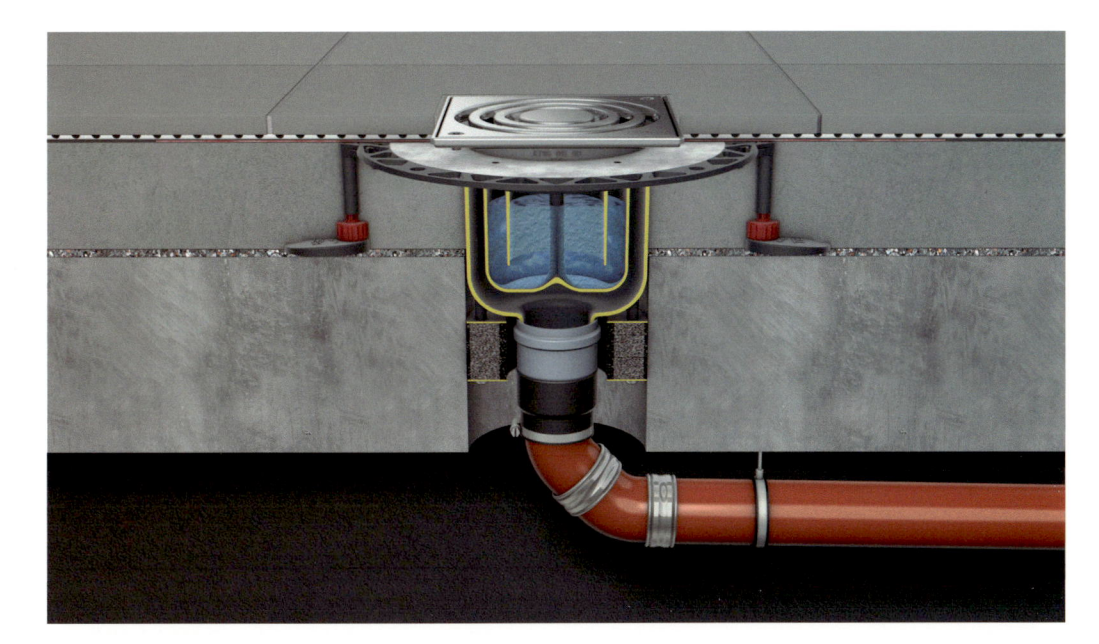

◁ *Abb. 25*
Vorbeugender Brandschutz: Bodenablauf TECEdrainpoint S mit montiertem Brandschutzset FireStop EI 120.

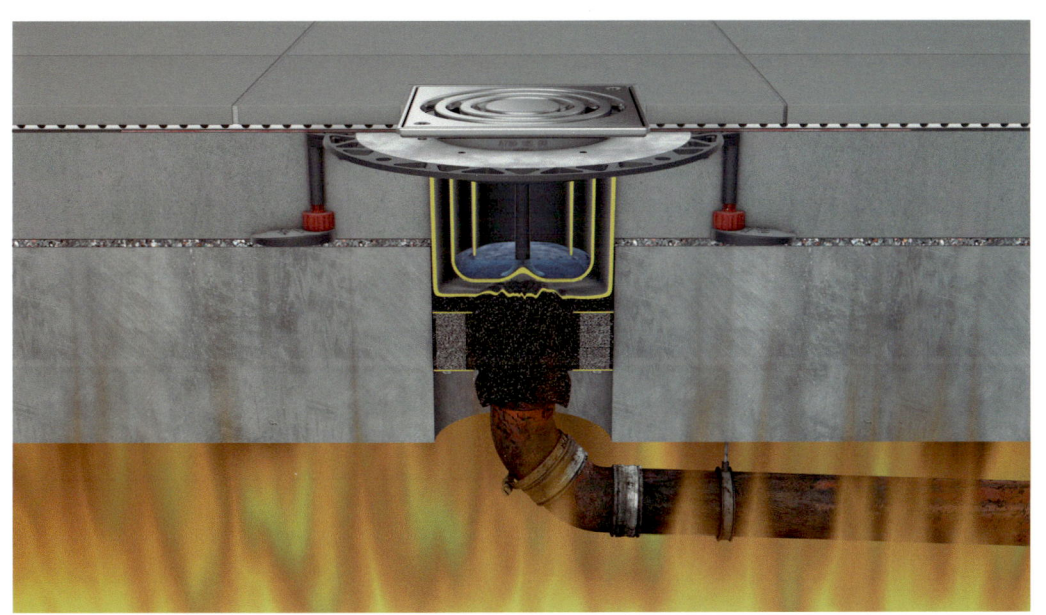

◁ *Abb. 26*
Steigt die Temperatur während eines Brandes an, bläht sich das in der Brandschutzmanschette enthaltene intumeszierende Material auf; der Ablaufstutzen wird zerdrückt und dadurch komplett verschlossen.

5. PARALLELWELTEN DER SYSTEME

Bodenebene, gefliese Duschen haben sich in den letzten Jahren sehr schnell und erfolgreich gegen Vorgängersysteme durchgesetzt, wobei die Verbundabdichtung und der Bodenablauf eine besondere Rolle spielten. Duschrinne und Punktablauf setzen sich gegen die Duschtasse durch und die Verbundabdichtungen gegen im Dickbett verlegte Fliesen mit unterer Bitumenabdichtung. Die Vorteile gegenüber dem jeweils älteren Verfahren waren so eindeutig, dass sie rasend schnell immer mehr Verarbeiter überzeugten. Einen weiteren Schub erhielten die Systeme durch die Möglichkeit, sie zu kombinieren. Das Resultat sind bodengleiche, gefliese Duschen, die durch ihre ästhetischen und komforttechnischen Merkmale Badplaner und Bauherren gleichermaßen für sich einnehmen. Diese an sich positive Entwicklung stellt jedoch vor allem den Fliesenleger vor ein Problem: Zwar sind beide Systeme – Entwässerungslösung und Abdichtung – jedes für sich geregelt und entsprechend sicher. Doch was passiert an den Schnittstellen, wenn Verbundabdichtung und Bodenablauf oder Rinne kombiniert werden? Für diesen Bereich gibt es bislang keine verbindlichen Regeln. Erschwerend kommt hinzu, dass die Kombinationsmöglichkeiten von Abläufen und Dichtstoffen in die Hunderte gehen. Die Unsicherheit, welche Kombinationen wirklich dicht sind, wächst und mit Regelwerken oder Normen ist diesem Problem, im Moment jedenfalls, nicht beizukommen. Die Lösung, die Seal System bietet, ist einfach und doch zugleich extrem aufwendig: Die Kombinationen aus Entwässerungssystem und Verbundabdichtung wurden einzeln geprüft und zertifiziert.

Die folgenden Abschnitte beleuchten zunächst die Vorteile von Duschrinne, Punktablauf und Verbundabdichtung näher. Im Anschluss wird das Seal System Projekt vorgestellt und der Nutzen für Planer und Verarbeiter erläutert.

5.1 VORTEILE BODENINTEGRIERTER ENTWÄSSERUNG

Anfangs war es die Barrierefreiheit. Im Zuge der Diskussionen über den demografischen Wandel wurden die bodenebenen Duschen zum Symbol des generationengerechten Badezimmers. Im Objektbau sind die architekturintegrierten Entwässerungsprodukte deshalb auf dem besten Weg, zum Standard zu werden: Altenheime, Hotels oder Mietwohnungen – die bodenebene Dusche macht das Bad für jeden nutzbar und bequemer. Kein Ein- und Aussteigen auf rutschigen Oberflächen, keine Stolperfallen und Hindernisse mehr. Man „steigt" nicht mehr in die Dusche, sondern „geht" einfach rein. Die Ganzkörperreinigung ist damit für Menschen mit eingeschränkter Bewegungsfähigkeit auch ohne Hilfe problemlos möglich. Der Vorteil für Investoren: Wohnungen und Hotelzimmer sind universell vermiet- und verkaufbar.

Soweit die Objekte. Doch wie erklärt sich der Vormarsch von Punkt und Linie in den privaten Wellness-Oasen, den Familienbädern und den stylischen Wohnbädern der Single-Lofts? Hier sorgt das Prinzip des „Wasser-einfach-weg" für eine hohe Akzeptanz. Das Wasser verschwindet im Boden und der Duschbereich kann in die Fußbodengestaltung mit einbezogen werden. Sogar die Abdeckung des Ablaufs oder der Duschrinne sind befliesbar und damit fast unsichtbar. Weiße Duschwannen, die in so manchem Natursteinbad in Farbe und Materialqualität wie Fremdkörper wirken, sind verzichtbar. Durchgängig gestaltete Böden mit integrierten Entwässerungslösungen lassen Bäder großzügiger, freier und aufgeräumter wirken.

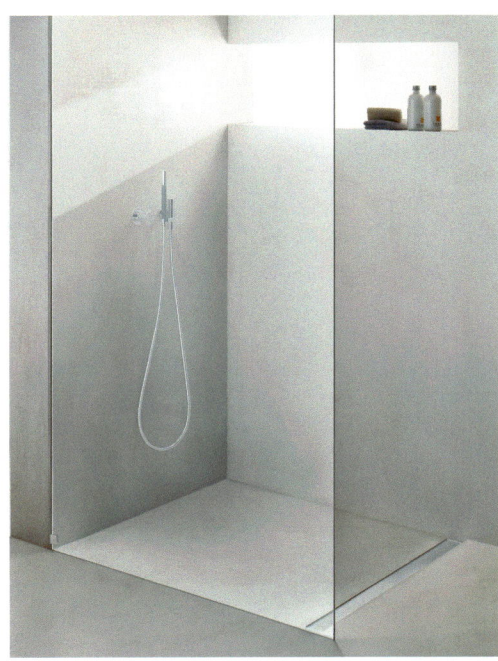

Abb. 27/28
Links: Durchgängige Fußbodengestaltung mit Fliesen oder Naturstein.
Rechts: Bodenebene Dusche ohne Stolperfallen.

Kurz, die Duschfunktion ist da, doch man sieht sie kaum. Das Bad und der Wellness-Raum reduzieren sich mehr und mehr auf Architektur und lösen sich von den technischen Apparaten.

Was jedoch Bauherren und Innenarchitekten gefällt, ist für das ausführende Handwerk nicht unproblematisch. Zum Beispiel die Abdichtung der Duschfläche und hier besonders der Schnittstelle zwischen Entwässerungslösung und Fußboden mit Fliesenbelag. Verarbeitungsfehler oder nicht zusammenpassende Komponenten und Materialien können zu Feuchteschäden und letztlich zu Reklamationen führen.

Gängiges Dichtverfahren ist heute die Verbundabdichtung, das heißt die Abdichtung im Verbund mit Fliesen und Platten. Dieses Abdichtverfahren hat sich zusammen mit der Verlegung von Fliesen im sogenannten Dünnbettverfahren in den letzten Jahren gegenüber dem aufwendigen Dickbettverfahren durchgesetzt.

5.2 VORTEILE VON VERBUNDABDICHTUNGEN

Beim herkömmlichen Dickbettverfahren wird Mörtel in einer Schicht von 20 bis 60 mm (bei Fußbodenbelägen) aufgebracht und dann werden die Fliesen direkt in den feuchten Mörtel gelegt. Das Problem: Da die Abdichtung unter dieser Mörtelschicht angesiedelt ist, werden bei diesem Verfahren zwangsläufig einzelne Bauteile durchfeuchtet, was zur Verkeimung dieser Bereiche führen kann. Besonders problematisch ist es, wenn die Abdichtung unterhalb der Trittschallisolierung angeordnet ist. Verbundabdichtungen dagegen halten die Feuchtigkeit oberflächennah ab und die gesamte Verarbeitung ist komfortabler und sicherer, beispielsweise bei der Abdichtung der Übergänge vom Boden zur Wand oder wenn Bauteile (zum Beispiel Armaturen oder Ablaufsysteme) in den Fliesenverbund integriert werden müssen. Und, ein nicht zu unterschätzender Vorteil: Dünnbettabdichtungen sind preiswerter als herkömmliche Bauwerksabdichtungen.

> *Abb. 29*
> *Verbundabdichtungen halten die Feuchtigkeit oberflächennah ab. Ihre Verarbeitung ist komfortabel und sicher.*

Verbundabdichtungen haben bei allen Vorteilen jedoch einen großen Nachteil: Während die herkömmliche Abdichtung beim Verlegen der Fliesen im Dickbettverfahren mit Bitumen- oder Polymerbitumenbahnen weitgehend normativ geregelt ist, gibt es solche Standardisierungen bei der Verbundabdichtung nicht. Das ruft eine Vielzahl an Herstellern der bauchemischen Industrie auf den Plan. In dem Maße, indem Verbundabdichtungen immer beliebter wurden, nahm auch das Sortiment an Dichtstoffen am Markt zu. Heute gibt es Hunderte Dichtsysteme von vielen verschiedenen namhaften Herstellern – und viele unterschiedliche Präferenzen im Fliesenlegerhandwerk. In einem unübersichtlichen Markt stellte sich die Frage nach der Qualität der vielen neuen Abdichtungen. War wirklich mit jedem System dauerhafte Dichtigkeit garantiert? Diese Frage ist heute geklärt, denn die Abdichtungen sind mittlerweile bauaufsichtlich geregelt. Das heißt, sie sind in die vom Deutschen Institut für Bautechnik (DIBt) herausgegebene Bauregelliste A aufgenommen. Die Eignung des Verbundabdichtsystems muss durch ein allgemein bauaufsichtliches Prüfzeugnis (abP) nachgewiesen werden.

5.3 ABSTIMMUNGSVAKUUM ZWISCHEN DEN REGELWERKEN

Soweit der bauchemische Bereich. Doch was ist, wenn in den Fliesenverbund Bauteile wie eine Duschrinne oder ein Bodenablauf integriert werden sollen? Wie sind die Übergänge abzudichten, sodass das Bauwerk dauerhaft geschützt ist? Auch Duschrinnen und Bodenabläufe werden in der Bauregelliste A des DIBt geregelt. Anders als bei den Produkten für die Verbundabdichtung sind die Anforderungen aber in der europäischen Norm DIN EN 1253 normativ geregelt. Dementsprechend ist kein abP, sondern eine Übereinstimmungserklärung des Herstellers nach vorheriger Prüfung des Bauprodukts durch eine anerkannte Prüfstelle (ÜHP) erforderlich. In der DIN EN 1253 geht es um die wichtige Funktionalität und Dauerhaftigkeit der Entwässerungslösung selbst. Auch der Anschluss an Abdichtung oder Bodenbelag ist in der Norm berücksichtigt. Nur spielt leider die Verbundabdichtung eine vollkommen untergeordnete Rolle. Die Vielfalt der unterschiedlichen Verbundsysteme ist normativ kaum zu fassen.

Wie bei den Abdichtungen gibt es auch bei den Entwässerungslösungen unzählige Systeme von unzähligen Herstellern. Die Unsicherheit speziell für die Fliesenleger wächst mit jedem neuen System am Markt. Was passt zusammen? Bei Kombinationen könnte es Probleme geben? Der Preis für einen Fehler ist hoch. Die Gewährleistungsansprüche für Feuchteschäden im Bad können sich in der 100.000-Euro-Zone bewegen. Zudem wird es immer schwieriger für den Installateur oder den Fliesenleger, überhaupt noch den Überblick zu behalten. Grade diese gewerkeübergreifenden Schnittstellen sind die eigentlichen Herausforderungen im modernen Bauprozess.

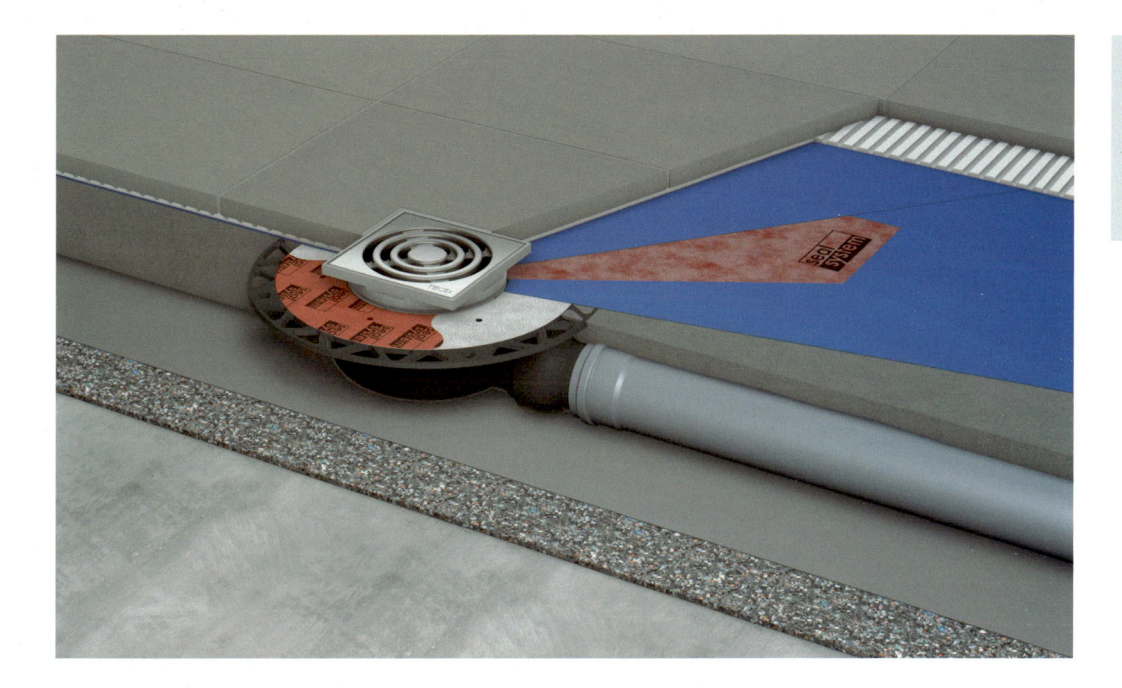

Abb. 30
An der Schnittstelle von Bodenablauf und Verbundabdichtung treffen zwei parallele Normen-Welten aufeinander.

Was tun? Warten, bis die Regelwerke nachziehen, und sich der entstandenen Grauzonen annehmen? Eine Möglichkeit. Dann besteht jedoch die Gefahr, dass dieses Abstimmungsvakuum zwischen den Regelwerken dem Ruf der bodenebenen, gefliesten Duschplätze schadet. Außerdem führt die ungeklärte Situation zu Unsicherheiten in der Zusammenarbeit zwischen Sanitärinstallateur und Fliesenleger. Der Sanitärhandwerker entwirft das Bad und plant die Duschrinne oder den Punktablauf mit ein. Der Fliesenleger entscheidet wiederum, welches Abdichtungssystem er bei der Verlegung der Fliesen oder Platten verwendet. Nicht nur die Abdichtungsstoffe unterscheiden sich in Art und Material, auch die Entwässerungslösungen bieten unterschiedliche Anschlussmöglichkeiten an den Fliesenverbund. Selbst bei einer guten Kommunikation zwischen Sanitärinstallateur und Fliesenleger ist nicht sicher, dass beide eine gute Kombination aus Dichtstoff und Bauteil finden.

Um diese unsichere Situation zu beenden, muss letztlich das gesamte System – bestehend aus Entwässerungslösung und Abdichtung – professionell geprüft werden. Diese Forderung ist de facto schon lange in den Prüfgrundsätzen des DIBt enthalten. Es sind zwei parallele Normen-Welten, die nebeneinander durchs Universum schweben – und auf der Baustelle erstmalig zusammentreffen.

5.4 SEAL SYSTEM SCHAFFT SICHERHEIT

Das Seal System Projekt wurde ins Leben gerufen, um diese unhaltbare Situation grundlegend zu ändern: Das verbindende Element zwischen Verbundabdichtung und Haustechnik ist das besondere Seal System Dichtband bzw. die Seal System Dichtmanschette, eine dauerhafte und weitgehend universelle Dichtlösung zwischen Haustechnik und Fliesenverbund. Durch die Einführung dieser standardisierten Schnittstelle war es erstmals möglich, umfangreiche Kombinationsprüfungen zwischen unterschiedlichen Bodenabläufen und Verbundabdichtsystemen durchzuführen. Mittlerweile gibt es über 500 Zertifikate, die eine wechselseitige Funktionstüchtigkeit der Produktkombinationen bestätigen. Mehr als 50 Verbundabdichtungen können mit verschiedenen Duschrinnen und Bodenabläufen kombiniert werden. Hierbei ist man weder bei der Verbundabdichtung noch bei den Entwässerungsprodukten an eine Marke gebunden.

> *Abb. 31*
> *Das Seal System Dichtband bzw. die Seal System Dichtmanschette ist das verbindende Element zwischen Verbundabdichtung und Entwässerungslösung.*

> *Abb. 32*
> *Rund 50 Verbundabdichtungssysteme wurden mit verschiedenen Bodenabläufen und Duschrinnen kombiniert und geprüft.*

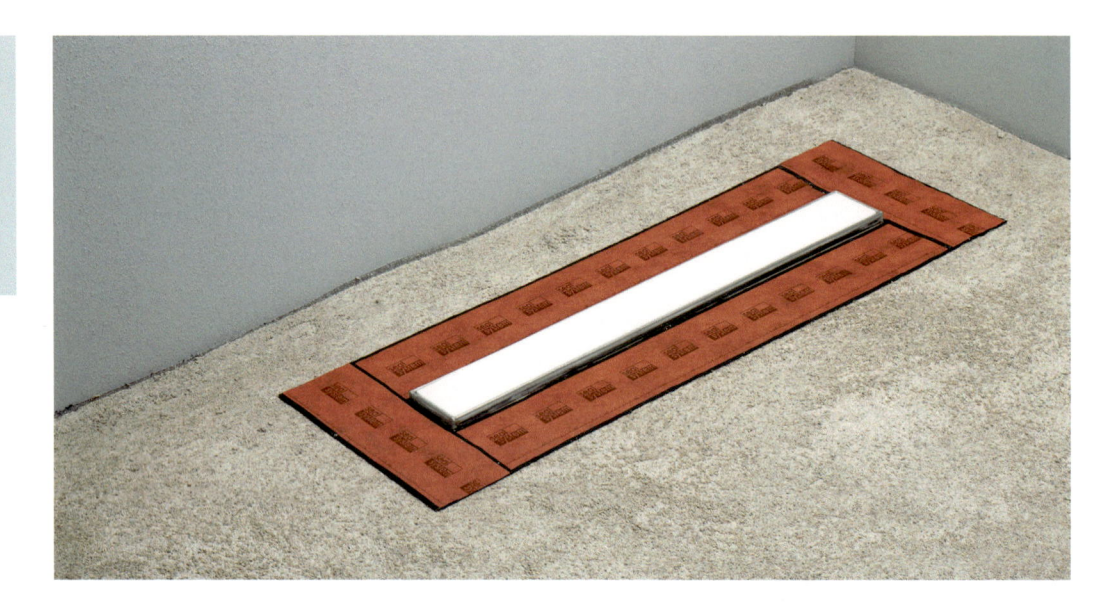

Seal System kombiniert Produkte von 18 namhaften Markenherstellern von Abdichtsystemen mit acht Marken aus der professionellen Haustechnik. Bei den Abdichtprodukten sind Polymerdispersionen, ein- und zweikomponentige Kunststoff-Zement-Mörtel-Kombinationen, Dichtbahnen und Flüssigkunststoffe vertreten. Bei den Duschrinnen sind es Edelstahlrinnen mit und ohne Sichtkante, Natursteinrinnen, Gerade- und Winkelrinnen, Trockenbaurinnen, Rinnen für den Einbau direkt an der Wand oder im Raum, superflache Renovierungsduschrinnen wie auch Rinnen mit besonders großer Ablaufleistung und DN70-Abwasserleitung. Außerdem stehen Rinnen mit senkrechtem Ablauf und Brandschutzausstattung wie auch Rinnen für spezielle Schallschutzanforderungen zur Verfügung – und dies alles in den unterschiedlichsten Baulängen. Bei den Punktabläufen sind Seal System Lösungen mit direkt angeformtem Seal System Dichtflansch für die Nennweiten DN50 bis DN100 in horizontaler und vertikaler Ausführung mit Rostgrößen 100 x 100 mm oder 150 x 150 mm verfügbar. Dazu gibt es Designroste, verschraubte Roste im Kunststoff- oder Edelstahlrostrahmen. Ein reiner Wassergeruchverschluss und ein Membrangeruchverschluss sind ebenso erhältlich wie superflache Abläufe für die Renovierung. Zudem gibt es Aufstockelemente, die ebenfalls einen Seal System Dichtflansch besitzen.

Aufgrund dieser Vielfalt gibt es bei Seal System kaum eine Bausituation, die nicht mit einer zertifizierten und geprüften Kombination realisiert werden könnte. Initiiert wurde Seal System von den Firmen TECE und Basika. Als führende Hersteller im Bereich der Duschrinnen suchte man eine praktikable Lösung für die sichere Verarbeitung der eigenen Produkte. TECE war bereit, seine Gesamtsysteme auf ihre Dichtigkeit von einem externen Institut prüfen und zertifizieren zu lassen. Dabei wurden die TECEdrainline-Edelstahlduschrinnen und die TECEdrainpoint-Kunststoffabläufe mit verschiedenen Abdichtungen kombiniert. Viele baugleiche oder bauähnliche Modelle im Markt wurden damit gleich mit zertifiziert. Verbindendes Element aller Ablauflösungen ist das Seal System Dichtband oder die Seal System Dichtmanschette, die in die Verbundabdichtung eingebaut werden.

Um die besondere Qualität der geprüften Systeme herauszustellen, wurde der Prüfaktion ein Prüfsiegel mitgegeben: „Seal System – Zertifizierte Verbundabdichtung" steht für Dichtigkeit der Verbindung von Entwässerungslösung und Dichtstoff – und für ein Zertifikat, das den Verarbeitern Sicherheit bringt.

5.5 ABLAUF DER SEAL SYSTEM PRÜFUNGEN

Die Prüfung der Wasserdichtigkeit im Rahmen der Seal System Zertifizierung durch die Kiwa TBU GmbH, Greven, erfolgte praktisch in Form einer Beckenprüfung: Zum Nachweis der Wasserdichtigkeit der Verbindung zwischen Edelstahlduschrinnen bzw. Punktabläufen, Dichtband und der Verbundabdichtung wurde eine Beckenkonstruktion als standardisiertes Prüfbecken verwendet. In das Prüfbecken wurden die unterschiedlichen Duschrinnen bzw. Punktabläufe eingebaut und dann mit dem Seal System Dichtband bzw. der Dichtmanschette und der jeweiligen Verbundabdichtung kombiniert. Eine 20 Zentimeter hohe Wassersäule lastete 28 Tage auf Abläufen, Seal System Dichtband und der Verbundabdichtung bei einem Normklima von 23 °Celsius und 50 % relativer Luftfeuchte.

> *Wasserdichtigkeitsprüfung bei der Kiwa TBU GmbH in Greven.*

Die aus Porenbeton gefertigten sechseckigen Normbehälter werden zunächst für die Beaufschlagung von Wasser vorbereitet.

In den mit Haftgrund vorbereiteten Behälter werden die Abläufe fachgerecht eingebaut.

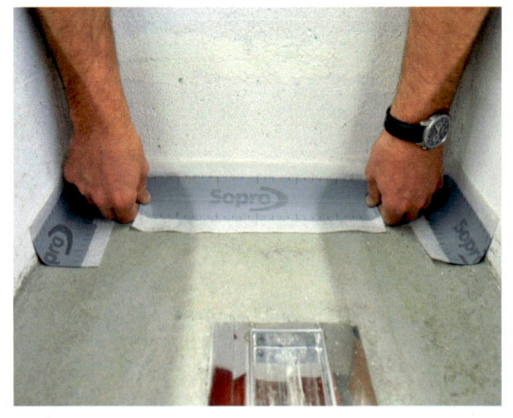

Die Abdichtung der Wand- und Eckbereiche war nicht Gegenstand der Prüfung; sie erfolgte mit einem Fugendichtband und einer Polymerdispersion.

Jedes Verbundabdichtungssystem wird in einem Behälter an je einem Punkt- und Linienablauf zertifiziert.

5. Parallelwelten der Systeme

> ◀ Ein schmaler Streifen des Seal System Bandes ist nicht mit Vlies beschichtet, so können sich die überlappenden Stellen eng miteinander verbinden.

Das Seal System Dichtband wird überlappend zugeschnitten. So wird sichergestellt, dass es zu Überlappungen der seitlichen Butylkautschuk-Streifen kommt.

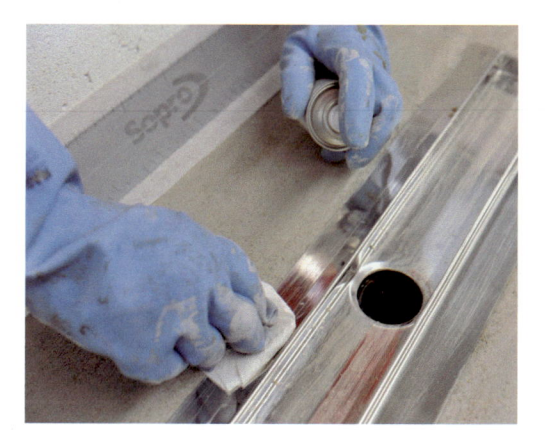

Die Flansche der Edelstahlrinne werden vor dem Aufkleben der Bänder gereinigt.

Die untere Schutzfolie wird abgezogen, das Seal System Dichtband wird mit dem Flansch und dem Boden des Prüfbeckens verklebt.

Mit einem Roller wird das Dichtband angedrückt, eventuell vorhandene Luftblasen werden ausgerollt.

Alle Schritte des Zertifizierungsprozesses werden fotografisch dokumentiert.

5. Parallelwelten der Systeme

Die Dichtschlämme wird entsprechend der Verarbeitungsanweisung des Herstellers hergestellt.

Der Untergrund wird mit einem Schwamm angefeuchtet zur Verbesserung der Haftung.

> *Der Untergrund muss grundsätzlich ebenflächig, fest und frei von Rissen sein.*

Der Untergrund muss an den Übergängen staubfrei sein und wird deshalb abgesaugt.

Die erste Schicht der Verbundabdichtung wird mit dem Pinsel aufgetragen.

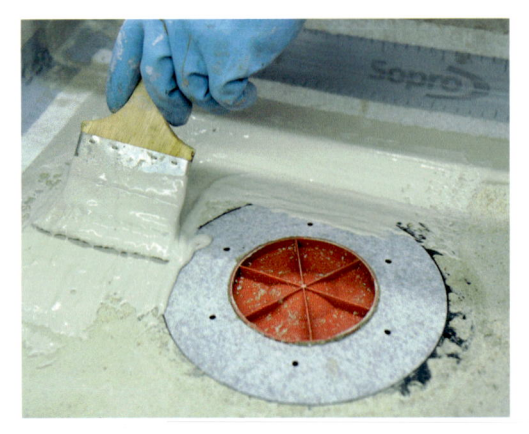

Der Auftrag der Dichtschlämme an den Dichtflanschen der Abläufe.

Die Übergänge zwischen Baukörper und Ablauf müssen sorgfältig eingelassen werden.

68

5. Parallelwelten der Systeme

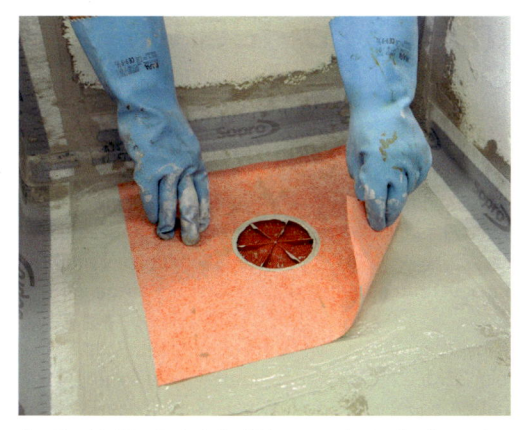

Am Punktablauf wird die Dichtmanschette in die noch feuchte Dichtschlämme eingelegt und nochmals überarbeitet.

Hier erfolgt der zweite Auftrag der Dichtschlämme im Versuchsbecken.

◄ Die Dichtsysteme haben unterschiedliche Trocknungszeiten. In jedem Fall muss die erste Schicht erst völlig ausgetrocknet sein, ehe die zweite aufgetragen wird. Genaueres regeln die Verarbeitungsrichtlinien der Verbundabdichtung.

Obwohl nicht Gegenstand der Prüfung, muss das Becken auch an den Seitenwänden abgedichtet werden.

Nachdem die zweite Schicht der Dichtschlämme getrocknet ist, wird die Wasserbeaufschlagung vorbereitet.

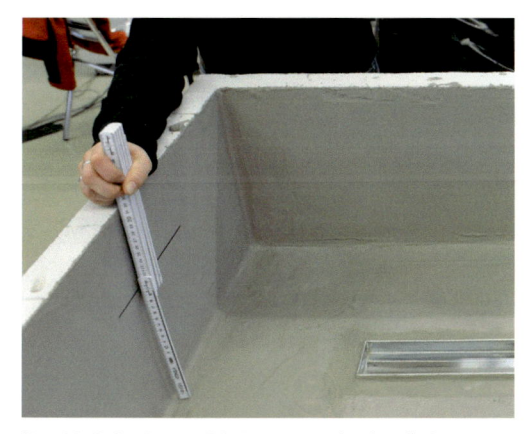

Das Maß der Dinge: 20 Zentimeter hoch soll das Wasser 28 Tage lang stehen – wenn alles hundertprozentig dicht bleibt, wird das Seal System Zertifikat erteilt.

Wasser marsch!

6. ZERTIFIKATE UND SYSTEMAUFBAUTEN

Die folgenden Produkte wurden im Rahmen der Seal System Offensive bereits mit diversen Duschrinnen und Punktabläufen geprüft. Da jedoch Seal System ein lebendiges System ist, das weiter wächst, wurde die Internetseite **www.sealsystem.net** eingerichtet, auf der weitere Prüfzeugnisse zu finden sind. Die Zeugnisse und auch die Technischen Merkblätter der Dichtstoffe stehen dort zum Download bereit.

VERZEICHNIS DER IM SYSTEM GEPRÜFTEN DICHTSTOFFE

Bostik GmbH
ARDAL Ardalon 1K plus .... Seite 72
ARDAL Ardalon 2K plus .... Seite 74
ARDAL Flexdicht Flüssige Dichtfolie .... Seite 78

ARDEX GmbH
ARDEX SK 100 W TRICOM Dichtbahn .... Seite 82
ARDEX 8+9 Dichtmasse .... Seite 84
ARDEX S 1-K Dichtmasse .... Seite 88
ARDEX S 7 Flexible Dichtschlämme .... Seite 92

BOTAMENT Systembaustoffe GmbH
BOTACT DF 9 1K Dichtfolie .... Seite 96
BOTACT MD 1 Flexible Dichtungsschlämme .... Seite 100
BOTACT MD 28 Spezial-Abdichtung .... Seite 104

FERMACELL GmbH
FERMACELL Flüssigfolie .... Seite 108

Henkel AG & Co. KGaA
Ceresit CL 50 Alternative Abdichtung .... Seite 110
Ceresit CL 51 Dichtfolie .... Seite 114
Ceresit CR 72 Flexschlämme .... Seite 118

KEMPER SYSTEME GmbH
KEMPEROL 022 Abdichtung .... Seite 122

Kiesel Bauchemie GmbH & Co. KG
Okamul DF Flüssige Dichtfolie .... Seite 126
Servoflex DMS 1K .... Seite 130
Servoflex DMS 1K-schnell SuperTec .... Seite 134

MAPEI GmbH
Mapegum WPS .... Seite 138
Mapelastic .... Seite 142
Monolastic Ultra .... Seite 146

Hermann Otto GmbH
OTTOFLEX Dichtungsschlämme .... Seite 150
OTTOFLEX Flüssigfolie .... Seite 154

PCI Augsburg GmbH
PCI Lastogum .... Seite 158
PCI Pecilastic W Flexible Abdichtungsbahn .... Seite 162
PCI Seccoral 1K Flexible Dichtschlämme .... Seite 166
PCI Seccoral 2K Sicherheits-Dichtschlämme ...... Seite 170

Ramsauer GmbH
1220 FLEX Dichtfolie .... Seite 174
1240 FLEX Dichtungsschlämme .... Seite 178
1280 FLEX 2-K Dichtungsschlämme .... Seite 182

RYWA GmbH & Co. KG
Rywalit DS 01 X Flexible Dichtungsschlämme .... Seite 186
Rywalit DS 99 X Flexible Dichtungsschlämme .... Seite 190
Rywalit Lastodicht Dichtfolie .... Seite 194

SAKRET Trockenbaustoffe Europa GmbH & Co. KG
SAKRET Flexible Dichtschlämme FDS .... Seite 198
SAKRET Objektabdichtung OAD .... Seite 202

SCHOMBURG GmbH
AQUAFIN-1K-FLEX .... Seite 206
AQUAFIN-2K .... Seite 210
AQUAFIN-2K/M .... Seite 214
AQUAFIN-RS300 .... Seite 218
SANIFLEX .... Seite 222

SCHÖNOX GmbH
SCHÖNOX 2K DS RAPID .... Seite 226
SCHÖNOX HA .... Seite 230

Sopro Bauchemie GmbH
Sopro AEB 640 Abdichtungsbahn .... Seite 234
Sopro DSF 423 DichtSchlämme Flex 2-K .... Seite 238
Sopro DSF 523 DichtSchlämme Flex 1-K .... Seite 242
Sopro DSF 623 DichtSchlämme Flex 1-K schnell .. Seite 246
Sopro FDF FlächenDicht flexibel .... Seite 250
Sopro TDS 823 TurboDichtSchlämme 2-K .... Seite 254

Saint-Gobain Weber GmbH
weber.tec 822 Superflex 1 .... Seite 258
weber.tec 824 Superflex D1 .... Seite 262
weber.tec Superflex D2 .... Seite 266

6. Zertifikate und Systemaufbauten

kiwa — Partner for progress

Kiwa TBU GmbH
www.kiwa.de

**Prüfgrundsätze zur Erteilung von allgemeinen bauaufsichtlichen Prüfzeugnissen für Abdichtungen im Verbund mit Fliesen- und Plattenbelägen
Teil 1: Flüssig zu verarbeitende Abdichtungsstoffe
(PG-AIV-F, Ausgabe Juni 2010)**

Prüfung durch die Kiwa TBU GmbH

Firma: TECE GmbH, Hollefeldstraße 57, 48282 Emsdetten, Deutschland
Ausstellungsdatum: 01.02.2012
Geltungsdauer bis: 01.02.2017

Systemkomp.: runder Bodenablauf (Flansch-Ø 252 mm) mit angespritztem Vliesstoff
TECEdrainpoint
beidseitig vlieskaschierte Dichtmanschette
Seal System Dichtmanschette
zementäre Dichtungsschlämme
ARDAL Ardalon® 1K plus
(Bezeichnungen des Auftraggebers)

Prüfung:	Prüfgrundsatz:	Ergebnis:
Wasserdichtheit im Einbauzustand (für Beanspruchungsklasse A und C)	PG-AIV-F	DICHT

Die genauen Prüfbedingungen sind im Prüfbericht 2.1/29183/1301.0.1-2011 beschrieben.

Dr.-Ing. Dipl.-Geol. Ernő Németh

Kiwa TBU GmbH
Gutenbergstraße 29
D-48268 Greven
Telefon: +49 (0)2571 9872-0
Telfax: +49 (0)2571 9872-99
Web: www.kiwa.de
e-mail: kiwa.tbu@kiwa.de
Geschäftsführer:
Michael Witthöft
Dr. Roland Hüttl
Wissenschaftlicher Leiter:
Prof.Dr.-Ing. Jochen Müller-Rochholz

ARDAL ARDALON 1K PLUS
UND TECEDRAINPOINT KUNSTSTOFFABLAUF MIT SEAL SYSTEM DICHTMANSCHETTE

Typ: Einkomponentige, zementäre Dichtungsschlämme
Gruppe: Kunststoff-Zement-Mörtel-Kombinationen (M)
Zulassung: Allgemeines bauaufsichtliches Prüfzeugnis (abP)
Kennzeichnung: Ü-Zeichen
Beanspruchungsklassen zusammen mit Ablauf und Seal System Dichtmanschette:
A C gem. PG-AIV-F
A0 gem. ZDB-Merkblatt (Hinweise für die Ausführung von flüssig zu verarbeitenden Verbundabdichtungen mit Bekleidungen und Belägen aus Fliesen und Platten für den Innen- und Außenbereich; August 2012)

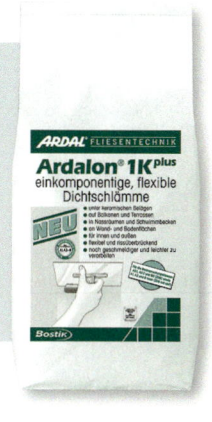

VERARBEITUNGSSCHRITTE:

1. Kunststoffablauf wird nach Montageanleitung komplett in den Estrich eingebaut. Hierbei wird der Dichtflansch durch die Schutzfolie vor Verschmutzung geschützt.
2. Estrich trocknen lassen.
3. Estrichuntergrund gründlich reinigen. Untergründe für Abdichtungen müssen tragfähig, formbeständig sowie frei von klaffenden Rissen und haftungsmindernden Stoffen (z. B. Staub, Öl, Wachs, Trennmittel, Ausblühungen, Sinterschichten, Lack- und Farbreste, alte Bodenklebstoffreste) sein.
4. Schutzfolie vom Flansch des Ablaufs abziehen.
5. Erste Schicht der zementären Dichtschlämme Ardalon 1K plus aufbringen.
6. Seal System Dichtmanschette auf dem Ablaufflansch und der noch feuchten Dichtschlämme platzieren.
7. Zweite Schicht der zementären Dichtschlämme Ardalon 1K plus aufbringen.

Die zementäre Dichtschlämme ist entsprechend des Technischen Merkblatts Ardalon 1K plus der Bostik GmbH zu verarbeiten. Dieses Merkblatt kann unter **www.sealsystem.net** heruntergeladen werden.

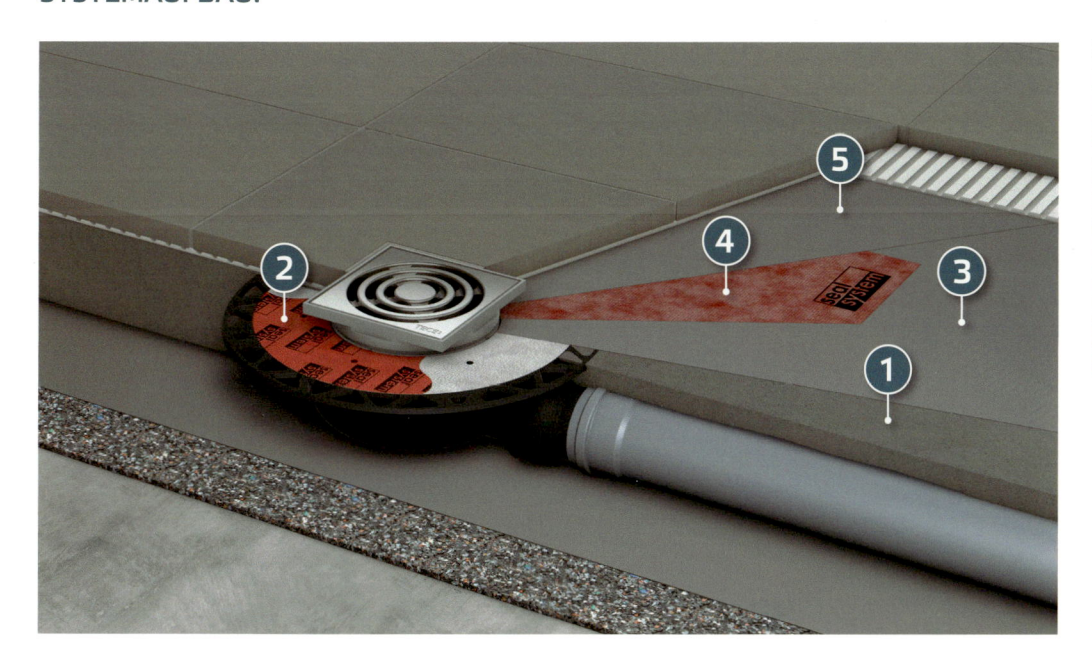

SYSTEMAUFBAU:

1. Estrich
2. Schutzfolie Ablaufflansch
3. Erste Schicht Dichtschlämme
4. Seal System Dichtmanschette
5. Zweite Schicht Dichtschlämme

6. Zertifikate und Systemaufbauten

kiwa
Partner for progress

Kiwa TBU GmbH
www.kiwa.de

Zertifikat

Prüfgrundsätze zur Erteilung von allgemeinen bauaufsichtlichen Prüfzeugnissen für Abdichtungen im Verbund mit Fliesen- und Plattenbelägen
Teil 1: Flüssig zu verarbeitende Abdichtungsstoffe
(PG-AIV-F, Ausgabe Juni 2010)

Prüfung durch die Kiwa TBU GmbH

Firma:	TECE GmbH, Hollefeldstraße 57, 48282 Emsdetten, Deutschland
Ausstellungsdatum:	01.02.2012
Geltungsdauer bis:	01.02.2017

Systemkomp.: rechteckige Edelstahlduschrinne
TECEdrainline
selbstklebendes einseitig vlieskaschiertes Dichtband
Seal System Dichtband
2 komponentige zementäre Dichtungsschlämme
ARDAL Ardalon® 2K plus
(Bezeichnungen des Auftraggebers)

Prüfung:	Prüfgrundsatz:	Ergebnis:
Wasserdichtheit im Einbauzustand (für Beanspruchungsklasse A und C)	PG-AIV-F	DICHT

Die genauen Prüfbedingungen sind im Prüfbericht 2.1/29183/1302.0.1-2011 beschrieben.

Dr.-Ing. Dipl.-Geol. Ernő Németh

Kiwa TBU GmbH
Gutenbergstraße 29
D-48268 Greven
Telefon: +49 (0)2571 9872-0
Telefax: +49 (0)2571 9872-99
Web: www.kiwa.de
e-mail: kiwatbu@kiwa.de
Geschäftsführer:
Michael Witthöft
Dr. Roland Hüttl
Wissenschaftlicher Leiter:
Prof.Dr.-Ing. Jochen Müller-Rochholz

6. Zertifikate und Systemaufbauten

ARDAL ARDALON 2K PLUS
UND TECEDRAINLINE DUSCHRINNE MIT SEAL SYSTEM DICHTBAND

Typ: Zweikomponentige, zementäre Dichtungsschlämme
Gruppe: Kunststoff-Zement-Mörtel-Kombinationen (M)
Zulassung: Allgemeines bauaufsichtliches Prüfzeugnis (abP)
Kennzeichnung: Ü-Zeichen
Beanspruchungsklassen zusammen mit Duschrinne und Seal System Dichtband:
A C gem. PG-AIV-F
A0 gem. ZDB-Merkblatt (Hinweise für die Ausführung von flüssig zu verarbeitenden Verbundabdichtungen mit Bekleidungen und Belägen aus Fliesen und Platten für den Innen- und Außenbereich; August 2012)

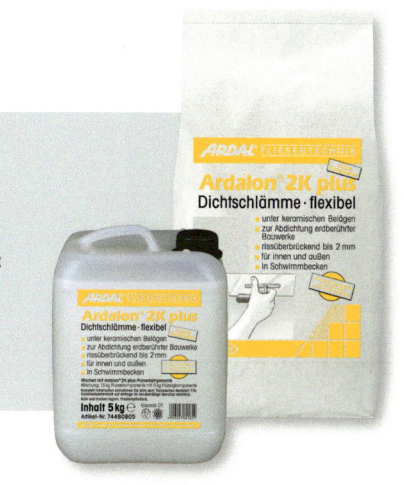

VERARBEITUNGSSCHRITTE:

1. Duschrinne wird nach Montageanleitung komplett in den Estrich eingebaut. Hierbei wird der Dichtflansch durch die Schutzfolie vor Verschmutzung geschützt.
2. Estrich trocknen lassen.
3. Estrichuntergrund gründlich reinigen. Untergründe für Abdichtungen müssen tragfähig, formbeständig sowie frei von klaffenden Rissen und haftungsmindernden Stoffen (z. B. Staub, Öl, Wachs, Trennmittel, Ausblühungen, Sinterschichten, Lack- und Farbreste, alte Bodenklebstoffreste) sein.
4. Seal System Dichtband zuschneiden, sodass die Enden beim Aufkleben überlappen können.
5. Schutzfolie vom Flansch der Rinne abziehen.
6. Schutzfolie vom Seal System Dichtband entfernen.
7. Dichtband an den Enden überlappend auf den Flansch der Edelstahlrinne und den Untergrund kleben.
8. Erste Schicht der zementären Dichtschlämme Ardalon 2K plus aufbringen und trocknen lassen.
9. Zweite Schicht der zementären Dichtschlämme Ardalon 2K plus aufbringen.

Die zementäre Dichtschlämme ist entsprechend des Technischen Merkblatts Ardalon 2K plus der Bostik GmbH zu verarbeiten. Dieses Merkblatt kann unter **www.sealsystem.net** heruntergeladen werden.

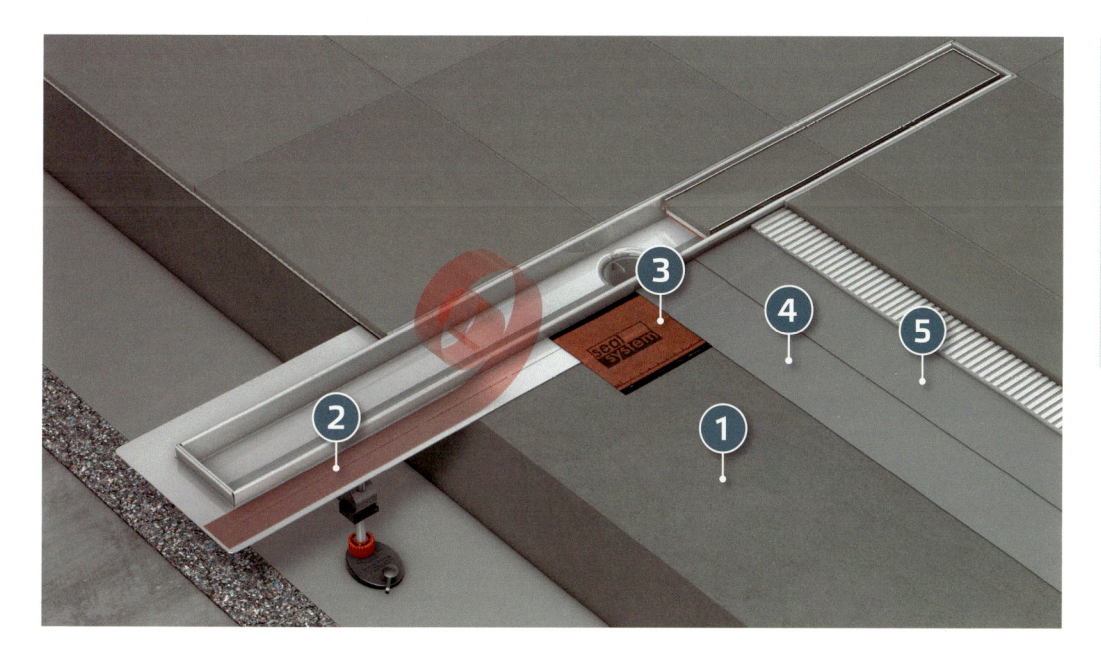

SYSTEMAUFBAU:

1. Estrich
2. Schutzfolie Rinnenflansch
3. Seal System Dichtband
4. Erste Schicht Dichtschlämme
5. Zweite Schicht Dichtschlämme

6. Zertifikate und Systemaufbauten

kiwa
Partner for progress

Kiwa TBU GmbH
www.kiwa.de

Prüfgrundsätze zur Erteilung von allgemeinen bauaufsichtlichen Prüfzeugnissen für Abdichtungen im Verbund mit Fliesen- und Plattenbelägen
Teil 1: Flüssig zu verarbeitende Abdichtungsstoffe
(PG-AIV-F, Ausgabe Juni 2010)

Prüfung durch die Kiwa TBU GmbH

Firma: TECE GmbH, Hollefeldstraße 57,
48282 Emsdetten, Deutschland
Ausstellungsdatum: 01.02.2012
Geltungsdauer bis: 01.02.2017

Systemkomp.: runder Bodenablauf (Flansch-Ø 252 mm) mit angespritztem Vliesstoff
TECEdrainpoint
beidseitig vlieskaschierte Dichtmanschette
Seal System Dichtmanschette
2 komponentige zementäre Dichtungsschlämme
ARDAL Ardalon® 2K plus
(Bezeichnungen des Auftraggebers)

Prüfung:	Prüfgrundsatz:	Ergebnis:
Wasserdichtheit im Einbauzustand (für Beanspruchungsklasse A und C)	PG-AIV-F	DICHT

Die genauen Prüfbedingungen sind im Prüfbericht 2.1/29183/1303.0.1-2011 beschrieben.

Dr.-Ing. Dipl.-Geol. Ernő Németh

Kiwa TBU GmbH
Gutenbergstraße 29
D-48268 Greven
Telefon: +49 (0)2571 9872-0
Telfax: +49 (0)2571 9872-99
Web: www.kiwa.de
e-mail: kiwatbu@kiwa.de
Geschäftsführer:
Michael Witthöft
Dr. Roland Hüttl
Wissenschaftlicher Leiter:
Prof.Dr.-Ing. Jochen Müller-Rochholz

X:\tbu\QMSneu\QMS\2 KP\2.4 TBU-Mon\Kunden Mon\29183\Zertifikate zum ausdrucken\1303.0.1-2011zert.doc

ARDAL ARDALON 2K PLUS
UND TECEDRAINPOINT KUNSTSTOFFABLAUF MIT SEAL SYSTEM DICHTMANSCHETTE

Typ: Zweikomponentige, zementäre Dichtungsschlämme
Gruppe: Kunststoff-Zement-Mörtel-Kombinationen (M)
Zulassung: Allgemeines bauaufsichtliches Prüfzeugnis (abP)
Kennzeichnung: Ü-Zeichen
Beanspruchungsklassen zusammen mit Ablauf und Seal System Dichtmanschette:
A C gem. PG-AIV-F
A0 gem. ZDB-Merkblatt (Hinweise für die Ausführung von flüssig zu verarbeitenden Verbundabdichtungen mit Bekleidungen und Belägen aus Fliesen und Platten für den Innen- und Außenbereich; August 2012)

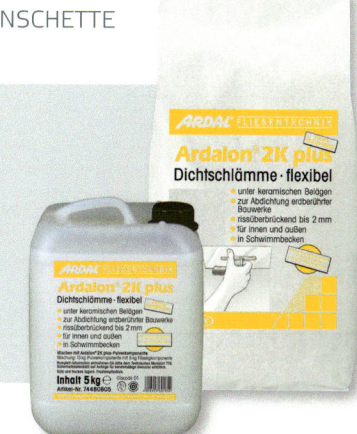

VERARBEITUNGSSCHRITTE:

1. Kunststoffablauf wird nach Montageanleitung komplett in den Estrich eingebaut. Hierbei wird der Dichtflansch durch die Schutzfolie vor Verschmutzung geschützt.
2. Estrich trocknen lassen.
3. Estrichuntergrund gründlich reinigen. Untergründe für Abdichtungen müssen tragfähig, formbeständig sowie frei von klaffenden Rissen und haftungsmindernden Stoffen (z. B. Staub, Öl, Wachs, Trennmittel, Ausblühungen, Sinterschichten, Lack- und Farbreste, alte Bodenklebstoffreste) sein.
4. Schutzfolie vom Flansch des Ablaufs abziehen.
5. Erste Schicht der zementären Dichtschlämme Ardalon 2K plus aufbringen.
6. Seal System Dichtmanschette auf dem Ablaufflansch und der noch feuchten Dichtschlämme platzieren.
7. Dichtschlämme trocknen lassen.
8. Zweite Schicht der zementären Dichtschlämme Ardalon 2K plus aufbringen.

Die zementäre Dichtschlämme ist entsprechend des Technischen Merkblatts Ardalon 2K plus der Bostik GmbH zu verarbeiten. Dieses Merkblatt kann unter **www.sealsystem.net** heruntergeladen werden.

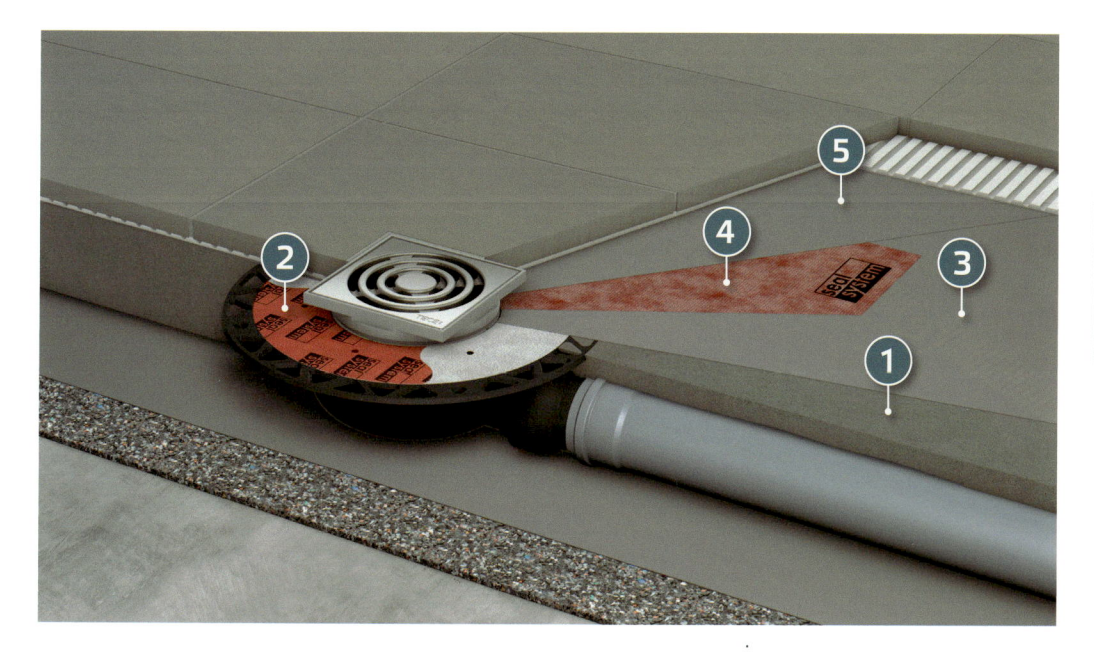

SYSTEMAUFBAU:

1. Estrich
2. Schutzfolie Ablaufflansch
3. Erste Schicht Dichtschlämme
4. Seal System Dichtmanschette
5. Zweite Schicht Dichtschlämme

6. Zertifikate und Systemaufbauten

kiwa Partner for progress

Kiwa TBU GmbH
www.kiwa.de

Prüfgrundsätze zur Erteilung von allgemeinen bauaufsichtlichen Prüfzeugnissen für Abdichtungen im Verbund mit Fliesen- und Plattenbelägen
Teil 1: Flüssig zu verarbeitende Abdichtungsstoffe
(PG-AIV-F, Ausgabe Juni 2010)

Prüfung durch die Kiwa TBU GmbH

Firma: TECE GmbH, Hollefeldstraße 57, 48282 Emsdetten, Deutschland
Ausstellungsdatum: 01.02.2012
Geltungsdauer bis: 01.02.2017

Systemkomp.: rechteckige Edelstahlduschrinne
TECEdrainline
selbstklebendes einseitig vlieskaschiertes Dichtband
Seal System Dichtband
flüssige Dichtfolie
ARDAL Flexdicht
(Bezeichnungen des Auftraggebers)

Prüfung:	Prüfgrundsatz:	Ergebnis:
Wasserdichtheit im Einbauzustand (für Beanspruchungsklasse A)	PG-AIV-F	DICHT

Die genauen Prüfbedingungen sind im Prüfbericht 2.1/29183/1360.0.1-2011 beschrieben.

Dr.-Ing. Dipl.-Geol. Ernő Németh

Kiwa TBU GmbH
Gutenbergstraße 29
D-48268 Greven
Telefon: +49 (0)2571 9872-0
Telfax: +49 (0)2571 9872-99
Web: www.kiwatbu.de
e-mail: kiwatbu@kiwa.de
Geschäftsführer:
Michael Witthöft
Dr. Roland Hüttl
Wissenschaftlicher Leiter:
Prof. Dr.-Ing. Jochen Müller-Rochholz

ARDAL FLEXDICHT Flüssige Dichtfolie
UND TECEDRAINLINE DUSCHRINNE MIT SEAL SYSTEM DICHTBAND

Typ: Einkomponentige, flüssige Dichtfolie
Gruppe: Polymerdispersionen (D)
Zulassung: Allgemeines bauaufsichtliches Prüfzeugnis (abP)
Kennzeichnung: Ü-Zeichen
Beanspruchungsklassen zusammen mit Duschrinne und Seal System Dichtband:
A nur im Wandbereich gem. PG-AIV-F
A0 gem. ZDB-Merkblatt (Hinweise für die Ausführung von flüssig zu verarbeitenden Verbundabdichtungen mit Bekleidungen und Belägen aus Fliesen und Platten für den Innen- und Außenbereich; August 2012)

VERARBEITUNGSSCHRITTE:

1. Duschrinne wird nach Montageanleitung komplett in den Estrich eingebaut. Hierbei wird der Dichtflansch durch die Schutzfolie vor Verschmutzung geschützt.
2. Estrich trocknen lassen.
3. Estrichuntergrund gründlich reinigen. Untergründe für Abdichtungen müssen tragfähig, formbeständig sowie frei von klaffenden Rissen und haftungsmindernden Stoffen (z. B. Staub, Öl, Wachs, Trennmittel, Ausblühungen, Sinterschichten, Lack- und Farbreste, alte Bodenklebstoffreste) sein.
4. Seal System Dichtband zuschneiden, sodass die Enden beim Aufkleben überlappen können.
5. Schutzfolie vom Flansch der Rinne abziehen.
6. Schutzfolie vom Seal System Dichtband entfernen.
7. Dichtband an den Enden überlappend auf den Flansch der Edelstahlrinne und den Untergrund kleben.
8. Erste Schicht der Dichtfolie ARDAL Flexdicht aufbringen und trocknen lassen.
9. Zweite Schicht der Dichtfolie ARDAL Flexdicht aufbringen.

Die flüssige Dichtfolie ist entsprechend des Technischen Merkblatts ARDAL Flexdicht der Bostik GmbH zu verarbeiten. Dieses Merkblatt kann unter **www.sealsystem.net** heruntergeladen werden.

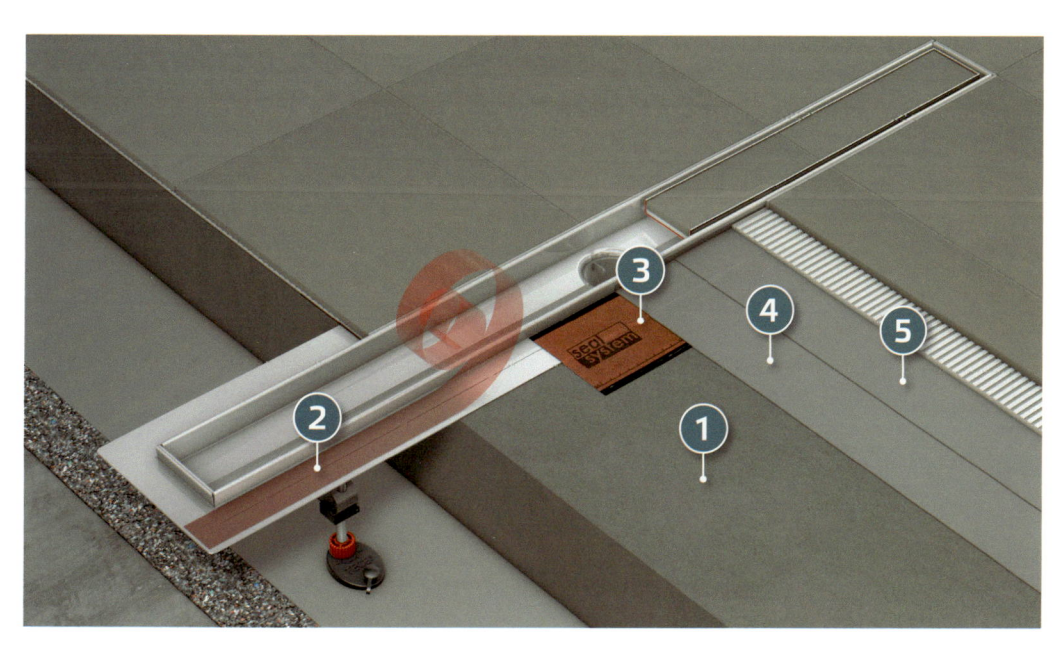

SYSTEMAUFBAU:

1. Estrich
2. Schutzfolie Rinnenflansch
3. Seal System Dichtband
4. Erste Schicht Dichtfolie
5. Zweite Schicht Dichtfolie

6. Zertifikate und Systemaufbauten

kiwa
Partner for progress

Kiwa TBU GmbH
www.kiwa.de

Prüfgrundsätze zur Erteilung von allgemeinen bauaufsichtlichen Prüfzeugnissen für Abdichtungen im Verbund mit Fliesen- und Plattenbelägen
Teil 1: Flüssig zu verarbeitende Abdichtungsstoffe
(PG-AIV-F, Ausgabe Juni 2010)

Prüfung durch die Kiwa TBU GmbH

Firma: TECE GmbH, Hollefeldstraße 57,
48282 Emsdetten, Deutschland
Ausstellungsdatum: 01.02.2012
Geltungsdauer bis: 01.02.2017

Systemkomp.: runder Bodenablauf (Flansch-Ø 252 mm) mit angespritztem Vliesstoff
TECEdrainpoint
beidseitig vlieskaschierte Dichtmanschette
Seal System Dichtmanschette
flüssige Dichtfolie
ARDAL Flexdicht
(Bezeichnungen des Auftraggebers)

Prüfung:	Prüfgrundsatz:	Ergebnis:
Wasserdichtheit im Einbauzustand (für Beanspruchungsklasse A)	PG-AIV-F	DICHT

Die genauen Prüfbedingungen sind im Prüfbericht 2.1/29183/1361.0.1-2011 beschrieben.

Dr.-Ing. Dipl.-Geol. Ernő Németh

Kiwa TBU GmbH
Gutenbergstraße 29
D-48268 Greven
Telefon: +49 (0)2571 9872-0
Telefax: +49 (0)2571 9872-99
Web: www.kiwa.de
e-mail: kiwatbu@kiwa.de
Geschäftsführer:
Michael Witthöft
Dr. Roland Hüttl
Wissenschaftlicher Leiter:
Prof.Dr.-Ing. Jochen Müller-Rochholz

ARDAL FLEXDICHT Flüssige Dichtfolie
UND TECEDRAINPOINT KUNSTSTOFFABLAUF MIT SEAL SYSTEM DICHTMANSCHETTE

Typ: Einkomponentige, flüssige Dichtfolie
Gruppe: Polymerdispersionen (D)
Zulassung: Allgemeines bauaufsichtliches Prüfzeugnis (abP)
Kennzeichnung: Ü-Zeichen
Beanspruchungsklassen zusammen mit Ablauf und Seal System Dichtmanschette:
- **A** nur im Wandbereich gem. PG-AIV-F
- **A0** gem. ZDB-Merkblatt (Hinweise für die Ausführung von flüssig zu verarbeitenden Verbundabdichtungen mit Bekleidungen und Belägen aus Fliesen und Platten für den Innen- und Außenbereich; August 2012)

VERARBEITUNGSSCHRITTE:

1. Kunststoffablauf wird nach Montageanleitung komplett in den Estrich eingebaut. Hierbei wird der Dichtflansch durch die Schutzfolie vor Verschmutzung geschützt.
2. Estrich trocknen lassen.
3. Estrichuntergrund gründlich reinigen. Untergründe für Abdichtungen müssen tragfähig, formbeständig sowie frei von klaffenden Rissen und haftungsmindernden Stoffen (z. B. Staub, Öl, Wachs, Trennmittel, Ausblühungen, Sinterschichten, Lack- und Farbreste, alte Bodenklebstoffreste) sein.
4. Schutzfolie vom Flansch des Ablaufs abziehen.
5. Erste Schicht der Dichtfolie ARDAL Flexdicht aufbringen.
6. Seal System Dichtmanschette auf dem Ablaufflansch und der noch feuchten Dichtfolie platzieren.
7. Dichtfolie trocknen lassen.
8. Zweite Schicht der Dichtfolie ARDAL Flexdicht aufbringen.

Die flüssige Dichtfolie ist entsprechend des Technischen Merkblatts ARDAL Flexdicht der Bostik GmbH zu verarbeiten. Dieses Merkblatt kann unter **www.sealsystem.net** heruntergeladen werden.

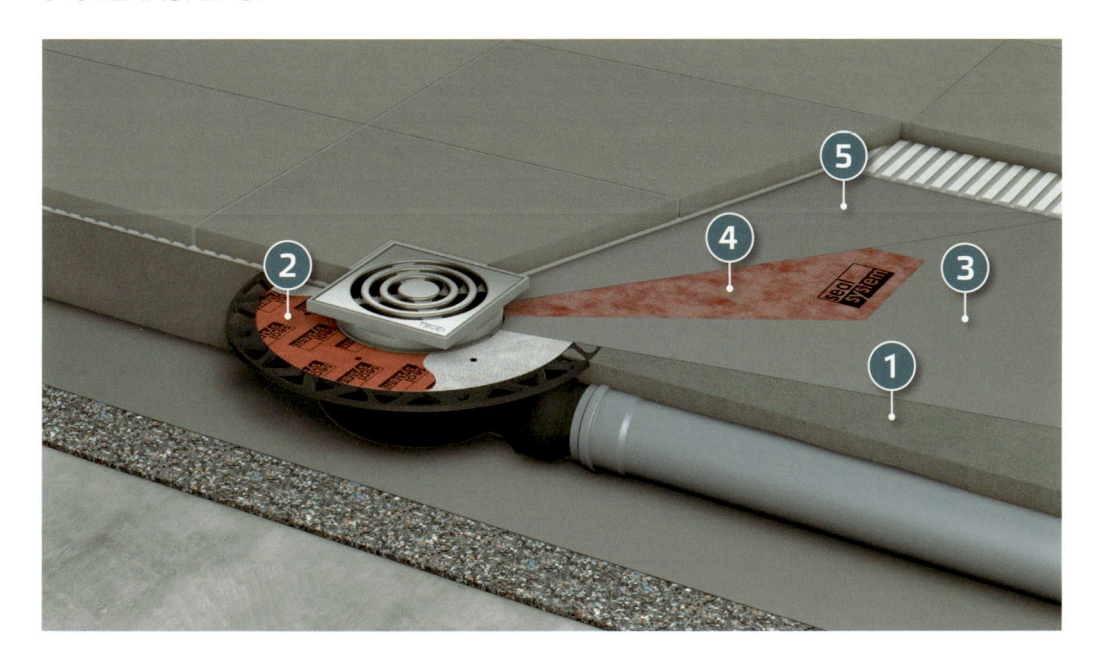

SYSTEMAUFBAU:

1. Estrich
2. Schutzfolie Ablaufflansch
3. Erste Schicht Dichtfolie
4. Seal System Dichtmanschette
5. Zweite Schicht Dichtfolie

6. Zertifikate und Systemaufbauten

kiwa
Partner for progress

Kiwa TBU GmbH
www.kiwa.de

Prüfgrundsätze zur Erteilung von allgemeinen bauaufsichtlichen Prüfzeugnissen für Abdichtungen im Verbund mit Fliesen- und Plattenbelägen
Teil 1: Flüssig zu verarbeitende Abdichtungsstoffe
(PG-AIV-B, Ausgabe Juni 2006)

Prüfung durch die Kiwa TBU GmbH

Firma:	TECE GmbH, Hollefeldstraße 57, 48282 Emsdetten, Deutschland
Ausstellungsdatum:	12.10.2012
Geltungsdauer bis:	12.10.2017

Systemkomp.: runder Bodenablauf (Flansch-Ø 252 mm) mit angespritztem Vliesstoff
TECEdrainpoint
beidseitig vlieskaschierte Abdichtungsbahn
ARDEX SK 100 W
2 komponentige zementäre Dichtungsschlämme
ARDEX 7 + 8
(Bezeichnungen des Auftraggebers)

Prüfung:	Prüfgrundsatz:	Ergebnis:
Wasserdichtheit im Einbauzustand (für Beanspruchungsklasse A und C)	PG-AIV-B	DICHT

Die genauen Prüfbedingungen sind im Prüfbericht 2.1/29183/0889.0.1-2012 beschrieben.

i.A. Ch. [Signatur]
Dr.-Ing. Dipl.-Geol. Ernő Németh

Kiwa TBU GmbH
Gutenbergstraße 29
D-48268 Greven
Telefon: +49 (0)2571 9872-0
Telfax: +49 (0)2571 9872-99
Web: www.kiwa.de
e-mail: kiwatbu@kiwa.de
Geschäftsführer:
Michael Witthöft
Dr. Roland Hüttl
Wissenschaftlicher Leiter:
Prof.Dr.-Ing. Jochen Müller-Rochholz

6. Zertifikate und Systemaufbauten

ARDEX SK 100 W TRICOM Dichtbahn
UND TECEDRAINPOINT KUNSTSTOFFABLAUF MIT SEAL SYSTEM DICHTMANSCHETTE

Typ: Abdichtungsbahn
Material: Beidseitig vlieskaschierte Polyethylen-Bahn
Zulassung: Allgemeines bauaufsichtliches Prüfzeugnis (abP)
Kennzeichnung: Ü-Zeichen
Beanspruchungsklassen zusammen mit Ablauf und Seal System Dichtmanschette:
A **C** gem. PG-AIV-B
A0 gem. ZDB-Merkblatt (Hinweise für die Ausführung von flüssig zu verarbeitenden Verbundabdichtungen mit Bekleidungen und Belägen aus Fliesen und Platten für den Innen- und Außenbereich; August 2012)

Verklebung zwischen Seal System Dichtmanschette und ARDEX SK 100 W TRICOM Dichtbahn mit ARDEX 7+8 Dichtkleber

VERARBEITUNGSSCHRITTE:

1. Kunststoffablauf wird nach Montageanleitung komplett in den Estrich eingebaut. Hierbei wird der Dichtflansch durch die Schutzfolie vor Verschmutzung geschützt.
2. Estrich trocknen lassen.
3. Estrichuntergrund gründlich reinigen. Untergründe für Abdichtungen müssen tragfähig, formbeständig sowie frei von klaffenden Rissen und haftungsmindernden Stoffen (z. B. Staub, Öl, Wachs, Trennmittel, Ausblühungen, Sinterschichten, Lack- und Farbreste, alte Bodenklebstoffreste) sein.
4. Schutzfolie vom Flansch des Ablaufs abziehen.
5. ARDEX 7+8 Dichtkleber aufbringen und die Dichtmanschette einbringen.
6. Abdichtbahn passgenau zuschneiden.
7. Die ARDEX SK 100 W Abdichtbahn mit 5 cm Überlappung in den Dichtkleber legen und andrücken.
8. Die Überlappung mit ARDEX 7+8 Dichtkleber verkleben.

Die Abdichtungsbahn ist entsprechend des Technischen Merkblatts ARDEX SK 100 W TRICOM Dichtbahn der ARDEX GmbH zu verarbeiten. Dieses Merkblatt kann unter **www.sealsystem.net** heruntergeladen werden.

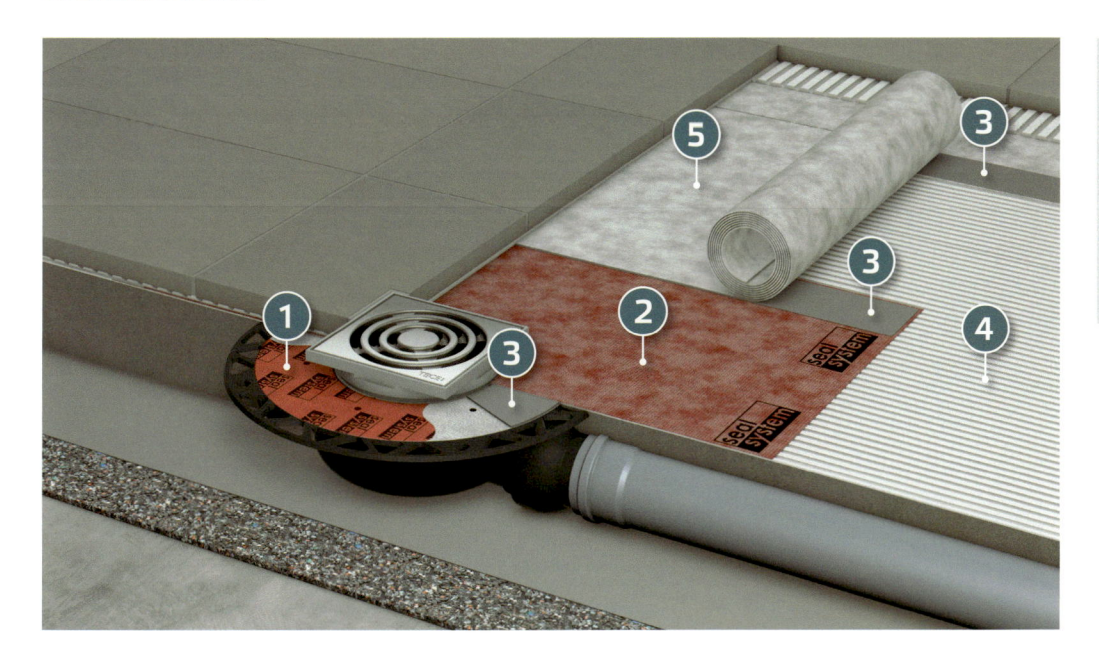

SYSTEMAUFBAU:

1. Schutzfolie Ablaufflansch
2. Seal System Dichtmanschette
3. Dichtkleber
4. Fliesenkleber
5. Abdichtbahn

6. Zertifikate und Systemaufbauten

kiwa Partner for progress

Kiwa TBU GmbH
www.kiwa.de

Zertifikat

Prüfgrundsätze zur Erteilung von allgemeinen bauaufsichtlichen Prüfzeugnissen für Abdichtungen im Verbund mit Fliesen- und Plattenbelägen
Teil 1: Flüssig zu verarbeitende Abdichtungsstoffe
(PG-AIV-F, Ausgabe Juni 2010)

Prüfung durch die Kiwa TBU GmbH

Firma: TECE GmbH, Hollefeldstraße 57, 48282 Emsdetten, Deutschland
Ausstellungsdatum: 01.02.2012
Geltungsdauer bis: 01.02.2017

Systemkomp.: rechteckige Edelstahlduschrinne
TECEdrainline
selbstklebendes einseitig vlieskaschiertes Dichtband
Seal System Dichtband
2 komponentige zementäre Dichtungsschlämme
ARDEX 8 + 9
(Bezeichnungen des Auftraggebers)

Prüfung:	Prüfgrundsatz:	Ergebnis:
Wasserdichtheit im Einbauzustand (für Beanspruchungsklasse A und C)	PG-AIV-F	DICHT

Die genauen Prüfbedingungen sind im Prüfbericht 2.1/29183/1306.0.1-2011 beschrieben.

i.A. Ch. Stanberg
Dr.-Ing. Dipl.-Geol. Ernő Németh

Kiwa TBU GmbH
Gutenbergstraße 29
D-48268 Greven
Telefon: +49 (0)2571 9872-0
Telefax: +49 (0)2571 9872-99
Web: www.kiwa.de
e-mail: kiwatbu@kiwa.de
Geschäftsführer:
Michael Witthöft
Dr. Roland Hüttl
Wissenschaftlicher Leiter:
Prof.Dr.-Ing. Jochen Müller-Rochholz

X:\tbu\QMSneu\QMS\2 KP\2.4 TBU-Mon\Kunden Mon\29183\Zertifikate zum ausdrucken\1306.0.1-2011zert.doc

6. Zertifikate und Systemaufbauten

ARDEX 8+9 Dichtmasse
UND TECEDRAINLINE DUSCHRINNE MIT SEAL SYSTEM DICHTBAND

Typ: Zweikomponentige, zementäre Dichtungsschlämme
Gruppe: Kunststoff-Zement-Mörtel-Kombinationen (M)
Zulassung: Allgemeines bauaufsichtliches Prüfzeugnis (abP)
Kennzeichnung: Ü-Zeichen
Beanspruchungsklassen zusammen mit Duschrinne und Seal System Dichtband:
A C gem. PG-AIV-F
A0 gem. ZDB-Merkblatt (Hinweise für die Ausführung von flüssig zu verarbeitenden Verbundabdichtungen mit Bekleidungen und Belägen aus Fliesen und Platten für den Innen- und Außenbereich; August 2012)

VERARBEITUNGSSCHRITTE:

1. Duschrinne wird nach Montageanleitung komplett in den Estrich eingebaut. Hierbei wird der Dichtflansch durch die Schutzfolie vor Verschmutzung geschützt.
2. Estrich trocknen lassen.
3. Estrichuntergrund gründlich reinigen. Untergründe für Abdichtungen müssen tragfähig, formbeständig sowie frei von klaffenden Rissen und haftungsmindernden Stoffen (z. B. Staub, Öl, Wachs, Trennmittel, Ausblühungen, Sinterschichten, Lack- und Farbreste, alte Bodenklebstoffreste) sein.
4. Seal System Dichtband zuschneiden, sodass die Enden beim Aufkleben überlappen können.
5. Schutzfolie vom Flansch der Rinne abziehen.
6. Schutzfolie vom Seal System Dichtband entfernen.
7. Dichtband an den Enden überlappend auf den Flansch der Edelstahlrinne und den Untergrund kleben.
8. Erste Schicht der zementären Dichtschlämme ARDEX 8+9 aufbringen und trocknen lassen.
9. Zweite Schicht der zementären Dichtschlämme ARDEX 8+9 aufbringen.

Die zementäre Dichtschlämme ist entsprechend des Technischen Merkblatts ARDEX 8+9 der ARDEX GmbH zu verarbeiten. Dieses Merkblatt kann unter **www.sealsystem.net** heruntergeladen werden.

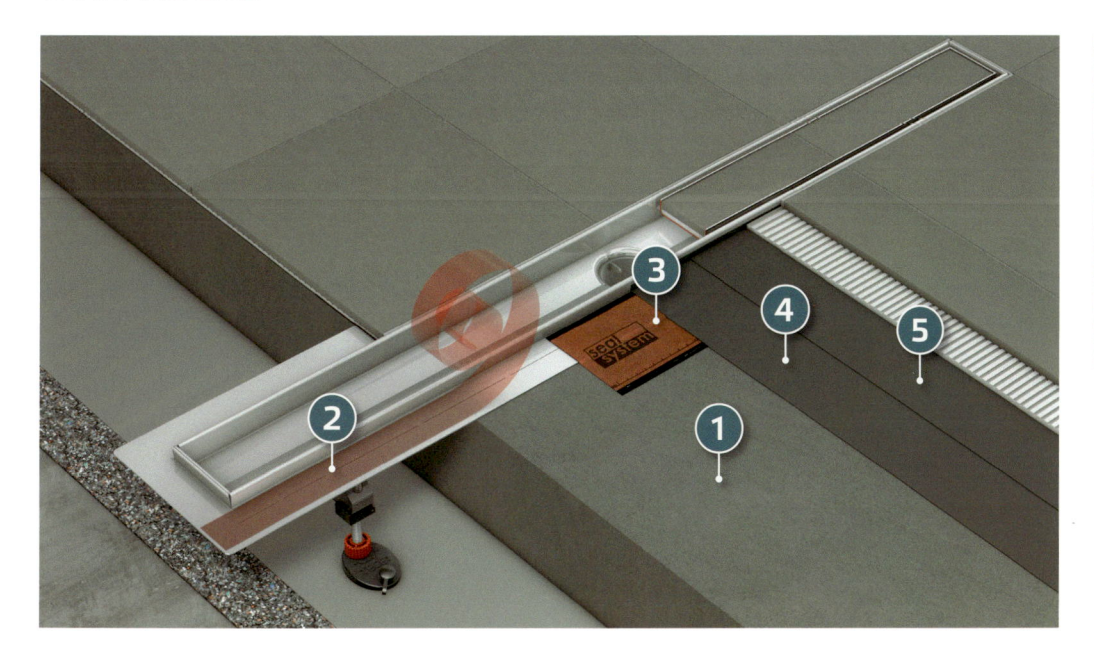

SYSTEMAUFBAU:

1. Estrich
2. Schutzfolie Rinnenflansch
3. Seal System Dichtband
4. Erste Schicht Dichtschlämme
5. Zweite Schicht Dichtschlämme

Zertifikat

kiwa — Partner for progress

Kiwa TBU GmbH
www.kiwa.de

Prüfgrundsätze zur Erteilung von allgemeinen bauaufsichtlichen Prüfzeugnissen für Abdichtungen im Verbund mit Fliesen- und Plattenbelägen
Teil 1: Flüssig zu verarbeitende Abdichtungsstoffe
(PG-AIV-F, Ausgabe Juni 2010)

Prüfung durch die Kiwa TBU GmbH

Firma: TECE GmbH, Hollefeldstraße 57, 48282 Emsdetten, Deutschland
Ausstellungsdatum: 01.02.2012
Geltungsdauer bis: 01.02.2017

Systemkomp.: runder Bodenablauf (Flansch-Ø 252 mm) mit angespritztem Vliesstoff
TECEdrainpoint
beidseitig vlieskaschierte Dichtmanschette
Seal System Dichtmanschette
2 komponentige zementäre Dichtungsschlämme
ARDEX 8 + 9
(Bezeichnungen des Auftraggebers)

Prüfung:	Prüfgrundsatz:	Ergebnis:
Wasserdichtheit im Einbauzustand (für Beanspruchungsklasse A und C)	PG-AIV-F	DICHT

Die genauen Prüfbedingungen sind im Prüfbericht 2.1/29183/1307.0.1-2011 beschrieben.

i.A. Ch. Ho...
Dr.-Ing. Dipl.-Geol. Ernő Németh

Kiwa TBU GmbH
Gutenbergstraße 29
D-48268 Greven
Telefon: +49 (0)2571 9872-0
Telfax: +49 (0)2571 9872-99
Web: www.kiwa.de
e-mail: kiwatbu@kiwa.de
Geschäftsführer:
Michael Witthöft
Dr. Roland Hüttl
Wissenschaftlicher Leiter:
Prof.Dr.-Ing. Jochen Müller-Rochholz

X:\tbu\QMSneu\QMS\2 KP\2.4 TBU-Mon\Kunden Mon\29183\Zertifikate zum ausdrucken\1307.0.1-2011zert.doc

ARDEX 8+9 Dichtmasse
UND TECEDRAINPOINT KUNSTSTOFFABLAUF MIT SEAL SYSTEM DICHTMANSCHETTE

Typ: Zweikomponentige, zementäre Dichtungsschlämme
Gruppe: Kunststoff-Zement-Mörtel-Kombinationen (M)
Zulassung: Allgemeines bauaufsichtliches Prüfzeugnis (abP)
Kennzeichnung: Ü-Zeichen
Beanspruchungsklassen zusammen mit Ablauf und Seal System Dichtmanschette:
A C gem. PG-AIV-F
A0 gem. ZDB-Merkblatt (Hinweise für die Ausführung von flüssig zu verarbeitenden Verbundabdichtungen mit Bekleidungen und Belägen aus Fliesen und Platten für den Innen- und Außenbereich; August 2012)

VERARBEITUNGSSCHRITTE:

1. Kunststoffablauf wird nach Montageanleitung komplett in den Estrich eingebaut. Hierbei wird der Dichtflansch durch die Schutzfolie vor Verschmutzung geschützt.
2. Estrich trocknen lassen.
3. Estrichuntergrund gründlich reinigen. Untergründe für Abdichtungen müssen tragfähig, formbeständig sowie frei von klaffenden Rissen und haftungsmindernden Stoffen (z. B. Staub, Öl, Wachs, Trennmittel, Ausblühungen, Sinterschichten, Lack- und Farbreste, alte Bodenklebstoffreste) sein.
4. Schutzfolie vom Flansch des Ablaufs abziehen.
5. Erste Schicht der zementären Dichtschlämme ARDEX 8+9 aufbringen.
6. Seal System Dichtmanschette auf dem Ablaufflansch und der noch feuchten Dichtschlämme platzieren.
7. Dichtschlämme trocknen lassen.
8. Zweite Schicht der zementären Dichtschlämme ARDEX 8+9 aufbringen.

Die zementäre Dichtschlämme ist entsprechend des Technischen Merkblatts ARDEX 8+9 der ARDEX GmbH zu verarbeiten. Dieses Merkblatt kann unter **www.sealsystem.net** heruntergeladen werden.

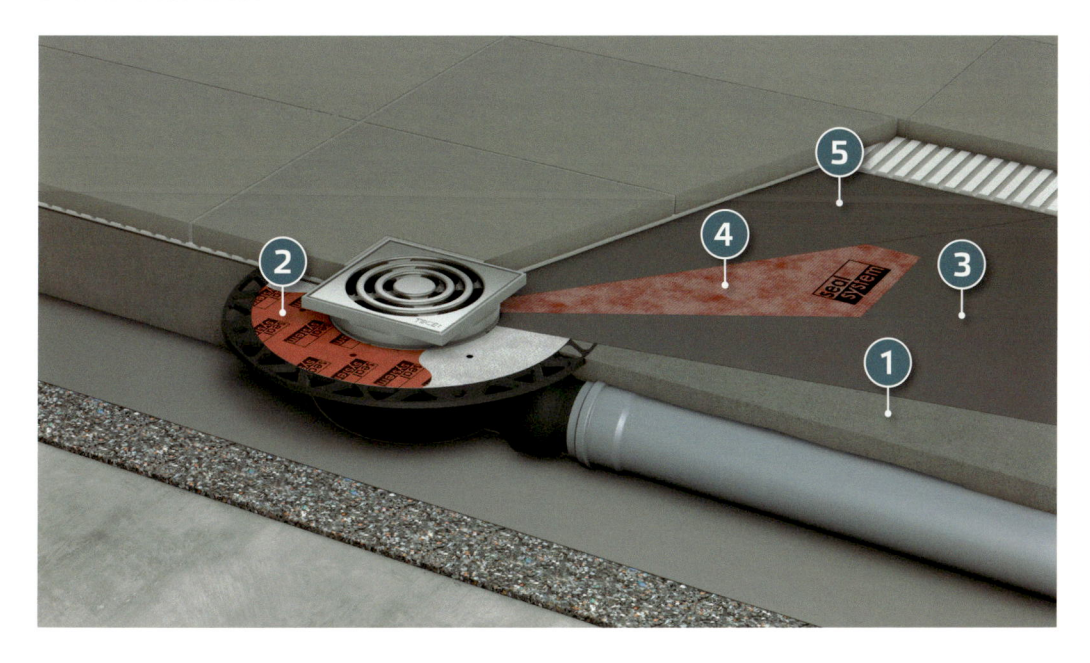

SYSTEMAUFBAU:

1. Estrich
2. Schutzfolie Ablaufflansch
3. Erste Schicht Dichtschlämme
4. Seal System Dichtmanschette
5. Zweite Schicht Dichtschlämme

6. Zertifikate und Systemaufbauten

kiwa Partner for progress

Kiwa TBU GmbH
www.kiwa.de

Prüfgrundsätze zur Erteilung von allgemeinen bauaufsichtlichen Prüfzeugnissen für Abdichtungen im Verbund mit Fliesen- und Plattenbelägen
Teil 1: Flüssig zu verarbeitende Abdichtungsstoffe
(PG-AIV-F, Ausgabe Juni 2010)

Prüfung durch die Kiwa TBU GmbH

Firma: TECE GmbH, Hollefeldstraße 57, 48282 Emsdetten, Deutschland
Ausstellungsdatum: 01.02.2012
Geltungsdauer bis: 01.02.2017

Systemkomp.: rechteckige Edelstahlduschrinne
TECEdrainline
selbstklebendes einseitig vlieskaschiertes Dichtband
Seal System Dichtband
flüssige Dichtfolie
ARDEX S1-K
(Bezeichnungen des Auftraggebers)

Prüfung:	Prüfgrundsatz:	Ergebnis:
Wasserdichtheit im Einbauzustand (für Beanspruchungsklasse A)	PG-AIV-F	DICHT

Die genauen Prüfbedingungen sind im Prüfbericht 2.1/29183/1362.0.1-2011 beschrieben.

Dr.-Ing. Dipl.-Geol. Ernő Németh

Kiwa TBU GmbH
Gutenbergstraße 29
D-48268 Greven
Telefon: +49 (0)2571 9872-0
Telefax: +49 (0)2571 9872-99
Web: www.kiwa.de
e-mail: kiwatbu@kiwa.de
Geschäftsführer:
Michael Witthöft
Dr. Roland Hüttl
Wissenschaftlicher Leiter:
Prof.Dr.-Ing. Jochen Müller-Rochholz

ARDEX S 1-K Dichtmasse
UND TECEDRAINLINE DUSCHRINNE MIT SEAL SYSTEM DICHTBAND

Typ: Einkomponentige, flüssige Dichtfolie
Gruppe: Polymerdispersion (D)
Zulassung: Allgemeines bauaufsichtliches Prüfzeugnis (abP)
Kennzeichnung: Ü-Zeichen
Beanspruchungsklassen zusammen mit Duschrinne und Seal System Dichtband:
- **A** nur im Wandbereich gem. PG-AIV-F
- **A0** gem. ZDB-Merkblatt (Hinweise für die Ausführung von flüssig zu verarbeitenden Verbundabdichtungen mit Bekleidungen und Belägen aus Fliesen und Platten für den Innen- und Außenbereich; August 2012)

VERARBEITUNGSSCHRITTE:

1. Duschrinne wird nach Montageanleitung komplett in den Estrich eingebaut. Hierbei wird der Dichtflansch durch die Schutzfolie vor Verschmutzung geschützt.
2. Estrich trocknen lassen.
3. Estrichuntergrund gründlich reinigen. Untergründe für Abdichtungen müssen tragfähig, formbeständig sowie frei von klaffenden Rissen und haftungsmindernden Stoffen (z. B. Staub, Öl, Wachs, Trennmittel, Ausblühungen, Sinterschichten, Lack- und Farbreste, alte Bodenklebstoffreste) sein.
4. Seal System Dichtband zuschneiden, sodass die Enden beim Aufkleben überlappen können.
5. Schutzfolie vom Flansch der Rinne abziehen.
6. Schutzfolie vom Seal System Dichtband entfernen.
7. Dichtband an den Enden überlappend auf den Flansch der Edelstahlrinne und den Untergrund kleben.
8. Erste Schicht der Dichtfolie ARDEX S 1-K aufbringen und trocknen lassen.
9. Zweite Schicht der Dichtfolie ARDEX S 1-K aufbringen.

Die Dichtfolie ist entsprechend des Technischen Merkblatts ARDEX S 1-K der ARDEX GmbH zu verarbeiten. Dieses Merkblatt kann unter **www.sealsystem.net** heruntergeladen werden.

SYSTEMAUFBAU:

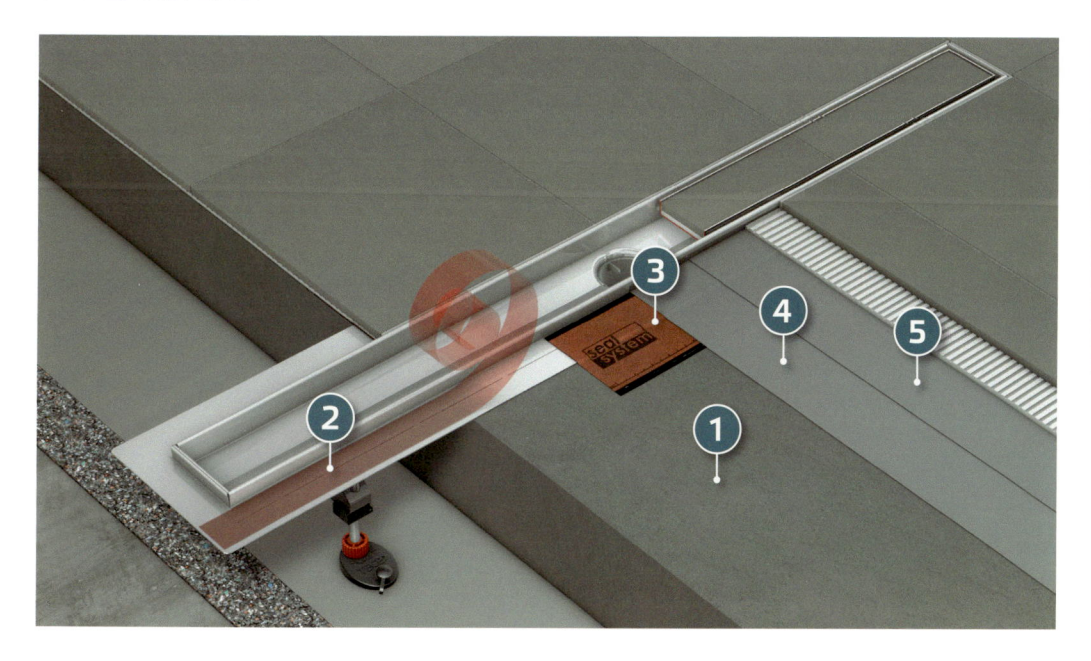

1. Estrich
2. Schutzfolie Rinnenflansch
3. Seal System Dichtband
4. Erste Schicht Dichtfolie
5. Zweite Schicht Dichtfolie

6. Zertifikate und Systemaufbauten

kiwa
Partner for progress

Kiwa TBU GmbH
www.kiwa.de

Prüfgrundsätze zur Erteilung von allgemeinen bauaufsichtlichen Prüfzeugnissen für Abdichtungen im Verbund mit Fliesen- und Plattenbelägen
Teil 1: Flüssig zu verarbeitende Abdichtungsstoffe
(PG-AIV-F, Ausgabe Juni 2010)

Prüfung durch die Kiwa TBU GmbH

Firma: TECE GmbH, Hollefeldstraße 57,
48282 Emsdetten, Deutschland
Ausstellungsdatum: 01.02.2012
Geltungsdauer bis: 01.02.2017

Systemkomp.: runder Bodenablauf (Flansch-Ø 252 mm) mit angespritztem Vliesstoff
TECEdrainpoint
beidseitig vlieskaschierte Dichtmanschette
Seal System Dichtmanschette
flüssige Dichtfolie
ARDEX S1-K
(Bezeichnungen des Auftraggebers)

Prüfung:	Prüfgrundsatz:	Ergebnis:
Wasserdichtheit im Einbauzustand (für Beanspruchungsklasse A)	PG-AIV-F	DICHT

Die genauen Prüfbedingungen sind im Prüfbericht 2.1/29183/1363.0.1-2011 beschrieben.

Dr.-Ing. Dipl.-Geol. Ernő Németh

Kiwa TBU GmbH
Gutenbergstraße 29
D-48268 Greven
Telefon: +49 (0)2571 9872-0
Telefax: +49 (0)2571 9872-99
Web: www.kiwa.de
e-mail: kiwatbu@kiwa.de
Geschäftsführer:
Michael Witthöft
Dr. Roland Hüttl
Wissenschaftlicher Leiter:
Prof.Dr.-Ing. Jochen Müller-Rochholz

ARDEX S 1-K Dichtmasse
UND TECEDRAINPOINT KUNSTSTOFFABLAUF MIT SEAL SYSTEM DICHTMANSCHETTE

Typ: Einkomponentige, flüssige Dichtfolie
Gruppe: Polymerdispersion (D)
Zulassung: Allgemeines bauaufsichtliches Prüfzeugnis (abP)
Kennzeichnung: Ü-Zeichen
Beanspruchungsklassen zusammen mit Ablauf und Seal System Dichtmanschette:
- **A** nur im Wandbereich gem. PG-AIV-F
- **A0** gem. ZDB-Merkblatt (Hinweise für die Ausführung von flüssig zu verarbeitenden Verbundabdichtungen mit Bekleidungen und Belägen aus Fliesen und Platten für den Innen- und Außenbereich; August 2012)

VERARBEITUNGSSCHRITTE:

1. Kunststoffablauf wird nach Montageanleitung komplett in den Estrich eingebaut. Hierbei wird der Dichtflansch durch die Schutzfolie vor Verschmutzung geschützt.
2. Estrich trocknen lassen.
3. Estrichuntergrund gründlich reinigen. Untergründe für Abdichtungen müssen tragfähig, formbeständig sowie frei von klaffenden Rissen und haftungsmindernden Stoffen (z. B. Staub, Öl, Wachs, Trennmittel, Ausblühungen, Sinterschichten, Lack- und Farbreste, alte Bodenklebstoffreste) sein.
4. Schutzfolie vom Flansch des Ablaufs abziehen.
5. Erste Schicht der Dichtfolie ARDEX S 1-K aufbringen.
6. Seal System Dichtmanschette auf dem Ablaufflansch und der noch feuchten Dichtfolie platzieren.
7. Dichtfolie trocknen lassen.
8. Zweite Schicht der Dichtfolie ARDEX S 1-K aufbringen.

Die Dichtfolie ist entsprechend des Technischen Merkblatts ARDEX S 1-K der ARDEX GmbH zu verarbeiten. Dieses Merkblatt kann unter **www.sealsystem.net** heruntergeladen werden.

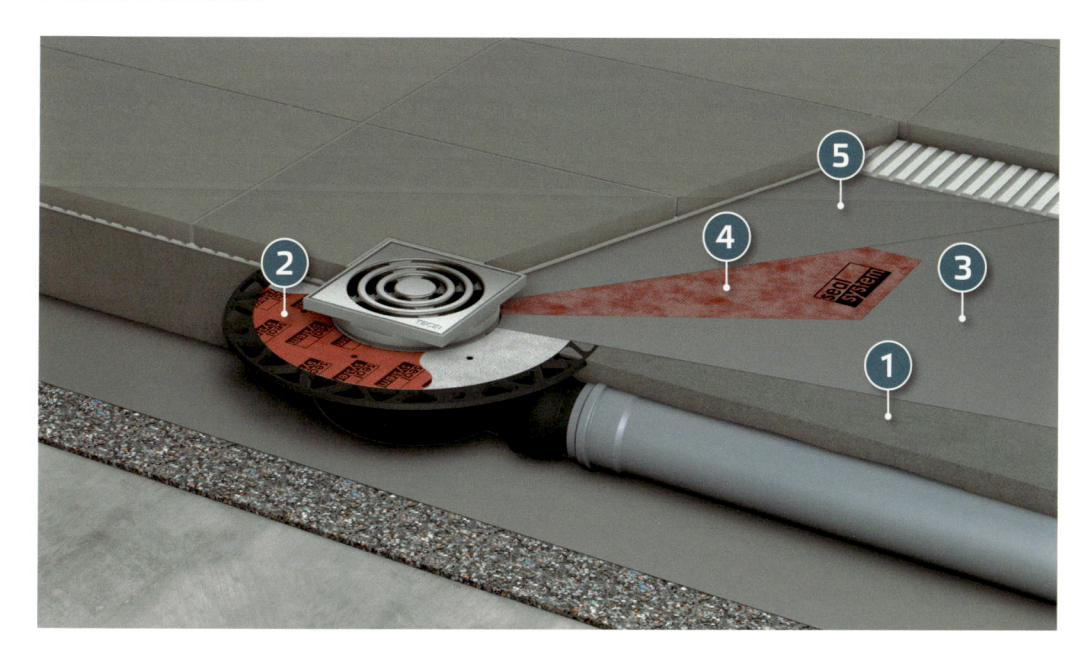

SYSTEMAUFBAU:

1. Estrich
2. Schutzfolie Ablaufflansch
3. Erste Schicht Dichtfolie
4. Seal System Dichtmanschette
5. Zweite Schicht Dichtfolie

6. Zertifikate und Systemaufbauten

kiwa
Partner for progress

Kiwa TBU GmbH
www.kiwa.de

Prüfgrundsätze zur Erteilung von allgemeinen bauaufsichtlichen Prüfzeugnissen für Abdichtungen im Verbund mit Fliesen- und Plattenbelägen
Teil 1: Flüssig zu verarbeitende Abdichtungsstoffe
(PG-AIV-F, Ausgabe Juni 2010)

Prüfung durch die Kiwa TBU GmbH

Firma: TECE GmbH, Hollefeldstraße 57, 48282 Emsdetten, Deutschland
Ausstellungsdatum: 01.02.2012
Geltungsdauer bis: 01.02.2017

Systemkomp.: rechteckige Edelstahlduschrinne
TECEdrainline
selbstklebendes einseitig vlieskaschiertes Dichtband
Seal System Dichtband
zementäre Dichtungsschlämme
ARDEX S 7
(Bezeichnungen des Auftraggebers)

Prüfung:	Prüfgrundsatz:	Ergebnis:
Wasserdichtheit im Einbauzustand (für Beanspruchungsklasse A und C)	PG-AIV-F	DICHT

Die genauen Prüfbedingungen sind im Prüfbericht 2.1/29183/1304.0.1-2011 beschrieben.

Dr.-Ing. Dipl.-Geol. Ernő Németh

Kiwa TBU GmbH
Gutenbergstraße 29
D-48268 Greven
Telefon: +49 (0)2571 9872-0
Telfax: +49 (0)2571 9872-99
Web: www.kiwa.de
e-mail: kiwatbu@kiwa.de
Geschäftsführer:
Michael Witthöft
Dr. Roland Hüttl
Wissenschaftlicher Leiter:
Prof.Dr.-Ing. Jochen Müller-Rochholz

ARDEX S 7 Flexible Dichtschlämme
UND TECEDRAINLINE DUSCHRINNE MIT SEAL SYSTEM DICHTBAND

Typ: Einkomponentige, zementäre Dichtungsschlämme
Gruppe: Kunststoff-Zement-Mörtel-Kombinationen (M)
Zulassung: Allgemeines bauaufsichtliches Prüfzeugnis (abP)
Kennzeichnung: Ü-Zeichen
Beanspruchungsklassen zusammen mit Duschrinne und Seal System Dichtband:
A **C** gem. PG-AIV-F
A0 gem. ZDB-Merkblatt (Hinweise für die Ausführung von flüssig zu verarbeitenden Verbundabdichtungen mit Bekleidungen und Belägen aus Fliesen und Platten für den Innen- und Außenbereich; August 2012)

VERARBEITUNGSSCHRITTE:

1. Duschrinne wird nach Montageanleitung komplett in den Estrich eingebaut. Hierbei wird der Dichtflansch durch die Schutzfolie vor Verschmutzung geschützt.
2. Estrich trocknen lassen.
3. Estrichuntergrund gründlich reinigen. Untergründe für Abdichtungen müssen tragfähig, formbeständig sowie frei von klaffenden Rissen und haftungsmindernden Stoffen (z. B. Staub, Öl, Wachs, Trennmittel, Ausblühungen, Sinterschichten, Lack- und Farbreste, alte Bodenklebstoffreste) sein.
4. Seal System Dichtband zuschneiden, sodass die Enden beim Aufkleben überlappen können.
5. Schutzfolie vom Flansch der Rinne abziehen.
6. Schutzfolie vom Seal System Dichtband entfernen.
7. Dichtband an den Enden überlappend auf den Flansch der Edelstahlrinne und den Untergrund kleben.
8. Erste Schicht der zementären Dichtschlämme ARDEX S 7 aufbringen und trocknen lassen.
9. Zweite Schicht der zementären Dichtschlämme ARDEX S 7 aufbringen.

Die zementäre Dichtschlämme ist entsprechend des Technischen Merkblatts ARDEX S 7 der ARDEX GmbH zu verarbeiten. Dieses Merkblatt kann unter **www.sealsystem.net** heruntergeladen werden.

SYSTEMAUFBAU:

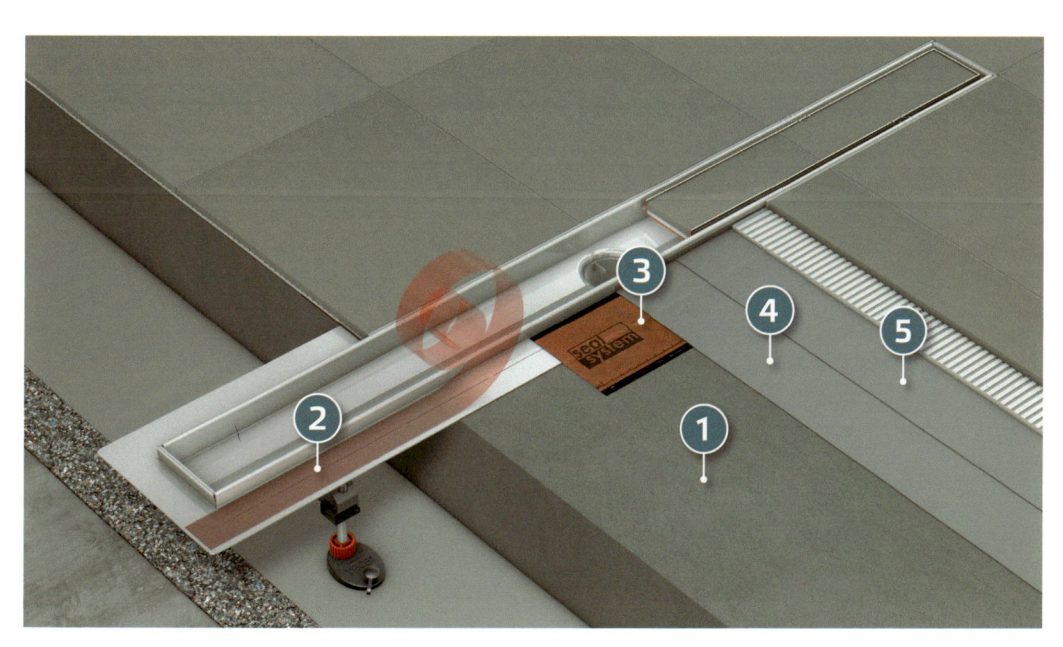

1. Estrich
2. Schutzfolie Rinnenflansch
3. Seal System Dichtband
4. Erste Schicht Dichtschlämme
5. Zweite Schicht Dichtschlämme

6. Zertifikate und Systemaufbauten

kiwa
Partner for progress

Kiwa TBU GmbH
www.kiwa.de

Prüfgrundsätze zur Erteilung von allgemeinen bauaufsichtlichen Prüfzeugnissen für Abdichtungen im Verbund mit Fliesen- und Plattenbelägen
Teil 1: Flüssig zu verarbeitende Abdichtungsstoffe
(PG-AIV-F, Ausgabe Juni 2010)

Prüfung durch die Kiwa TBU GmbH

Firma: TECE GmbH, Hollefeldstraße 57, 48282 Emsdetten, Deutschland
Ausstellungsdatum: 01.02.2012
Geltungsdauer bis: 01.02.2017

Systemkomp.: runder Bodenablauf (Flansch-Ø 252 mm) mit angespritztem Vliesstoff
TECEdrainpoint
beidseitig vlieskaschierte Dichtmanschette
Seal System Dichtmanschette
zementäre Dichtungsschlämme
ARDEX S 7
(Bezeichnungen des Auftraggebers)

Prüfung:	Prüfgrundsatz:	Ergebnis:
Wasserdichtheit im Einbauzustand (für Beanspruchungsklasse A und C)	PG-AIV-F	DICHT

Die genauen Prüfbedingungen sind im Prüfbericht 2.1/29183/1305.0.1-2011 beschrieben.

Dr.-Ing. Dipl.-Geol. Ernő Németh

Kiwa TBU GmbH
Gutenbergstraße 29
D-48268 Greven
Telefon: +49 (0)2571 9872-0
Telfax: +49 (0)2571 9872-99
Web: www.kiwa.de
e-mail: kiwatbu@kiwa.de
Geschäftsführer:
Michael Witthöft
Dr. Roland Hüttl
Wissenschaftlicher Leiter:
Prof.Dr.-Ing. Jochen Müller-Rochholz

6. Zertifikate und Systemaufbauten

ARDEX S 7 Flexible Dichtschlämme
UND TECEDRAINPOINT KUNSTSTOFFABLAUF MIT SEAL SYSTEM DICHTMANSCHETTE

Typ: Einkomponentige, zementäre Dichtungsschlämme
Gruppe: Kunststoff-Zement-Mörtel-Kombinationen (M)
Zulassung: Allgemeines bauaufsichtliches Prüfzeugnis (abP)
Kennzeichnung: Ü-Zeichen
Beanspruchungsklassen zusammen mit Ablauf und Seal System Dichtmanschette:
A C gem. PG-AIV-F
A0 gem. ZDB-Merkblatt (Hinweise für die Ausführung von flüssig zu verarbeitenden Verbundabdichtungen mit Bekleidungen und Belägen aus Fliesen und Platten für den Innen- und Außenbereich; August 2012)

VERARBEITUNGSSCHRITTE:

1. Kunststoffablauf wird nach Montageanleitung komplett in den Estrich eingebaut. Hierbei wird der Dichtflansch durch die Schutzfolie vor Verschmutzung geschützt.
2. Estrich trocknen lassen.
3. Estrichuntergrund gründlich reinigen. Untergründe für Abdichtungen müssen tragfähig, formbeständig sowie frei von klaffenden Rissen und haftungsmindernden Stoffen (z. B. Staub, Öl, Wachs, Trennmittel, Ausblühungen, Sinterschichten, Lack- und Farbreste, alte Bodenklebstoffreste) sein.
4. Schutzfolie vom Flansch des Ablaufs abziehen.
5. Erste Schicht der zementären Dichtschlämme ARDEX S 7 aufbringen.
6. Seal System Dichtmanschette auf dem Ablaufflansch und der noch feuchten Dichtschlämme platzieren.
7. Dichtschlämme trocknen lassen.
8. Zweite Schicht der zementären Dichtschlämme ARDEX S 7 aufbringen.

Die zementäre Dichtschlämme ist entsprechend des Technischen Merkblatts ARDEX S 7 der ARDEX GmbH zu verarbeiten. Dieses Merkblatt kann unter **www.sealsystem.net** heruntergeladen werden.

SYSTEMAUFBAU:

1. Estrich
2. Schutzfolie Ablaufflansch
3. Erste Schicht Dichtschlämme
4. Seal System Dichtmanschette
5. Zweite Schicht Dichtschlämme

6. Zertifikate und Systemaufbauten

kiwa — Partner for progress

Kiwa TBU GmbH
www.kiwa.de

Prüfgrundsätze zur Erteilung von allgemeinen bauaufsichtlichen Prüfzeugnissen für Abdichtungen im Verbund mit Fliesen- und Plattenbelägen
Teil 1: Flüssig zu verarbeitende Abdichtungsstoffe
(PG-AIV-F, Ausgabe Juni 2010)

Prüfung durch die Kiwa TBU GmbH

Firma: TECE GmbH, Hollefeldstraße 57, 48282 Emsdetten, Deutschland
Ausstellungsdatum: 01.02.2012
Geltungsdauer bis: 01.02.2017

Systemkomp.: rechteckige Edelstahlduschrinne
TECEdrainline
selbstklebendes einseitig vlieskaschiertes Dichtband
Seal System Dichtband
flüssige Dichtfolie
BOTACT® DF 9
(Bezeichnungen des Auftraggebers)

Prüfung:	Prüfgrundsatz:	Ergebnis:
Wasserdichtheit im Einbauzustand (für Beanspruchungsklasse A)	PG-AIV-F	DICHT

Die genauen Prüfbedingungen sind im Prüfbericht 2.1/29183/1364.0.1-2011 beschrieben.

i.A. Ch. [Unterschrift]
Dr.-Ing. Dipl.-Geol. Ernő Németh

Kiwa TBU GmbH
Gutenbergstraße 29
D-48268 Greven
Telefon: +49 (0)2571 9872-0
Telfax: +49 (0)2571 9872-99
Web: www.kiwa.de
e-mail: kiwatbu@kiwa.de
Geschäftsführer:
Michael Witthöft
Dr. Roland Hüttl
Wissenschaftlicher Leiter:
Prof.Dr.-Ing. Jochen Müller-Rochholz

X:\tbu\QMSneu\QMS\2 KP\2.4 TBU-Mon\Kunden Mon\29183\Zertifikate zum ausdrucken\1364.0.1-2011zert.doc

BOTAMENT BOTACT DF 9 1K Dichtfolie
UND TECEDRAINLINE DUSCHRINNE MIT SEAL SYSTEM DICHTBAND

Typ: Einkomponentige, flüssige Dichtfolie
Gruppe: Polymerdispersion (D)
Zulassung: Allgemeines bauaufsichtliches Prüfzeugnis (abP)
Kennzeichnung: Ü-Zeichen
Beanspruchungsklassen zusammen mit Duschrinne und Seal System Dichtband:
- **A** nur im Wandbereich gem. PG-AIV-F
- **A0** gem. ZDB-Merkblatt (Hinweise für die Ausführung von flüssig zu verarbeitenden Verbundabdichtungen mit Bekleidungen und Belägen aus Fliesen und Platten für den Innen- und Außenbereich; August 2012)

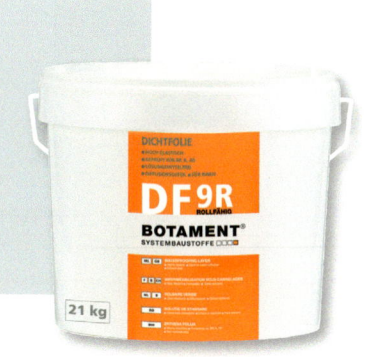

VERARBEITUNGSSCHRITTE:

1. Duschrinne wird nach Montageanleitung komplett in den Estrich eingebaut. Hierbei wird der Dichtflansch durch die Schutzfolie vor Verschmutzung geschützt.
2. Estrich trocknen lassen.
3. Estrichuntergrund gründlich reinigen. Untergründe für Abdichtungen müssen tragfähig, formbeständig sowie frei von klaffenden Rissen und haftungsmindernden Stoffen (z. B. Staub, Öl, Wachs, Trennmittel, Ausblühungen, Sinterschichten, Lack- und Farbreste, alte Bodenklebstoffreste) sein.
4. Seal System Dichtband zuschneiden, sodass die Enden beim Aufkleben überlappen können.
5. Schutzfolie vom Flansch der Rinne abziehen.
6. Schutzfolie vom Seal System Dichtband entfernen.
7. Dichtband an den Enden überlappend auf den Flansch der Edelstahlrinne und den Untergrund kleben.
8. Erste Schicht der Dichtfolie BOTACT DF 9 aufbringen und trocknen lassen.
9. Zweite Schicht der Dichtfolie BOTACT DF 9 aufbringen.

Die flüssige Dichtfolie ist entsprechend des Technischen Merkblatts BOTACT DF 9 der BOTAMENT Systembaustoffe GmbH zu verarbeiten. Dieses Merkblatt kann unter **www.sealsystem.net** heruntergeladen werden.

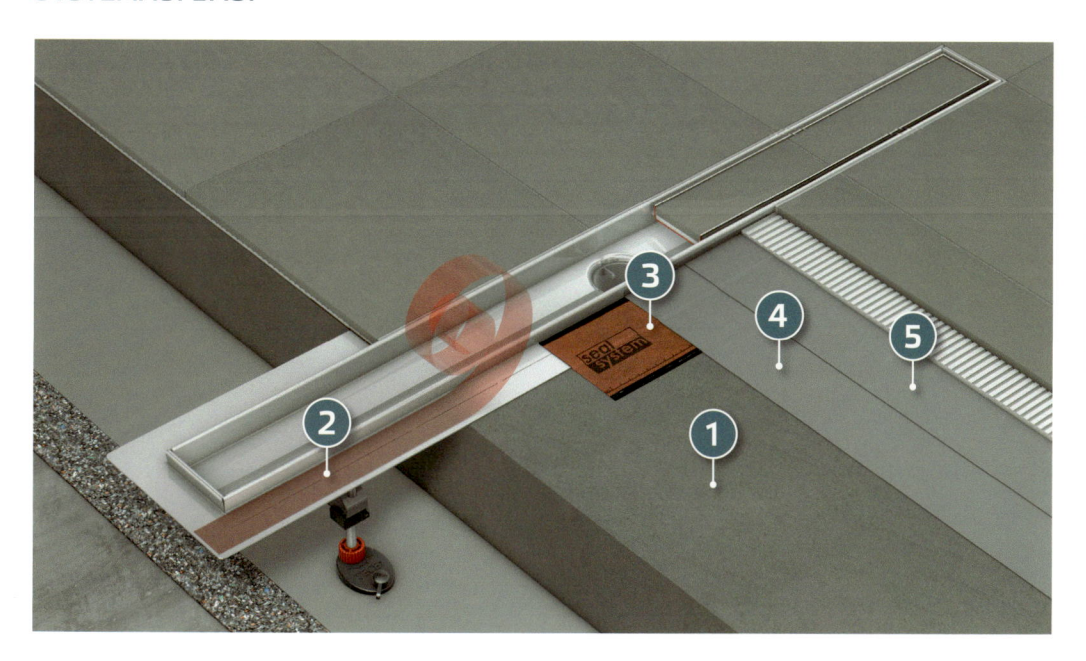

SYSTEMAUFBAU:

1. Estrich
2. Schutzfolie Rinnenflansch
3. Seal System Dichtband
4. Erste Schicht Dichtfolie
5. Zweite Schicht Dichtfolie

6. Zertifikate und Systemaufbauten

kiwa Partner for progress

Kiwa TBU GmbH
www.kiwa.de

Prüfgrundsätze zur Erteilung von allgemeinen bauaufsichtlichen Prüfzeugnissen für Abdichtungen im Verbund mit Fliesen- und Plattenbelägen
Teil 1: Flüssig zu verarbeitende Abdichtungsstoffe
(PG-AIV-F, Ausgabe Juni 2010)

Prüfung durch die Kiwa TBU GmbH

Firma: TECE GmbH, Hollefeldstraße 57, 48282 Emsdetten, Deutschland
Ausstellungsdatum: 01.02.2012
Geltungsdauer bis: 01.02.2017

Systemkomp.: runder Bodenablauf (Flansch-Ø 252 mm) mit angespritztem Vliesstoff
TECEdrainpoint
beidseitig vlieskaschierte Dichtmanschette
Seal System Dichtmanschette
flüssige Dichtfolie
BOTACT® DF 9
(Bezeichnungen des Auftraggebers)

Prüfung:	Prüfgrundsatz:	Ergebnis:
Wasserdichtheit im Einbauzustand (für Beanspruchungsklasse A)	PG-AIV-F	DICHT

Die genauen Prüfbedingungen sind im Prüfbericht 2.1/29183/1365.0.1-2011 beschrieben.

Dr.-Ing. Dipl.-Geol. Ernő Németh

Kiwa TBU GmbH
Gutenbergstraße 29
D-48268 Greven
Telefon: +49 (0)2571 9872-0
Telefax: +49 (0)2571 9872-99
Web: www.kiwa.de
e-mail: kiwatbu@kiwa.de
Geschäftsführer:
Michael Witthöft
Dr. Roland Hüttl
Wissenschaftlicher Leiter:
Prof.Dr.-Ing. Jochen Müller-Rochholz

BOTAMENT BOTACT DF 9 1K Dichtfolie
UND TECEDRAINPOINT KUNSTSTOFFABLAUF MIT SEAL SYSTEM DICHTMANSCHETTE

Typ: Einkomponentige, flüssige Dichtfolie
Gruppe: Polymerdispersionen (D)
Zulassung: Allgemeines bauaufsichtliches Prüfzeugnis (abP)
Kennzeichnung: Ü-Zeichen
Beanspruchungsklassen zusammen mit Ablauf und Seal System Dichtmanschette:
- **A** nur im Wandbereich gem. PG-AIV-F
- **A0** gem. ZDB-Merkblatt (Hinweise für die Ausführung von flüssig zu verarbeitenden Verbundabdichtungen mit Bekleidungen und Belägen aus Fliesen und Platten für den Innen- und Außenbereich; August 2012)

VERARBEITUNGSSCHRITTE:

1. Kunststoffablauf wird nach Montageanleitung komplett in den Estrich eingebaut. Hierbei wird der Dichtflansch durch die Schutzfolie vor Verschmutzung geschützt.
2. Estrich trocknen lassen.
3. Estrichuntergrund gründlich reinigen. Untergründe für Abdichtungen müssen tragfähig, formbeständig sowie frei von klaffenden Rissen und haftungsmindernden Stoffen (z. B. Staub, Öl, Wachs, Trennmittel, Ausblühungen, Sinterschichten, Lack- und Farbreste, alte Bodenklebstoffreste) sein.
4. Schutzfolie vom Flansch des Ablaufs abziehen.
5. Erste Schicht der Dichtfolie BOTACT DF 9 aufbringen.
6. Seal System Dichtmanschette auf dem Ablaufflansch und der noch feuchten Dichtfolie platzieren.
7. Dichtfolie trocknen lassen.
8. Zweite Schicht der Dichtfolie BOTACT DF 9 aufbringen.

Die flüssige Dichtfolie ist entsprechend des Technischen Merkblatts BOTACT DF 9 der BOTAMENT Systembaustoffe GmbH zu verarbeiten. Dieses Merkblatt kann unter **www.sealsystem.net** heruntergeladen werden.

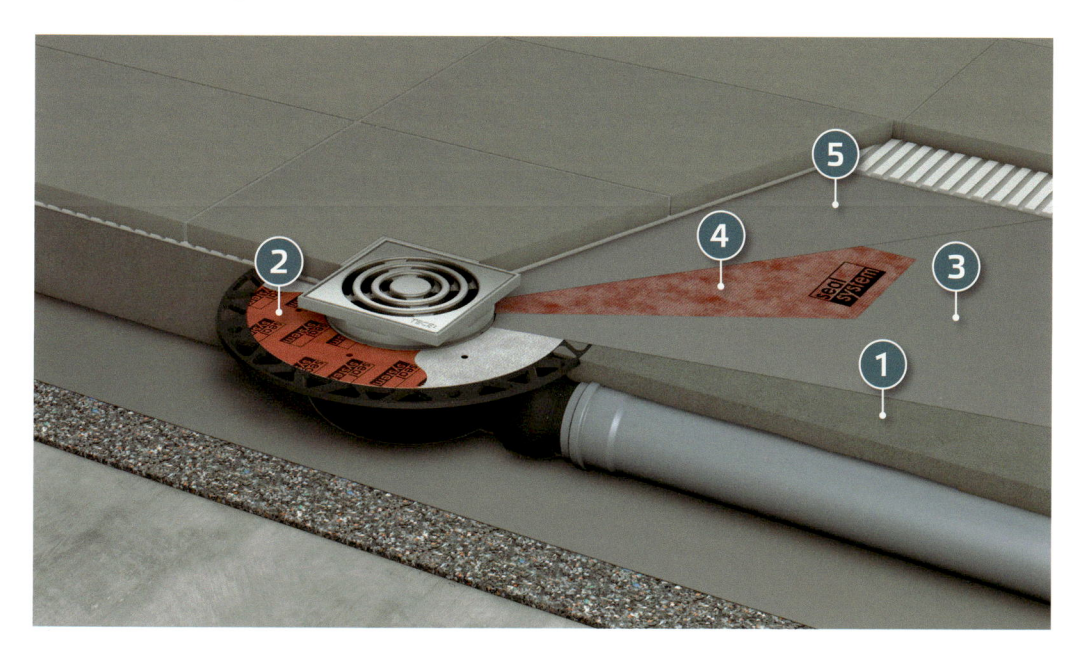

SYSTEMAUFBAU:

1. Estrich
2. Schutzfolie Ablaufflansch
3. Erste Schicht Dichtfolie
4. Seal System Dichtmanschette
5. Zweite Schicht Dichtfolie

6. Zertifikate und Systemaufbauten

kiwa
Partner for progress

Kiwa TBU GmbH
www.kiwa.de

Prüfgrundsätze zur Erteilung von allgemeinen bauaufsichtlichen Prüfzeugnissen für Abdichtungen im Verbund mit Fliesen- und Plattenbelägen
Teil 1: Flüssig zu verarbeitende Abdichtungsstoffe
(PG-AIV-F, Ausgabe Juni 2010)

Prüfung durch die Kiwa TBU GmbH

Firma: TECE GmbH, Hollefeldstraße 57, 48282 Emsdetten, Deutschland
Ausstellungsdatum: 01.02.2012
Geltungsdauer bis: 01.02.2017

Systemkomp.: rechteckige Edelstahlduschrinne
TECEdrainline
selbstklebendes einseitig vlieskaschiertes Dichtband
Seal System Dichtband
zementäre Dichtungsschlämme
BOTACT MD 1
(Bezeichnungen des Auftraggebers)

Prüfung:	Prüfgrundsatz:	Ergebnis:
Wasserdichtheit im Einbauzustand (für Beanspruchungsklasse A und C)	PG-AIV-F	DICHT

Die genauen Prüfbedingungen sind im Prüfbericht 2.1/29183/1308.0.1-2011 beschrieben.

i.A. Ch. Homberg
Dr.-Ing. Dipl.-Geol. Ernö Nemeth

Kiwa TBU GmbH
Gutenbergstraße 29
D-48268 Greven
Telefon: +49 (0)2571 9872-0
Telfax: +49 (0)2571 9872-99
Web: www.kiwa.de
e-mail: kiwatbu@kiwa.de
Geschäftsführer:
Michael Witthöft
Dr. Roland Hüttl
Wissenschaftlicher Leiter:
Prof.Dr.-Ing. Jochen Müller-Rochholz

X:\tbu\QMSneu\QMS\2 KP\2.4 TBU-Mon\Kunden Mon\29183\Zertifikate zum ausdrucken\1308.0.1-2011zert.doc

BOTAMENT BOTACT MD 1 Flexible Dichtungsschlämme
UND TECEDRAINLINE DUSCHRINNE MIT SEAL SYSTEM DICHTBAND

Typ: Einkomponentige, zementäre Dichtungsschlämme
Gruppe: Kunststoff-Zement-Mörtel-Kombinationen (M)
Zulassung: Allgemeines bauaufsichtliches Prüfzeugnis (abP)
Kennzeichnung: Ü-Zeichen
Beanspruchungsklassen zusammen mit Duschrinne und Seal System Dichtband:
A **C** gem. PG-AIV-F
A0 gem. ZDB-Merkblatt (Hinweise für die Ausführung von flüssig zu verarbeitenden Verbundabdichtungen mit Bekleidungen und Belägen aus Fliesen und Platten für den Innen- und Außenbereich; August 2012)

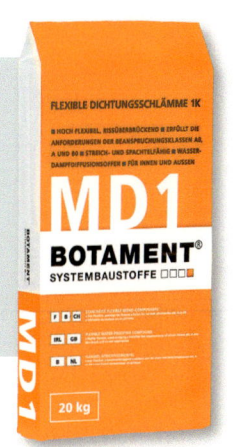

VERARBEITUNGSSCHRITTE:

1. Duschrinne wird nach Montageanleitung komplett in den Estrich eingebaut. Hierbei wird der Dichtflansch durch die Schutzfolie vor Verschmutzung geschützt.
2. Estrich trocknen lassen.
3. Estrichuntergrund gründlich reinigen. Untergründe für Abdichtungen müssen tragfähig, formbeständig sowie frei von klaffenden Rissen und haftungsmindernden Stoffen (z. B. Staub, Öl, Wachs, Trennmittel, Ausblühungen, Sinterschichten, Lack- und Farbreste, alte Bodenklebstoffreste) sein.
4. Seal System Dichtband zuschneiden, sodass die Enden beim Aufkleben überlappen können.
5. Schutzfolie vom Flansch der Rinne abziehen.
6. Schutzfolie vom Seal System Dichtband entfernen.
7. Dichtband an den Enden überlappend auf den Flansch der Edelstahlrinne und den Untergrund kleben.
8. Erste Schicht der zementären Dichtschlämme BOTACT MD 1 aufbringen und trocknen lassen.
9. Zweite Schicht der zementären Dichtschlämme BOTACT MD 1 aufbringen.

Die zementäre Dichtschlämme ist entsprechend des Technischen Merkblatts BOTACT MD 1 der BOTAMENT Systembaustoffe GmbH zu verarbeiten. Dieses Merkblatt kann unter **www.sealsystem.net** heruntergeladen werden.

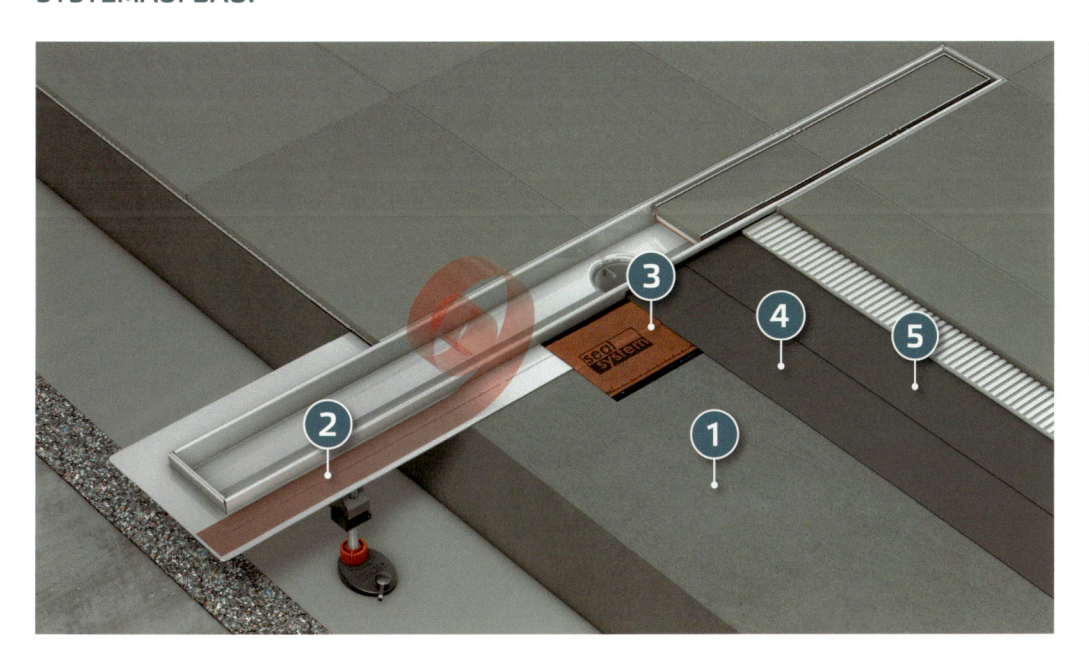

SYSTEMAUFBAU:

1. Estrich
2. Schutzfolie Rinnenflansch
3. Seal System Dichtband
4. Erste Schicht Dichtschlämme
5. Zweite Schicht Dichtschlämme

6. Zertifikate und Systemaufbauten

kiwa
Partner for progress

Kiwa TBU GmbH
www.kiwa.de

Prüfgrundsätze zur Erteilung von allgemeinen bauaufsichtlichen Prüfzeugnissen für Abdichtungen im Verbund mit Fliesen- und Plattenbelägen
Teil 1: Flüssig zu verarbeitende Abdichtungsstoffe
(PG-AIV-F, Ausgabe Juni 2010)

Prüfung durch die Kiwa TBU GmbH

Firma: TECE GmbH, Hollefeldstraße 57, 48282 Emsdetten, Deutschland
Ausstellungsdatum: 01.02.2012
Geltungsdauer bis: 01.02.2017

Systemkomp.: runder Bodenablauf (Flansch-Ø 252 mm) mit angespritztem Vliesstoff
TECEdrainpoint
beidseitig vlieskaschierte Dichtmanschette
Seal System Dichtmanschette
zementäre Dichtungsschlämme
BOTACT MD 1
(Bezeichnungen des Auftraggebers)

Prüfung:	Prüfgrundsatz:	Ergebnis:
Wasserdichtheit im Einbauzustand (für Beanspruchungsklasse A und C)	PG-AIV-F	DICHT

Die genauen Prüfbedingungen sind im Prüfbericht 2.1/29183/1309.0.1-2011 beschrieben.

i.A. Ch. Homberg
Dr.-Ing. Dipl.-Geol. Ernő Németh

Kiwa TBU GmbH
Gutenbergstraße 29
D-48268 Greven
Telefon: +49 (0)2571 9872-0
Telefax: +49 (0)2571 9872-99
Web: www.kiwa.de
e-mail: kiwatbu@kiwa.de
Geschäftsführer:
Michael Witthöft
Dr. Roland Hüttl
Wissenschaftlicher Leiter:
Prof.Dr.-Ing. Jochen Müller-Rochholz

X:\tbu\QMSneu\QMS\2 KP\2.4 TBU-Mon\Kunden Mon\29183\Zertifikate zum ausdrucken\1309.0.1-2011zert.doc

BOTAMENT BOTACT MD 1 Flexible Dichtungsschlämme
UND TECEDRAINPOINT KUNSTSTOFFABLAUF MIT SEAL SYSTEM DICHTMANSCHETTE

Typ: Einkomponentige, zementäre Dichtungsschlämme
Gruppe: Kunststoff-Zement-Mörtel-Kombinationen (M)
Zulassung: Allgemeines bauaufsichtliches Prüfzeugnis (abP)
Kennzeichnung: Ü-Zeichen
Beanspruchungsklassen zusammen mit Ablauf und Seal System Dichtmanschette:
A C gem. PG-AIV-F
A0 gem. ZDB-Merkblatt (Hinweise für die Ausführung von flüssig zu verarbeitenden Verbundabdichtungen mit Bekleidungen und Belägen aus Fliesen und Platten für den Innen- und Außenbereich; August 2012)

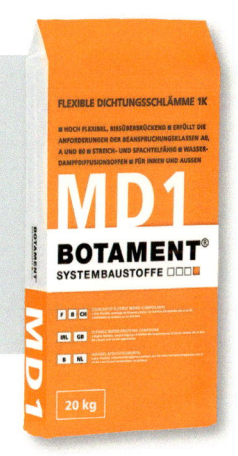

VERARBEITUNGSSCHRITTE:

1. Kunststoffablauf wird nach Montageanleitung komplett in den Estrich eingebaut. Hierbei wird der Dichtflansch durch die Schutzfolie vor Verschmutzung geschützt.
2. Estrich trocknen lassen.
3. Estrichuntergrund gründlich reinigen. Untergründe für Abdichtungen müssen tragfähig, formbeständig sowie frei von klaffenden Rissen und haftungsmindernden Stoffen (z. B. Staub, Öl, Wachs, Trennmittel, Ausblühungen, Sinterschichten, Lack- und Farbreste, alte Bodenklebstoffreste) sein.
4. Schutzfolie vom Flansch des Ablaufs abziehen.
5. Erste Schicht der zementären Dichtschlämme BOTACT MD 1 aufbringen.
6. Seal System Dichtmanschette auf dem Ablaufflansch und der noch feuchten Dichtschlämme platzieren.
7. Dichtschlämme trocknen lassen.
8. Zweite Schicht der zementären Dichtschlämme BOTACT MD 1 aufbringen.

Die zementäre Dichtschlämme ist entsprechend des Technischen Merkblatts BOTACT MD 1 der BOTAMENT Systembaustoffe GmbH zu verarbeiten. Dieses Merkblatt kann unter **www.sealsystem.net** heruntergeladen werden.

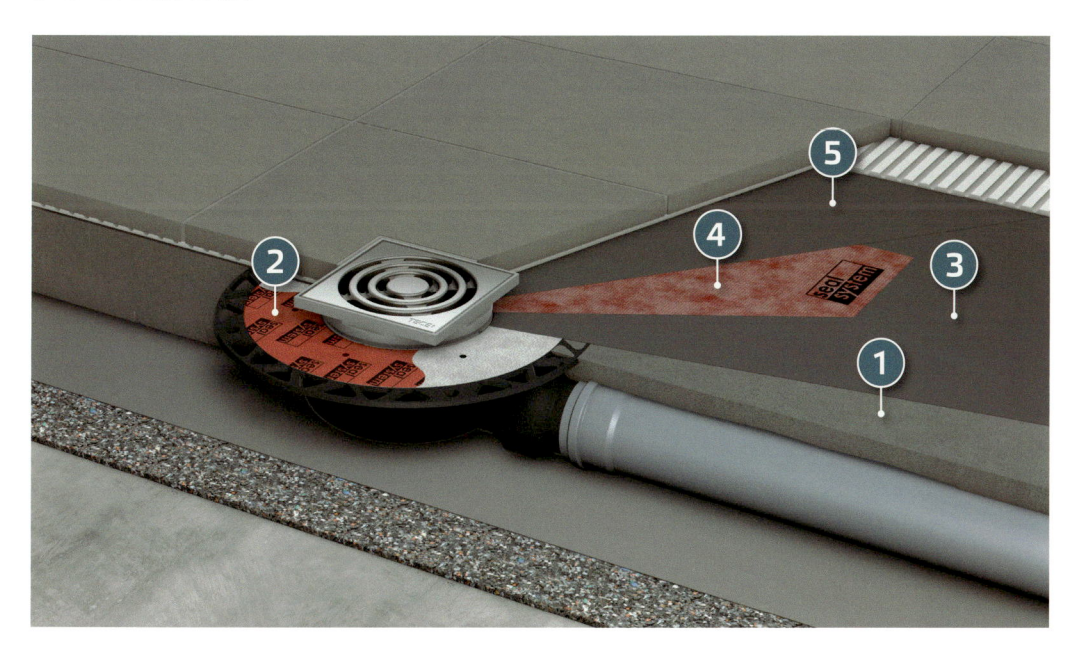

SYSTEMAUFBAU:

1. Estrich
2. Schutzfolie Ablaufflansch
3. Erste Schicht Dichtschlämme
4. Seal System Dichtmanschette
5. Zweite Schicht Dichtschlämme

6. Zertifikate und Systemaufbauten

kiwa
Partner for progress

Kiwa TBU GmbH
www.kiwa.de

Prüfgrundsätze zur Erteilung von allgemeinen bauaufsichtlichen Prüfzeugnissen für Abdichtungen im Verbund mit Fliesen- und Plattenbelägen
Teil 1: Flüssig zu verarbeitende Abdichtungsstoffe
(PG-AIV-F, Ausgabe Juni 2010)

Prüfung durch die Kiwa TBU GmbH

Firma: TECE GmbH, Hollefeldstraße 57, 48282 Emsdetten, Deutschland
Ausstellungsdatum: 01.02.2012
Geltungsdauer bis: 01.02.2017

Systemkomp.: rechteckige Edelstahlduschrinne
TECEdrainline
selbstklebendes einseitig vlieskaschiertes Dichtband
Seal System Dichtband
2 komponentige zementäre Dichtungsschlämme
BOTACT MD 28
(Bezeichnungen des Auftraggebers)

Prüfung:	Prüfgrundsatz:	Ergebnis:
Wasserdichtheit im Einbauzustand (für Beanspruchungsklasse A und C)	PG-AIV-F	DICHT

Die genauen Prüfbedingungen sind im Prüfbericht 2.1/29183/1310.0.1-2011 beschrieben.

Dr.-Ing. Dipl.-Geol. Ernő Németh

Kiwa TBU GmbH
Gutenbergstraße 29
D-48268 Greven
Telefon: +49 (0)2571 9872-0
Telfax: +49 (0)2571 9872-99
Web: www.kiwa.de
e-mail: kiwatbu@kiwa.de
Geschäftsführer:
Michael Witthöft
Dr. Roland Hüttl
Wissenschaftlicher Leiter:
Prof.Dr.-Ing. Jochen Müller-Rochholz

X:\tbu\QMSneu\QMS\2 KP\2.4 TBU-Mon\Kunden Mon\29183\Zertifikate zum ausdrucken\1310.0.1-2011zert.doc

BOTAMENT BOTACT MD 28 Spezial-Abdichtung
UND TECEDRAINLINE DUSCHRINNE MIT SEAL SYSTEM DICHTBAND

Typ: Zweikomponentige, zementäre Dichtungsschlämme
Gruppe: Kunststoff-Zement-Mörtel-Kombinationen (M)
Zulassung: Allgemeines bauaufsichtliches Prüfzeugnis (abP)
Kennzeichnung: Ü-Zeichen
Beanspruchungsklassen zusammen mit Duschrinne und Seal System Dichtband:
A C gem. PG-AIV-F
A0 gem. ZDB-Merkblatt (Hinweise für die Ausführung von flüssig zu verarbeitenden Verbundabdichtungen mit Bekleidungen und Belägen aus Fliesen und Platten für den Innen- und Außenbereich; August 2012)

VERARBEITUNGSSCHRITTE:

1. Duschrinne wird nach Montageanleitung komplett in den Estrich eingebaut. Hierbei wird der Dichtflansch durch die Schutzfolie vor Verschmutzung geschützt.
2. Estrich trocknen lassen.
3. Estrichuntergrund gründlich reinigen. Untergründe für Abdichtungen müssen tragfähig, formbeständig sowie frei von klaffenden Rissen und haftungsmindernden Stoffen (z. B. Staub, Öl, Wachs, Trennmittel, Ausblühungen, Sinterschichten, Lack- und Farbreste, alte Bodenklebstoffreste) sein.
4. Seal System Dichtband zuschneiden, sodass die Enden beim Aufkleben überlappen können.
5. Schutzfolie vom Flansch der Rinne abziehen.
6. Schutzfolie vom Seal System Dichtband entfernen.
7. Dichtband an den Enden überlappend auf den Flansch der Edelstahlrinne und den Untergrund kleben.
8. Erste Schicht der zementären Dichtschlämme BOTACT MD 28 aufbringen und trocknen lassen.
9. Zweite Schicht der zementären Dichtschlämme BOTACT MD 28 aufbringen.

Die zementäre Dichtschlämme ist entsprechend des Technischen Merkblatts BOTACT MD 28 der BOTAMENT Systembaustoffe GmbH zu verarbeiten. Dieses Merkblatt kann unter **www.sealsystem.net** heruntergeladen werden.

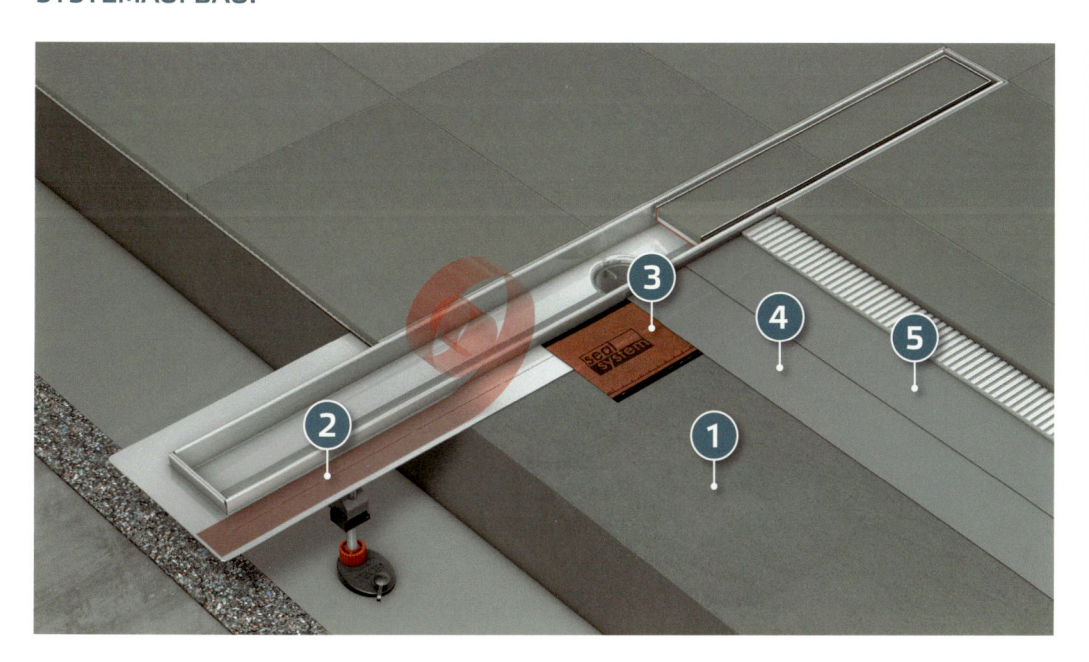

SYSTEMAUFBAU:

1. Estrich
2. Schutzfolie Rinnenflansch
3. Seal System Dichtband
4. Erste Schicht Dichtschlämme
5. Zweite Schicht Dichtschlämme

6. Zertifikate und Systemaufbauten

kiwa — Partner for progress

Kiwa TBU GmbH
www.kiwa.de

Prüfgrundsätze zur Erteilung von allgemeinen bauaufsichtlichen Prüfzeugnissen für Abdichtungen im Verbund mit Fliesen- und Plattenbelägen
Teil 1: Flüssig zu verarbeitende Abdichtungsstoffe
(PG-AIV-F, Ausgabe Juni 2010)

Prüfung durch die Kiwa TBU GmbH

Firma: TECE GmbH, Hollefeldstraße 57, 48282 Emsdetten, Deutschland
Ausstellungsdatum: 01.02.2012
Geltungsdauer bis: 01.02.2017

Systemkomp.: runder Bodenablauf (Flansch-Ø 252 mm) mit angespritztem Vliesstoff
TECEdrainpoint
beidseitig vlieskaschierte Dichtmanschette
Seal System Dichtmanschette
2 komponentige zementäre Dichtungsschlämme
BOTACT MD 28
(Bezeichnungen des Auftraggebers)

Prüfung:	Prüfgrundsatz:	Ergebnis:
Wasserdichtheit im Einbauzustand (für Beanspruchungsklasse A und C)	PG-AIV-F	DICHT

Die genauen Prüfbedingungen sind im Prüfbericht 2.1/29183/1311.0.1-2011 beschrieben.

Dr.-Ing. Dipl.-Geol. Ernő Németh

Kiwa TBU GmbH
Gutenbergstraße 29
D-48268 Greven
Telefon: +49 (0)2571 9872-0
Telfax: +49 (0)2571 9872-99
Web: www.kiwa.de
e-mail: kiwatbu@kiwa.de
Geschäftsführer:
Michael Witthöft
Dr. Roland Hüttl
Wissenschaftlicher Leiter:
Prof.Dr.-Ing. Jochen Müller-Rochholz

BOTAMENT BOTACT MD 28 Spezial-Abdichtung
UND TECEDRAINPOINT KUNSTSTOFFABLAUF MIT SEAL SYSTEM DICHTMANSCHETTE

Typ: Zweikomponentige, zementäre Dichtungsschlämme
Gruppe: Kunststoff-Zement-Mörtel-Kombinationen (M)
Zulassung: Allgemeines bauaufsichtliches Prüfzeugnis (abP)
Kennzeichnung: Ü-Zeichen
Beanspruchungsklassen zusammen mit Ablauf und Seal System Dichtmanschette:
A C gem. PG-AIV-F
A0 gem. ZDB-Merkblatt (Hinweise für die Ausführung von flüssig zu verarbeitenden Verbundabdichtungen mit Bekleidungen und Belägen aus Fliesen und Platten für den Innen- und Außenbereich; August 2012)

VERARBEITUNGSSCHRITTE:

1. Kunststoffablauf wird nach Montageanleitung komplett in den Estrich eingebaut. Hierbei wird der Dichtflansch durch die Schutzfolie vor Verschmutzung geschützt.
2. Estrich trocknen lassen.
3. Estrichuntergrund gründlich reinigen. Untergründe für Abdichtungen müssen tragfähig, formbeständig sowie frei von klaffenden Rissen und haftungsmindernden Stoffen (z. B. Staub, Öl, Wachs, Trennmittel, Ausblühungen, Sinterschichten, Lack- und Farbreste, alte Bodenklebstoffreste) sein.
4. Schutzfolie vom Flansch des Ablaufs abziehen.
5. Erste Schicht der zementären Dichtschlämme BOTACT MD 28 aufbringen.
6. Seal System Dichtmanschette auf dem Ablaufflansch und der noch feuchten Dichtschlämme platzieren.
7. Dichtschlämme trocknen lassen.
8. Zweite Schicht der zementären Dichtschlämme BOTACT MD 28 aufbringen.

Die zementäre Dichtschlämme ist entsprechend des Technischen Merkblatts BOTACT MD 28 der BOTAMENT Systembaustoffe GmbH zu verarbeiten. Dieses Merkblatt kann unter **www.sealsystem.net** heruntergeladen werden.

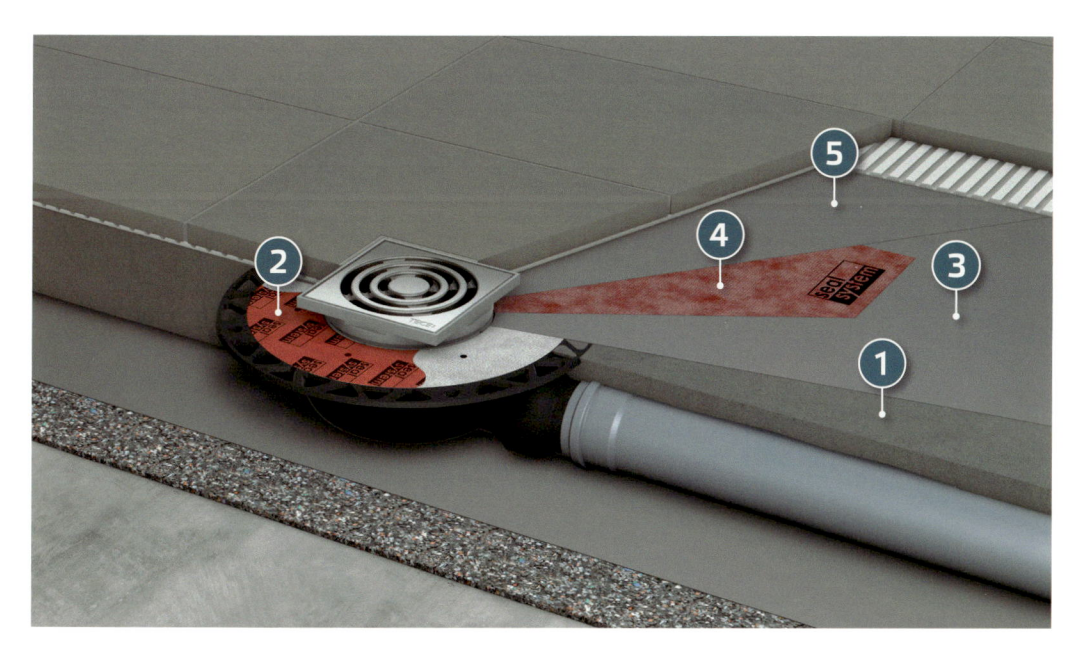

SYSTEMAUFBAU:

1. Estrich
2. Schutzfolie Ablaufflansch
3. Erste Schicht Dichtschlämme
4. Seal System Dichtmanschette
5. Zweite Schicht Dichtschlämme

6. Zertifikate und Systemaufbauten

Kiwa TBU GmbH
www.kiwa.de

Prüfgrundsätze zur Erteilung von allgemeinen bauaufsichtlichen Prüfzeugnissen für Abdichtungen im Verbund mit Fliesen- und Plattenbelägen
Teil 1: Flüssig zu verarbeitende Abdichtungsstoffe
(PG-AIV-F, Ausgabe Juni 2010)

Prüfung durch die Kiwa TBU GmbH

Firma: TECE GmbH, Hollefeldstraße 57, 48282 Emsdetten, Deutschland
Ausstellungsdatum: 02.02.2012
Geltungsdauer bis: 02.02.2017

Systemkomp.: rechteckige Edelstahlduschrinne
TECEdrainline
selbstklebendes einseitig vlieskaschiertes Dichtband
Seal System Dichtband
flüssige Dichtfolie
FERMACELL Flüssigfolie
(Bezeichnungen des Auftraggebers)

Prüfung:	Prüfgrundsatz:	Ergebnis:
Wasserdichtheit im Einbauzustand (für Beanspruchungsklasse A)	PG-AIV-F	DICHT

Die genauen Prüfbedingungen sind im Prüfbericht 2.1/29183/1611.0.1-2011 beschrieben.

i.A. Dr.-Ing. Dipl.-Geol. Ernö Németh

Kiwa TBU GmbH
Gutenbergstraße 29
D-48268 Greven
Telefon: +49 (0)2571 9872-0
Telefax: +49 (0)2571 9872-99
Web: www.kiwa.de
e-mail: kiwatbu@kiwa.de
Geschäftsführer:
Michael Witthöft
Dr. Roland Hüttl
Wissenschaftlicher Leiter:
Prof.Dr.-Ing. Jochen Müller-Rochholz

X:\tbu\QMSneu\QMS\2 KP\2.4 TBU-Mon\Kunden Mon\29183\Zertifikate zum ausdrucken\1611.0.1-2011zert.doc

FERMACELL Flüssigfolie
UND TECEDRAINLINE TROCKENBAU-DUSCHRINNE MIT SEAL SYSTEM DICHTBAND

Typ: Einkomponentige, flüssige Dichtfolie
Gruppe: Polymerdispersionen (D)
Zulassung: Allgemeines bauaufsichtliches Prüfzeugnis (abP)
Kennzeichnung: Ü-Zeichen
Beanspruchungsklassen zusammen mit Duschrinne und Seal System Dichtband:
- **A** nur im Wandbereich gem. PG-AIV-F
- **A0** gem. ZDB-Merkblatt (Hinweise für die Ausführung von flüssig zu verarbeitenden Verbundabdichtungen mit Bekleidungen und Belägen aus Fliesen und Platten für den Innen- und Außenbereich; August 2012)

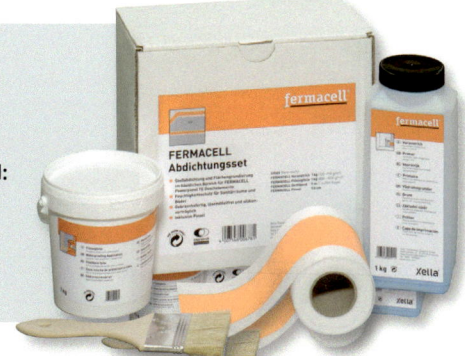

VERARBEITUNGSSCHRITTE:

1. Ablauf an die Abflussleitung anschließen, ausrichten und befestigen.
2. Fermacell gebundene Schüttung einbringen.
3. Fermacell Powerpanel TE Gefälleelemente zuschneiden, auflegen und zusammenfügen.
4. Zusätzliche Fermacell Powerpanel H2O zuschneiden und Rinnenkörper ausschneiden.
5. Abdeckplatte mit Fermacell Estrichkleber aufkleben und anschließend mit Powerpanel TE Schrauben miteinander verschrauben.
6. Duschrinne in die vorgesehene Aussparung einlegen und mit Powerpanel TE Schrauben befestigen.
7. Estrichuntergrund gründlich reinigen. Untergründe für Abdichtungen müssen tragfähig, formbeständig sowie frei von klaffenden Rissen und haftungsmindernden Stoffen (z. B. Staub, Öl, Wachs, Trennmittel, Ausblühungen, Sinterschichten, Lack- und Farbreste, alte Bodenklebstoffreste) sein.
8. Seal System Dichtband zuschneiden, sodass die Enden beim Aufkleben überlappen können.
9. Schutzfolie vom Flansch der Rinne abziehen.
10. Schutzfolie vom Seal System Dichtband entfernen.
11. Dichtband an den Enden überlappend auf den Flansch der Edelstahlrinne und den Untergrund kleben.
12. Erste Schicht der Dichtfolie FERMACELL Flüssigfolie aufbringen und trocknen lassen.
13. Zweite Schicht der Dichtfolie FERMACELL Flüssigfolie aufbringen.

Die Dichtfolie ist entsprechend des Technischen Merkblatts FERMACELL Flüssigfolie der FERMACELL GmbH zu verarbeiten. Dieses Merkblatt kann unter **www.sealsystem.net** heruntergeladen werden.

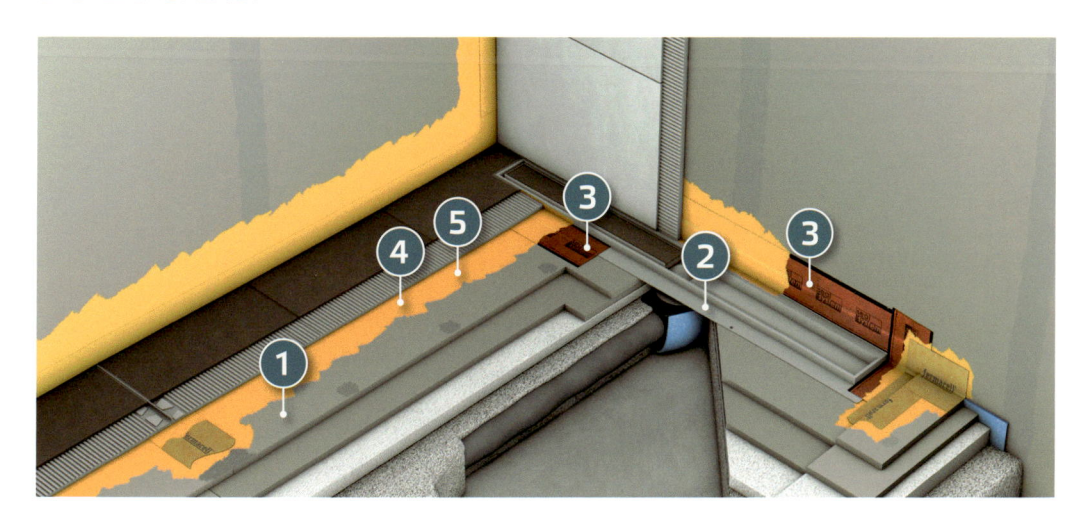

SYSTEMAUFBAU:

1. Fermacell-Leichtbeton-Bauplatte
2. Rinnenflansch
3. Seal System Dichtband
4. Erste Schicht Dichtfolie
5. Zweite Schicht Dichtfolie

6. Zertifikate und Systemaufbauten

kiwa — Partner for progress

Kiwa TBU GmbH
www.kiwa.de

Prüfgrundsätze zur Erteilung von allgemeinen bauaufsichtlichen Prüfzeugnissen für Abdichtungen im Verbund mit Fliesen- und Plattenbelägen
Teil 1: Flüssig zu verarbeitende Abdichtungsstoffe
(PG-AIV-F, Ausgabe Juni 2010)

Prüfung durch die Kiwa TBU GmbH

Firma: TECE GmbH, Hollefeldstraße 57, 48282 Emsdetten, Deutschland
Ausstellungsdatum: 01.02.2012
Geltungsdauer bis: 01.02.2017

Systemkomp.: rechteckige Edelstahlduschrinne
TECEdrainline
selbstklebendes einseitig vlieskaschiertes Dichtband
Seal System Dichtband
2 komponentige zementäre Dichtungsschlämme
CERESIT CL 50
(Bezeichnungen des Auftraggebers)

Prüfung:	Prüfgrundsatz:	Ergebnis:
Wasserdichtheit im Einbauzustand (für Beanspruchungsklasse A und C)	PG-AIV-F	DICHT

Die genauen Prüfbedingungen sind im Prüfbericht 2.1/29183/1312.0.1-2011 beschrieben.

Dr.-Ing. Dipl.-Geol. Ernö Németh

Kiwa TBU GmbH
Gutenbergstraße 29
D-48268 Greven
Telefon: +49 (0)2571 9872-0
Telefax: +49 (0)2571 9872-99
Web: www.kiwa.de
e-mail: kiwatbu@kiwa.de
Geschäftsführer:
Michael Witthöft
Dr. Roland Hüttl
Wissenschaftlicher Leiter:
Prof.Dr.-Ing. Jochen Müller-Rochholz

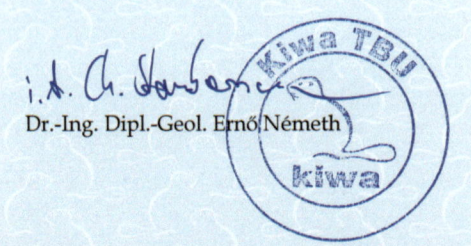

X:\tbu\QMSneu\QMS\2 KP\2.4 TBU-Mon\Kunden Mon\29183\Zertifikate zum ausdrucken\1312.0.1-2011zert.doc

CERESIT CL 50 Alternative Abdichtung
UND TECEDRAINLINE DUSCHRINNE MIT SEAL SYSTEM DICHTBAND

Typ: Zweikomponentige, zementäre Dichtungsschlämme
Gruppe: Kunststoff-Zement-Mörtel-Kombinationen (M)
Zulassung: Allgemeines bauaufsichtliches Prüfzeugnis (abP)
Kennzeichnung: Ü-Zeichen
Beanspruchungsklassen zusammen mit Duschrinne und Seal System Dichtband:
A C gem. PG-AIV-F
A0 gem. ZDB-Merkblatt (Hinweise für die Ausführung von flüssig zu verarbeitenden Verbundabdichtungen mit Bekleidungen und Belägen aus Fliesen und Platten für den Innen- und Außenbereich; August 2012)

VERARBEITUNGSSCHRITTE:

1. Duschrinne wird nach Montageanleitung komplett in den Estrich eingebaut. Hierbei wird der Dichtflansch durch die Schutzfolie vor Verschmutzung geschützt.
2. Estrich trocknen lassen.
3. Estrichuntergrund gründlich reinigen. Untergründe für Abdichtungen müssen tragfähig, formbeständig sowie frei von klaffenden Rissen und haftungsmindernden Stoffen (z. B. Staub, Öl, Wachs, Trennmittel, Ausblühungen, Sinterschichten, Lack- und Farbreste, alte Bodenklebstoffreste) sein.
4. Seal System Dichtband zuschneiden, sodass die Enden beim Aufkleben überlappen können.
5. Schutzfolie vom Flansch der Rinne abziehen.
6. Schutzfolie vom Seal System Dichtband entfernen.
7. Dichtband an den Enden überlappend auf den Flansch der Edelstahlrinne und den Untergrund kleben.
8. Erste Schicht der zementären Dichtschlämme Ceresit CL 50 aufbringen und trocknen lassen.
9. Zweite Schicht der zementären Dichtschlämme Ceresit CL 50 aufbringen.

Die zementäre Dichtschlämme ist entsprechend des Technischen Merkblatts Ceresit CL 50 der Henkel AG & Co. KGaA zu verarbeiten. Dieses Merkblatt kann unter www.sealsystem.net heruntergeladen werden.

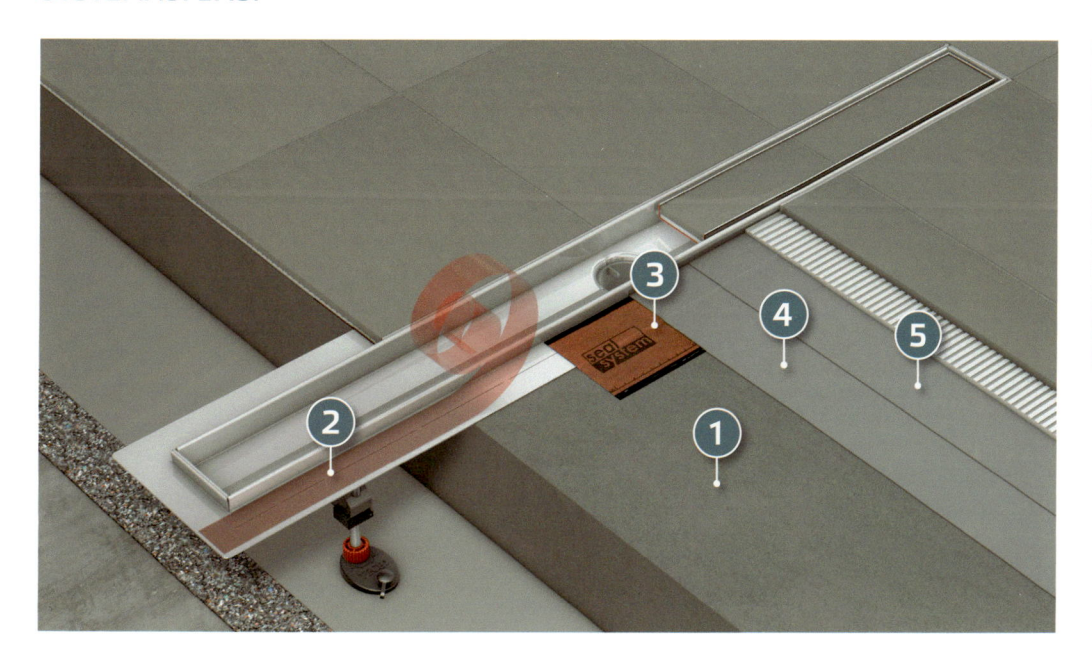

SYSTEMAUFBAU:

1. Estrich
2. Schutzfolie Rinnenflansch
3. Seal System Dichtband
4. Erste Schicht Dichtschlämme
5. Zweite Schicht Dichtschlämme

6. Zertifikate und Systemaufbauten

kiwa Partner for progress

Kiwa TBU GmbH
www.kiwa.de

Zertifikat

Prüfgrundsätze zur Erteilung von allgemeinen bauaufsichtlichen Prüfzeugnissen für Abdichtungen im Verbund mit Fliesen- und Plattenbelägen
Teil 1: Flüssig zu verarbeitende Abdichtungsstoffe
(PG-AIV-F, Ausgabe Juni 2010)

Prüfung durch die Kiwa TBU GmbH

Firma: TECE GmbH, Hollefeldstraße 57, 48282 Emsdetten, Deutschland
Ausstellungsdatum: 01.02.2012
Geltungsdauer bis: 01.02.2017

Systemkomp.: runder Bodenablauf (Flansch-Ø 252 mm) mit angespritztem Vliesstoff
TECEdrainpoint
beidseitig vlieskaschierte Dichtmanschette
Seal System Dichtmanschette
2 komponentige zementäre Dichtungsschlämme
CERESIT CL 50
(Bezeichnungen des Auftraggebers)

Prüfung:	Prüfgrundsatz:	Ergebnis:
Wasserdichtheit im Einbauzustand (für Beanspruchungsklasse A und C)	PG-AIV-F	DICHT

Die genauen Prüfbedingungen sind im Prüfbericht 2.1/29183/1313.0.1-2011 beschrieben.

Dr.-Ing. Dipl.-Geol. Ernő Németh

Kiwa TBU GmbH
Gutenbergstraße 29
D-48268 Greven
Telefon: +49 (0)2571 9872-0
Telefax: +49 (0)2571 9872-99
Web: www.kiwa.de
e-mail: kiwatbu@kiwa.de
Geschäftsführer:
Michael Witthöft
Dr. Roland Hüttl
Wissenschaftlicher Leiter:
Prof.Dr.-Ing. Jochen Müller-Rochholz

CERESIT CL 50 Alternative Abdichtung
UND TECEDRAINPOINT KUNSTSTOFFABLAUF MIT SEAL SYSTEM DICHTMANSCHETTE

Typ: Zweikomponentige, zementäre Dichtungsschlämme
Gruppe: Kunststoff-Zement-Mörtel-Kombinationen (M)
Zulassung: Allgemeines bauaufsichtliches Prüfzeugnis (abP)
Kennzeichnung: Ü-Zeichen
Beanspruchungsklassen zusammen mit Ablauf und Seal System Dichtmanschette:
A C gem. PG-AIV-F
A0 gem. ZDB-Merkblatt (Hinweise für die Ausführung von flüssig zu verarbeitenden Verbundabdichtungen mit Bekleidungen und Belägen aus Fliesen und Platten für den Innen- und Außenbereich; August 2012)

VERARBEITUNGSSCHRITTE:

1. Kunststoffablauf wird nach Montageanleitung komplett in den Estrich eingebaut. Hierbei wird der Dichtflansch durch die Schutzfolie vor Verschmutzung geschützt.
2. Estrich trocknen lassen.
3. Estrichuntergrund gründlich reinigen. Untergründe für Abdichtungen müssen tragfähig, formbeständig sowie frei von klaffenden Rissen und haftungsmindernden Stoffen (z. B. Staub, Öl, Wachs, Trennmittel, Ausblühungen, Sinterschichten, Lack- und Farbreste, alte Bodenklebstoffreste) sein.
4. Schutzfolie vom Flansch des Ablaufs abziehen.
5. Erste Schicht der zementären Dichtschlämme Ceresit CL 50 aufbringen.
6. Seal System Dichtmanschette auf dem Ablaufflansch und der noch feuchten Dichtschlämme platzieren.
7. Dichtschlämme trocknen lassen.
8. Zweite Schicht der zementären Dichtschlämme Ceresit CL 50 aufbringen.

Die zementäre Dichtschlämme ist entsprechend des Technischen Merkblatts Ceresit CL 50 der Henkel AG & Co. KGaA zu verarbeiten. Dieses Merkblatt kann unter **www.sealsystem.net** heruntergeladen werden.

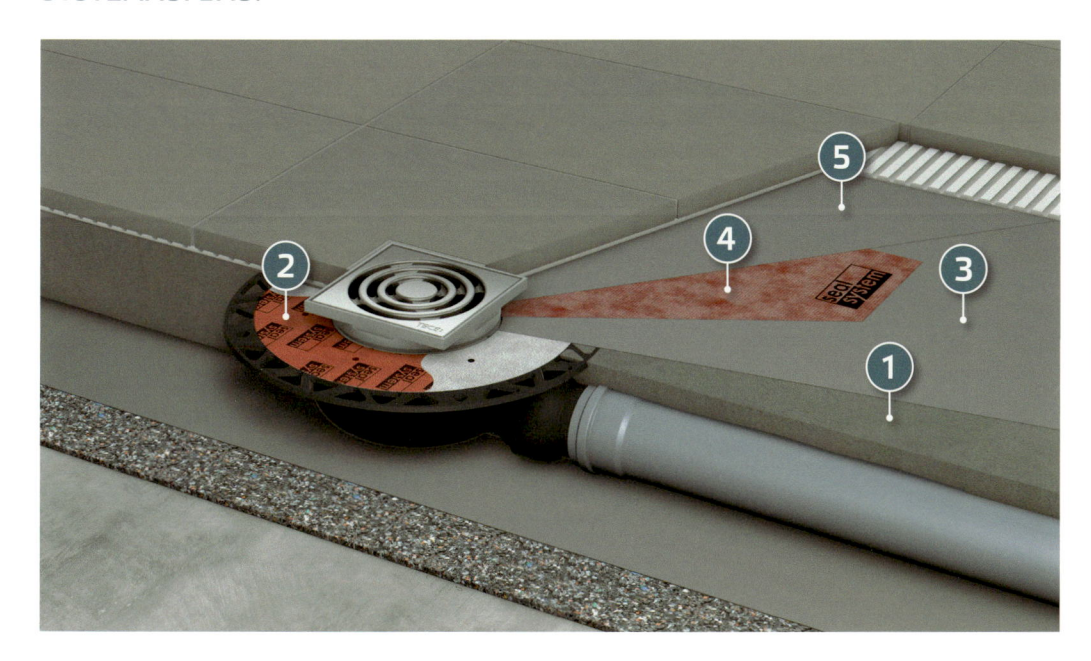

SYSTEMAUFBAU:

1. Estrich
2. Schutzfolie Ablaufflansch
3. Erste Schicht Dichtschlämme
4. Seal System Dichtmanschette
5. Zweite Schicht Dichtschlämme

6. Zertifikate und Systemaufbauten

kiwa Partner for progress

Kiwa TBU GmbH
www.kiwa.de

Prüfgrundsätze zur Erteilung von allgemeinen bauaufsichtlichen Prüfzeugnissen für Abdichtungen im Verbund mit Fliesen- und Plattenbelägen
Teil 1: Flüssig zu verarbeitende Abdichtungsstoffe
(PG-AIV-F, Ausgabe Juni 2010)

Prüfung durch die Kiwa TBU GmbH

Firma: TECE GmbH, Hollefeldstraße 57, 48282 Emsdetten, Deutschland
Ausstellungsdatum: 01.02.2012
Geltungsdauer bis: 01.02.2017

Systemkomp.: rechteckige Edelstahlduschrinne
TECEdrainline
selbstklebendes einseitig vlieskaschiertes Dichtband
Seal System Dichtband
flüssige Dichtfolie
Ceresit CL 51
(Bezeichnungen des Auftraggebers)

Prüfung:	Prüfgrundsatz:	Ergebnis:
Wasserdichtheit im Einbauzustand (für Beanspruchungsklasse A)	PG-AIV-F	DICHT

Die genauen Prüfbedingungen sind im Prüfbericht 2.1/29183/1366.0.1-2011 beschrieben.

i.A. Ch. Hub...
Dr.-Ing. Dipl.-Geol. Ernő Németh

Kiwa TBU GmbH
Gutenbergstraße 29
D-48268 Greven
Telefon: +49 (0)2571 9872-0
Telefax: +49 (0)2571 9872-99
Web: www.kiwa.de
e-mail: kiwatbu@kiwa.de
Geschäftsführer:
Michael Witthöft
Dr. Roland Hüttl
Wissenschaftlicher Leiter:
Prof.Dr.-Ing. Jochen Müller-Rochholz

CERESIT CL 51 Dichtfolie
UND TECEDRAINLINE DUSCHRINNE MIT SEAL SYSTEM DICHTBAND

Typ: Einkomponentige, flüssige Dichtfolie
Gruppe: Polymerdispersionen (D)
Zulassung: Allgemeines bauaufsichtliches Prüfzeugnis (abP)
Kennzeichnung: Ü-Zeichen
Beanspruchungsklassen zusammen mit Duschrinne und Seal System Dichtband:
A nur im Wandbereich gem. PG-AIV-F
A0 gem. ZDB-Merkblatt (Hinweise für die Ausführung von flüssig zu verarbeitenden Verbundabdichtungen mit Bekleidungen und Belägen aus Fliesen und Platten für den Innen- und Außenbereich; August 2012)

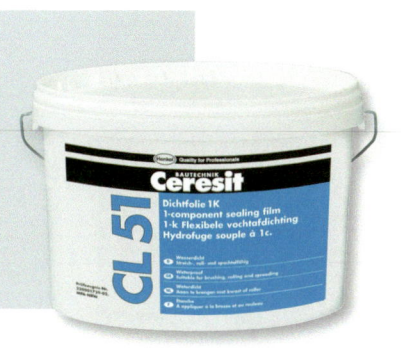

VERARBEITUNGSSCHRITTE:

1. Duschrinne wird nach Montageanleitung komplett in den Estrich eingebaut. Hierbei wird der Dichtflansch durch die Schutzfolie vor Verschmutzung geschützt.
2. Estrich trocknen lassen.
3. Estrichuntergrund gründlich reinigen. Untergründe für Abdichtungen müssen tragfähig, formbeständig sowie frei von klaffenden Rissen und haftungsmindernden Stoffen (z. B. Staub, Öl, Wachs, Trennmittel, Ausblühungen, Sinterschichten, Lack- und Farbreste, alte Bodenklebstoffreste) sein.
4. Seal System Dichtband zuschneiden, sodass die Enden beim Aufkleben überlappen können.
5. Schutzfolie vom Flansch der Rinne abziehen.
6. Schutzfolie vom Seal System Dichtband entfernen.
7. Dichtband an den Enden überlappend auf den Flansch der Edelstahlrinne und den Untergrund kleben.
8. Erste Schicht der Dichtfolie Ceresit CL 51 aufbringen und trocknen lassen.
9. Zweite Schicht der Dichtfolie Ceresit CL 51 aufbringen.

Die flüssige Dichtfolie ist entsprechend des Technischen Merkblatts Ceresit CL 51 der Henkel AG & Co. KGaA zu verarbeiten. Dieses Merkblatt kann unter **www.sealsystem.net** heruntergeladen werden.

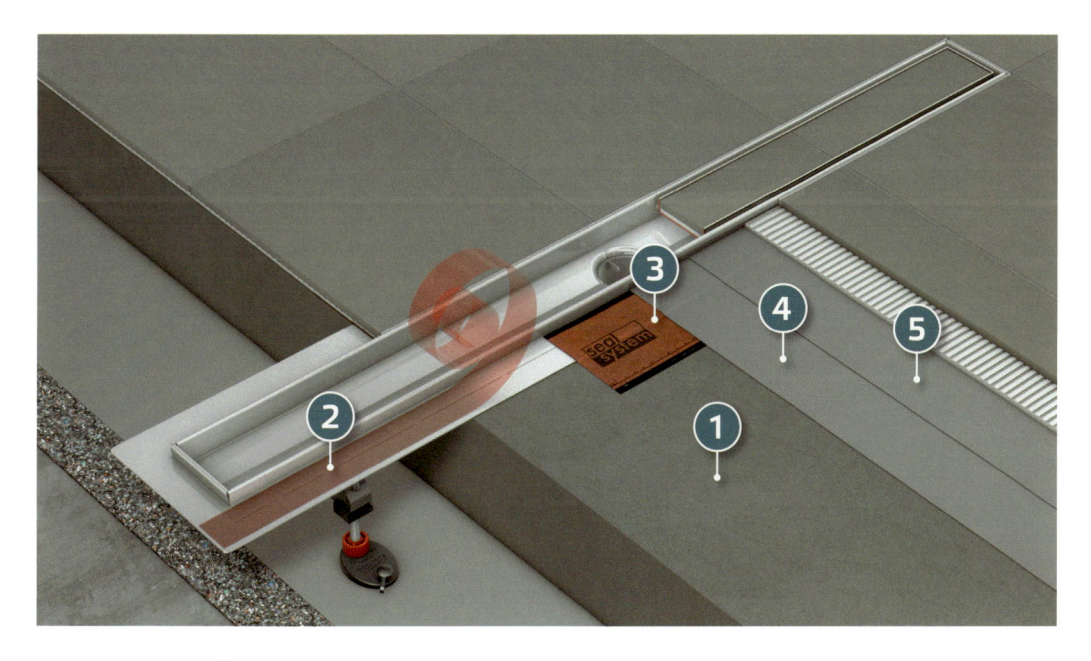

SYSTEMAUFBAU:

1. Estrich
2. Schutzfolie Rinnenflansch
3. Seal System Dichtband
4. Erste Schicht Dichtfolie
5. Zweite Schicht Dichtfolie

6. Zertifikate und Systemaufbauten

kiwa
Partner for progress

Kiwa TBU GmbH
www.kiwa.de

Prüfgrundsätze zur Erteilung von allgemeinen bauaufsichtlichen Prüfzeugnissen für Abdichtungen im Verbund mit Fliesen- und Plattenbelägen
Teil 1: Flüssig zu verarbeitende Abdichtungsstoffe
(PG-AIV-F, Ausgabe Juni 2010)

Prüfung durch die Kiwa TBU GmbH

Firma: TECE GmbH, Hollefeldstraße 57, 48282 Emsdetten, Deutschland
Ausstellungsdatum: 01.02.2012
Geltungsdauer bis: 01.02.2017

Systemkomp.: runder Bodenablauf (Flansch-Ø 252 mm) mit angespritztem Vliesstoff
TECEdrainpoint
beidseitig vlieskaschierte Dichtmanschette
Seal System Dichtmanschette
flüssige Dichtfolie
Ceresit CL 51
(Bezeichnungen des Auftraggebers)

Prüfung:	Prüfgrundsatz:	Ergebnis:
Wasserdichtheit im Einbauzustand (für Beanspruchungsklasse A)	PG-AIV-F	DICHT

Die genauen Prüfbedingungen sind im Prüfbericht 2.1/29183/1367.0.1-2011 beschrieben.

Dr.-Ing. Dipl.-Geol. Ernö Németh

Kiwa TBU GmbH
Gutenbergstraße 29
D-48268 Greven
Telefon: +49 (0)2571 9872-0
Telefax: +49 (0)2571 9872-99
Web: www.kiwa.de
e-mail: kiwatbu@kiwa.de
Geschäftsführer:
Michael Witthöft
Dr. Roland Hüttl
Wissenschaftlicher Leiter:
Prof.Dr.-Ing. Jochen Müller-Rochholz

CERESIT CL 51 Dichtfolie
UND TECEDRAINPOINT KUNSTSTOFFABLAUF MIT SEAL SYSTEM DICHTMANSCHETTE

Typ: Einkomponentige, flüssige Dichtfolie
Gruppe: Polymerdispersionen (D)
Zulassung: Allgemeines bauaufsichtliches Prüfzeugnis (abP)
Kennzeichnung: Ü-Zeichen
Beanspruchungsklassen zusammen mit Ablauf und Seal System Dichtmanschette:
- **A** nur im Wandbereich gem. PG-AIV-F
- **A0** gem. ZDB-Merkblatt (Hinweise für die Ausführung von flüssig zu verarbeitenden Verbundabdichtungen mit Bekleidungen und Belägen aus Fliesen und Platten für den Innen- und Außenbereich; August 2012)

VERARBEITUNGSSCHRITTE:

1. Kunststoffablauf wird nach Montageanleitung komplett in den Estrich eingebaut. Hierbei wird der Dichtflansch durch die Schutzfolie vor Verschmutzung geschützt.
2. Estrich trocknen lassen.
3. Estrichuntergrund gründlich reinigen. Untergründe für Abdichtungen müssen tragfähig, formbeständig sowie frei von klaffenden Rissen und haftungsmindernden Stoffen (z. B. Staub, Öl, Wachs, Trennmittel, Ausblühungen, Sinterschichten, Lack- und Farbreste, alte Bodenklebstoffreste) sein.
4. Schutzfolie vom Flansch des Ablaufs abziehen.
5. Erste Schicht der Dichtfolie Ceresit CL 51 aufbringen.
6. Seal System Dichtmanschette auf dem Ablaufflansch und der noch feuchten Dichtfolie platzieren.
7. Dichtfolie trocknen lassen.
8. Zweite Schicht der Dichtfolie Ceresit CL 51 aufbringen.

Die flüssige Dichtfolie ist entsprechend des Technischen Merkblatts Ceresit CL 51 der Henkel AG & Co. KGaA zu verarbeiten. Dieses Merkblatt kann unter **www.sealsystem.net** heruntergeladen werden.

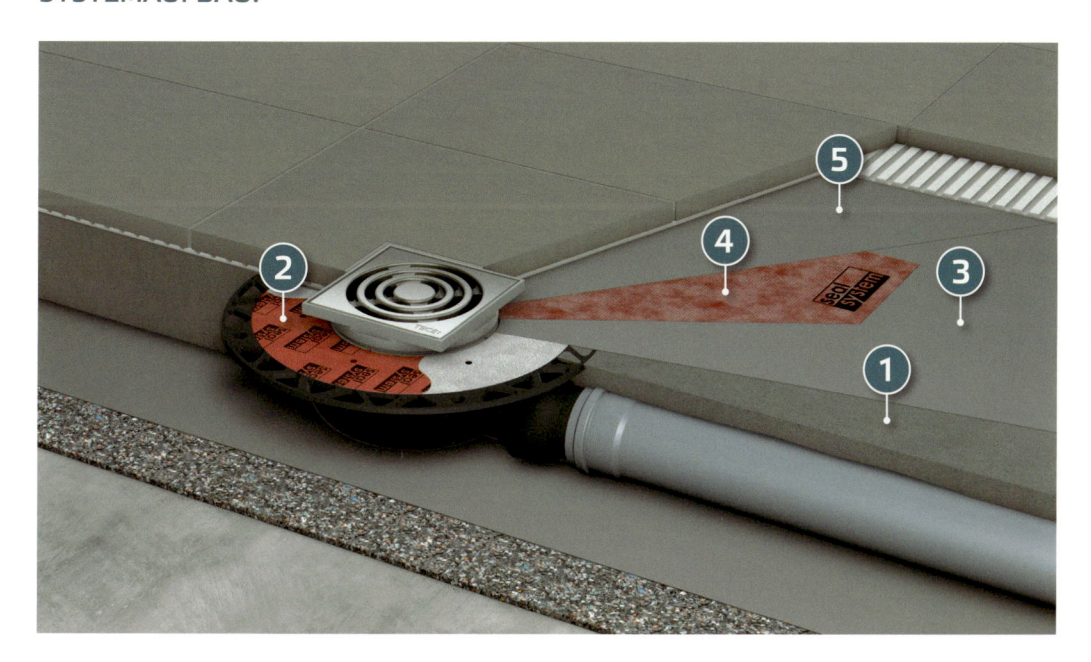

SYSTEMAUFBAU:

1. Estrich
2. Schutzfolie Ablaufflansch
3. Erste Schicht Dichtfolie
4. Seal System Dichtmanschette
5. Zweite Schicht Dichtfolie

6. Zertifikate und Systemaufbauten

kiwa Partner for progress

Kiwa TBU GmbH
www.kiwa.de

Zertifikat

Prüfgrundsätze zur Erteilung von allgemeinen bauaufsichtlichen Prüfzeugnissen für Abdichtungen im Verbund mit Fliesen- und Plattenbelägen
Teil 1: Flüssig zu verarbeitende Abdichtungsstoffe
(PG-AIV-F, Ausgabe Juni 2010)

Prüfung durch die Kiwa TBU GmbH

Firma: TECE GmbH, Hollefeldstraße 57, 48282 Emsdetten, Deutschland
Ausstellungsdatum: 01.02.2012
Geltungsdauer bis: 01.02.2017

Systemkomp.: rechteckige Edelstahlduschrinne
TECEdrainline
selbstklebendes einseitig vlieskaschiertes Dichtband
Seal System Dichtband
zementäre Dichtungsschlämme
CERESIT CR 72
(Bezeichnungen des Auftraggebers)

Prüfung:	Prüfgrundsatz:	Ergebnis:
Wasserdichtheit im Einbauzustand (für Beanspruchungsklasse A und C)	PG-AIV-F	DICHT

Die genauen Prüfbedingungen sind im Prüfbericht 2.1/29183/1314.0.1-2011 beschrieben.

Dr.-Ing. Dipl.-Geol. Ernő Németh

Kiwa TBU GmbH
Gutenbergstraße 29
D-48268 Greven
Telefon: +49 (0)2571 9872-0
Telfax: +49 (0)2571 9872-99
Web: www.kiwa.de
e-mail: kiwatbu@kiwa.de
Geschäftsführer:
Michael Witthöft
Dr. Roland Hüttl
Wissenschaftlicher Leiter:
Prof.Dr.-Ing. Jochen Müller-Rochholz

CERESIT CR 72 Flexschlämme
UND TECEDRAINLINE DUSCHRINNE MIT SEAL SYSTEM DICHTBAND

Typ: Einkomponentige, zementäre Dichtungsschlämme
Gruppe: Kunststoff-Zement-Mörtel-Kombinationen (M)
Zulassung: Allgemeines bauaufsichtliches Prüfzeugnis (abP)
Kennzeichnung: Ü-Zeichen
Beanspruchungsklassen zusammen mit Duschrinne und Seal System Dichtband:
A **C** gem. PG-AIV-F
A0 gem. ZDB-Merkblatt (Hinweise für die Ausführung von flüssig zu verarbeitenden Verbundabdichtungen mit Bekleidungen und Belägen aus Fliesen und Platten für den Innen- und Außenbereich; August 2012)

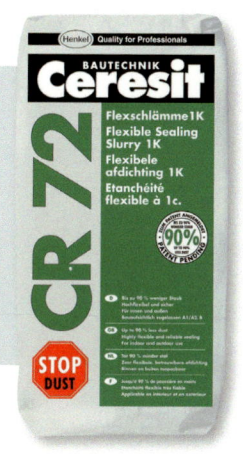

VERARBEITUNGSSCHRITTE:

1. Duschrinne wird nach Montageanleitung komplett in den Estrich eingebaut. Hierbei wird der Dichtflansch durch die Schutzfolie vor Verschmutzung geschützt.
2. Estrich trocknen lassen.
3. Estrichuntergrund gründlich reinigen. Untergründe für Abdichtungen müssen tragfähig, formbeständig sowie frei von klaffenden Rissen und haftungsmindernden Stoffen (z. B. Staub, Öl, Wachs, Trennmittel, Ausblühungen, Sinterschichten, Lack- und Farbreste, alte Bodenklebstoffreste) sein.
4. Seal System Dichtband zuschneiden, sodass die Enden beim Aufkleben überlappen können.
5. Schutzfolie vom Flansch der Rinne abziehen.
6. Schutzfolie vom Seal System Dichtband entfernen.
7. Dichtband an den Enden überlappend auf den Flansch der Edelstahlrinne und den Untergrund kleben.
8. Erste Schicht der zementären Dichtschlämme Ceresit CR 72 aufbringen und trocknen lassen.
9. Zweite Schicht der zementären Dichtschlämme Ceresit CR 72 aufbringen.

Die zementäre Dichtschlämme ist entsprechend des Technischen Merkblatts Ceresit CR 72 der Henkel AG & Co. KGaA zu verarbeiten. Dieses Merkblatt kann unter **www.sealsystem.net** heruntergeladen werden.

SYSTEMAUFBAU:

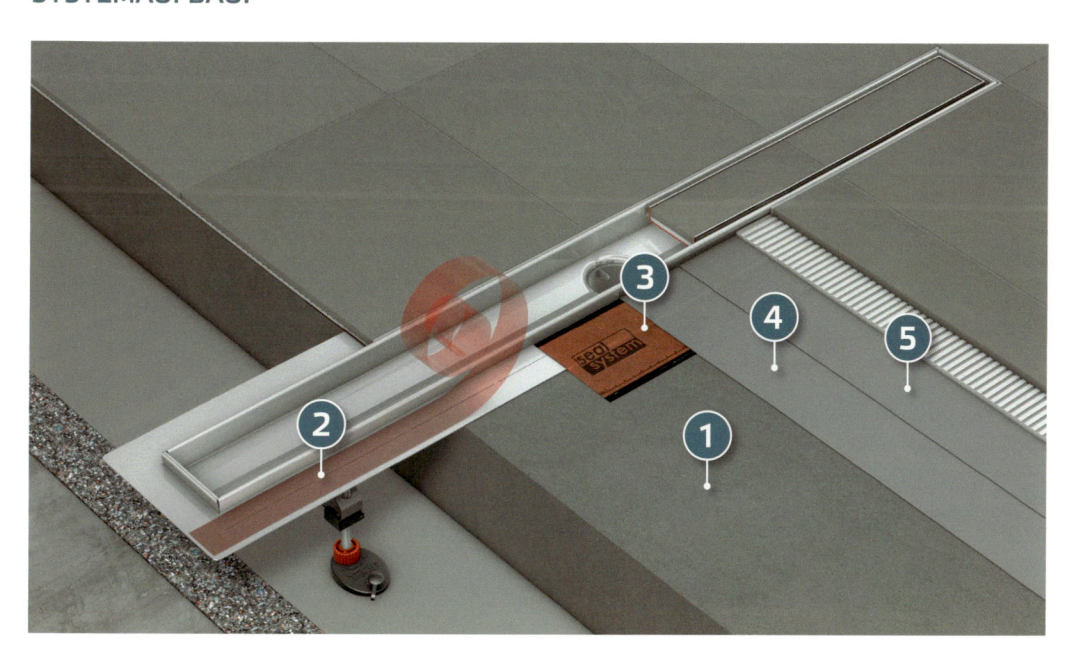

1. Estrich
2. Schutzfolie Rinnenflansch
3. Seal System Dichtband
4. Erste Schicht Dichtschlämme
5. Zweite Schicht Dichtschlämme

Zertifikat

kiwa — Partner for progress

Kiwa TBU GmbH
www.kiwa.de

Prüfgrundsätze zur Erteilung von allgemeinen bauaufsichtlichen Prüfzeugnissen für Abdichtungen im Verbund mit Fliesen- und Plattenbelägen
Teil 1: Flüssig zu verarbeitende Abdichtungsstoffe
(PG-AIV-F, Ausgabe Juni 2010)

Prüfung durch die Kiwa TBU GmbH

Firma: TECE GmbH, Hollefeldstraße 57, 48282 Emsdetten, Deutschland
Ausstellungsdatum: 01.02.2012
Geltungsdauer bis: 01.02.2017

Systemkomp.: runder Bodenablauf (Flansch-Ø 252 mm) mit angespritztem Vliesstoff
TECEdrainpoint
beidseitig vlieskaschierte Dichtmanschette
Seal System Dichtmanschette
zementäre Dichtungsschlämme
CERESIT CR 72
(Bezeichnungen des Auftraggebers)

Prüfung:	Prüfgrundsatz:	Ergebnis:
Wasserdichtheit im Einbauzustand (für Beanspruchungsklasse A und C)	PG-AIV-F	DICHT

Die genauen Prüfbedingungen sind im Prüfbericht 2.1/29183/1315.0.1-2011 beschrieben.

Dr.-Ing. Dipl.-Geol. Ernő Németh

Kiwa TBU GmbH
Gutenbergstraße 29
D-48268 Greven
Telefon: +49 (0)2571 9872-0
Telfax: +49 (0)2571 9872-99
Web: www.kiwa.de
e-mail: kiwatbu@kiwa.de
Geschäftsführer:
Michael Witthöft
Dr. Roland Hüttl
Wissenschaftlicher Leiter:
Prof.Dr.-Ing. Jochen Müller-Rochholz

CERESIT CR 72 Flexschlämme
UND TECEDRAINPOINT KUNSTSTOFFABLAUF MIT SEAL SYSTEM DICHTMANSCHETTE

Typ: Einkomponentige, zementäre Dichtungsschlämme
Gruppe: Kunststoff-Zement-Mörtel-Kombinationen (M)
Zulassung: Allgemeines bauaufsichtliches Prüfzeugnis (abP)
Kennzeichnung: Ü-Zeichen
Beanspruchungsklassen zusammen mit Ablauf und Seal System Dichtmanschette:
A C gem. PG-AIV-F
A0 gem. ZDB-Merkblatt (Hinweise für die Ausführung von flüssig zu verarbeitenden Verbundabdichtungen mit Bekleidungen und Belägen aus Fliesen und Platten für den Innen- und Außenbereich; August 2012)

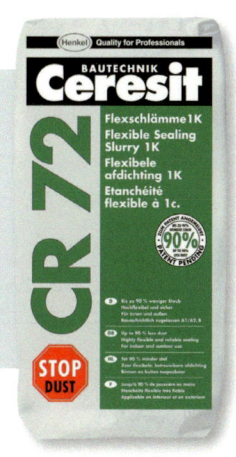

VERARBEITUNGSSCHRITTE:

1. Kunststoffablauf wird nach Montageanleitung komplett in den Estrich eingebaut. Hierbei wird der Dichtflansch durch die Schutzfolie vor Verschmutzung geschützt.
2. Estrich trocknen lassen.
3. Estrichuntergrund gründlich reinigen. Untergründe für Abdichtungen müssen tragfähig, formbeständig sowie frei von klaffenden Rissen und haftungsmindernden Stoffen (z. B. Staub, Öl, Wachs, Trennmittel, Ausblühungen, Sinterschichten, Lack- und Farbreste, alte Bodenklebstoffreste) sein.
4. Schutzfolie vom Flansch des Ablaufs abziehen.
5. Erste Schicht der zementären Dichtschlämme Ceresit CR 72 aufbringen.
6. Seal System Dichtmanschette auf dem Ablaufflansch und der noch feuchten Dichtschlämme platzieren.
7. Dichtschlämme trocknen lassen.
8. Zweite Schicht der zementären Dichtschlämme Ceresit CR 72 aufbringen.

Die zementäre Dichtschlämme ist entsprechend des Technischen Merkblatts Ceresit CR 72 der Henkel AG & Co. KGaA zu verarbeiten. Dieses Merkblatt kann unter **www.sealsystem.net** heruntergeladen werden.

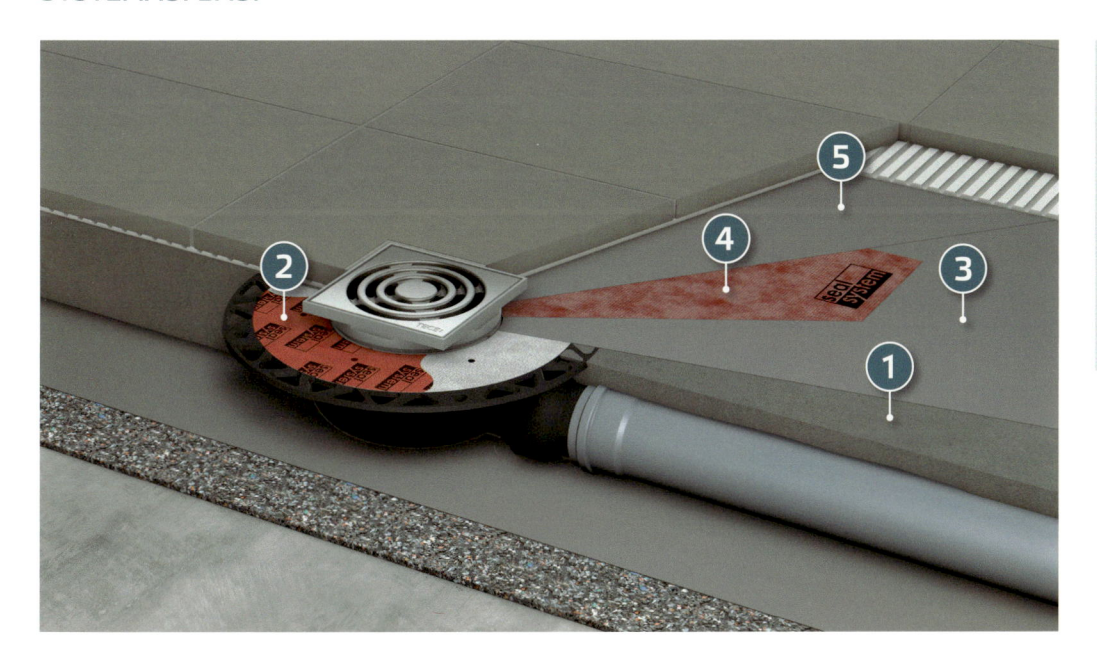

SYSTEMAUFBAU:

1. Estrich
2. Schutzfolie Ablaufflansch
3. Erste Schicht Dichtschlämme
4. Seal System Dichtmanschette
5. Zweite Schicht Dichtschlämme

6. Zertifikate und Systemaufbauten

Kiwa TBU GmbH
www.kiwa.de

Prüfgrundsätze zur Erteilung von allgemeinen bauaufsichtlichen Prüfzeugnissen für Abdichtungen im Verbund mit Fliesen- und Plattenbelägen
Teil 1: Flüssig zu verarbeitende Abdichtungsstoffe
(PG-AIV-F, Ausgabe Juni 2010)

Prüfung durch die Kiwa TBU GmbH

Firma: TECE GmbH, Hollefeldstraße 57, 48282 Emsdetten, Deutschland
Ausstellungsdatum: 01.02.2012
Geltungsdauer bis: 01.02.2017

Systemkomp.: rechteckige Edelstahlduschrinne
TECEdrainline
selbstklebendes einseitig vlieskaschiertes Dichtband
Seal System Dichtband
2 komponentige flüssige Dichtfolie
Kemperol® 022
(Bezeichnungen des Auftraggebers)

Prüfung:	Prüfgrundsatz:	Ergebnis:
Wasserdichtheit im Einbauzustand (für Beanspruchungsklasse A)	PG-AIV-F	DICHT

Die genauen Prüfbedingungen sind im Prüfbericht 2.1/29183/1370.0.1-2011 beschrieben.

Dr.-Ing. Dipl.-Geol. Ernő Németh

Kiwa TBU GmbH
Gutenbergstraße 29
D-48268 Greven
Telefon: +49 (0)2571 9872-0
Telfax: +49 (0)2571 9872-99
Web: www.kiwa.de
e-mail: kiwatbu@kiwa.de
Geschäftsführer:
Michael Witthöft
Dr. Roland Hüttl
Wissenschaftlicher Leiter:
Prof.Dr.-Ing. Jochen Müller-Rochholz

KEMPEROL 022 Abdichtung
UND TECEDRAINLINE DUSCHRINNE MIT SEAL SYSTEM DICHTBAND

Typ: Lösemittelfreie, zweikomponentige Abdichtung
Gruppe: Flüssigkunststoffe
Zulassung: European Technical Approval (ETA)
Kennzeichnung: CE-Zeichen
Beanspruchungsklassen zusammen mit Duschrinne und Seal System Dichtband:
A gemäß ETAG 022 (hohe Beanspruchung)

Die Abdichtung KEMPEROL 022 wird vollständig mit KEMPEROL 500 Vlies armiert.

VERARBEITUNGSSCHRITTE:

1. Duschrinne wird nach Montageanleitung komplett in den Estrich eingebaut. Hierbei wird der Dichtflansch durch die Schutzfolie vor Verschmutzung geschützt.
2. Estrich trocknen lassen.
3. Estrichuntergrund gründlich reinigen. Untergründe für Abdichtungen müssen tragfähig, formbeständig sowie frei von klaffenden Rissen und haftungsmindernden Stoffen (z. B. Staub, Öl, Wachs, Trennmittel, Ausblühungen, Sinterschichten, Lack- und Farbreste, alte Bodenklebstoffreste) sein.
4. Seal System Dichtband zuschneiden, sodass die Enden beim Aufkleben überlappen können.
5. Schutzfolie vom Flansch der Rinne abziehen.
6. Schutzfolie vom Seal System Dichtband entfernen.
7. Dichtband an den Enden überlappend auf den Flansch der Edelstahlrinne und den Untergrund kleben.
8. Erste Schicht KEMPEROL 022 aufbringen und sofort das Vlies KEMPEROL 500 blasenfrei mit 5 cm Überlappung einbringen. Danach trocknen lassen.
9. Zweite Schicht KEMPEROL 022 aufbringen.

Die Abdichtung ist entsprechend des Technischen Merkblatts KEMPEROL 022 der KEMPER SYSTEME GmbH & Co. KG zu verarbeiten. Dieses Merkblatt kann unter **www.sealsystem.net** heruntergeladen werden.

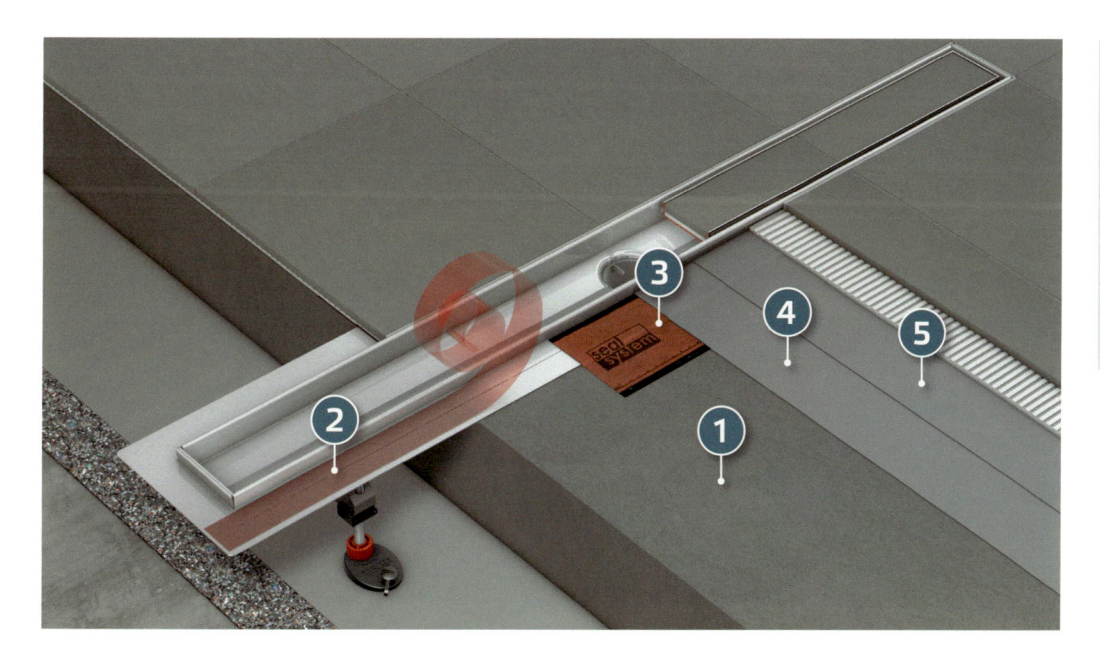

SYSTEMAUFBAU:

1. Estrich
2. Schutzfolie Rinnenflansch
3. Seal System Dichtband
4. Erste Abdichtungsschicht
5. Zweite Abdichtungsschicht

6. Zertifikate und Systemaufbauten

kiwa
Partner for progress

Kiwa TBU GmbH
www.kiwa.de

Prüfgrundsätze zur Erteilung von allgemeinen bauaufsichtlichen Prüfzeugnissen für Abdichtungen im Verbund mit Fliesen- und Plattenbelägen
Teil 1: Flüssig zu verarbeitende Abdichtungsstoffe
(PG-AIV-F, Ausgabe Juni 2010)

Prüfung durch die Kiwa TBU GmbH

Firma: TECE GmbH, Hollefeldstraße 57,
48282 Emsdetten, Deutschland
Ausstellungsdatum: 01.02.2012
Geltungsdauer bis: 01.02.2017

Systemkomp.: runder Bodenablauf (Flansch-Ø 252 mm) mit angespritztem Vliesstoff
TECEdrainpoint
beidseitig vlieskaschierte Dichtmanschette
Seal System Dichtmanschette
2 komponentige flüssige Dichtfolie
Kemperol® 022
(Bezeichnungen des Auftraggebers)

Prüfung:	Prüfgrundsatz:	Ergebnis:
Wasserdichtheit im Einbauzustand (für Beanspruchungsklasse A)	PG-AIV-F	DICHT

Die genauen Prüfbedingungen sind im Prüfbericht 2.1/29183/1371.0.1-2011 beschrieben.

i.A. Ch. Hanberman
Dr.-Ing. Dipl.-Geol. Ernő Németh

Kiwa TBU GmbH
Gutenbergstraße 29
D-48268 Greven
Telefon: +49 (0)2571 9872-0
Telfax: +49 (0)2571 9872-99
Web: www.kiwa.de
e-mail: kiwatbu@kiwa.de
Geschäftsführer:
Michael Witthöft
Dr. Roland Hüttl
Wissenschaftlicher Leiter:
Prof.Dr.-Ing. Jochen Müller-Rochholz

KEMPEROL 022 Abdichtung
UND TECEDRAINPOINT KUNSTSTOFFABLAUF MIT SEAL SYSTEM DICHTMANSCHETTE

Typ: Lösemittelfreie, zweikomponentige Abdichtung
Gruppe: Flüssigkunststoffe
Zulassung: European Technical Approval (ETA)
Kennzeichnung: CE-Zeichen
Beanspruchungsklassen zusammen mit Ablauf und Seal System Dichtmanschette:
A gemäß ETAG 022 (hohe Beanspruchung)

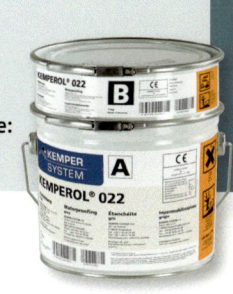

Die Abdichtung KEMPEROL 022 wird vollständig mit KEMPEROL 500 Vlies armiert.

VERARBEITUNGSSCHRITTE:

1. Kunststoffablauf wird nach Montageanleitung komplett in den Estrich eingebaut. Hierbei wird der Dichtflansch durch die Schutzfolie vor Verschmutzung geschützt.
2. Estrich trocknen lassen.
3. Estrichuntergrund gründlich reinigen. Untergründe für Abdichtungen müssen tragfähig, formbeständig sowie frei von klaffenden Rissen und haftungsmindernden Stoffen (z. B. Staub, Öl, Wachs, Trennmittel, Ausblühungen, Sinterschichten, Lack- und Farbreste, alte Bodenklebstoffreste) sein.
4. Schutzfolie vom Flansch des Ablaufs abziehen.
5. Erste Schicht KEMPEROL 022 aufbringen und sofort das Vlies KEMPEROL 500 blasenfrei mit 5 cm Überlappung einbringen.
6. Seal System Dichtmanschette auf dem Ablaufflansch und der noch feuchten Abdichtung platzieren.
7. Abdichtung trocknen lassen.
8. Zweite Schicht KEMPEROL 022 aufbringen.

Die Abdichtung ist entsprechend des Technischen Merkblatts KEMPEROL 022 der KEMPER SYSTEME GmbH & Co. KG zu verarbeiten. Dieses Merkblatt kann unter www.sealsystem.net heruntergeladen werden.

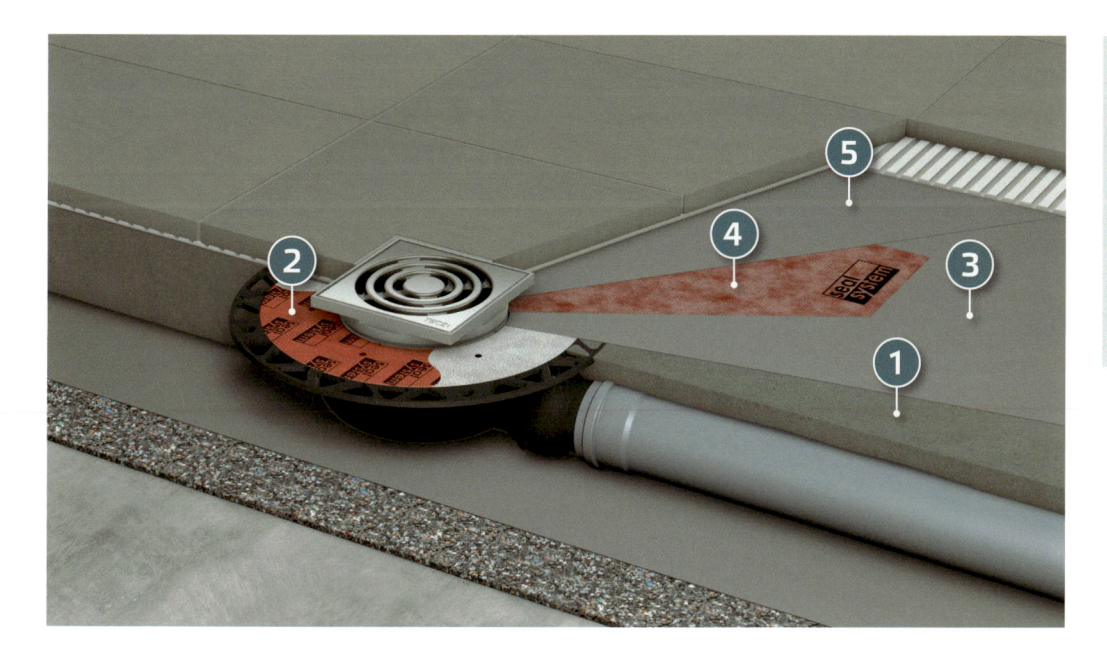

SYSTEMAUFBAU:

1. Estrich
2. Schutzfolie Ablaufflansch
3. Erste Abdichtungsschicht
4. Seal System Dichtmanschette
5. Zweite Abdichtungsschicht

6. Zertifikate und Systemaufbauten

kiwa Partner for progress

Kiwa TBU GmbH
www.kiwa.de

Zertifikat

Prüfgrundsätze zur Erteilung von allgemeinen bauaufsichtlichen Prüfzeugnissen für Abdichtungen im Verbund mit Fliesen- und Plattenbelägen
Teil 1: Flüssig zu verarbeitende Abdichtungsstoffe
(PG-AIV-F, Ausgabe Juni 2010)

Prüfung durch die Kiwa TBU GmbH

Firma: TECE GmbH, Hollefeldstraße 57, 48282 Emsdetten, Deutschland
Ausstellungsdatum: 01.02.2012
Geltungsdauer bis: 01.02.2017

Systemkomp.: rechteckige Edelstahlduschrinne
TECEdrainline
selbstklebendes einseitig vlieskaschiertes Dichtband
Seal System Dichtband
flüssige Dichtfolie
Okamul DF
(Bezeichnungen des Auftraggebers)

Prüfung:	Prüfgrundsatz:	Ergebnis:
Wasserdichtheit im Einbauzustand (für Beanspruchungsklasse A)	PG-AIV-F	DICHT

Die genauen Prüfbedingungen sind im Prüfbericht 2.1/29183/1368.0.1-2011 beschrieben.

Dr.-Ing. Dipl.-Geol. Ernő Németh

Kiwa TBU GmbH
Gutenbergstraße 29
D-48268 Greven
Telefon: +49 (0)2571 9872-0
Telfax: +49 (0)2571 9872-99
Web: www.kiwa.de
e-mail: kiwatbu@kiwa.de
Geschäftsführer:
Michael Witthöft
Dr. Roland Hüttl
Wissenschaftlicher Leiter:
Prof.Dr.-Ing. Jochen Müller-Rochholz

KIESEL OKAMUL DF Flüssige Dichtfolie
UND TECEDRAINLINE DUSCHRINNE MIT SEAL SYSTEM DICHTBAND

Typ: Einkomponentige, flüssige Dichtfolie
Gruppe: Polymerdispersionen (D)
Zulassung: Allgemeines bauaufsichtliches Prüfzeugnis (abP)
Kennzeichnung: Ü-Zeichen
Beanspruchungsklassen zusammen mit Duschrinne und Seal System Dichtband:
- **A** nur im Wandbereich gem. PG-AIV-F
- **A0** gem. ZDB-Merkblatt (Hinweise für die Ausführung von flüssig zu verarbeitenden Verbundabdichtungen mit Bekleidungen und Belägen aus Fliesen und Platten für den Innen- und Außenbereich; August 2012)

VERARBEITUNGSSCHRITTE:

1. Duschrinne wird nach Montageanleitung komplett in den Estrich eingebaut. Hierbei wird der Dichtflansch durch die Schutzfolie vor Verschmutzung geschützt.
2. Estrich trocknen lassen.
3. Estrichuntergrund gründlich reinigen. Untergründe für Abdichtungen müssen tragfähig, formbeständig sowie frei von klaffenden Rissen und haftungsmindernden Stoffen (z. B. Staub, Öl, Wachs, Trennmittel, Ausblühungen, Sinterschichten, Lack- und Farbreste, alte Bodenklebstoffreste) sein.
4. Seal System Dichtband zuschneiden, sodass die Enden beim Aufkleben überlappen können.
5. Schutzfolie vom Flansch der Rinne abziehen.
6. Schutzfolie vom Seal System Dichtband entfernen.
7. Dichtband an den Enden überlappend auf den Flansch der Edelstahlrinne und den Untergrund kleben.
8. Erste Schicht der Dichtfolie Okamul DF aufbringen und trocknen lassen.
9. Zweite Schicht der Dichtfolie Okamul DF aufbringen.

Die flüssige Dichtfolie ist entsprechend des Technischen Merkblatts Okamul DF der Kiesel Bauchemie GmbH & Co. KG zu verarbeiten. Dieses Merkblatt kann unter **www.sealsystem.net** heruntergeladen werden.

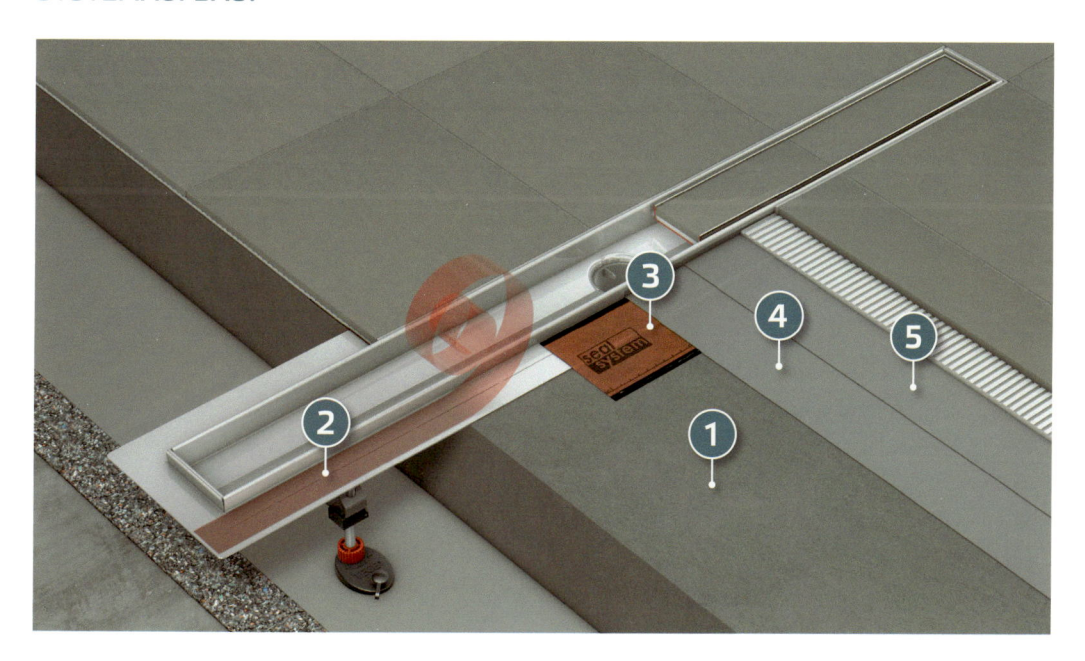

SYSTEMAUFBAU:

1. Estrich
2. Schutzfolie Rinnenflansch
3. Seal System Dichtband
4. Erste Schicht Dichtfolie
5. Zweite Schicht Dichtfolie

Zertifikat

Kiwa TBU GmbH
www.kiwa.de

Prüfgrundsätze zur Erteilung von allgemeinen bauaufsichtlichen Prüfzeugnissen für Abdichtungen im Verbund mit Fliesen- und Plattenbelägen
Teil 1: Flüssig zu verarbeitende Abdichtungsstoffe
(PG-AIV-F, Ausgabe Juni 2010)

Prüfung durch die Kiwa TBU GmbH

Firma:	TECE GmbH, Hollefeldstraße 57, 48282 Emsdetten, Deutschland
Ausstellungsdatum:	01.02.2012
Geltungsdauer bis:	01.02.2017

Systemkomp.: runder Bodenablauf (Flansch-Ø 252 mm) mit angespritztem Vliesstoff
TECEdrainpoint
beidseitig vlieskaschierte Dichtmanschette
Seal System Dichtmanschette
flüssige Dichtfolie
Okamul DF
(Bezeichnungen des Auftraggebers)

Prüfung:	Prüfgrundsatz:	Ergebnis:
Wasserdichtheit im Einbauzustand (für Beanspruchungsklasse A)	PG-AIV-F	DICHT

Die genauen Prüfbedingungen sind im Prüfbericht 2.1/29183/1369.0.1-2011 beschrieben.

Dr.-Ing. Dipl.-Geol. Ernő Németh

Kiwa TBU GmbH
Gutenbergstraße 29
D-48268 Greven
Telefon: +49 (0)2571 9872-0
Telfax: +49 (0)2571 9872-99
Web: www.kiwa.de
e-mail: kiwatbu@kiwa.de
Geschäftsführer:
Michael Witthöft
Dr. Roland Hüttl
Wissenschaftlicher Leiter:
Prof.Dr.-Ing. Jochen Müller-Rochholz

KIESEL OKAMUL DF Flüssige Dichtfolie
UND TECEDRAINPOINT KUNSTSTOFFABLAUF MIT SEAL SYSTEM DICHTMANSCHETTE

Typ: Einkomponentige, flüssige Dichtfolie
Gruppe: Polymerdispersionen (D)
Zulassung: Allgemeines bauaufsichtliches Prüfzeugnis (abP)
Kennzeichnung: Ü-Zeichen
Beanspruchungsklassen zusammen mit Ablauf und Seal System Dichtmanschette:
A nur im Wandbereich gem. PG-AIV-F
A0 gem. ZDB-Merkblatt (Hinweise für die Ausführung von flüssig zu verarbeitenden Verbundabdichtungen mit Bekleidungen und Belägen aus Fliesen und Platten für den Innen- und Außenbereich; August 2012)

VERARBEITUNGSSCHRITTE:

1. Kunststoffablauf wird nach Montageanleitung komplett in den Estrich eingebaut. Hierbei wird der Dichtflansch durch die Schutzfolie vor Verschmutzung geschützt.
2. Estrich trocknen lassen.
3. Estrichuntergrund gründlich reinigen. Untergründe für Abdichtungen müssen tragfähig, formbeständig sowie frei von klaffenden Rissen und haftungsmindernden Stoffen (z. B. Staub, Öl, Wachs, Trennmittel, Ausblühungen, Sinterschichten, Lack- und Farbreste, alte Bodenklebstoffreste) sein.
4. Schutzfolie vom Flansch des Ablaufs abziehen.
5. Erste Schicht der Dichtfolie Okamul DF aufbringen.
6. Seal System Dichtmanschette auf dem Ablaufflansch und der noch feuchten Dichtfolie platzieren.
7. Dichtfolie trocknen lassen.
8. Zweite Schicht der Dichtfolie Okamul DF aufbringen.

Die flüssige Dichtfolie ist entsprechend des Technischen Merkblatts Okamul DF der Kiesel Bauchemie GmbH & Co. KG zu verarbeiten. Dieses Merkblatt kann unter **www.sealsystem.net** heruntergeladen werden.

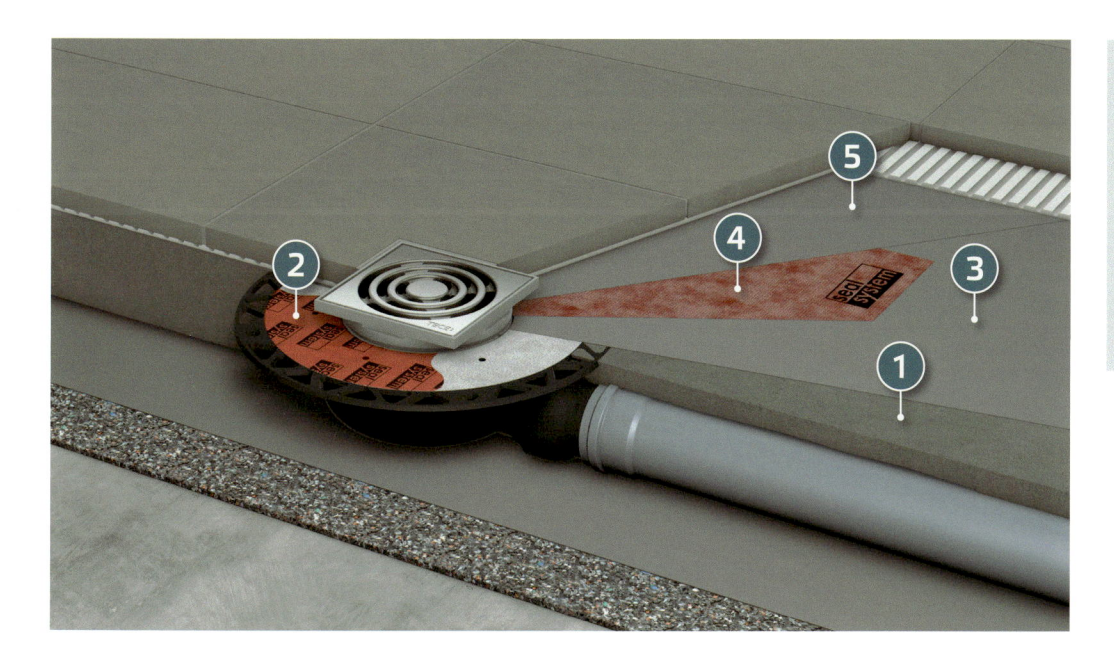

SYSTEMAUFBAU:

1. Estrich
2. Schutzfolie Ablaufflansch
3. Erste Schicht Dichtfolie
4. Seal System Dichtmanschette
5. Zweite Schicht Dichtfolie

6. Zertifikate und Systemaufbauten

kiwa
Partner for progress

Kiwa TBU GmbH
www.kiwa.de

Zertifikat

Prüfgrundsätze zur Erteilung von allgemeinen bauaufsichtlichen Prüfzeugnissen für Abdichtungen im Verbund mit Fliesen- und Plattenbelägen
Teil 1: Flüssig zu verarbeitende Abdichtungsstoffe
(PG-AIV-F, Ausgabe Juni 2010)

Prüfung durch die Kiwa TBU GmbH

Firma: TECE GmbH, Hollefeldstraße 57,
48282 Emsdetten, Deutschland
Ausstellungsdatum: 01.02.2012
Geltungsdauer bis: 01.02.2017

Systemkomp.: rechteckige Edelstahlduschrinne
TECEdrainline
selbstklebendes einseitig vlieskaschiertes Dichtband
Seal System Dichtband
zementäre Dichtungsschlämme
Servoflex DMS 1K
(Bezeichnungen des Auftraggebers)

Prüfung:	Prüfgrundsatz:	Ergebnis:
Wasserdichtheit im Einbauzustand (für Beanspruchungsklasse A und C)	PG-AIV-F	DICHT

Die genauen Prüfbedingungen sind im Prüfbericht 2.1/29183/1316.0.1-2011 beschrieben.

Dr.-Ing. Dipl.-Geol. Ernő Németh

Kiwa TBU GmbH
Gutenbergstraße 29
D-48268 Greven
Telefon: +49 (0)2571 9872-0
Telfax: +49 (0)2571 9872-99
Web: www.kiwa.de
e-mail: kiwatbu@kiwa.de
Geschäftsführer:
Michael Witthöft
Dr. Roland Hüttl
Wissenschaftlicher Leiter:
Prof.Dr.-Ing. Jochen Müller-Rochholz

X:\tbu\QMSneu\QMS\2 KP\2.4 TBU-Mon\Kunden Mon\29183\Zertifikate zum ausdrucken\1316.0.1-2011zert.doc

6. Zertifikate und Systemaufbauten

KIESEL SERVOFLEX DMS 1K
UND TECEDRAINLINE DUSCHRINNE MIT SEAL SYSTEM DICHTBAND

Typ: Einkomponentige, zementäre Dichtungsschlämme
Gruppe: Kunststoff-Zement-Mörtel-Kombination (M)
Zulassung: Allgemeines bauaufsichtliches Prüfzeugnis (abP)
Kennzeichnung: Ü-Zeichen
Beanspruchungsklassen zusammen mit Duschrinne und Seal System Dichtband:
A **C** gem. PG-AIV-F
A0 gem. ZDB-Merkblatt (Hinweise für die Ausführung von flüssig zu verarbeitenden Verbundabdichtungen mit Bekleidungen und Belägen aus Fliesen und Platten für den Innen- und Außenbereich; August 2012)

VERARBEITUNGSSCHRITTE:

1. Duschrinne wird nach Montageanleitung komplett in den Estrich eingebaut. Hierbei wird der Dichtflansch durch die Schutzfolie vor Verschmutzung geschützt.
2. Estrich trocknen lassen.
3. Estrichuntergrund gründlich reinigen. Untergründe für Abdichtungen müssen tragfähig, formbeständig sowie frei von klaffenden Rissen und haftungsmindernden Stoffen (z. B. Staub, Öl, Wachs, Trennmittel, Ausblühungen, Sinterschichten, Lack- und Farbreste, alte Bodenklebstoffreste) sein.
4. Seal System Dichtband zuschneiden, sodass die Enden beim Aufkleben überlappen können.
5. Schutzfolie vom Flansch der Rinne abziehen.
6. Schutzfolie vom Seal System Dichtband entfernen.
7. Dichtband an den Enden überlappend auf den Flansch der Edelstahlrinne und den Untergrund kleben.
8. Erste Schicht der zementären Dichtschlämme Servoflex DMS 1K aufbringen und trocknen lassen.
9. Zweite Schicht der zementären Dichtschlämme Servoflex DMS 1K aufbringen.

Die zementäre Dichtschlämme ist entsprechend des Technischen Merkblatts Servoflex DMS 1K der Kiesel Bauchemie GmbH & Co. KG zu verarbeiten. Dieses Merkblatt kann unter **www.sealsystem.net** heruntergeladen werden.

SYSTEMAUFBAU:

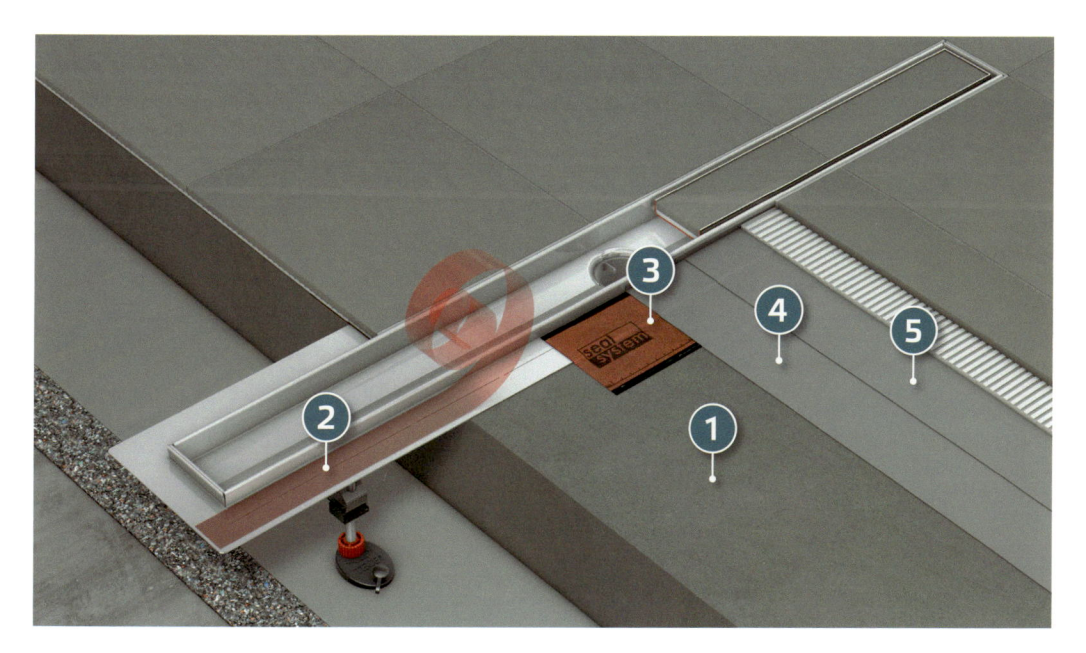

1. Estrich
2. Schutzfolie Rinnenflansch
3. Seal System Dichtband
4. Erste Schicht Dichtschlämme
5. Zweite Schicht Dichtschlämme

6. Zertifikate und Systemaufbauten

---

kiwa
Partner for progress

Kiwa TBU GmbH
www.kiwa.de

Prüfgrundsätze zur Erteilung von allgemeinen bauaufsichtlichen Prüfzeugnissen für Abdichtungen im Verbund mit Fliesen- und Plattenbelägen
Teil 1: Flüssig zu verarbeitende Abdichtungsstoffe
(PG-AIV-F, Ausgabe Juni 2010)

Prüfung durch die Kiwa TBU GmbH

Firma: TECE GmbH, Hollefeldstraße 57,
48282 Emsdetten, Deutschland
Ausstellungsdatum: 01.02.2012
Geltungsdauer bis: 01.02.2017

Systemkomp.: runder Bodenablauf (Flansch-Ø 252 mm) mit angespritztem Vliesstoff
TECEdrainpoint
beidseitig vlieskaschierte Dichtmanschette
Seal System Dichtmanschette
zementäre Dichtungsschlämme
Servoflex DMS 1K
(Bezeichnungen des Auftraggebers)

Prüfung:	Prüfgrundsatz:	Ergebnis:
Wasserdichtheit im Einbauzustand (für Beanspruchungsklasse A und C)	PG-AIV-F	DICHT

Die genauen Prüfbedingungen sind im Prüfbericht 2.1/29183/1317.0.1-2011 beschrieben.

Dr.-Ing. Dipl.-Geol. Ernő Németh

Kiwa TBU GmbH
Gutenbergstraße 29
D-48268 Greven
Telefon: +49 (0)2571 9872-0
Telfax: +49 (0)2571 9872-99
Web: www.kiwa.de
e-mail: kiwatbu@kiwa.de
Geschäftsführer:
Michael Witthöft
Dr. Roland Hüttl
Wissenschaftlicher Leiter:
Prof.Dr.-Ing. Jochen Müller-Rochholz

KIESEL SERVOFLEX DMS 1K
UND TECEDRAINPOINT KUNSTSTOFFABLAUF MIT SEAL SYSTEM DICHTMANSCHETTE

Typ: Einkomponentige, zementäre Dichtungsschlämme
Gruppe: Kunststoff-Zement-Mörtel-Kombination (M)
Zulassung: Allgemeines bauaufsichtliches Prüfzeugnis (abP)
Kennzeichnung: Ü-Zeichen
Beanspruchungsklassen zusammen mit Ablauf und Seal System Dichtmanschette:
A C gem. PG-AIV-F
A0 gem. ZDB-Merkblatt (Hinweise für die Ausführung von flüssig zu verarbeitenden Verbundabdichtungen mit Bekleidungen und Belägen aus Fliesen und Platten für den Innen- und Außenbereich; August 2012)

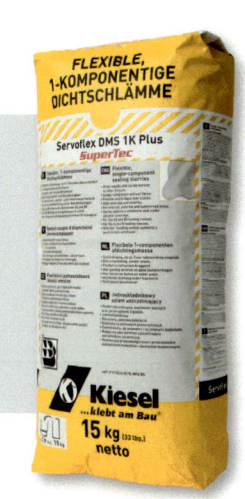

VERARBEITUNGSSCHRITTE:

1. Kunststoffablauf wird nach Montageanleitung komplett in den Estrich eingebaut. Hierbei wird der Dichtflansch durch die Schutzfolie vor Verschmutzung geschützt.
2. Estrich trocknen lassen.
3. Estrichuntergrund gründlich reinigen. Untergründe für Abdichtungen müssen tragfähig, formbeständig sowie frei von klaffenden Rissen und haftungsmindernden Stoffen (z. B. Staub, Öl, Wachs, Trennmittel, Ausblühungen, Sinterschichten, Lack- und Farbreste, alte Bodenklebstoffreste) sein.
4. Schutzfolie vom Flansch des Ablaufs abziehen.
5. Erste Schicht der zementären Dichtschlämme Servoflex DMS 1K aufbringen.
6. Seal System Dichtmanschette auf dem Ablaufflansch und der noch feuchten Dichtschlämme platzieren.
7. Dichtschlämme trocknen lassen.
8. Zweite Schicht der zementären Dichtschlämme Servoflex DMS 1K aufbringen.

Die zementäre Dichtschlämme ist entsprechend des Technischen Merkblatts Servoflex DMS 1K der Kiesel Bauchemie GmbH & Co. KG zu verarbeiten. Dieses Merkblatt kann unter **www.sealsystem.net** heruntergeladen werden.

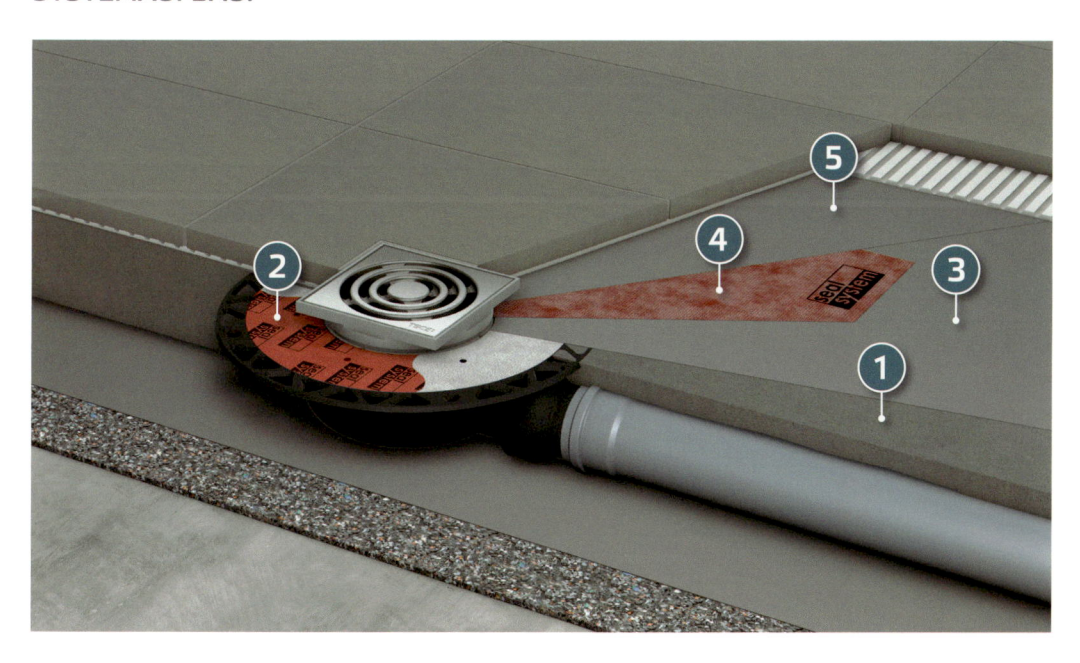

SYSTEMAUFBAU:

1. Estrich
2. Schutzfolie Ablaufflansch
3. Erste Schicht Dichtschlämme
4. Seal System Dichtmanschette
5. Zweite Schicht Dichtschlämme

6. Zertifikate und Systemaufbauten

kiwa Partner for progress

Kiwa TBU GmbH
www.kiwa.de

Prüfgrundsätze zur Erteilung von allgemeinen bauaufsichtlichen Prüfzeugnissen für Abdichtungen im Verbund mit Fliesen- und Plattenbelägen
Teil 1: Flüssig zu verarbeitende Abdichtungsstoffe
(PG-AIV-F, Ausgabe Juni 2010)

Prüfung durch die Kiwa TBU GmbH

Firma: TECE GmbH, Hollefeldstraße 57, 48282 Emsdetten, Deutschland
Ausstellungsdatum: 01.02.2012
Geltungsdauer bis: 01.02.2017

Systemkomp.: rechteckige Edelstahlduschrinne
TECEdrainline
selbstklebendes einseitig vlieskaschiertes Dichtband
Seal System Dichtband
zementäre Dichtungsschlämme
Servoflex DMS 1K – schnell SuperTec
(Bezeichnungen des Auftraggebers)

Prüfung:	Prüfgrundsatz:	Ergebnis:
Wasserdichtheit im Einbauzustand (für Beanspruchungsklasse A und C)	PG-AIV-F	DICHT

Die genauen Prüfbedingungen sind im Prüfbericht 2.1/29183/1318.0.1-2011 beschrieben.

Dr.-Ing. Dipl.-Geol. Ernő Németh

Kiwa TBU GmbH
Gutenbergstraße 29
D-48268 Greven
Telefon: +49 (0)2571 9872-0
Telefax: +49 (0)2571 9872-99
Web: www.kiwa.de
e-mail: kiwatbu@kiwa.de
Geschäftsführer:
Michael Witthöft
Dr. Roland Hüttl
Wissenschaftlicher Leiter:
Prof.Dr.-Ing. Jochen Müller-Rochholz

X:\tbu\QMSneu\QMS\2 KP\2.4 TBU-Mon\Kunden Mon\29183\Zertifikate zum ausdrucken\1318.0.1-2011zert.doc

KIESEL SERVOFLEX DMS 1K-schnell SuperTec
UND TECEDRAINLINE DUSCHRINNE MIT SEAL SYSTEM DICHTBAND

Typ: Einkomponentige, zementäre Dichtungsschlämme
Gruppe: Kunststoff-Zement-Mörtel-Kombination (M)
Zulassung: Allgemeines bauaufsichtliches Prüfzeugnis (abP)
Kennzeichnung: Ü-Zeichen
Beanspruchungsklassen zusammen mit Duschrinne und Seal System Dichtband:
   A C gem. PG-AIV-F
   A0 gem. ZDB-Merkblatt (Hinweise für die Ausführung von flüssig zu verarbeitenden Verbundabdichtungen mit Bekleidungen und Belägen aus Fliesen und Platten für den Innen- und Außenbereich; August 2012)

VERARBEITUNGSSCHRITTE:

1. Duschrinne wird nach Montageanleitung komplett in den Estrich eingebaut. Hierbei wird der Dichtflansch durch die Schutzfolie vor Verschmutzung geschützt.
2. Estrich trocknen lassen.
3. Estrichuntergrund gründlich reinigen. Untergründe für Abdichtungen müssen tragfähig, formbeständig sowie frei von klaffenden Rissen und haftungsmindernden Stoffen (z. B. Staub, Öl, Wachs, Trennmittel, Ausblühungen, Sinterschichten, Lack- und Farbreste, alte Bodenklebstoffreste) sein.
4. Seal System Dichtband zuschneiden, sodass die Enden beim Aufkleben überlappen können.
5. Schutzfolie vom Flansch der Rinne abziehen.
6. Schutzfolie vom Seal System Dichtband entfernen.
7. Dichtband an den Enden überlappend auf den Flansch der Edelstahlrinne und den Untergrund kleben.
8. Erste Schicht der zementären Dichtschlämme Servoflex DMS 1K-schnell SuperTec aufbringen und trocknen lassen.
9. Zweite Schicht der zementären Dichtschlämme Servoflex DMS 1K-schnell SuperTec aufbringen.

Die zementäre Dichtschlämme ist entsprechend des Technischen Merkblatts Servoflex DMS 1K-schnell SuperTec der Kiesel Bauchemie GmbH & Co. KG zu verarbeiten. Dieses Merkblatt kann unter **www.sealsystem.net** heruntergeladen werden.

SYSTEMAUFBAU:

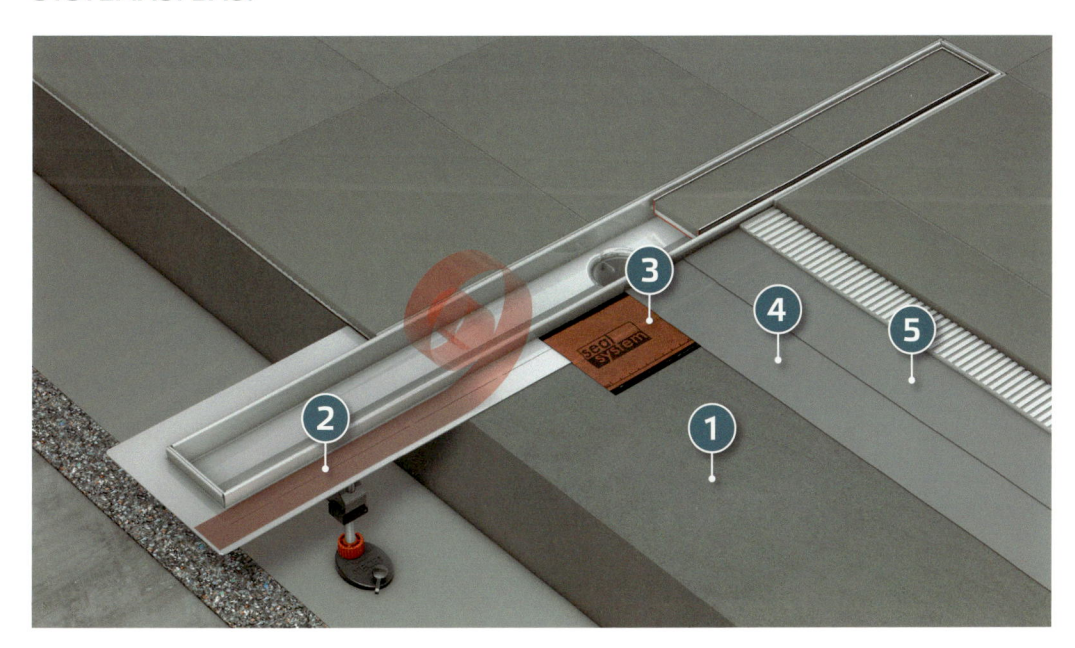

1. Estrich
2. Schutzfolie Rinnenflansch
3. Seal System Dichtband
4. Erste Schicht Dichtschlämme
5. Zweite Schicht Dichtschlämme

6. Zertifikate und Systemaufbauten

kiwa
Partner for progress

Kiwa TBU GmbH
www.kiwa.de

Zertifikat

Prüfgrundsätze zur Erteilung von allgemeinen bauaufsichtlichen Prüfzeugnissen für Abdichtungen im Verbund mit Fliesen- und Plattenbelägen
Teil 1: Flüssig zu verarbeitende Abdichtungsstoffe
(PG-AIV-F, Ausgabe Juni 2010)

Prüfung durch die Kiwa TBU GmbH

Firma: TECE GmbH, Hollefeldstraße 57,
48282 Emsdetten, Deutschland
Ausstellungsdatum: 01.02.2012
Geltungsdauer bis: 01.02.2017

Systemkomp.: runder Bodenablauf (Flansch-Ø 252 mm) mit angespritztem Vliesstoff
TECEdrainpoint
beidseitig vlieskaschierte Dichtmanschette
Seal System Dichtmanschette
zementäre Dichtungsschlämme
Servoflex DMS 1K – schnell SuperTec
(Bezeichnungen des Auftraggebers)

Prüfung:	Prüfgrundsatz:	Ergebnis:
Wasserdichtheit im Einbauzustand (für Beanspruchungsklasse A und C)	PG-AIV-F	DICHT

Die genauen Prüfbedingungen sind im Prüfbericht 2.1/29183/1319.0.1-2011 beschrieben.

Dr.-Ing. Dipl.-Geol. Ernő Németh

Kiwa TBU GmbH
Gutenbergstraße 29
D-48268 Greven
Telefon: +49 (0)2571 9872-0
Telfax: +49 (0)2571 9872-99
Web: www.kiwa.de
e-mail: kiwatbu@kiwa.de
Geschäftsführer:
Michael Witthöft
Dr. Roland Hüttl
Wissenschaftlicher Leiter:
Prof.Dr.-Ing. Jochen Müller-Rochholz

KIESEL SERVOFLEX DMS 1K-schnell SuperTec
UND TECEDRAINPOINT KUNSTSTOFFABLAUF MIT SEAL SYSTEM DICHTMANSCHETTE

Typ: Einkomponentige, zementäre Dichtungsschlämme
Gruppe: Kunststoff-Zement-Mörtel-Kombination (M)
Zulassung: Allgemeines bauaufsichtliches Prüfzeugnis (abP)
Kennzeichnung: Ü-Zeichen
Beanspruchungsklassen zusammen mit Ablauf und Seal System Dichtmanschette:
A C gem. PG-AIV-F
A0 gem. ZDB-Merkblatt (Hinweise für die Ausführung von flüssig zu verarbeitenden Verbundabdichtungen mit Bekleidungen und Belägen aus Fliesen und Platten für den Innen- und Außenbereich; August 2012)

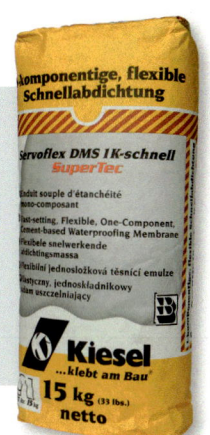

VERARBEITUNGSSCHRITTE:

1. Kunststoffablauf wird nach Montageanleitung komplett in den Estrich eingebaut. Hierbei wird der Dichtflansch durch die Schutzfolie vor Verschmutzung geschützt.
2. Estrich trocknen lassen.
3. Estrichuntergrund gründlich reinigen. Untergründe für Abdichtungen müssen tragfähig, formbeständig sowie frei von klaffenden Rissen und haftungsmindernden Stoffen (z. B. Staub, Öl, Wachs, Trennmittel, Ausblühungen, Sinterschichten, Lack- und Farbreste, alte Bodenklebstoffreste) sein.
4. Schutzfolie vom Flansch des Ablaufs abziehen.
5. Erste Schicht der zementären Dichtschlämme Servoflex DMS 1K-schnell SuperTec aufbringen.
6. Seal System Dichtmanschette auf dem Ablaufflansch und der noch feuchten Dichtschlämme platzieren.
7. Dichtschlämme trocknen lassen.
8. Zweite Schicht der zementären Dichtschlämme Servoflex DMS 1K-schnell SuperTec aufbringen.

Die zementäre Dichtschlämme ist entsprechend des Technischen Merkblatts Servoflex DMS 1K-schnell SuperTec der Kiesel Bauchemie GmbH & Co. KG zu verarbeiten. Dieses Merkblatt kann unter **www.sealsystem.net** heruntergeladen werden.

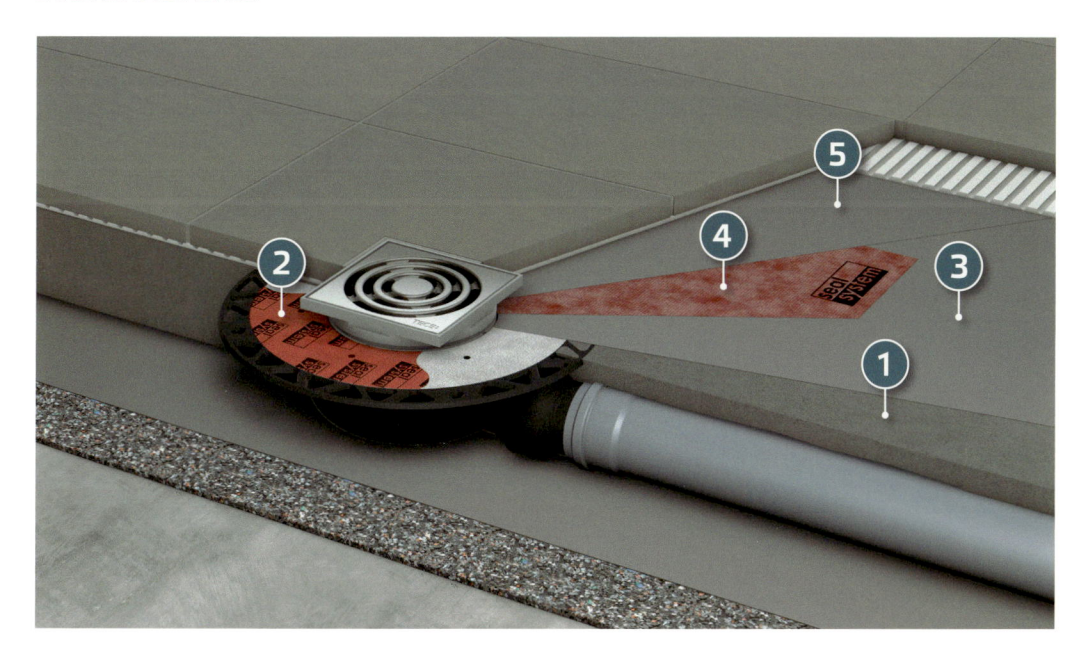

SYSTEMAUFBAU:

1. Estrich
2. Schutzfolie Ablaufflansch
3. Erste Schicht Dichtschlämme
4. Seal System Dichtmanschette
5. Zweite Schicht Dichtschlämme

6. Zertifikate und Systemaufbauten

kiwa
Partner for progress

Kiwa TBU GmbH
www.kiwa.de

Prüfgrundsätze zur Erteilung von allgemeinen bauaufsichtlichen Prüfzeugnissen für Abdichtungen im Verbund mit Fliesen- und Plattenbelägen
Teil 1: Flüssig zu verarbeitende Abdichtungsstoffe
(PG-AIV-F, Ausgabe Juni 2010)

Prüfung durch die Kiwa TBU GmbH

Firma: TECE GmbH, Hollefeldstraße 57, 48282 Emsdetten, Deutschland
Ausstellungsdatum: 01.02.2012
Geltungsdauer bis: 01.02.2017

Systemkomp.: rechteckige Edelstahlduschrinne
TECEdrainline
selbstklebendes einseitig vlieskaschiertes Dichtband
Seal System Dichtband
flüssige Dichtfolie
Mapegum WPS
(Bezeichnungen des Auftraggebers)

Prüfung:	Prüfgrundsatz:	Ergebnis:
Wasserdichtheit im Einbauzustand (für Beanspruchungsklasse A)	PG-AIV-F	DICHT

Die genauen Prüfbedingungen sind im Prüfbericht 2.1/29183/1372.0.1-2011 beschrieben.

Dr.-Ing. Dipl.-Geol. Ernő Németh

Kiwa TBU GmbH
Gutenbergstraße 29
D-48268 Greven
Telefon: +49 (0)2571 9872-0
Telfax: +49 (0)2571 9872-99
Web: www.kiwa.de
e-mail: kiwatbu@kiwa.de
Geschäftsführer:
Michael Witthöft
Dr. Roland Hüttl
Wissenschaftlicher Leiter:
Prof.Dr.-Ing. Jochen Müller-Rochholz

MAPEI MAPEGUM WPS
UND TECEDRAINLINE DUSCHRINNE MIT SEAL SYSTEM DICHTBAND

Typ: Einkomponentige, flüssige Dichtfolie
Gruppe: Polymerdispersionen (D)
Zulassung: Allgemeines bauaufsichtliches Prüfzeugnis (abP)
Kennzeichnung: Ü-Zeichen
Beanspruchungsklassen zusammen mit Duschrinne und Seal System Dichtband:
- **A** nur im Wandbereich gem. PG-AIV-F
- **A0** gem. ZDB-Merkblatt (Hinweise für die Ausführung von flüssig zu verarbeitenden Verbundabdichtungen mit Bekleidungen und Belägen aus Fliesen und Platten für den Innen- und Außenbereich; August 2012)

VERARBEITUNGSSCHRITTE:

1. Duschrinne wird nach Montageanleitung komplett in den Estrich eingebaut. Hierbei wird der Dichtflansch durch die Schutzfolie vor Verschmutzung geschützt.
2. Estrich trocknen lassen.
3. Estrichuntergrund gründlich reinigen. Untergründe für Abdichtungen müssen tragfähig, formbeständig sowie frei von klaffenden Rissen und haftungsmindernden Stoffen (z. B. Staub, Öl, Wachs, Trennmittel, Ausblühungen, Sinterschichten, Lack- und Farbreste, alte Bodenklebstoffreste) sein.
4. Seal System Dichtband zuschneiden, sodass die Enden beim Aufkleben überlappen können.
5. Schutzfolie vom Flansch der Rinne abziehen.
6. Schutzfolie vom Seal System Dichtband entfernen.
7. Dichtband an den Enden überlappend auf den Flansch der Edelstahlrinne und den Untergrund kleben.
8. Erste Schicht der Dichtfolie Mapegum WPS aufbringen und trocknen lassen.
9. Zweite Schicht der Dichtfolie Mapegum WPS aufbringen.

Die flüssige Dichtfolie ist entsprechend des Technischen Merkblatts Mapegum WPS der MAPEI GmbH zu verarbeiten. Dieses Merkblatt kann unter **www.sealsystem.net** heruntergeladen werden.

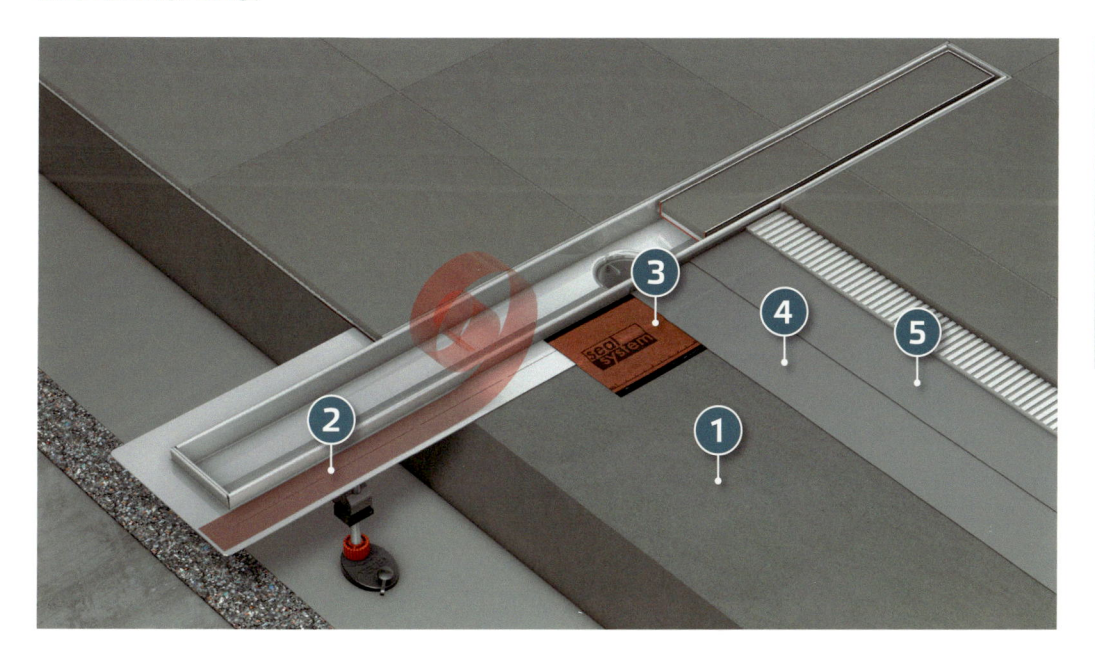

SYSTEMAUFBAU:

1. Estrich
2. Schutzfolie Rinnenflansch
3. Seal System Dichtband
4. Erste Schicht Dichtfolie
5. Zweite Schicht Dichtfolie

6. Zertifikate und Systemaufbauten

kiwa — Partner for progress

Kiwa TBU GmbH
www.kiwa.de

Prüfgrundsätze zur Erteilung von allgemeinen bauaufsichtlichen Prüfzeugnissen für Abdichtungen im Verbund mit Fliesen- und Plattenbelägen
Teil 1: Flüssig zu verarbeitende Abdichtungsstoffe
(PG-AIV-F, Ausgabe Juni 2010)

Prüfung durch die Kiwa TBU GmbH

Firma: TECE GmbH, Hollefeldstraße 57, 48282 Emsdetten, Deutschland
Ausstellungsdatum: 01.02.2012
Geltungsdauer bis: 01.02.2017

Systemkomp.: runder Bodenablauf (Flansch-Ø 252 mm) mit angespritztem Vliesstoff
TECEdrainpoint
beidseitig vlieskaschierte Dichtmanschette
Seal System Dichtmanschette
flüssige Dichtfolie
Mapegum WPS
(Bezeichnungen des Auftraggebers)

Prüfung:	Prüfgrundsatz:	Ergebnis:
Wasserdichtheit im Einbauzustand (für Beanspruchungsklasse A)	PG-AIV-F	DICHT

Die genauen Prüfbedingungen sind im Prüfbericht 2.1/29183/1373.0.1-2011 beschrieben.

Dr.-Ing. Dipl.-Geol. Ernő Németh

Kiwa TBU GmbH
Gutenbergstraße 29
D-48268 Greven
Telefon: +49 (0)2571 9872-0
Telefax: +49 (0)2571 9872-99
Web: www.kiwa.de
e-mail: kiwatbu@kiwa.de
Geschäftsführer:
Michael Witthöft
Dr. Roland Hüttl
Wissenschaftlicher Leiter:
Prof.Dr.-Ing. Jochen Müller-Rochholz

MAPEI MAPEGUM WPS
UND TECEDRAINPOINT KUNSTSTOFFABLAUF MIT SEAL SYSTEM DICHTMANSCHETTE

Typ: Einkomponentige, flüssige Dichtfolie
Gruppe: Polymerdispersionen (D)
Zulassung: Allgemeines bauaufsichtliches Prüfzeugnis (abP)
Kennzeichnung: Ü-Zeichen
Beanspruchungsklassen zusammen mit Ablauf und Seal System Dichtmanschette:
A nur im Wandbereich gem. PG-AIV-F
A0 gem. ZDB-Merkblatt (Hinweise für die Ausführung von flüssig zu verarbeitenden Verbundabdichtungen mit Bekleidungen und Belägen aus Fliesen und Platten für den Innen- und Außenbereich; August 2012)

VERARBEITUNGSSCHRITTE:

1. Kunststoffablauf wird nach Montageanleitung komplett in den Estrich eingebaut. Hierbei wird der Dichtflansch durch die Schutzfolie vor Verschmutzung geschützt.
2. Estrich trocknen lassen.
3. Estrichuntergrund gründlich reinigen. Untergründe für Abdichtungen müssen tragfähig, formbeständig sowie frei von klaffenden Rissen und haftungsmindernden Stoffen (z. B. Staub, Öl, Wachs, Trennmittel, Ausblühungen, Sinterschichten, Lack- und Farbreste, alte Bodenklebstoffreste) sein.
4. Schutzfolie vom Flansch des Ablaufs abziehen.
5. Erste Schicht der Dichtfolie Mapegum WPS aufbringen.
6. Seal System Dichtmanschette auf dem Ablaufflansch und der noch feuchten Dichtfolie platzieren.
7. Dichtfolie trocknen lassen.
8. Zweite Schicht der Dichtfolie Mapegum WPS aufbringen.

Die flüssige Dichtfolie ist entsprechend des Technischen Merkblatts Mapegum WPS der MAPEI GmbH zu verarbeiten. Dieses Merkblatt kann unter **www.sealsystem.net** heruntergeladen werden.

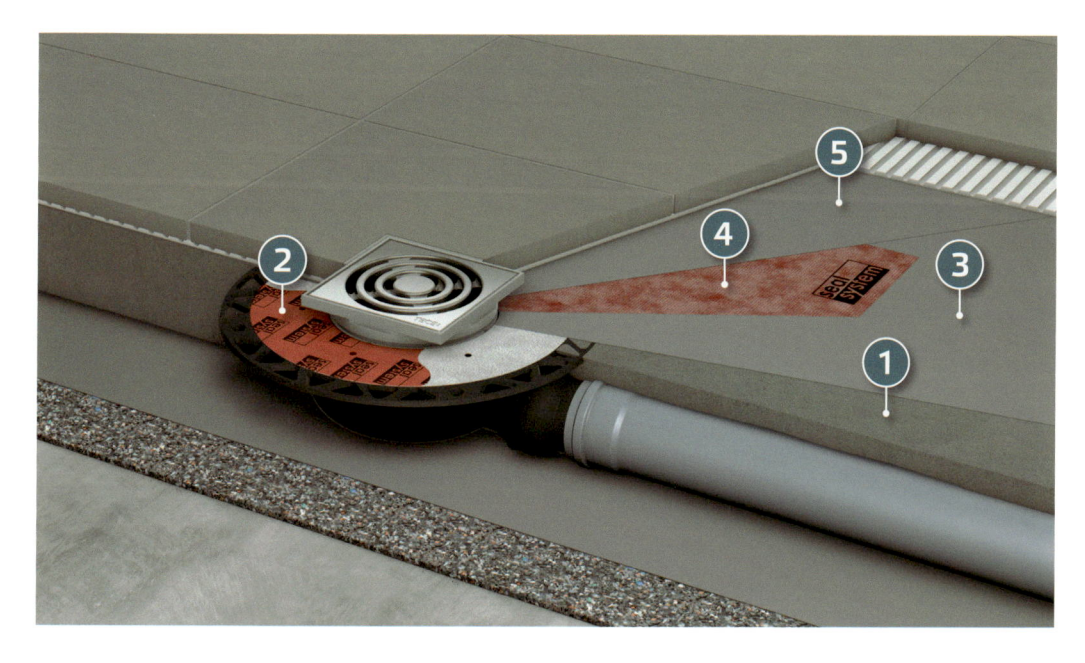

SYSTEMAUFBAU:

1. Estrich
2. Schutzfolie Ablaufflansch
3. Erste Schicht Dichtfolie
4. Seal System Dichtmanschette
5. Zweite Schicht Dichtfolie

6. Zertifikate und Systemaufbauten

kiwa
Partner for progress

Kiwa TBU GmbH
www.kiwa.de

Prüfgrundsätze zur Erteilung von allgemeinen bauaufsichtlichen Prüfzeugnissen für Abdichtungen im Verbund mit Fliesen- und Plattenbelägen
Teil 1: Flüssig zu verarbeitende Abdichtungsstoffe
(PG-AIV-F, Ausgabe Juni 2010)

Prüfung durch die Kiwa TBU GmbH

Firma: TECE GmbH, Hollefeldstraße 57, 48282 Emsdetten, Deutschland
Ausstellungsdatum: 01.02.2012
Geltungsdauer bis: 01.02.2017

Systemkomp.: rechteckige Edelstahlduschrinne
TECEdrainline
selbstklebendes einseitig vlieskaschiertes Dichtband
Seal System Dichtband
2 komponentige zementäre Dichtungsschlämme
Mapelastic
(Bezeichnungen des Auftraggebers)

Prüfung:	Prüfgrundsatz:	Ergebnis:
Wasserdichtheit im Einbauzustand (für Beanspruchungsklasse A und C)	PG-AIV-F	DICHT

Die genauen Prüfbedingungen sind im Prüfbericht 2.1/29183/1320.0.1-2011 beschrieben.

i.A. Ch. Hau See
Dr.-Ing. Dipl.-Geol. Ernő Németh

Kiwa TBU GmbH
Gutenbergstraße 29
D-48268 Greven
Telefon: +49 (0)2571 9872-0
Telfax: +49 (0)2571 9872-99
Web: www.kiwa.de
e-mail: kiwatbu@kiwa.de
Geschäftsführer:
Michael Witthöft
Dr. Roland Hüttl
Wissenschaftlicher Leiter:
Prof.Dr.-Ing. Jochen Müller-Rochholz

X:\tbu\QMSneu\QMS\2 KP\2.4 TBU-Mon\Kunden Mon\29183\Zertifikate zum ausdrucken\1320.0.1-2011zert.doc

MAPEI MAPELASTIC
UND TECEDRAINLINE DUSCHRINNE MIT SEAL SYSTEM DICHTBAND

Typ: Zweikomponentige, zementäre Dichtungsschlämme
Gruppe: Kunststoff-Zement-Mörtel-Kombination (M)
Zulassung: Allgemeines bauaufsichtliches Prüfzeugnis (abP)
Kennzeichnung: Ü-Zeichen
Beanspruchungsklassen zusammen mit Duschrinne und Seal System Dichtband:
A C gem. PG-AIV-F
A0 gem. ZDB-Merkblatt (Hinweise für die Ausführung von flüssig zu verarbeitenden Verbundabdichtungen mit Bekleidungen und Belägen aus Fliesen und Platten für den Innen- und Außenbereich; August 2012)

VERARBEITUNGSSCHRITTE:

1. Duschrinne wird nach Montageanleitung komplett in den Estrich eingebaut. Hierbei wird der Dichtflansch durch die Schutzfolie vor Verschmutzung geschützt.
2. Estrich trocknen lassen.
3. Estrichuntergrund gründlich reinigen. Untergründe für Abdichtungen müssen tragfähig, formbeständig sowie frei von klaffenden Rissen und haftungsmindernden Stoffen (z. B. Staub, Öl, Wachs, Trennmittel, Ausblühungen, Sinterschichten, Lack- und Farbreste, alte Bodenklebstoffreste) sein.
4. Seal System Dichtband zuschneiden, sodass die Enden beim Aufkleben überlappen können.
5. Schutzfolie vom Flansch der Rinne abziehen.
6. Schutzfolie vom Seal System Dichtband entfernen.
7. Dichtband an den Enden überlappend auf den Flansch der Edelstahlrinne und den Untergrund kleben.
8. Erste Schicht der zementären Dichtschlämme Mapelastic aufbringen und trocknen lassen.
9. Zweite Schicht der zementären Dichtschlämme Mapelastic aufbringen.

Die zementäre Dichtschlämme ist entsprechend des Technischen Merkblatts Mapelastic der MAPEI GmbH zu verarbeiten. Dieses Merkblatt kann unter **www.sealsystem.net** heruntergeladen werden.

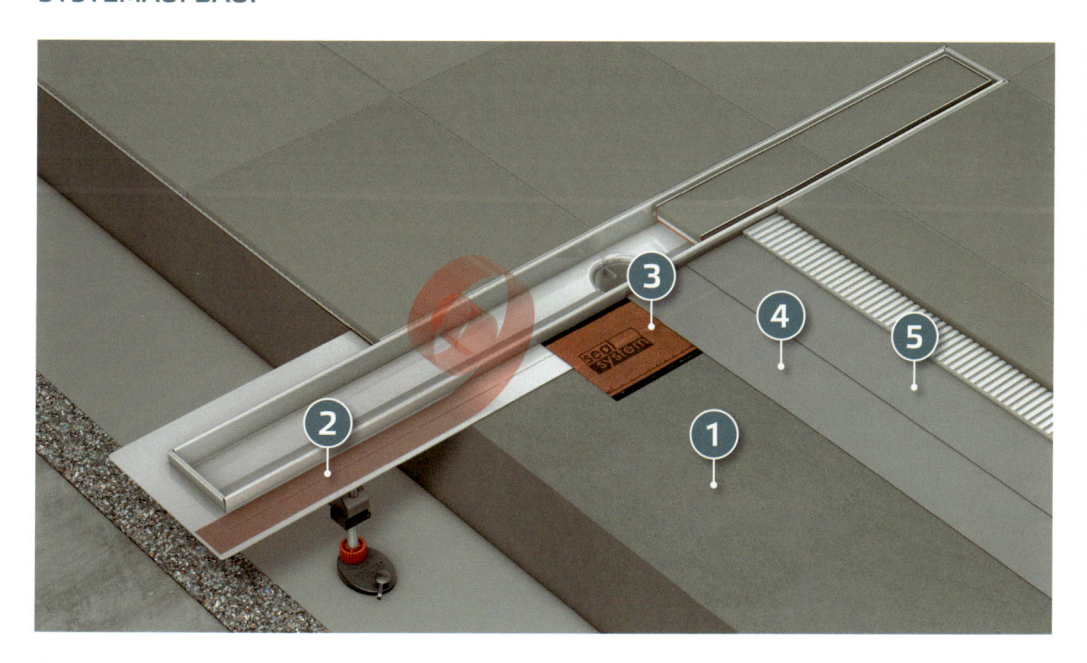

SYSTEMAUFBAU:

1. Estrich
2. Schutzfolie Rinnenflansch
3. Seal System Dichtband
4. Erste Schicht Dichtschlämme
5. Zweite Schicht Dichtschlämme

6. Zertifikate und Systemaufbauten

kiwa
Partner for progress

Kiwa TBU GmbH
www.kiwa.de

Zertifikat

Prüfgrundsätze zur Erteilung von allgemeinen bauaufsichtlichen Prüfzeugnissen für Abdichtungen im Verbund mit Fliesen- und Plattenbelägen
Teil 1: Flüssig zu verarbeitende Abdichtungsstoffe
(PG-AIV-F, Ausgabe Juni 2010)

Prüfung durch die Kiwa TBU GmbH

Firma: TECE GmbH, Hollefeldstraße 57, 48282 Emsdetten, Deutschland
Ausstellungsdatum: 01.02.2012
Geltungsdauer bis: 01.02.2017

Systemkomp.: runder Bodenablauf (Flansch-Ø 252 mm) mit angespritztem Vliesstoff
TECEdrainpoint
beidseitig vlieskaschierte Dichtmanschette
Seal System Dichtmanschette
2 komponentige zementäre Dichtungsschlämme
Mapelastic
(Bezeichnungen des Auftraggebers)

Prüfung:	Prüfgrundsatz:	Ergebnis:
Wasserdichtheit im Einbauzustand (für Beanspruchungsklasse A und C)	PG-AIV-F	DICHT

Die genauen Prüfbedingungen sind im Prüfbericht 2.1/29183/1321.0.1-2011 beschrieben.

Dr.-Ing. Dipl.-Geol. Ernő Németh

Kiwa TBU GmbH
Gutenbergstraße 29
D-48268 Greven
Telefon: +49 (0)2571 9872-0
Telefax: +49 (0)2571 9872-99
Web: www.kiwa.de
e-mail: kiwatbu@kiwa.de
Geschäftsführer:
Michael Witthöft
Dr. Roland Hüttl
Wissenschaftlicher Leiter:
Prof.Dr.-Ing. Jochen Müller-Rochholz

X:\tbu\QMSneu\QMS\2 KP\2.4 TBU-Mon\Kunden Mon\29183\Zertifikate zum ausdrucken\1321.0.1-2011zert.doc

MAPEI MAPELASTIC
UND TECEDRAINPOINT KUNSTSTOFFABLAUF MIT SEAL SYSTEM DICHTMANSCHETTE

Typ: Zweikomponentige, zementäre Dichtungsschlämme
Gruppe: Kunststoff-Zement-Mörtel-Kombination (M)
Zulassung: Allgemeines bauaufsichtliches Prüfzeugnis (abP)
Kennzeichnung: Ü-Zeichen
Beanspruchungsklassen zusammen mit Ablauf und Seal System Dichtmanschette:
A C gem. PG-AIV-F
A0 gem. ZDB-Merkblatt (Hinweise für die Ausführung von flüssig zu verarbeitenden Verbundabdichtungen mit Bekleidungen und Belägen aus Fliesen und Platten für den Innen- und Außenbereich; August 2012)

VERARBEITUNGSSCHRITTE:

1. Kunststoffablauf wird nach Montageanleitung komplett in den Estrich eingebaut. Hierbei wird der Dichtflansch durch die Schutzfolie vor Verschmutzung geschützt.
2. Estrich trocknen lassen.
3. Estrichuntergrund gründlich reinigen. Untergründe für Abdichtungen müssen tragfähig, formbeständig sowie frei von klaffenden Rissen und haftungsmindernden Stoffen (z. B. Staub, Öl, Wachs, Trennmittel, Ausblühungen, Sinterschichten, Lack- und Farbreste, alte Bodenklebstoffreste) sein.
4. Schutzfolie vom Flansch des Ablaufs abziehen.
5. Erste Schicht der zementären Dichtschlämme Mapelastic aufbringen.
6. Seal System Dichtmanschette auf dem Ablaufflansch und der noch feuchten Dichtschlämme platzieren.
7. Dichtschlämme trocknen lassen.
8. Zweite Schicht der zementären Dichtschlämme Mapelastic aufbringen.

Die zementäre Dichtschlämme ist entsprechend des Technischen Merkblatts Mapelastic der MAPEI GmbH zu verarbeiten. Dieses Merkblatt kann unter **www.sealsystem.net** heruntergeladen werden.

SYSTEMAUFBAU:

1. Estrich
2. Schutzfolie Ablaufflansch
3. Erste Schicht Dichtschlämme
4. Seal System Dichtmanschette
5. Zweite Schicht Dichtschlämme

6. Zertifikate und Systemaufbauten

Zertifikat

kiwa
Partner for progress

Kiwa TBU GmbH
www.kiwa.de

**Prüfgrundsätze zur Erteilung von allgemeinen bauaufsichtlichen Prüfzeugnissen für Abdichtungen im Verbund mit Fliesen- und Plattenbelägen
Teil 1: Flüssig zu verarbeitende Abdichtungsstoffe
(PG-AIV-F, Ausgabe Juni 2010)**

Prüfung durch die Kiwa TBU GmbH

Firma: TECE GmbH, Hollefeldstraße 57,
48282 Emsdetten, Deutschland
Ausstellungsdatum: 01.02.2012
Geltungsdauer bis: 01.02.2017

Systemkomp.: rechteckige Edelstahlduschrinne
TECEdrainline
selbstklebendes einseitig vlieskaschiertes Dichtband
Seal System Dichtband
zementäre Dichtungsschlämme
Monolastic Ultra
(Bezeichnungen des Auftraggebers)

Prüfung:	Prüfgrundsatz:	Ergebnis:
Wasserdichtheit im Einbauzustand (für Beanspruchungsklasse A und C)	PG-AIV-F	DICHT

Die genauen Prüfbedingungen sind im Prüfbericht 2.1/29183/1322.0.1-2011 beschrieben.

Dr.-Ing. Dipl.-Geol. Ernő Németh

Kiwa TBU GmbH
Gutenbergstraße 29
D-48268 Greven
Telefon: +49 (0)2571 9872-0
Telfax: +49 (0)2571 9872-99
Web: www.kiwa.de
e-mail: kiwatbu@kiwa.de
Geschäftsführer:
Michael Witthöft
Dr. Roland Hüttl
Wissenschaftlicher Leiter:
Prof.Dr.-Ing. Jochen Müller-Rochholz

X:\tbu\QMSneu\QMS\2 KP\2.4 TBU-Mon\Kunden Mon\29183\Zertifikate zum ausdrucken\1322.0.1-2011zert.doc

MAPEI MONOLASTIC ULTRA
UND TECEDRAINLINE DUSCHRINNE MIT SEAL SYSTEM DICHTBAND

Typ: Einkomponentige, zementäre Dichtungsschlämme
Gruppe: Kunststoff-Zement-Mörtel-Kombination (M)
Zulassung: Allgemeines bauaufsichtliches Prüfzeugnis (abP)
Kennzeichnung: Ü-Zeichen
Beanspruchungsklassen zusammen mit Duschrinne und Seal System Dichtband:
A **C** gem. PG-AIV-F
A0 gem. ZDB-Merkblatt (Hinweise für die Ausführung von flüssig zu verarbeitenden Verbundabdichtungen mit Bekleidungen und Belägen aus Fliesen und Platten für den Innen- und Außenbereich; August 2012)

VERARBEITUNGSSCHRITTE:

1. Duschrinne wird nach Montageanleitung komplett in den Estrich eingebaut. Hierbei wird der Dichtflansch durch die Schutzfolie vor Verschmutzung geschützt.
2. Estrich trocknen lassen.
3. Estrichuntergrund gründlich reinigen. Untergründe für Abdichtungen müssen tragfähig, formbeständig sowie frei von klaffenden Rissen und haftungsmindernden Stoffen (z. B. Staub, Öl, Wachs, Trennmittel, Ausblühungen, Sinterschichten, Lack- und Farbreste, alte Bodenklebstoffreste) sein.
4. Seal System Dichtband zuschneiden, sodass die Enden beim Aufkleben überlappen können.
5. Schutzfolie vom Flansch der Rinne abziehen.
6. Schutzfolie vom Seal System Dichtband entfernen.
7. Dichtband an den Enden überlappend auf den Flansch der Edelstahlrinne und den Untergrund kleben.
8. Erste Schicht der zementären Dichtschlämme Monolastic Ultra aufbringen und trocknen lassen.
9. Zweite Schicht der zementären Dichtschlämme Monolastic Ultra aufbringen.

Die zementäre Dichtschlämme ist entsprechend des Technischen Merkblatts Monolastic Ultra der MAPEI GmbH zu verarbeiten. Dieses Merkblatt kann unter **www.sealsystem.net** heruntergeladen werden.

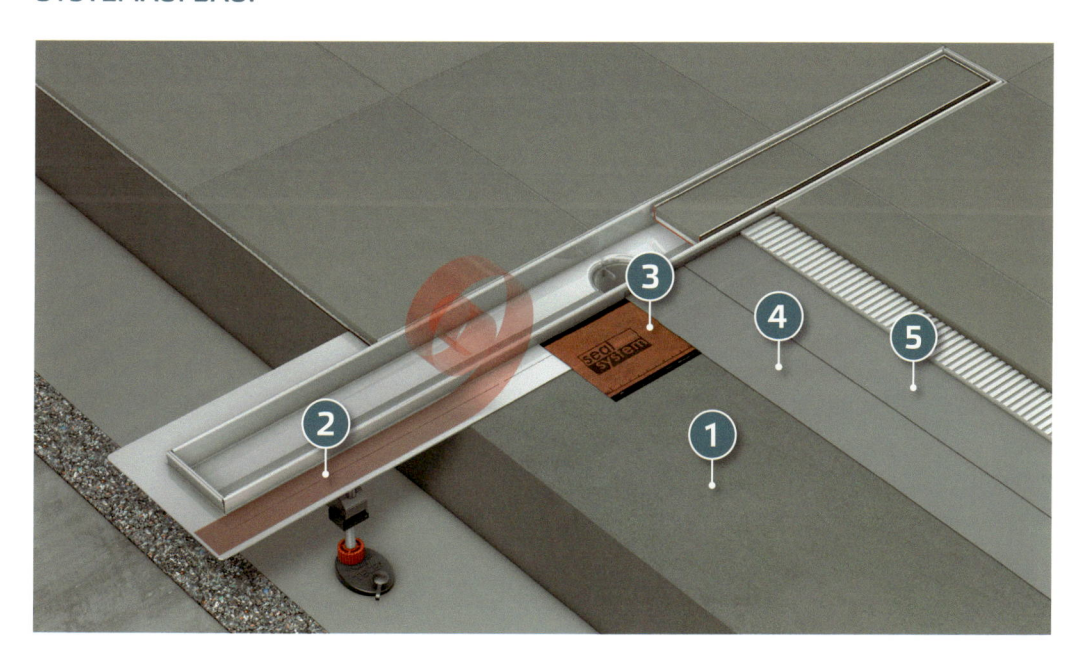

SYSTEMAUFBAU:

1. Estrich
2. Schutzfolie Rinnenflansch
3. Seal System Dichtband
4. Erste Schicht Dichtschlämme
5. Zweite Schicht Dichtschlämme

6. Zertifikate und Systemaufbauten

kiwa — Partner for progress

Kiwa TBU GmbH
www.kiwa.de

Zertifikat

Prüfgrundsätze zur Erteilung von allgemeinen bauaufsichtlichen Prüfzeugnissen für Abdichtungen im Verbund mit Fliesen- und Plattenbelägen
Teil 1: Flüssig zu verarbeitende Abdichtungsstoffe
(PG-AIV-F, Ausgabe Juni 2010)

Prüfung durch die Kiwa TBU GmbH

Firma: TECE GmbH, Hollefeldstraße 57, 48282 Emsdetten, Deutschland
Ausstellungsdatum: 01.02.2012
Geltungsdauer bis: 01.02.2017

Systemkomp.: runder Bodenablauf (Flansch-Ø 252 mm) mit angespritztem Vliesstoff
TECEdrainpoint
beidseitig vlieskaschierte Dichtmanschette
Seal System Dichtmanschette
zementäre Dichtungsschlämme
Monolastic Ultra
(Bezeichnungen des Auftraggebers)

Prüfung:	Prüfgrundsatz:	Ergebnis:
Wasserdichtheit im Einbauzustand (für Beanspruchungsklasse A und C)	PG-AIV-F	DICHT

Die genauen Prüfbedingungen sind im Prüfbericht 2.1/29183/1323.0.1-2011 beschrieben.

Dr.-Ing. Dipl.-Geol. Ernő Németh

Kiwa TBU GmbH
Gutenbergstraße 29
D-48268 Greven
Telefon: +49 (0)2571 9872-0
Telefax: +49 (0)2571 9872-99
Web: www.kiwa.de
e-mail: kiwatbu@kiwa.de
Geschäftsführer:
Michael Witthöft
Dr. Roland Hüttl
Wissenschaftlicher Leiter:
Prof.Dr.-Ing. Jochen Müller-Rochholz

X:\tbu\QMSneu\QMS\2 KP\2.4 TBU-Mon\Kunden Mon\29183\Zertifikate zum ausdrucken\1323.0.1-2011zert.doc

6. Zertifikate und Systemaufbauten

MAPEI MONOLASTIC ULTRA
UND TECEDRAINPOINT KUNSTSTOFFABLAUF MIT SEAL SYSTEM DICHTMANSCHETTE

Typ: Einkomponentige, zementäre Dichtungsschlämme
Gruppe: Kunststoff-Zement-Mörtel-Kombination (M)
Zulassung: Allgemeines bauaufsichtliches Prüfzeugnis (abP)
Kennzeichnung: Ü-Zeichen
Beanspruchungsklassen zusammen mit Ablauf und Seal System Dichtmanschette:
A C gem. PG-AIV-F
A0 gem. ZDB-Merkblatt (Hinweise für die Ausführung von flüssig zu verarbeitenden Verbundabdichtungen mit Bekleidungen und Belägen aus Fliesen und Platten für den Innen- und Außenbereich; August 2012)

VERARBEITUNGSSCHRITTE:

1. Kunststoffablauf wird nach Montageanleitung komplett in den Estrich eingebaut. Hierbei wird der Dichtflansch durch die Schutzfolie vor Verschmutzung geschützt.
2. Estrich trocknen lassen.
3. Estrichuntergrund gründlich reinigen. Untergründe für Abdichtungen müssen tragfähig, formbeständig sowie frei von klaffenden Rissen und haftungsmindernden Stoffen (z. B. Staub, Öl, Wachs, Trennmittel, Ausblühungen, Sinterschichten, Lack- und Farbreste, alte Bodenklebstoffreste) sein.
4. Schutzfolie vom Flansch des Ablaufs abziehen.
5. Erste Schicht der zementären Dichtschlämme Monolastic Ultra aufbringen.
6. Seal System Dichtmanschette auf dem Ablaufflansch und der noch feuchten Dichtschlämme platzieren.
7. Dichtschlämme trocknen lassen.
8. Zweite Schicht der zementären Dichtschlämme Monolastic Ultra aufbringen.

Die zementäre Dichtschlämme ist entsprechend des Technischen Merkblatts Monolastic Ultra der MAPEI GmbH zu verarbeiten. Dieses Merkblatt kann unter **www.sealsystem.net** heruntergeladen werden.

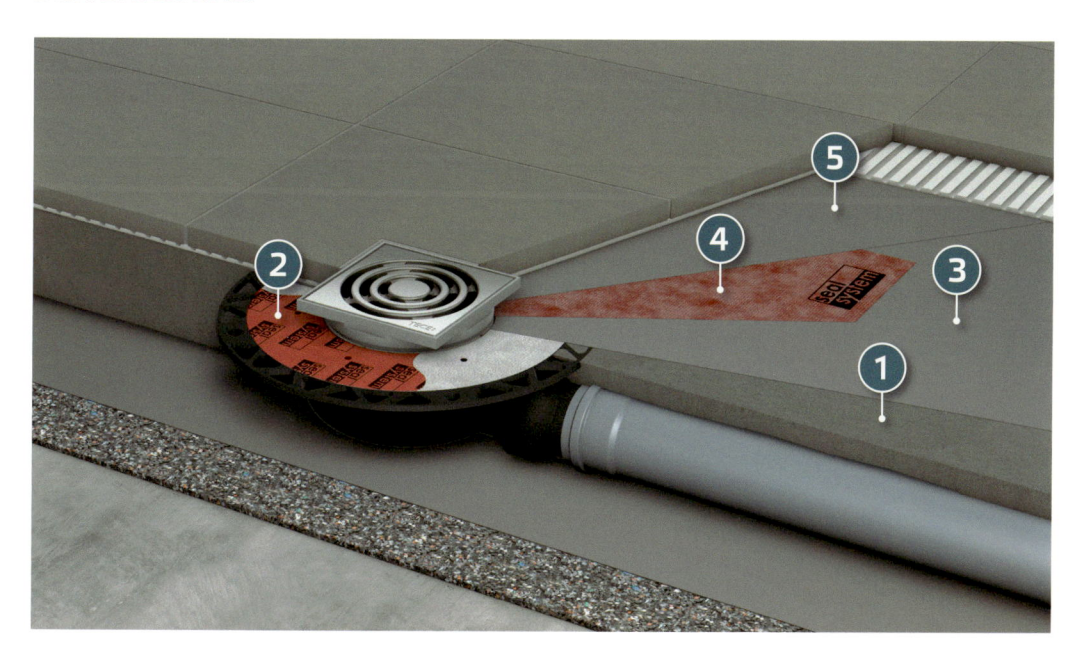

SYSTEMAUFBAU:

1. Estrich
2. Schutzfolie Ablaufflansch
3. Erste Schicht Dichtschlämme
4. Seal System Dichtmanschette
5. Zweite Schicht Dichtschlämme

Zertifikat

kiwa — Partner for progress

Kiwa TBU GmbH
www.kiwa.de

Prüfgrundsätze zur Erteilung von allgemeinen bauaufsichtlichen Prüfzeugnissen für Abdichtungen im Verbund mit Fliesen- und Plattenbelägen
Teil 1: Flüssig zu verarbeitende Abdichtungsstoffe
(PG-AIV-F, Ausgabe Juni 2010)

Prüfung durch die Kiwa TBU GmbH

Firma: TECE GmbH, Hollefeldstraße 57, 48282 Emsdetten, Deutschland
Ausstellungsdatum: 01.02.2012
Geltungsdauer bis: 01.02.2017

Systemkomp.: rechteckige Edelstahlduschrinne
TECEdrainline
selbstklebendes einseitig vlieskaschiertes Dichtband
Seal System Dichtband
zementäre Dichtungsschlämme
OTTOFLEX Dichtungsschlämme
(Bezeichnungen des Auftraggebers)

Prüfung:	Prüfgrundsatz:	Ergebnis:
Wasserdichtheit im Einbauzustand (für Beanspruchungsklasse A und C)	PG-AIV-F	DICHT

Die genauen Prüfbedingungen sind im Prüfbericht 2.1/29183/1324.0.1-2011 beschrieben.

Dr.-Ing. Dipl.-Geol. Ernő Németh

Kiwa TBU GmbH
Gutenbergstraße 29
D-48268 Greven
Telefon: +49 (0)2571 9872-0
Telefax: +49 (0)2571 9872-99
Web: www.kiwa.de
e-mail: kiwatbu@kiwa.de
Geschäftsführer:
Michael Witthöft
Dr. Roland Hüttl
Wissenschaftlicher Leiter:
Prof.Dr.-Ing. Jochen Müller-Rochholz

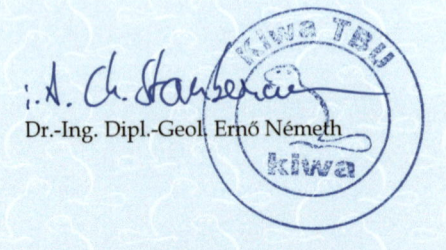

OTTOFLEX Dichtungsschlämme
UND TECEDRAINLINE DUSCHRINNE MIT SEAL SYSTEM DICHTBAND

Typ: Einkomponentige, zementäre Dichtungsschlämme
Gruppe: Kunststoff-Zement-Mörtel-Kombination (M)
Zulassung: Allgemeines bauaufsichtliches Prüfzeugnis (abP)
Kennzeichnung: Ü-Zeichen
Beanspruchungsklassen zusammen mit Duschrinne und Seal System Dichtband:
A C gem. PG-AIV-F
A0 gem. ZDB-Merkblatt (Hinweise für die Ausführung von flüssig zu verarbeitenden Verbundabdichtungen mit Bekleidungen und Belägen aus Fliesen und Platten für den Innen- und Außenbereich; August 2012)

VERARBEITUNGSSCHRITTE:

1. Duschrinne wird nach Montageanleitung komplett in den Estrich eingebaut. Hierbei wird der Dichtflansch durch die Schutzfolie vor Verschmutzung geschützt.
2. Estrich trocknen lassen.
3. Estrichuntergrund gründlich reinigen. Untergründe für Abdichtungen müssen tragfähig, formbeständig sowie frei von klaffenden Rissen und haftungsmindernden Stoffen (z. B. Staub, Öl, Wachs, Trennmittel, Ausblühungen, Sinterschichten, Lack- und Farbreste, alte Bodenklebstoffreste) sein.
4. Seal System Dichtband zuschneiden, sodass die Enden beim Aufkleben überlappen können.
5. Schutzfolie vom Flansch der Rinne abziehen.
6. Schutzfolie vom Seal System Dichtband entfernen.
7. Dichtband an den Enden überlappend auf den Flansch der Edelstahlrinne und den Untergrund kleben.
8. Erste Schicht der zementären Dichtschlämme OTTOFLEX aufbringen und trocknen lassen.
9. Zweite Schicht der zementären Dichtschlämme OTTOFLEX aufbringen.

Die zementäre Dichtschlämme ist entsprechend des Technischen Merkblatts OTTOFLEX Dichtungsschlämme der Hermann Otto GmbH zu verarbeiten. Dieses Merkblatt kann unter **www.sealsystem.net** heruntergeladen werden.

SYSTEMAUFBAU:

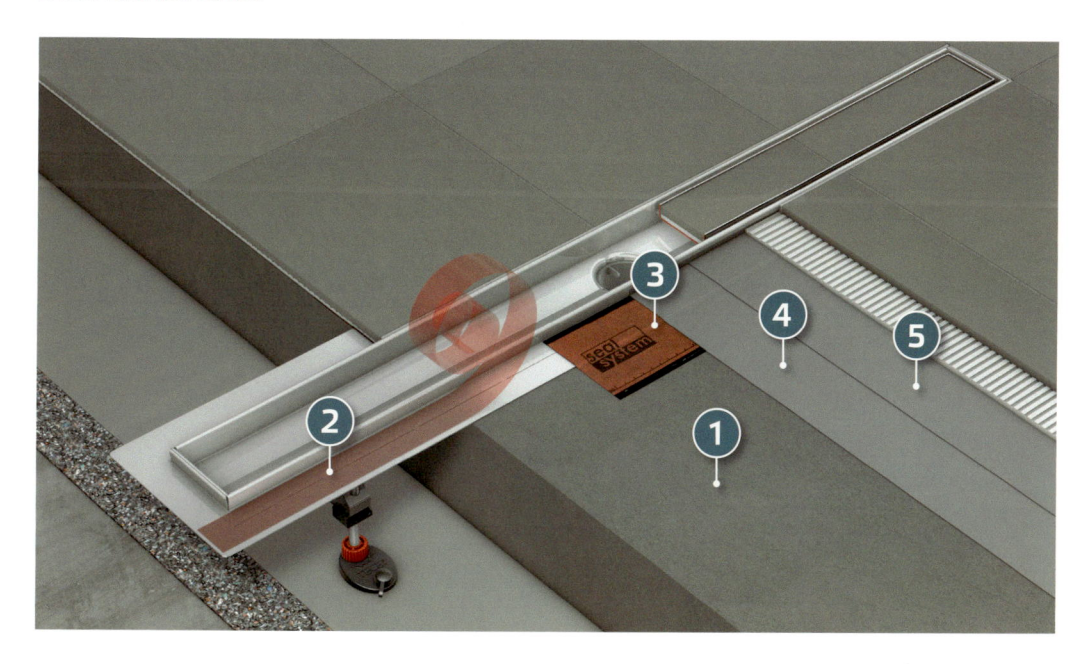

1. Estrich
2. Schutzfolie Rinnenflansch
3. Seal System Dichtband
4. Erste Schicht Dichtschlämme
5. Zweite Schicht Dichtschlämme

Zertifikat

kiwa — Partner for progress

Kiwa TBU GmbH
www.kiwa.de

Prüfgrundsätze zur Erteilung von allgemeinen bauaufsichtlichen Prüfzeugnissen für Abdichtungen im Verbund mit Fliesen- und Plattenbelägen
Teil 1: Flüssig zu verarbeitende Abdichtungsstoffe
(PG-AIV-F, Ausgabe Juni 2010)

Prüfung durch die Kiwa TBU GmbH

Firma: TECE GmbH, Hollefeldstraße 57, 48282 Emsdetten, Deutschland
Ausstellungsdatum: 01.02.2012
Geltungsdauer bis: 01.02.2017

Systemkomp.: runder Bodenablauf (Flansch-Ø 252 mm) mit angespritztem Vliesstoff
TECEdrainpoint
beidseitig vlieskaschierte Dichtmanschette
Seal System Dichtmanschette
zementäre Dichtungsschlämme
OTTOFLEX Dichtungsschlämme
(Bezeichnungen des Auftraggebers)

Prüfung:	Prüfgrundsatz:	Ergebnis:
Wasserdichtheit im Einbauzustand (für Beanspruchungsklasse A und C)	PG-AIV-F	DICHT

Die genauen Prüfbedingungen sind im Prüfbericht 2.1/29183/1325.0.1-2011 beschrieben.

Dr.-Ing. Dipl.-Geol. Ernő Németh

Kiwa TBU GmbH
Gutenbergstraße 29
D-48268 Greven
Telefon: +49 (0)2571 9872-0
Telfax: +49 (0)2571 9872-99
Web: www.kiwa.de
e-mail: kiwatbu@kiwa.de
Geschäftsführer:
Michael Witthöft
Dr. Roland Hüttl
Wissenschaftlicher Leiter:
Prof.Dr.-Ing. Jochen Müller-Rochholz

OTTOFLEX Dichtungsschlämme
UND TECEDRAINPOINT KUNSTSTOFFABLAUF MIT SEAL SYSTEM DICHTMANSCHETTE

Typ: Einkomponentige, zementäre Dichtungsschlämme
Gruppe: Kunststoff-Zement-Mörtel-Kombination (M)
Zulassung: Allgemeines bauaufsichtliches Prüfzeugnis (abP)
Kennzeichnung: Ü-Zeichen
Beanspruchungsklassen zusammen mit Ablauf und Seal System Dichtmanschette:
A C gem. PG-AIV-F
A0 gem. ZDB-Merkblatt (Hinweise für die Ausführung von flüssig zu verarbeitenden Verbundabdichtungen mit Bekleidungen und Belägen aus Fliesen und Platten für den Innen- und Außenbereich; August 2012)

VERARBEITUNGSSCHRITTE:

1. Kunststoffablauf wird nach Montageanleitung komplett in den Estrich eingebaut. Hierbei wird der Dichtflansch durch die Schutzfolie vor Verschmutzung geschützt.
2. Estrich trocknen lassen.
3. Estrichuntergrund gründlich reinigen. Untergründe für Abdichtungen müssen tragfähig, formbeständig sowie frei von klaffenden Rissen und haftungsmindernden Stoffen (z. B. Staub, Öl, Wachs, Trennmittel, Ausblühungen, Sinterschichten, Lack- und Farbreste, alte Bodenklebstoffreste) sein.
4. Schutzfolie vom Flansch des Ablaufs abziehen.
5. Erste Schicht der zementären Dichtschlämme OTTOFLEX aufbringen.
6. Seal System Dichtmanschette auf dem Ablaufflansch und der noch feuchten Dichtschlämme platzieren.
7. Dichtschlämme trocknen lassen.
8. Zweite Schicht der zementären Dichtschlämme OTTOFLEX aufbringen.

Die zementäre Dichtschlämme ist entsprechend des Technischen Merkblatts OTTOFLEX Dichtungsschlämme der Hermann Otto GmbH zu verarbeiten. Dieses Merkblatt kann unter **www.sealsystem.net** heruntergeladen werden.

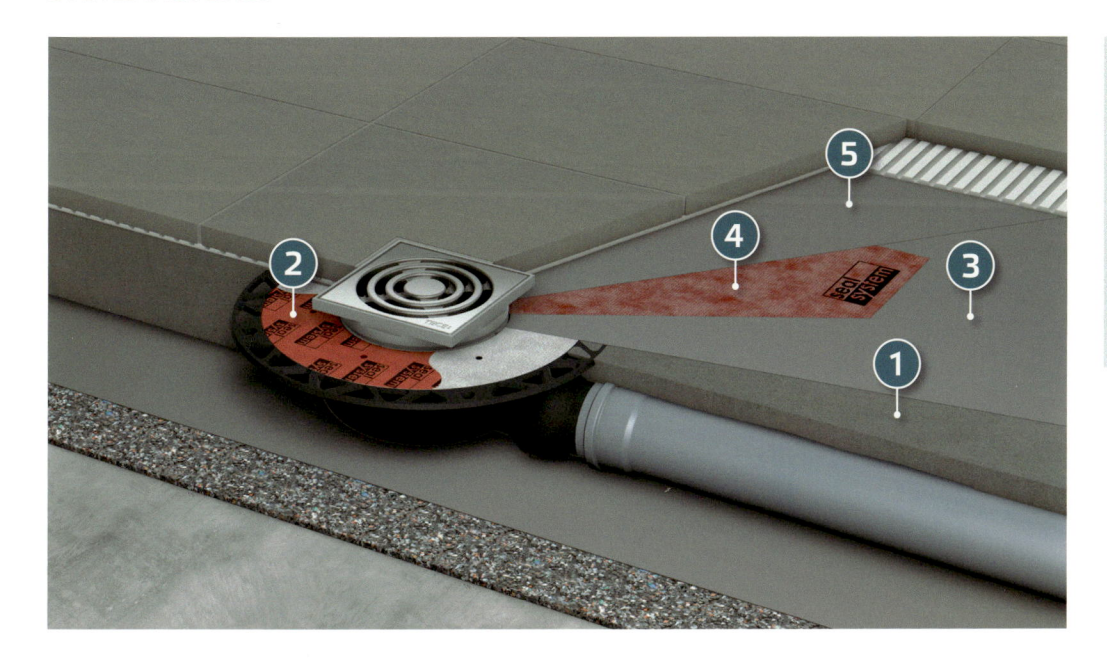

SYSTEMAUFBAU:

1. Estrich
2. Schutzfolie Ablaufflansch
3. Erste Schicht Dichtschlämme
4. Seal System Dichtmanschette
5. Zweite Schicht Dichtschlämme

6. Zertifikate und Systemaufbauten

Kiwa TBU GmbH
www.kiwa.de

Prüfgrundsätze zur Erteilung von allgemeinen bauaufsichtlichen Prüfzeugnissen für Abdichtungen im Verbund mit Fliesen- und Plattenbelägen
Teil 1: Flüssig zu verarbeitende Abdichtungsstoffe
(PG-AIV-F, Ausgabe Juni 2010)

Prüfung durch die Kiwa TBU GmbH

Firma: TECE GmbH, Hollefeldstraße 57, 48282 Emsdetten, Deutschland
Ausstellungsdatum: 01.02.2012
Geltungsdauer bis: 01.02.2017

Systemkomp.: rechteckige Edelstahlduschrinne
TECEdrainline
selbstklebendes einseitig vlieskaschiertes Dichtband
Seal System Dichtband
flüssige Dichtfolie
OTTOFLEX Flüssigfolie
(Bezeichnungen des Auftraggebers)

Prüfung:	Prüfgrundsatz:	Ergebnis:
Wasserdichtheit im Einbauzustand (für Beanspruchungsklasse A)	PG-AIV-F	DICHT

Die genauen Prüfbedingungen sind im Prüfbericht 2.1/29183/1374.0.1-2011 beschrieben.

Dr.-Ing. Dipl.-Geol. Ernö Németh

Kiwa TBU GmbH
Gutenbergstraße 29
D-48268 Greven
Telefon: +49 (0)2571 9872-0
Telefax: +49 (0)2571 9872-99
Web: www.kiwa.de
e-mail: kiwatbu@kiwa.de
Geschäftsführer:
Michael Witthöft
Dr. Roland Hüttl
Wissenschaftlicher Leiter:
Prof.Dr.-Ing. Jochen Müller-Rochholz

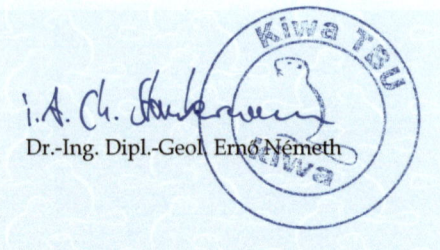

6. Zertifikate und Systemaufbauten

OTTOFLEX Flüssigfolie
UND TECEDRAINLINE DUSCHRINNE MIT SEAL SYSTEM DICHTBAND

Typ: Einkomponentige, flüssige Dichtfolie
Gruppe: Polymerdispersionen (D)
Zulassung: Allgemeines bauaufsichtliches Prüfzeugnis (abP)
Kennzeichnung: Ü-Zeichen
Beanspruchungsklassen zusammen mit Duschrinne und Seal System Dichtband:
A nur im Wandbereich gem. PG-AIV-F
A0 gem. ZDB-Merkblatt (Hinweise für die Ausführung von flüssig zu verarbeitenden Verbundabdichtungen mit Bekleidungen und Belägen aus Fliesen und Platten für den Innen- und Außenbereich; August 2012)

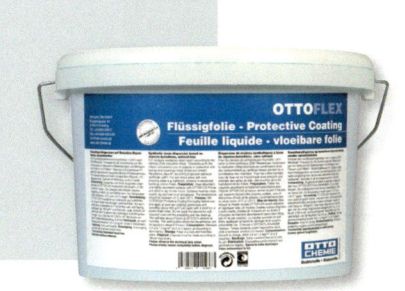

VERARBEITUNGSSCHRITTE:

1. Duschrinne wird nach Montageanleitung komplett in den Estrich eingebaut. Hierbei wird der Dichtflansch durch die Schutzfolie vor Verschmutzung geschützt.
2. Estrich trocknen lassen.
3. Estrichuntergrund gründlich reinigen. Untergründe für Abdichtungen müssen tragfähig, formbeständig sowie frei von klaffenden Rissen und haftungsmindernden Stoffen (z. B. Staub, Öl, Wachs, Trennmittel, Ausblühungen, Sinterschichten, Lack- und Farbreste, alte Bodenklebstoffreste) sein.
4. Seal System Dichtband zuschneiden, sodass die Enden beim Aufkleben überlappen können.
5. Schutzfolie vom Flansch der Rinne abziehen.
6. Schutzfolie vom Seal System Dichtband entfernen.
7. Dichtband an den Enden überlappend auf den Flansch der Edelstahlrinne und den Untergrund kleben.
8. Erste Schicht der Dichtfolie OTTOFLEX aufbringen und trocknen lassen.
9. Zweite Schicht der Dichtfolie OTTOFLEX aufbringen.

Die flüssige Dichtfolie ist entsprechend des Technischen Merkblatts OTTOFLEX Flüssigfolie der Hermann Otto GmbH zu verarbeiten. Dieses Merkblatt kann unter www.sealsystem.net heruntergeladen werden.

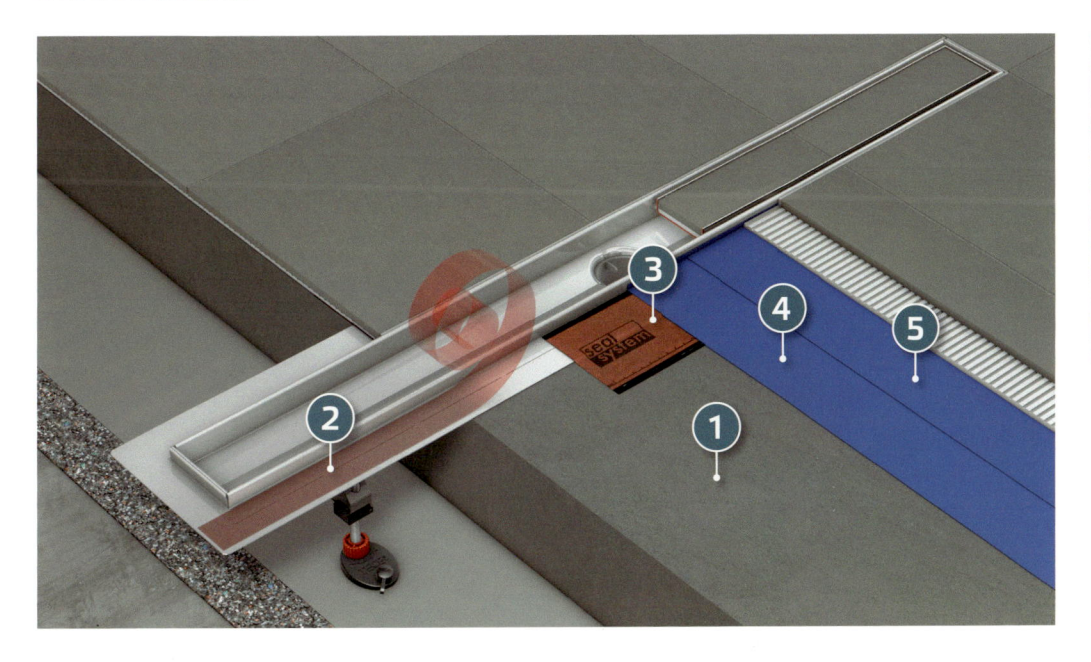

SYSTEMAUFBAU:

1. Estrich
2. Schutzfolie Rinnenflansch
3. Seal System Dichtband
4. Erste Schicht Dichtfolie
5. Zweite Schicht Dichtfolie

6. Zertifikate und Systemaufbauten

kiwa Partner for progress

Kiwa TBU GmbH
www.kiwa.de

Zertifikat

Prüfgrundsätze zur Erteilung von allgemeinen bauaufsichtlichen Prüfzeugnissen für Abdichtungen im Verbund mit Fliesen- und Plattenbelägen
Teil 1: Flüssig zu verarbeitende Abdichtungsstoffe
(PG-AIV-F, Ausgabe Juni 2010)

Prüfung durch die Kiwa TBU GmbH

Firma: TECE GmbH, Hollefeldstraße 57, 48282 Emsdetten, Deutschland
Ausstellungsdatum: 01.02.2012
Geltungsdauer bis: 01.02.2017

Systemkomp.: runder Bodenablauf (Flansch-Ø 252 mm) mit angespritztem Vliesstoff
TECEdrainpoint
beidseitig vlieskaschierte Dichtmanschette
Seal System Dichtmanschette
flüssige Dichtfolie
OTTOFLEX Flüssigfolie
(Bezeichnungen des Auftraggebers)

Prüfung:	Prüfgrundsatz:	Ergebnis:
Wasserdichtheit im Einbauzustand (für Beanspruchungsklasse A)	PG-AIV-F	DICHT

Die genauen Prüfbedingungen sind im Prüfbericht 2.1/29183/1375.0.1-2011 beschrieben.

Dr.-Ing. Dipl.-Geol. Ernő Németh

Kiwa TBU GmbH
Gutenbergstraße 29
D-48268 Greven
Telefon: +49 (0)2571 9872-0
Telfax: +49 (0)2571 9872-99
Web: www.kiwa.de
e-mail: kiwa.atbu@kiwa.de
Geschäftsführer:
Michael Witthöft
Dr. Roland Hüttl
Wissenschaftlicher Leiter:
Prof.Dr.-Ing. Jochen Müller-Rochholz

6. Zertifikate und Systemaufbauten

OTTOFLEX Flüssigfolie
UND TECEDRAINPOINT KUNSTSTOFFABLAUF MIT SEAL SYSTEM DICHTMANSCHETTE

Typ: Einkomponentige, flüssige Dichtfolie
Gruppe: Polymerdispersionen (D)
Zulassung: Allgemeines bauaufsichtliches Prüfzeugnis (abP)
Kennzeichnung: Ü-Zeichen
Beanspruchungsklassen zusammen mit Ablauf und Seal System Dichtmanschette:
A nur im Wandbereich gem. PG-AIV-F
A0 gem. ZDB-Merkblatt (Hinweise für die Ausführung von flüssig zu verarbeitenden Verbundabdichtungen mit Bekleidungen und Belägen aus Fliesen und Platten für den Innen- und Außenbereich; August 2012)

VERARBEITUNGSSCHRITTE:

1 Kunststoffablauf wird nach Montageanleitung komplett in den Estrich eingebaut. Hierbei wird der Dichtflansch durch die Schutzfolie vor Verschmutzung geschützt.
2 Estrich trocknen lassen.
3 Estrichuntergrund gründlich reinigen. Untergründe für Abdichtungen müssen tragfähig, formbeständig sowie frei von klaffenden Rissen und haftungsmindernden Stoffen (z. B. Staub, Öl, Wachs, Trennmittel, Ausblühungen, Sinterschichten, Lack- und Farbreste, alte Bodenklebstoffreste) sein.
4 Schutzfolie vom Flansch des Ablaufs abziehen.
5 Erste Schicht der Dichtfolie OTTOFLEX aufbringen.
6 Seal System Dichtmanschette auf dem Ablaufflansch und der noch feuchten Dichtfolie platzieren.
7 Dichtfolie trocknen lassen.
8 Zweite Schicht der Dichtfolie OTTOFLEX aufbringen.

Die flüssige Dichtfolie ist entsprechend des Technischen Merkblatts OTTOFLEX Flüssigfolie der Hermann Otto GmbH zu verarbeiten. Dieses Merkblatt kann unter **www.sealsystem.net** heruntergeladen werden.

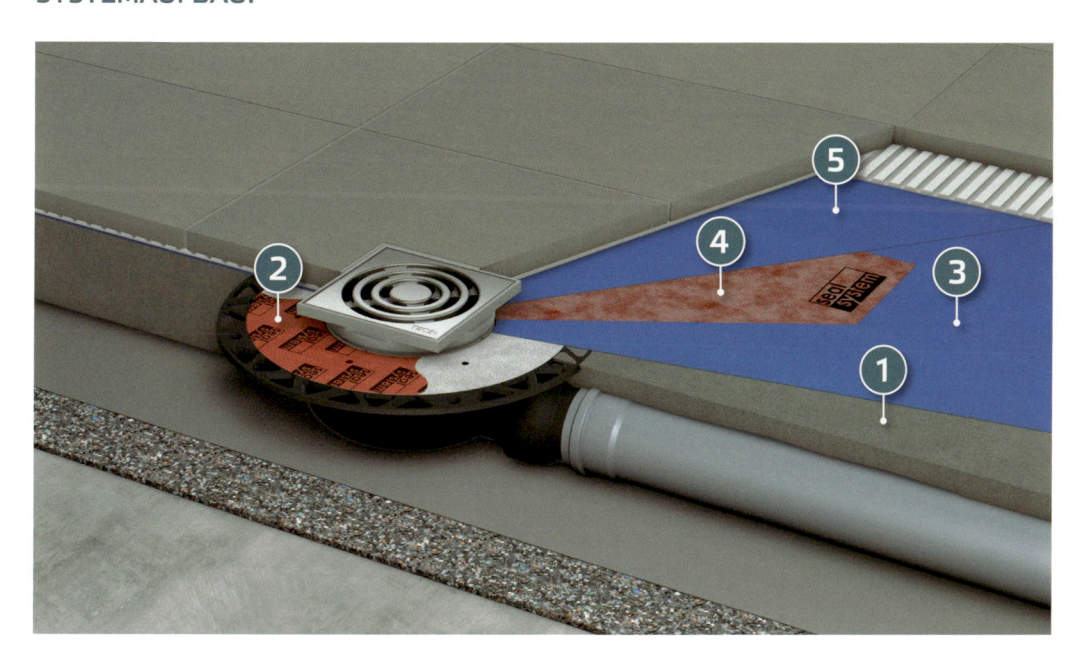

SYSTEMAUFBAU:

1 Estrich
2 Schutzfolie Ablaufflansch
3 Erste Schicht Dichtfolie
4 Seal System Dichtmanschette
5 Zweite Schicht Dichtfolie

6. Zertifikate und Systemaufbauten

kiwa
Partner for progress

Kiwa TBU GmbH
www.kiwa.de

Zertifikat

Prüfgrundsätze zur Erteilung von allgemeinen bauaufsichtlichen Prüfzeugnissen für Abdichtungen im Verbund mit Fliesen- und Plattenbelägen
Teil 1: Flüssig zu verarbeitende Abdichtungsstoffe
(PG-AIV-F, Ausgabe Juni 2010)

Prüfung durch die Kiwa TBU GmbH

Firma: TECE GmbH, Hollefeldstraße 57,
48282 Emsdetten, Deutschland
Ausstellungsdatum: 01.02.2012
Geltungsdauer bis: 01.02.2017

Systemkomp.: rechteckige Edelstahlduschrinne
TECEdrainline
selbstklebendes einseitig vlieskaschiertes Dichtband
Seal System Dichtband
flüssige Dichtfolie
PCI Lastogum
(Bezeichnungen des Auftraggebers)

Prüfung:	Prüfgrundsatz:	Ergebnis:
Wasserdichtheit im Einbauzustand (für Beanspruchungsklasse A)	PG-AIV-F	DICHT

Die genauen Prüfbedingungen sind im Prüfbericht 2.1/29183/1376.0.1-2011 beschrieben.

Dr.-Ing. Dipl.-Geol. Ernő Németh

Kiwa TBU GmbH
Gutenbergstraße 29
D-48268 Greven
Telefon: +49 (0)2571 9872-0
Telfax: +49 (0)2571 9872-99
Web: www.kiwa.de
e-mail: kiwatbu@kiwa.de
Geschäftsführer:
Michael Witthöft
Dr. Roland Hüttl
Wissenschaftlicher Leiter:
Prof.Dr.-Ing. Jochen Müller-Rochholz

X:\tbu\QMSneu\QMS\2 KP\2.4 TBU-Mon\Kunden Mon\29183\Zertifikate zum ausdrucken\1376.0.1-2011zert.doc

PCI LASTOGUM
UND TECEDRAINLINE DUSCHRINNE MIT SEAL SYSTEM DICHTBAND

Typ: Einkomponentige, flüssige Dichtfolie
Gruppe: Polymerdispersionen (D)
Zulassung: Allgemeines bauaufsichtliches Prüfzeugnis (abP)
Kennzeichnung: Ü-Zeichen
Beanspruchungsklassen zusammen mit Duschrinne und Seal System Dichtband:
- A nur im Wandbereich gem. PG-AIV-F
- A0 gem. ZDB-Merkblatt (Hinweise für die Ausführung von flüssig zu verarbeitenden Verbundabdichtungen mit Bekleidungen und Belägen aus Fliesen und Platten für den Innen- und Außenbereich; August 2012)

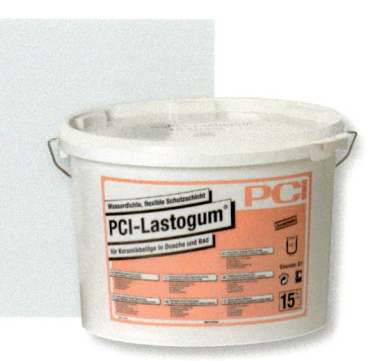

VERARBEITUNGSSCHRITTE:

1. Duschrinne wird nach Montageanleitung komplett in den Estrich eingebaut. Hierbei wird der Dichtflansch durch die Schutzfolie vor Verschmutzung geschützt.
2. Estrich trocknen lassen.
3. Estrichuntergrund gründlich reinigen. Untergründe für Abdichtungen müssen tragfähig, formbeständig sowie frei von klaffenden Rissen und haftungsmindernden Stoffen (z. B. Staub, Öl, Wachs, Trennmittel, Ausblühungen, Sinterschichten, Lack- und Farbreste, alte Bodenklebstoffreste) sein.
4. Seal System Dichtband zuschneiden, sodass die Enden beim Aufkleben überlappen können.
5. Schutzfolie vom Flansch der Rinne abziehen.
6. Schutzfolie vom Seal System Dichtband entfernen.
7. Dichtband an den Enden überlappend auf den Flansch der Edelstahlrinne und den Untergrund kleben.
8. Erste Schicht der Dichtfolie Lastogum aufbringen und trocknen lassen.
9. Zweite Schicht der Dichtfolie Lastogum aufbringen.

Die flüssige Dichtfolie ist entsprechend des Technischen Merkblatts PCI Lastogum der PCI Augsburg GmbH zu verarbeiten. Dieses Merkblatt kann unter **www.sealsystem.net** heruntergeladen werden.

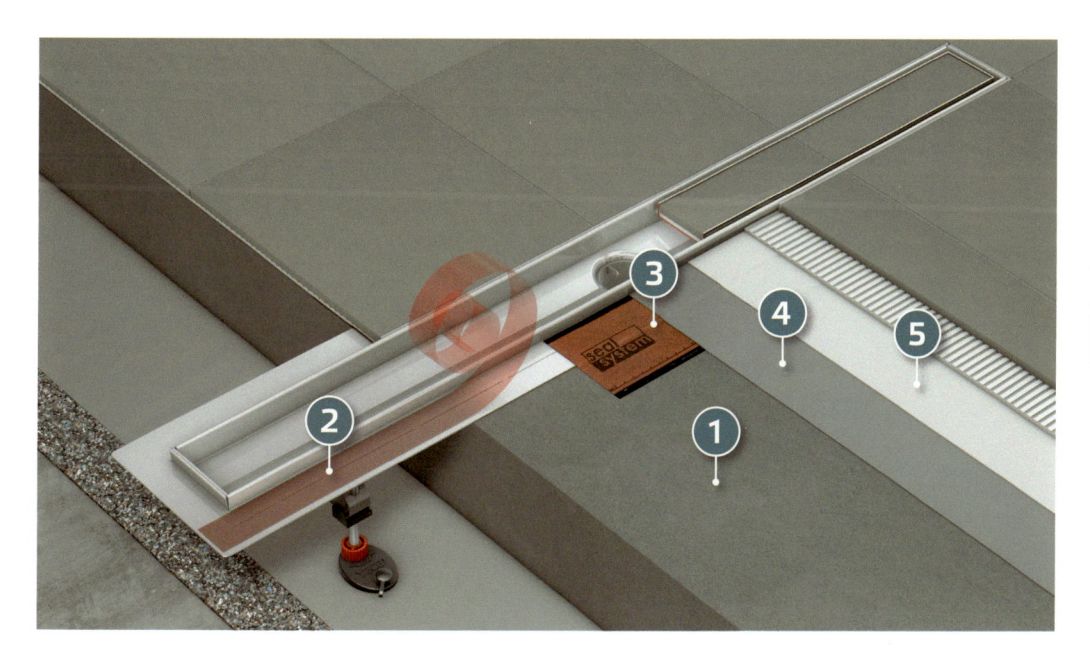

SYSTEMAUFBAU:

1. Estrich
2. Schutzfolie Rinnenflansch
3. Seal System Dichtband
4. Erste Schicht Dichtfolie
5. Zweite Schicht Dichtfolie

6. Zertifikate und Systemaufbauten

Zertifikat

kiwa
Partner for progress

Kiwa TBU GmbH
www.kiwa.de

Prüfgrundsätze zur Erteilung von allgemeinen bauaufsichtlichen Prüfzeugnissen für Abdichtungen im Verbund mit Fliesen- und Plattenbelägen
Teil 1: Flüssig zu verarbeitende Abdichtungsstoffe
(PG-AIV-F, Ausgabe Juni 2010)

Prüfung durch die Kiwa TBU GmbH

Firma: TECE GmbH, Hollefeldstraße 57,
48282 Emsdetten, Deutschland
Ausstellungsdatum: 01.02.2012
Geltungsdauer bis: 01.02.2017

Systemkomp.: runder Bodenablauf (Flansch-Ø 252 mm) mit angespritztem Vliesstoff
TECEdrainpoint
beidseitig vlieskaschierte Dichtmanschette
Seal System Dichtmanschette
flüssige Dichtfolie
PCI Lastogum
(Bezeichnungen des Auftraggebers)

Prüfung:	Prüfgrundsatz:	Ergebnis:
Wasserdichtheit im Einbauzustand (für Beanspruchungsklasse A)	PG-AIV-F	DICHT

Die genauen Prüfbedingungen sind im Prüfbericht 2.1/29183/1377.0.1-2011 beschrieben.

Dr.-Ing. Dipl.-Geol. Ernő Németh

Kiwa TBU GmbH
Gutenbergstraße 29
D-48268 Greven
Telefon: +49 (0)2571 9872-0
Telefax: +49 (0)2571 9872-99
Web: www.kiwa.de
e-mail: kiwa.tbu@kiwa.de
Geschäftsführer:
Michael Witthöft
Dr. Roland Hüttl
Wissenschaftlicher Leiter:
Prof.Dr.-Ing. Jochen Müller-Rochholz

X:\tbu\QMSneu\QMS\2 KP\2.4 TBU-Mon\Kunden Mon\29183\Zertifikate zum ausdrucken\1377.0.1-2011zert.doc

PCI LASTOGUM
UND TECEDRAINPOINT KUNSTSTOFFABLAUF MIT SEAL SYSTEM DICHTMANSCHETTE

Typ: Einkomponentige, flüssige Dichtfolie
Gruppe: Polymerdispersionen (D)
Zulassung: Allgemeines bauaufsichtliches Prüfzeugnis (abP)
Kennzeichnung: Ü-Zeichen
Beanspruchungsklassen zusammen mit Ablauf und Seal System Dichtmanschette:
- **A** nur im Wandbereich gem. PG-AIV-F
- **A0** gem. ZDB-Merkblatt (Hinweise für die Ausführung von flüssig zu verarbeitenden Verbundabdichtungen mit Bekleidungen und Belägen aus Fliesen und Platten für den Innen- und Außenbereich; August 2012)

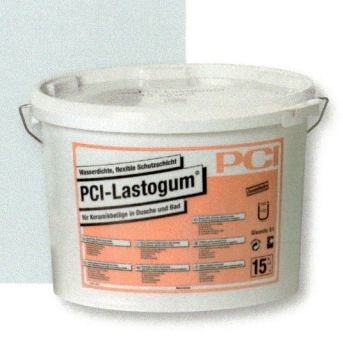

VERARBEITUNGSSCHRITTE:

1. Kunststoffablauf wird nach Montageanleitung komplett in den Estrich eingebaut. Hierbei wird der Dichtflansch durch die Schutzfolie vor Verschmutzung geschützt.
2. Estrich trocknen lassen.
3. Estrichuntergrund gründlich reinigen. Untergründe für Abdichtungen müssen tragfähig, formbeständig sowie frei von klaffenden Rissen und haftungsmindernden Stoffen (z. B. Staub, Öl, Wachs, Trennmittel, Ausblühungen, Sinterschichten, Lack- und Farbreste, alte Bodenklebstoffreste) sein.
4. Schutzfolie vom Flansch des Ablaufs abziehen.
5. Erste Schicht der Dichtfolie Lastogum aufbringen.
6. Seal System Dichtmanschette auf dem Ablaufflansch und der noch feuchten Dichtfolie platzieren.
7. Dichtfolie trocknen lassen.
8. Zweite Schicht der Dichtfolie Lastogum aufbringen.

Die flüssige Dichtfolie ist entsprechend des Technischen Merkblatts PCI Lastogum der PCI Augsburg GmbH zu verarbeiten. Dieses Merkblatt kann unter **www.sealsystem.net** heruntergeladen werden.

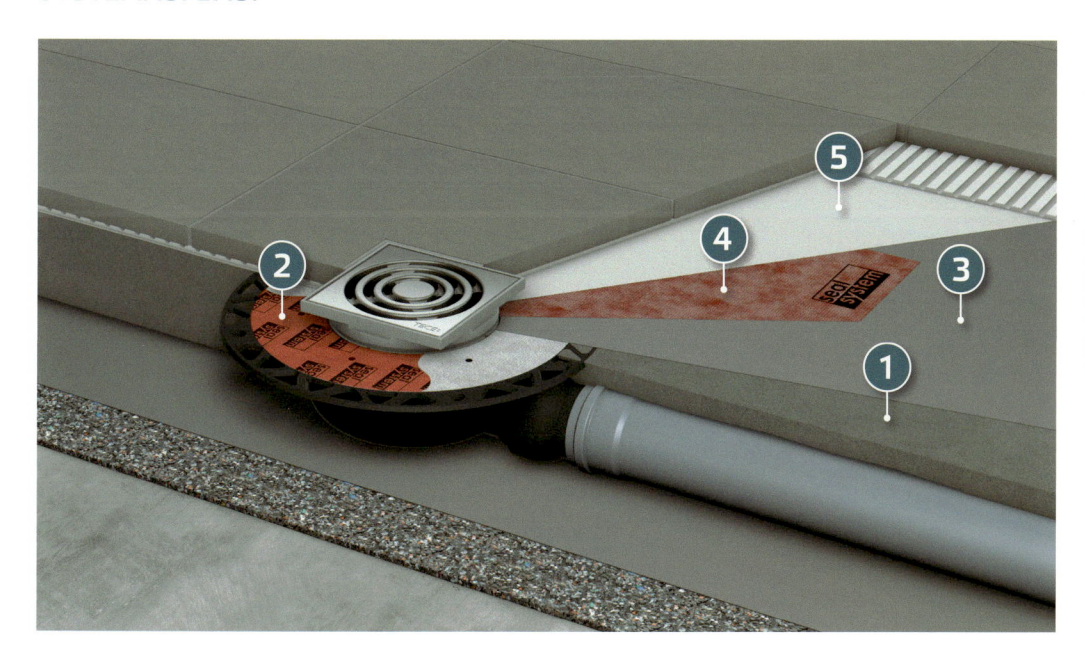

SYSTEMAUFBAU:

1. Estrich
2. Schutzfolie Ablaufflansch
3. Erste Schicht Dichtfolie
4. Seal System Dichtmanschette
5. Zweite Schicht Dichtfolie

6. Zertifikate und Systemaufbauten

kiwa — Partner for progress

Kiwa TBU GmbH
www.kiwa.de

**Prüfgrundsätze zur Erteilung von allgemeinen bauaufsichtlichen Prüfzeugnissen für Abdichtungen im Verbund mit Fliesen- und Plattenbelägen
Teil 1: Flüssig zu verarbeitende Abdichtungsstoffe
(PG-AIV-B, Ausgabe Juni 2006)**

Prüfung durch die Kiwa TBU GmbH

Firma: TECE GmbH, Hollefeldstraße 57, 48282 Emsdetten, Deutschland
Ausstellungsdatum: 02.02.2012
Geltungsdauer bis: 02.02.2017

Systemkomp.: rechteckige Edelstahlduschrinne
TECEdrainline
selbstklebendes einseitig vlieskaschiertes Dichtband
Seal System Dichtband
beidseitig vlieskaschierte Abdichtungsbahn
PCI Pecilastic W
zementärer Fliesenkleber
PCI Flexmörtel
2 komponentige zementäre Dichtungsschlämme
PCI Seccoral 2K
(Bezeichnungen des Auftraggebers)

Prüfung:	Prüfgrundsatz:	Ergebnis:
Wasserdichtheit im Einbauzustand (für Beanspruchungsklasse A und C)	PG-AIV-B	DICHT

Die genauen Prüfbedingungen sind im Prüfbericht 2.1/29183/1390.0.1-2011 beschrieben.

Dr.-Ing. Dipl.-Geol. Ernő Németh

Kiwa TBU GmbH
Gutenbergstraße 29
D-48268 Greven
Telefon: +49 (0)2571 9872-0
Telfax: +49 (0)2571 9872-99
Web: www.kiwa.de
e-mail: kiwatbu@kiwa.de
Geschäftsführer:
Michael Witthöft
Dr. Roland Hüttl
Wissenschaftlicher Leiter:
Prof.Dr.-Ing. Jochen Müller-Rochholz

T:\tbu\QMSneu\QMS\2 KP\2.4 TBU-Mon\Kunden Mon\29183\Kopien - korrigierte Zertifikate zu Drucken 15.10.2012\1390.0.1-2011zert.doc

PCI PECILASTIC W Flexible Abdichtungsbahn
UND TECEDRAINLINE DUSCHRINNE MIT SEAL SYSTEM DICHTBAND

Typ: Abdichtungsbahn
Material: Beidseitig vlieskaschierte Polyethylen-Bahn
Zulassung: Allgemeines bauaufsichtliches Prüfzeugnis (abP)
Kennzeichnung: Ü-Zeichen
Beanspruchungsklassen zusammen mit Duschrinne und Seal System Dichtband:
A C gem. PG-AIV-B
A0 gem. ZDB-Merkblatt (Hinweise für die Ausführung von flüssig zu verarbeitenden Verbundabdichtungen mit Bekleidungen und Belägen aus Fliesen und Platten für den Innen- und Außenbereich; August 2012)

Verklebung zwischen Seal System Dichtband und PCI Pecilastic W Abdichtbahn mit PCI Flexmörtel und PCI Seccoral 2K

VERARBEITUNGSSCHRITTE:

1. Duschrinne wird nach Montageanleitung komplett in den Estrich eingebaut. Hierbei wird der Dichtflansch durch die Schutzfolie vor Verschmutzung geschützt.
2. Estrich trocknen lassen.
3. Estrichuntergrund gründlich reinigen. Untergründe für Abdichtungen müssen tragfähig, formbeständig sowie frei von klaffenden Rissen und haftungsmindernden Stoffen (z. B. Staub, Öl, Wachs, Trennmittel, Ausblühungen, Sinterschichten, Lack- und Farbreste, alte Bodenklebstoffreste) sein.
4. Seal System Dichtband zuschneiden, sodass die Enden beim Aufkleben überlappen können.
5. Schutzfolie vom Flansch der Rinne abziehen.
6. Schutzfolie vom Seal System Dichtband entfernen.
7. Dichtband an den Enden überlappend auf den Flansch der Edelstahlrinne und den Untergrund kleben.
8. Abdichtbahn passgenau zuschneiden.
9. Seal System Dichtband und PCI Pecilastic W Abdichtbahn mit PCI Flexmörtel und PCI Seccoral 2K vollflächig verkleben.
10. PCI Pecilastic W Abdichtbahn nach Verarbeitungsrichtlinie mit dem Estrichuntergrund verkleben.

Die Abdichtungsbahn ist entsprechend des Technischen Merkblatts PCI Pecilastic W Abdichtbahn der PCI Augsburg GmbH zu verarbeiten. Dieses Merkblatt kann unter **www.sealsystem.net** heruntergeladen werden.

SYSTEMAUFBAU:

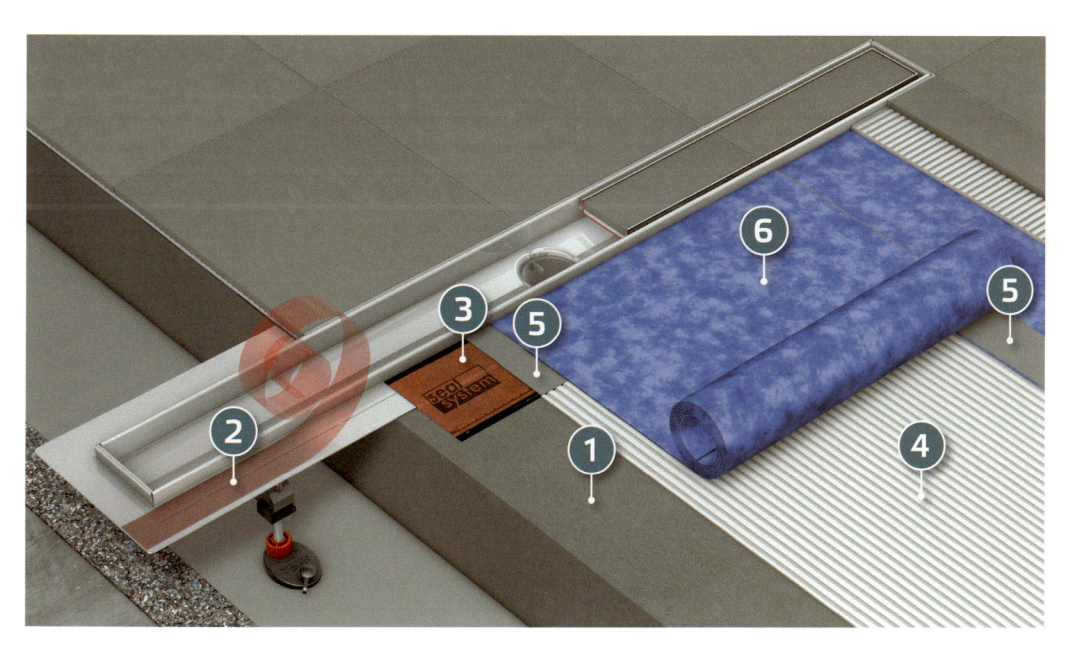

1. Estrich
2. Schutzfolie Rinnenflansch
3. Seal System Dichtband
4. Fliesenkleber
5. Dichtschlämme
6. Abdichtbahn

kiwa
Partner for progress

Kiwa TBU GmbH
www.kiwa.de

Prüfgrundsätze zur Erteilung von allgemeinen bauaufsichtlichen Prüfzeugnissen für Abdichtungen im Verbund mit Fliesen- und Plattenbelägen
Teil 1: Flüssig zu verarbeitende Abdichtungsstoffe
(PG-AIV-B, Ausgabe Juni 2006)

Prüfung durch die Kiwa TBU GmbH

Firma: TECE GmbH, Hollefeldstraße 57, 48282 Emsdetten, Deutschland
Ausstellungsdatum: 02.02.2012
Geltungsdauer bis: 02.02.2017

Systemkomp.: runder Bodenablauf (Flansch-Ø 252 mm) mit angespritztem Vliesstoff
TECEdrainpoint
selbstklebendes einseitig vlieskaschiertes Dichtband
Seal System Dichtband
beidseitig vlieskaschierte Abdichtungsbahn
PCI Pecilastic W
zementärer Fliesenkleber
PCI Flexmörtel
2 komponentige zementäre Dichtungsschlämme
PCI Seccoral 2K
(Bezeichnungen des Auftraggebers)

Prüfung:	Prüfgrundsatz:	Ergebnis:
Wasserdichtheit im Einbauzustand (für Beanspruchungsklasse A und C)	PG-AIV-B	DICHT

Die genauen Prüfbedingungen sind im Prüfbericht 2.1/29183/1391.0.1-2011 beschrieben.

Dr.-Ing. Dipl.-Geol. Ernő Németh

Kiwa TBU GmbH
Gutenbergstraße 29
D-48268 Greven
Telefon: +49 (0)2571 9872-0
Telfax: +49 (0)2571 9872-99
Web: www.kiwa.de
e-mail: kiwatbu@kiwa.de
Geschäftsführer:
Michael Witthöft
Dr. Roland Hüttl
Wissenschaftlicher Leiter:
Prof.Dr.-Ing. Jochen Müller-Rochholz

PCI PECILASTIC W Flexible Abdichtungsbahn
UND TECEDRAINPOINT KUNSTSTOFFABLAUF MIT SEAL SYSTEM DICHTMANSCHETTE

Typ: Abdichtungsbahn
Material: Beidseitig vlieskaschierte Polyethylen-Bahn
Zulassung: Allgemeines bauaufsichtliches Prüfzeugnis (abP)
Kennzeichnung: Ü-Zeichen
Beanspruchungsklassen zusammen mit Ablauf und Seal System Dichtmanschette:
A C gem. PG-AIV-B
A0 gem. ZDB-Merkblatt (Hinweise für die Ausführung von flüssig zu verarbeitenden Verbundabdichtungen mit Bekleidungen und Belägen aus Fliesen und Platten für den Innen- und Außenbereich; August 2012)

Verklebung zwischen Seal System Dichtmanschette und PCI Pecilastic W Abdichtbahn mit PCI Flexmörtel und PCI Seccoral 2K

VERARBEITUNGSSCHRITTE:

1. Kunststoffablauf wird nach Montageanleitung komplett in den Estrich eingebaut. Hierbei wird der Dichtflansch durch die Schutzfolie vor Verschmutzung geschützt.
2. Estrich trocknen lassen.
3. Estrichuntergrund gründlich reinigen. Untergründe für Abdichtungen müssen tragfähig, formbeständig sowie frei von klaffenden Rissen und haftungsmindernden Stoffen (z. B. Staub, Öl, Wachs, Trennmittel, Ausblühungen, Sinterschichten, Lack- und Farbreste, alte Bodenklebstoffreste) sein.
4. Schutzfolie vom Flansch des Ablaufs abziehen.
5. PCI Seccoral 2K Dichtschlämme aufbringen und die Dichtmanschette einbringen.
6. Abdichtbahn passgenau zuschneiden.
7. Die Pecilastic W Abdichtbahn mit 5 cm Überlappung in den Kleber legen und andrücken.
8. Die Überlappung mit der zementären Dichtschlämme PCI Seccoral 2K verkleben.

Die Abdichtungsbahn ist entsprechend des Technischen Merkblatts PCI Pecilastic W Abdichtbahn der PCI Augsburg GmbH zu verarbeiten. Dieses Merkblatt kann unter **www.sealsystem.net** heruntergeladen werden.

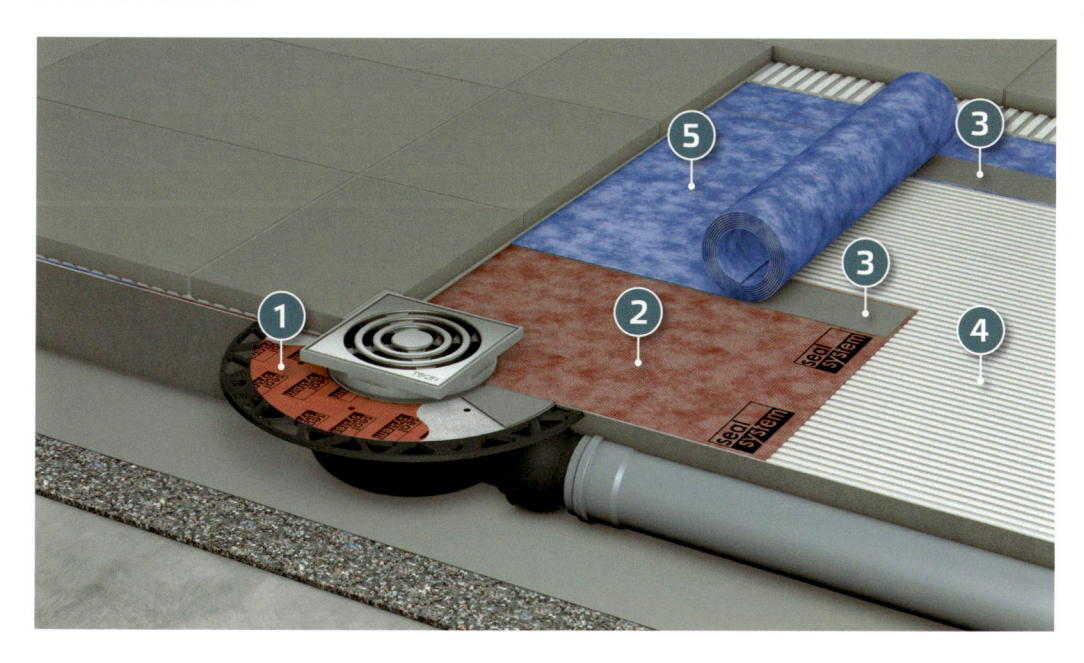

SYSTEMAUFBAU:

1. Schutzfolie Ablaufflansch
2. Seal System Dichtmanschette
3. Dichtkleber
4. Fliesenkleber
5. Abdichtbahn

Zertifikat

kiwa — Partner for progress

Kiwa TBU GmbH
www.kiwa.de

Prüfgrundsätze zur Erteilung von allgemeinen bauaufsichtlichen Prüfzeugnissen für Abdichtungen im Verbund mit Fliesen- und Plattenbelägen
Teil 1: Flüssig zu verarbeitende Abdichtungsstoffe
(PG-AIV-F, Ausgabe Juni 2010)

Prüfung durch die Kiwa TBU GmbH

Firma: TECE GmbH, Hollefeldstraße 57, 48282 Emsdetten, Deutschland
Ausstellungsdatum: 01.02.2012
Geltungsdauer bis: 01.02.2017

Systemkomp.: rechteckige Edelstahlduschrinne
TECEdrainline
selbstklebendes einseitig vlieskaschiertes Dichtband
Seal System Dichtband
zementäre Dichtungsschlämme
PCI Seccoral 1K
(Bezeichnungen des Auftraggebers)

Prüfung:	Prüfgrundsatz:	Ergebnis:
Wasserdichtheit im Einbauzustand (für Beanspruchungsklasse A und C)	PG-AIV-F	DICHT

Die genauen Prüfbedingungen sind im Prüfbericht 2.1/29183/1326.0.1-2011 beschrieben.

i.A. Ch. Stauber
Dr.-Ing. Dipl.-Geol. Ernő Németh

Kiwa TBU GmbH
Gutenbergstraße 29
D-48268 Greven
Telefon: +49 (0)2571 9872-0
Telfax: +49 (0)2571 9872-99
Web: www.kiwa.de
e-mail: kiwatbu@kiwa.de
Geschäftsführer:
Michael Witthöft
Dr. Roland Hüttl
Wissenschaftlicher Leiter:
Prof.Dr.-Ing. Jochen Müller-Rochholz

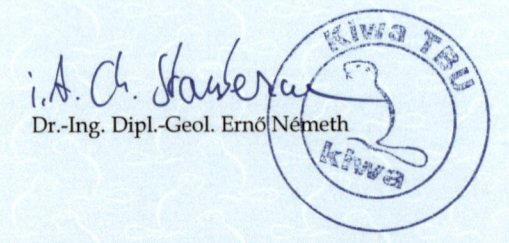

X:\tbu\QMSneu\QMS\2 KP\2.4 TBU-Mon\Kunden Mon\29183\Zertifikate zum ausdrucken\1326.0.1-2011zert.doc

PCI SECCORAL 1K Flexible Dichtschlämme
UND TECEDRAINLINE DUSCHRINNE MIT SEAL SYSTEM DICHTBAND

Typ: Einkomponentige, zementäre Dichtungsschlämme
Gruppe: Kunststoff-Zement-Mörtel-Kombination (M)
Zulassung: Allgemeines bauaufsichtliches Prüfzeugnis (abP)
Kennzeichnung: Ü-Zeichen
Beanspruchungsklassen zusammen mit Duschrinne und Seal System Dichtband:
A C gem. PG-AIV-F
A0 gem. ZDB-Merkblatt (Hinweise für die Ausführung von flüssig zu verarbeitenden Verbundabdichtungen mit Bekleidungen und Belägen aus Fliesen und Platten für den Innen- und Außenbereich; August 2012)

VERARBEITUNGSSCHRITTE:

1. Duschrinne wird nach Montageanleitung komplett in den Estrich eingebaut. Hierbei wird der Dichtflansch durch die Schutzfolie vor Verschmutzung geschützt.
2. Estrich trocknen lassen.
3. Estrichuntergrund gründlich reinigen. Untergründe für Abdichtungen müssen tragfähig, formbeständig sowie frei von klaffenden Rissen und haftungsmindernden Stoffen (z. B. Staub, Öl, Wachs, Trennmittel, Ausblühungen, Sinterschichten, Lack- und Farbreste, alte Bodenklebstoffreste) sein.
4. Seal System Dichtband zuschneiden, sodass die Enden beim Aufkleben überlappen können.
5. Schutzfolie vom Flansch der Rinne abziehen.
6. Schutzfolie vom Seal System Dichtband entfernen.
7. Dichtband an den Enden überlappend auf den Flansch der Edelstahlrinne und den Untergrund kleben.
8. Erste Schicht der zementären Dichtschlämme PCI Seccoral 1K aufbringen und trocknen lassen.
9. Zweite Schicht der zementären Dichtschlämme PCI Seccoral 1K aufbringen.

Die zementäre Dichtschlämme ist entsprechend des Technischen Merkblatts PCI Seccoral 1K der PCI Augsburg GmbH zu verarbeiten. Dieses Merkblatt kann unter **www.sealsystem.net** heruntergeladen werden.

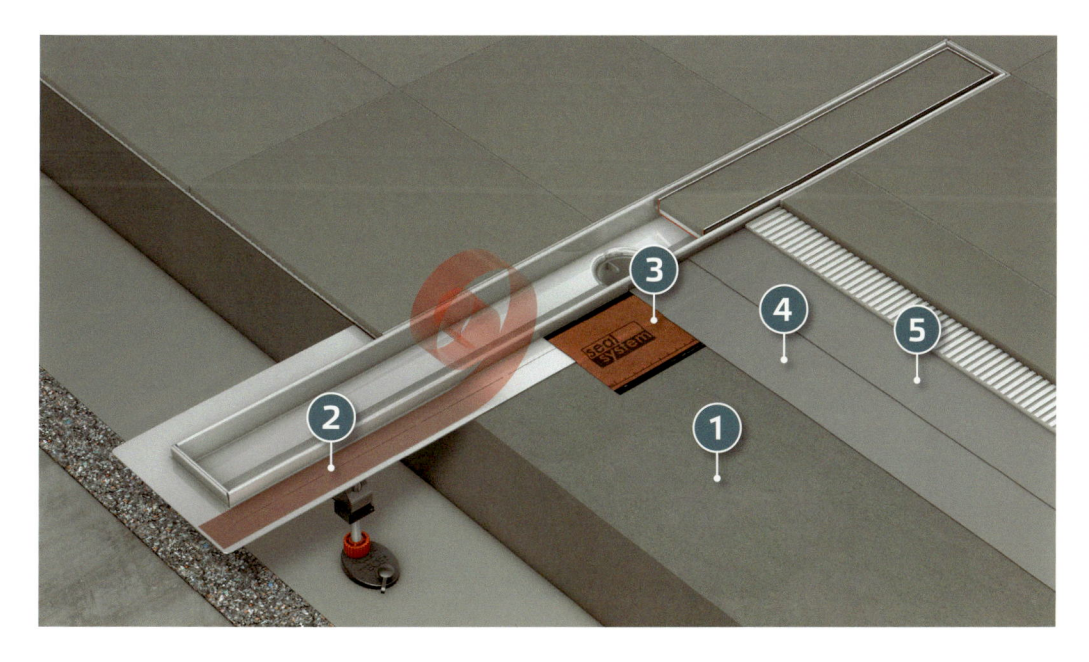

SYSTEMAUFBAU:

1. Estrich
2. Schutzfolie Rinnenflansch
3. Seal System Dichtband
4. Erste Schicht Dichtschlämme
5. Zweite Schicht Dichtschlämme

6. Zertifikate und Systemaufbauten

kiwa
Partner for progress

Kiwa TBU GmbH
www.kiwa.de

Prüfgrundsätze zur Erteilung von allgemeinen bauaufsichtlichen Prüfzeugnissen für Abdichtungen im Verbund mit Fliesen- und Plattenbelägen
Teil 1: Flüssig zu verarbeitende Abdichtungsstoffe
(PG-AIV-F, Ausgabe Juni 2010)

Prüfung durch die Kiwa TBU GmbH

Firma: TECE GmbH, Hollefeldstraße 57, 48282 Emsdetten, Deutschland
Ausstellungsdatum: 01.02.2012
Geltungsdauer bis: 01.02.2017

Systemkomp.: runder Bodenablauf (Flansch-Ø 252 mm) mit angespritztem Vliesstoff
TECEdrainpoint
beidseitig vlieskaschierte Dichtmanschette
Seal System Dichtmanschette
zementäre Dichtungsschlämme
PCI Seccoral 1K
(Bezeichnungen des Auftraggebers)

Prüfung:	Prüfgrundsatz:	Ergebnis:
Wasserdichtheit im Einbauzustand (für Beanspruchungsklasse A und C)	PG-AIV-F	DICHT

Die genauen Prüfbedingungen sind im Prüfbericht 2.1/29183/1327.0.1-2011 beschrieben.

Dr.-Ing. Dipl.-Geol. Ernő Nemeth

Kiwa TBU GmbH
Gutenbergstraße 29
D-48268 Greven
Telefon: +49 (0)2571 9872-0
Telfax: +49 (0)2571 9872-99
Web: www.kiwa.de
e-mail: kiwatbu@kiwa.de
Geschäftsführer:
Michael Witthöft
Dr. Roland Hüttl
Wissenschaftlicher Leiter:
Prof.Dr.-Ing. Jochen Müller-Rochholz

PCI SECCORAL 1K Flexible Dichtschlämme
UND TECEDRAINPOINT KUNSTSTOFFABLAUF MIT SEAL SYSTEM DICHTMANSCHETTE

Typ: Einkomponentige, zementäre Dichtungsschlämme
Gruppe: Kunststoff-Zement-Mörtel-Kombination (M)
Zulassung: Allgemeines bauaufsichtliches Prüfzeugnis (abP)
Kennzeichnung: Ü-Zeichen
Beanspruchungsklassen zusammen mit Ablauf und Seal System Dichtmanschette:
A C gem. PG-AIV-F
A0 gem. ZDB-Merkblatt (Hinweise für die Ausführung von flüssig zu verarbeitenden Verbundabdichtungen mit Bekleidungen und Belägen aus Fliesen und Platten für den Innen- und Außenbereich; August 2012)

VERARBEITUNGSSCHRITTE:

1. Kunststoffablauf wird nach Montageanleitung komplett in den Estrich eingebaut. Hierbei wird der Dichtflansch durch die Schutzfolie vor Verschmutzung geschützt.
2. Estrich trocknen lassen.
3. Estrichuntergrund gründlich reinigen. Untergründe für Abdichtungen müssen tragfähig, formbeständig sowie frei von klaffenden Rissen und haftungsmindernden Stoffen (z. B. Staub, Öl, Wachs, Trennmittel, Ausblühungen, Sinterschichten, Lack- und Farbreste, alte Bodenklebstoffreste) sein.
4. Schutzfolie vom Flansch des Ablaufs abziehen.
5. Erste Schicht der zementären Dichtschlämme PCI Seccoral 1K aufbringen.
6. Seal System Dichtmanschette auf dem Ablaufflansch und der noch feuchten Dichtschlämme platzieren.
7. Dichtschlämme trocknen lassen.
8. Zweite Schicht der zementären Dichtschlämme PCI Seccoral 1K aufbringen.

Die zementäre Dichtschlämme ist entsprechend des Technischen Merkblatts PCI Seccoral 1K der PCI Augsburg GmbH zu verarbeiten. Dieses Merkblatt kann unter **www.sealsystem.net** heruntergeladen werden.

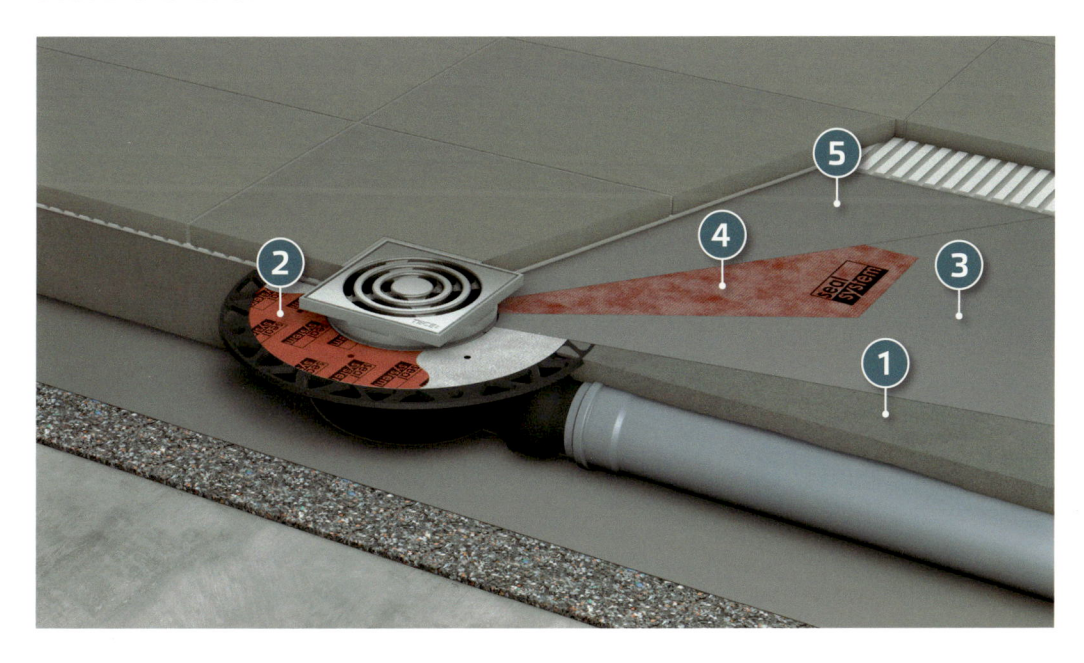

SYSTEMAUFBAU:

1. Estrich
2. Schutzfolie Ablaufflansch
3. Erste Schicht Dichtschlämme
4. Seal System Dichtmanschette
5. Zweite Schicht Dichtschlämme

6. Zertifikate und Systemaufbauten

kiwa
Partner for progress

Kiwa TBU GmbH
www.kiwa.de

Prüfgrundsätze zur Erteilung von allgemeinen
bauaufsichtlichen Prüfzeugnissen für Abdichtungen im
Verbund mit Fliesen- und Plattenbelägen
Teil 1: Flüssig zu verarbeitende Abdichtungsstoffe
(PG-AIV-F, Ausgabe Juni 2010)

Prüfung durch die Kiwa TBU GmbH

Firma: TECE GmbH, Hollefeldstraße 57,
48282 Emsdetten, Deutschland
Ausstellungsdatum: 01.02.2012
Geltungsdauer bis: 01.02.2017

Systemkomp.: rechteckige Edelstahlduschrinne
TECEdrainline
selbstklebendes einseitig vlieskaschiertes Dichtband
Seal System Dichtband
2 komponentige zementäre Dichtungsschlämme
PCI Seccoral 2K
(Bezeichnungen des Auftraggebers)

Prüfung:	Prüfgrundsatz:	Ergebnis:
Wasserdichtheit im Einbauzustand (für Beanspruchungsklasse A und C)	PG-AIV-F	DICHT

Die genauen Prüfbedingungen sind im Prüfbericht 2.1/29183/1328.0.1-2011
beschrieben.

Kiwa TBU GmbH
Gutenbergstraße 29
D-48268 Greven
Telefon: +49 (0)2571 9872-0
Telfax: +49 (0)2571 9872-99
Web: www.kiwa.de
e-mail: kiwatbu@kiwa.de
Geschäftsführer:
Michael Witthöft
Dr. Roland Hüttl
Wissenschaftlicher Leiter:
Prof.Dr.-Ing. Jochen Müller-Rochholz

Dr.-Ing. Dipl.-Geol. Ernő Németh

X:\tbu\QMSneu\QMS\2 KP\2.4 TBU-Mon\Kunden Mon\29183\Zertifikate zum ausdrucken\1328.0.1-2011zert.doc

PCI SECCORAL 2K Sicherheits-Dichtschlämme
UND TECEDRAINLINE DUSCHRINNE MIT SEAL SYSTEM DICHTBAND

Typ: Zweikomponentige, zementäre Dichtungsschlämme
Gruppe: Kunststoff-Zement-Mörtel-Kombination (M)
Zulassung: Allgemeines bauaufsichtliches Prüfzeugnis (abP)
Kennzeichnung: Ü-Zeichen
Beanspruchungsklassen zusammen mit Duschrinne und Seal System Dichtband:
A C gem. PG-AIV-F
A0 gem. ZDB-Merkblatt (Hinweise für die Ausführung von flüssig zu verarbeitenden Verbundabdichtungen mit Bekleidungen und Belägen aus Fliesen und Platten für den Innen- und Außenbereich; August 2012)

VERARBEITUNGSSCHRITTE:

1. Duschrinne wird nach Montageanleitung komplett in den Estrich eingebaut. Hierbei wird der Dichtflansch durch die Schutzfolie vor Verschmutzung geschützt.
2. Estrich trocknen lassen.
3. Estrichuntergrund gründlich reinigen. Untergründe für Abdichtungen müssen tragfähig, formbeständig sowie frei von klaffenden Rissen und haftungsmindernden Stoffen (z. B. Staub, Öl, Wachs, Trennmittel, Ausblühungen, Sinterschichten, Lack- und Farbreste, alte Bodenklebstoffreste) sein.
4. Seal System Dichtband zuschneiden, sodass die Enden beim Aufkleben überlappen können.
5. Schutzfolie vom Flansch der Rinne abziehen.
6. Schutzfolie vom Seal System Dichtband entfernen.
7. Dichtband an den Enden überlappend auf den Flansch der Edelstahlrinne und den Untergrund kleben.
8. Erste Schicht der zementären Dichtschlämme PCI Seccoral 2K aufbringen und trocknen lassen.
9. Zweite Schicht der zementären Dichtschlämme PCI Seccoral 2K aufbringen.

Die zementäre Dichtschlämme ist entsprechend des Technischen Merkblatts PCI Seccoral 2K der PCI Augsburg GmbH zu verarbeiten. Dieses Merkblatt kann unter **www.sealsystem.net** heruntergeladen werden.

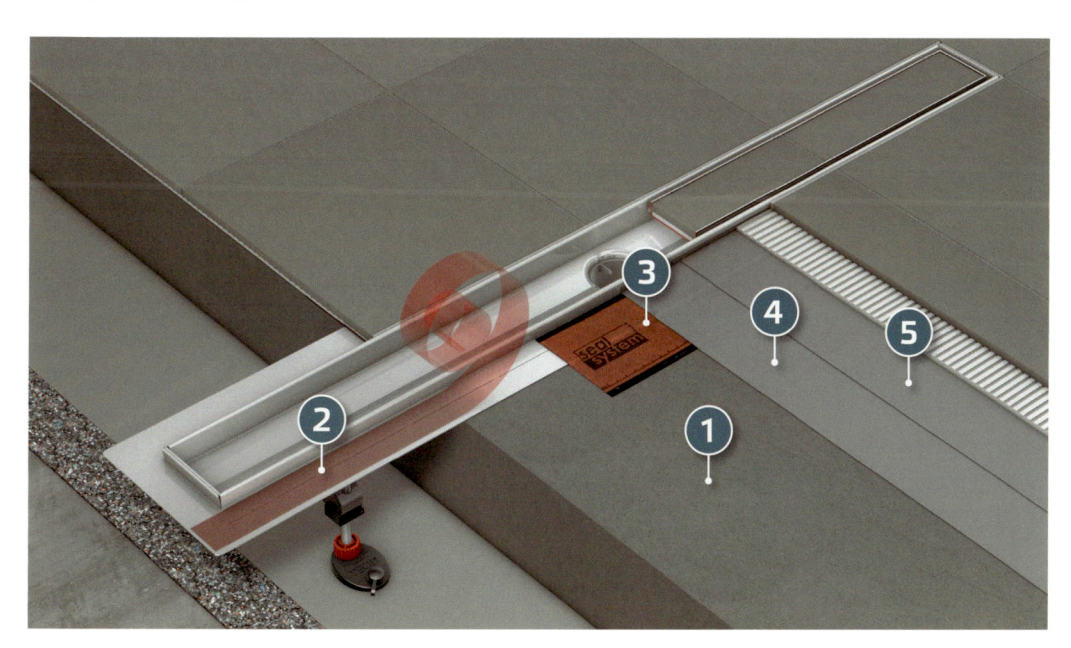

SYSTEMAUFBAU:

1. Estrich
2. Schutzfolie Rinnenflansch
3. Seal System Dichtband
4. Erste Schicht Dichtschlämme
5. Zweite Schicht Dichtschlämme

kiwa
Partner for progress

Kiwa TBU GmbH
www.kiwa.de

Prüfgrundsätze zur Erteilung von allgemeinen bauaufsichtlichen Prüfzeugnissen für Abdichtungen im Verbund mit Fliesen- und Plattenbelägen
Teil 1: Flüssig zu verarbeitende Abdichtungsstoffe
(PG-AIV-F, Ausgabe Juni 2010)

Prüfung durch die Kiwa TBU GmbH

Firma: TECE GmbH, Hollefeldstraße 57, 48282 Emsdetten, Deutschland
Ausstellungsdatum: 01.02.2012
Geltungsdauer bis: 01.02.2017

Systemkomp.: runder Bodenablauf (Flansch-Ø 252 mm) mit angespritztem Vliesstoff
TECEdrainpoint
beidseitig vlieskaschierte Dichtmanschette
Seal System Dichtmanschette
2 komponentige zementäre Dichtungsschlämme
PCI Seccoral 2K
(Bezeichnungen des Auftraggebers)

Prüfung:	Prüfgrundsatz:	Ergebnis:
Wasserdichtheit im Einbauzustand (für Beanspruchungsklasse A und C)	PG-AIV-F	DICHT

Die genauen Prüfbedingungen sind im Prüfbericht 2.1/29183/1329.0.1-2011 beschrieben.

Dr.-Ing. Dipl.-Geol. Ernő Németh

Kiwa TBU GmbH
Gutenbergstraße 29
D-48268 Greven
Telefon: +49 (0)2571 9872-0
Telfax: +49 (0)2571 9872-99
Web: www.kiwa.de
e-mail: kiwatbu@kiwa.de
Geschäftsführer:
Michael Witthöft
Dr. Roland Hüttl
Wissenschaftlicher Leiter:
Prof.Dr.-Ing. Jochen Müller-Rochholz

X:\tbu\QMSneu\QMS\2 KP\2.4 TBU-Mon\Kunden Mon\29183\Zertifikate zum ausdrucken\1329.0.1-2011zert.doc

PCI SECCORAL 2K Sicherheits-Dichtschlämme
UND TECEDRAINPOINT KUNSTSTOFFABLAUF MIT SEAL SYSTEM DICHTMANSCHETTE

Typ: Zweikomponentige, zementäre Dichtungsschlämme
Gruppe: Kunststoff-Zement-Mörtel-Kombination (M)
Zulassung: Allgemeines bauaufsichtliches Prüfzeugnis (abP)
Kennzeichnung: Ü-Zeichen
Beanspruchungsklassen zusammen mit Ablauf und Seal System Dichtmanschette:
A C gem. PG-AIV-F
A0 gem. ZDB-Merkblatt (Hinweise für die Ausführung von flüssig zu verarbeitenden Verbundabdichtungen mit Bekleidungen und Belägen aus Fliesen und Platten für den Innen- und Außenbereich; August 2012)

VERARBEITUNGSSCHRITTE:

1. Kunststoffablauf wird nach Montageanleitung komplett in den Estrich eingebaut. Hierbei wird der Dichtflansch durch die Schutzfolie vor Verschmutzung geschützt.
2. Estrich trocknen lassen.
3. Estrichuntergrund gründlich reinigen. Untergründe für Abdichtungen müssen tragfähig, formbeständig sowie frei von klaffenden Rissen und haftungsmindernden Stoffen (z. B. Staub, Öl, Wachs, Trennmittel, Ausblühungen, Sinterschichten, Lack- und Farbreste, alte Bodenklebstoffreste) sein.
4. Schutzfolie vom Flansch des Ablaufs abziehen.
5. Erste Schicht der zementären Dichtschlämme PCI Seccoral 2K aufbringen.
6. Seal System Dichtmanschette auf dem Ablaufflansch und der noch feuchten Dichtschlämme platzieren.
7. Dichtschlämme trocknen lassen.
8. Zweite Schicht der zementären Dichtschlämme PCI Seccoral 2K aufbringen.

Die zementäre Dichtschlämme ist entsprechend des Technischen Merkblatts PCI Seccoral 2K der PCI Augsburg GmbH zu verarbeiten. Dieses Merkblatt kann unter **www.sealsystem.net** heruntergeladen werden.

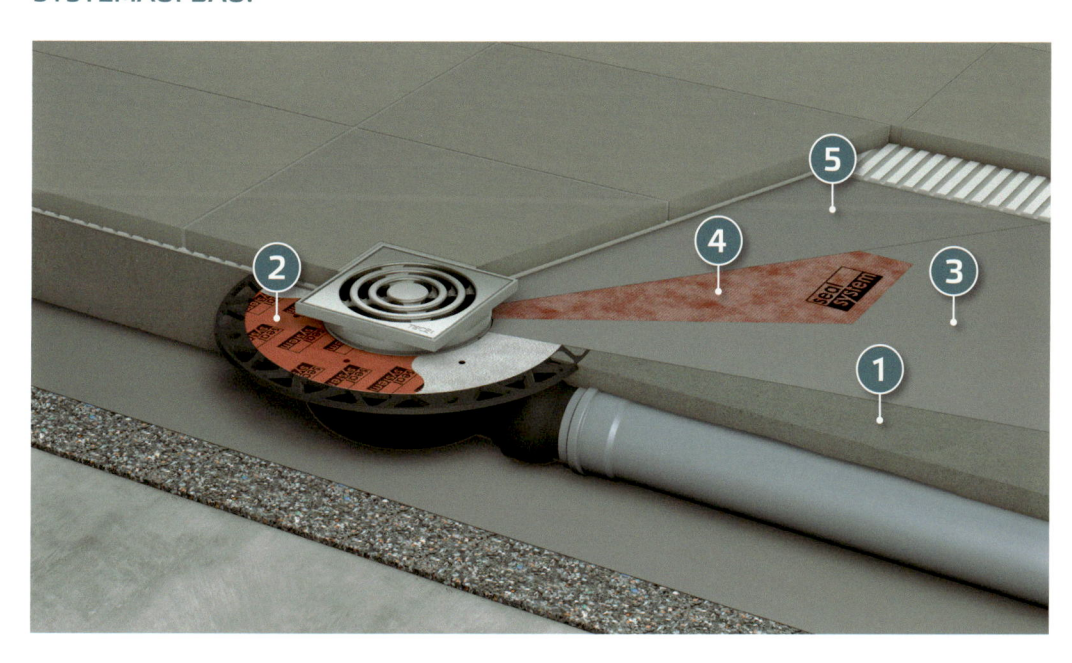

SYSTEMAUFBAU:

1. Estrich
2. Schutzfolie Ablaufflansch
3. Erste Schicht Dichtschlämme
4. Seal System Dichtmanschette
5. Zweite Schicht Dichtschlämme

6. Zertifikate und Systemaufbauten

---

kiwa
Partner for progress

Kiwa TBU GmbH
www.kiwa.de

Prüfgrundsätze zur Erteilung von allgemeinen bauaufsichtlichen Prüfzeugnissen für Abdichtungen im Verbund mit Fliesen- und Plattenbelägen
Teil 1: Flüssig zu verarbeitende Abdichtungsstoffe
(PG-AIV-F, Ausgabe Juni 2010)

Prüfung durch die Kiwa TBU GmbH

Firma:	TECE GmbH, Hollefeldstraße 57, 48282 Emsdetten, Deutschland
Ausstellungsdatum:	01.02.2012
Geltungsdauer bis:	01.02.2017

Systemkomp.: rechteckige Edelstahlduschrinne
TECEdrainline
selbstklebendes einseitig vlieskaschiertes Dichtband
Seal System Dichtband
flüssige Dichtfolie
1220 FLEX DICHTFOLIE
(Bezeichnungen des Auftraggebers)

Prüfung:	Prüfgrundsatz:	Ergebnis:
Wasserdichtheit im Einbauzustand (für Beanspruchungsklasse A)	PG-AIV-F	DICHT

Die genauen Prüfbedingungen sind im Prüfbericht 2.1/29183/1378.0.1-2011 beschrieben.

Dr.-Ing. Dipl.-Geol. Ernő Németh

Kiwa TBU GmbH
Gutenbergstraße 29
D-48268 Greven
Telefon: +49 (0)2571 9872-0
Telfax: +49 (0)2571 9872-99
Web: www.kiwa.de
e-mail: kiwatbu@kiwa.de
Geschäftsführer:
Michael Witthöft
Dr. Roland Hüttl
Wissenschaftlicher Leiter:
Prof.Dr.-Ing. Jochen Müller-Rochholz

X:\tbu\QMSneu\QMS\2 KP\2.4 TBU-Mon\Kunden Mon\29183\Zertifikate zum ausdrucken\1378.0.1-2011zert.doc

6. Zertifikate und Systemaufbauten

RAMSAUER 1220 FLEX Dichtfolie
UND TECEDRAINLINE DUSCHRINNE MIT SEAL SYSTEM DICHTBAND

Typ: Einkomponentige, flüssige Dichtfolie
Gruppe: Polymerdispersionen (D)
Zulassung: Allgemeines bauaufsichtliches Prüfzeugnis (abP)
Kennzeichnung: Ü-Zeichen
Beanspruchungsklassen zusammen mit Duschrinne und Seal System Dichtband:
A nur im Wandbereich gem. PG-AIV-F
A0 gem. ZDB-Merkblatt (Hinweise für die Ausführung von flüssig zu verarbeitenden Verbundabdichtungen mit Bekleidungen und Belägen aus Fliesen und Platten für den Innen- und Außenbereich; August 2012)

VERARBEITUNGSSCHRITTE:

1. Duschrinne wird nach Montageanleitung komplett in den Estrich eingebaut. Hierbei wird der Dichtflansch durch die Schutzfolie vor Verschmutzung geschützt.
2. Estrich trocknen lassen.
3. Estrichuntergrund gründlich reinigen. Untergründe für Abdichtungen müssen tragfähig, formbeständig sowie frei von klaffenden Rissen und haftungsmindernden Stoffen (z. B. Staub, Öl, Wachs, Trennmittel, Ausblühungen, Sinterschichten, Lack- und Farbreste, alte Bodenklebstoffreste) sein.
4. Seal System Dichtband zuschneiden, sodass die Enden beim Aufkleben überlappen können.
5. Schutzfolie vom Flansch der Rinne abziehen.
6. Schutzfolie vom Seal System Dichtband entfernen.
7. Dichtband an den Enden überlappend auf den Flansch der Edelstahlrinne und den Untergrund kleben.
8. Erste Schicht der 1220 Flex Dichtfolie aufbringen und trocknen lassen.
9. Zweite Schicht der 1220 Flex Dichtfolie aufbringen.

Die flüssige Dichtfolie ist entsprechend des Technischen Merkblatts 1220 Flex Dichtfolie der Ramsauer GmbH zu verarbeiten. Dieses Merkblatt kann unter **www.sealsystem.net** heruntergeladen werden.

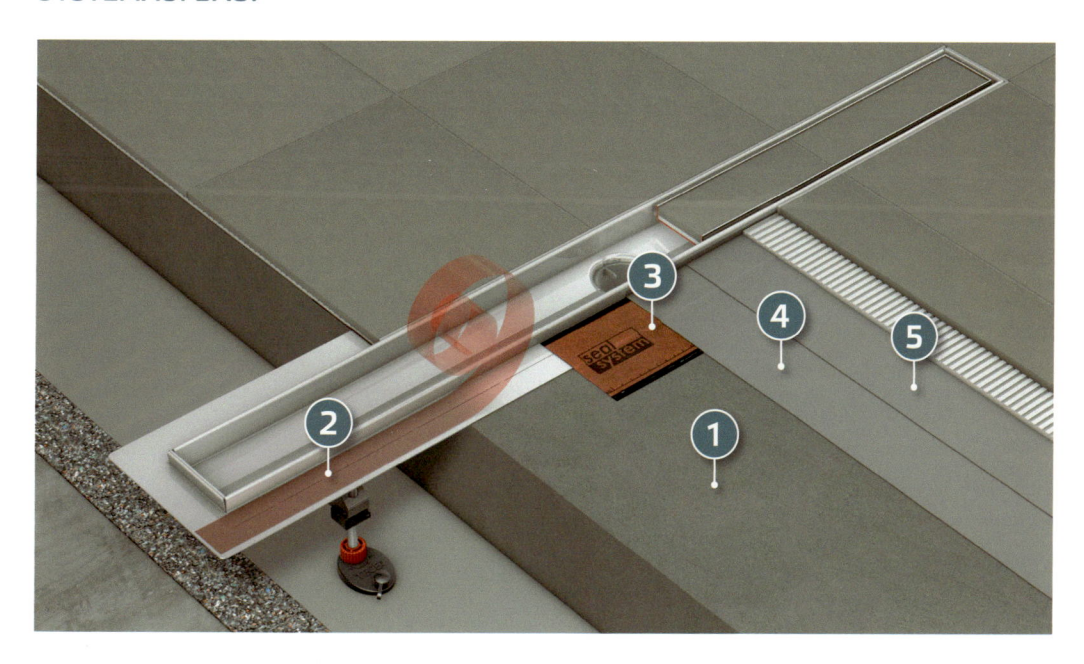

SYSTEMAUFBAU:

1. Estrich
2. Schutzfolie Rinnenflansch
3. Seal System Dichtband
4. Erste Schicht Dichtfolie
5. Zweite Schicht Dichtfolie

6. Zertifikate und Systemaufbauten

kiwa Partner for progress

Kiwa TBU GmbH
www.kiwa.de

Prüfgrundsätze zur Erteilung von allgemeinen bauaufsichtlichen Prüfzeugnissen für Abdichtungen im Verbund mit Fliesen- und Plattenbelägen
Teil 1: Flüssig zu verarbeitende Abdichtungsstoffe
(PG-AIV-F, Ausgabe Juni 2010)

Prüfung durch die Kiwa TBU GmbH

Firma: TECE GmbH, Hollefeldstraße 57, 48282 Emsdetten, Deutschland
Ausstellungsdatum: 01.02.2012
Geltungsdauer bis: 01.02.2017

Systemkomp.: runder Bodenablauf (Flansch-Ø 252 mm) mit angespritztem Vliesstoff
TECEdrainpoint
beidseitig vlieskaschierte Dichtmanschette
Seal System Dichtmanschette
flüssige Dichtfolie
1220 FLEX DICHTFOLIE
(Bezeichnungen des Auftraggebers)

Prüfung:	Prüfgrundsatz:	Ergebnis:
Wasserdichtheit im Einbauzustand (für Beanspruchungsklasse A)	PG-AIV-F	DICHT

Die genauen Prüfbedingungen sind im Prüfbericht 2.1/29183/1379.0.1-2011 beschrieben.

Dr.-Ing. Dipl.-Geol. Ernő Németh

Kiwa TBU GmbH
Gutenbergstraße 29
D-48268 Greven
Telefon: +49 (0)2571 9872-0
Telfax: +49 (0)2571 9872-99
Web: www.kiwa.de
e-mail: kiwatbu@kiwa.de
Geschäftsführer:
Michael Witthöft
Dr. Roland Hüttl
Wissenschaftlicher Leiter:
Prof.Dr.-Ing. Jochen Müller-Rochholz

X:\tbu\QMSneu\QMS\2 KP\2.4 TBU-Mon\Kunden Mon\29183\Zertifikate zum ausdrucken\1379.0.1-2011zert.doc

6. Zertifikate und Systemaufbauten

RAMSAUER 1220 FLEX Dichtfolie
UND TECEDRAINPOINT KUNSTSTOFFABLAUF MIT SEAL SYSTEM DICHTMANSCHETTE

Typ: Einkomponentige, flüssige Dichtfolie
Gruppe: Polymerdispersionen (D)
Zulassung: Allgemeines bauaufsichtliches Prüfzeugnis (abP)
Kennzeichnung: Ü-Zeichen
Beanspruchungsklassen zusammen mit Ablauf und Seal System Dichtmanschette:
- **A** nur im Wandbereich gem. PG-AIV-F
- **A0** gem. ZDB-Merkblatt (Hinweise für die Ausführung von flüssig zu verarbeitenden Verbundabdichtungen mit Bekleidungen und Belägen aus Fliesen und Platten für den Innen- und Außenbereich; August 2012)

VERARBEITUNGSSCHRITTE:

1. Kunststoffablauf wird nach Montageanleitung komplett in den Estrich eingebaut. Hierbei wird der Dichtflansch durch die Schutzfolie vor Verschmutzung geschützt.
2. Estrich trocknen lassen.
3. Estrichuntergrund gründlich reinigen. Untergründe für Abdichtungen müssen tragfähig, formbeständig sowie frei von klaffenden Rissen und haftungsmindernden Stoffen (z. B. Staub, Öl, Wachs, Trennmittel, Ausblühungen, Sinterschichten, Lack- und Farbreste, alte Bodenklebstoffreste) sein.
4. Schutzfolie vom Flansch des Ablaufs abziehen.
5. Erste Schicht der 1220 Flex Dichtfolie aufbringen.
6. Seal System Dichtmanschette auf dem Ablaufflansch und der noch feuchten Dichtfolie platzieren.
7. Dichtfolie trocknen lassen.
8. Zweite Schicht der 1220 Flex Dichtfolie aufbringen.

Die flüssige Dichtfolie ist entsprechend des Technischen Merkblatts 1220 Flex Dichtfolie der Ramsauer GmbH zu verarbeiten. Dieses Merkblatt kann unter **www.sealsystem.net** heruntergeladen werden.

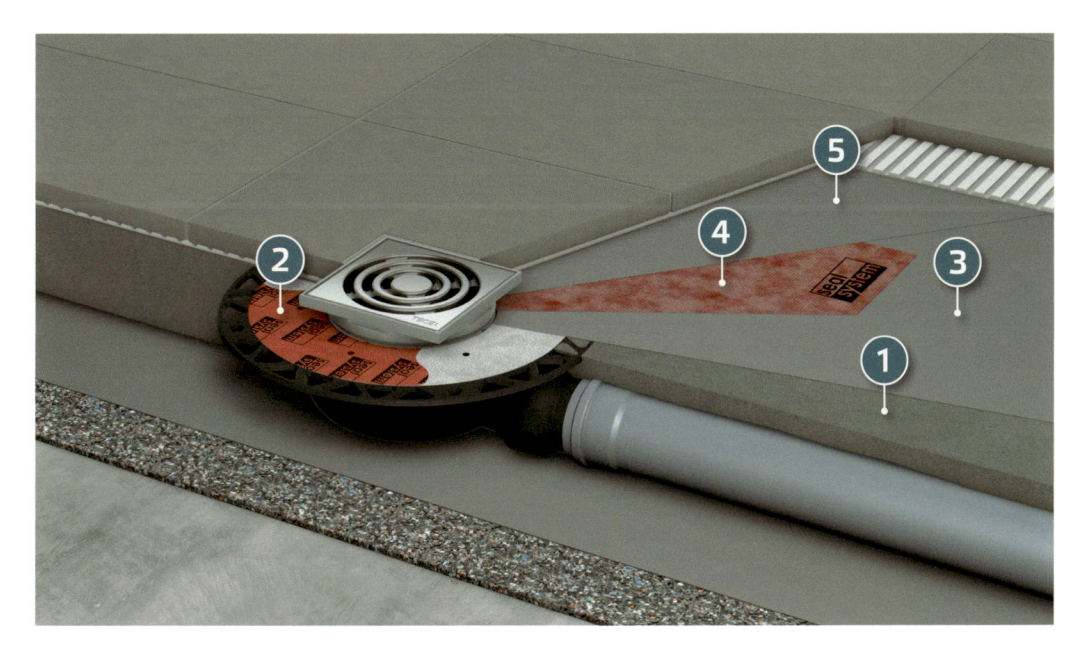

SYSTEMAUFBAU:

1. Estrich
2. Schutzfolie Ablaufflansch
3. Erste Schicht Dichtfolie
4. Seal System Dichtmanschette
5. Zweite Schicht Dichtfolie

kiwa Partner for progress

Kiwa TBU GmbH
www.kiwa.de

Zertifikat

Prüfgrundsätze zur Erteilung von allgemeinen bauaufsichtlichen Prüfzeugnissen für Abdichtungen im Verbund mit Fliesen- und Plattenbelägen
Teil 1: Flüssig zu verarbeitende Abdichtungsstoffe
(PG-AIV-F, Ausgabe Juni 2010)

Prüfung durch die Kiwa TBU GmbH

Firma: TECE GmbH, Hollefeldstraße 57, 48282 Emsdetten, Deutschland
Ausstellungsdatum: 01.02.2012
Geltungsdauer bis: 01.02.2017

Systemkomp.: rechteckige Edelstahlduschrinne
TECEdrainline
selbstklebendes einseitig vlieskaschiertes Dichtband
Seal System Dichtband
zementäre Dichtungsschlämme
1240 Flex Dichtungsschlämme
(Bezeichnungen des Auftraggebers)

Prüfung:	Prüfgrundsatz:	Ergebnis:
Wasserdichtheit im Einbauzustand (für Beanspruchungsklasse A und C)	PG-AIV-F	DICHT

Die genauen Prüfbedingungen sind im Prüfbericht 2.1/29183/1330.0.1-2011 beschrieben.

Dr.-Ing. Dipl.-Geol. Ernő Németh

Kiwa TBU GmbH
Gutenbergstraße 29
D-48268 Greven
Telefon: +49 (0)2571 9872-0
Telfax: +49 (0)2571 9872-99
Web: www.kiwa.de
e-mail: kiwatbu@kiwa.de
Geschäftsführer:
Michael Witthöft
Dr. Roland Hüttl
Wissenschaftlicher Leiter:
Prof.Dr.-Ing. Jochen Müller-Rochholz

X:\tbu\QMSneu\QMS\2 KP\2.4 TBU-Mon\Kunden Mon\29183\Zertifikate zum ausdrucken\1330.0.1-2011zert.doc

RAMSAUER 1240 FLEX Dichtungsschlämme
UND TECEDRAINLINE DUSCHRINNE MIT SEAL SYSTEM DICHTBAND

Typ: Einkomponentige, zementäre Dichtungsschlämme
Gruppe: Kunststoff-Zement-Mörtel-Kombination (M)
Zulassung: Allgemeines bauaufsichtliches Prüfzeugnis (abP)
Kennzeichnung: Ü-Zeichen
Beanspruchungsklassen zusammen mit Duschrinne und Seal System Dichtband:
A **C** gem. PG-AIV-F
A0 gem. ZDB-Merkblatt (Hinweise für die Ausführung von flüssig zu verarbeitenden Verbundabdichtungen mit Bekleidungen und Belägen aus Fliesen und Platten für den Innen- und Außenbereich; August 2012)

VERARBEITUNGSSCHRITTE:

1. Duschrinne wird nach Montageanleitung komplett in den Estrich eingebaut. Hierbei wird der Dichtflansch durch die Schutzfolie vor Verschmutzung geschützt.
2. Estrich trocknen lassen.
3. Estrichuntergrund gründlich reinigen. Untergründe für Abdichtungen müssen tragfähig, formbeständig sowie frei von klaffenden Rissen und haftungsmindernden Stoffen (z. B. Staub, Öl, Wachs, Trennmittel, Ausblühungen, Sinterschichten, Lack- und Farbreste, alte Bodenklebstoffreste) sein.
4. Seal System Dichtband zuschneiden, sodass die Enden beim Aufkleben überlappen können.
5. Schutzfolie vom Flansch der Rinne abziehen.
6. Schutzfolie vom Seal System Dichtband entfernen.
7. Dichtband an den Enden überlappend auf den Flansch der Edelstahlrinne und den Untergrund kleben.
8. Erste Schicht der zementären Dichtschlämme 1240 Flex aufbringen und trocknen lassen.
9. Zweite Schicht der zementären Dichtschlämme 1240 Flex aufbringen.

Die zementäre Dichtschlämme ist entsprechend des Technischen Merkblatts 1240 Flex der Ramsauer GmbH zu verarbeiten. Dieses Merkblatt kann unter **www.sealsystem.net** heruntergeladen werden.

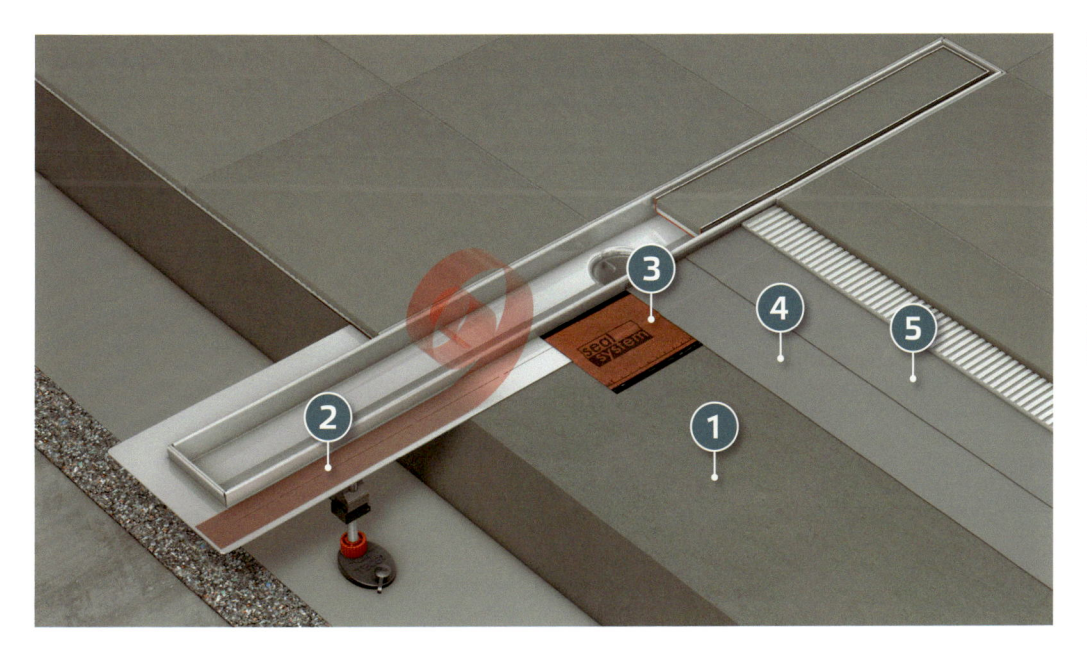

SYSTEMAUFBAU:

1. Estrich
2. Schutzfolie Rinnenflansch
3. Seal System Dichtband
4. Erste Schicht Dichtschlämme
5. Zweite Schicht Dichtschlämme

6. Zertifikate und Systemaufbauten

kiwa Partner for progress

Kiwa TBU GmbH
www.kiwa.de

Prüfgrundsätze zur Erteilung von allgemeinen bauaufsichtlichen Prüfzeugnissen für Abdichtungen im Verbund mit Fliesen- und Plattenbelägen
Teil 1: Flüssig zu verarbeitende Abdichtungsstoffe
(PG-AIV-F, Ausgabe Juni 2010)

Prüfung durch die Kiwa TBU GmbH

Firma: TECE GmbH, Hollefeldstraße 57,
48282 Emsdetten, Deutschland
Ausstellungsdatum: 01.02.2012
Geltungsdauer bis: 01.02.2017

Systemkomp.: runder Bodenablauf (Flansch-Ø 252 mm) mit angespritztem Vliesstoff
TECEdrainpoint
beidseitig vlieskaschierte Dichtmanschette
Seal System Dichtmanschette
zementäre Dichtungsschlämme
1240 Flex Dichtungsschlämme
(Bezeichnungen des Auftraggebers)

Prüfung:	Prüfgrundsatz:	Ergebnis:
Wasserdichtheit im Einbauzustand (für Beanspruchungsklasse A und C)	PG-AIV-F	DICHT

Die genauen Prüfbedingungen sind im Prüfbericht 2.1/29183/1331.0.1-2011 beschrieben.

Dr.-Ing. Dipl.-Geol. Ernő Németh

Kiwa TBU GmbH
Gutenbergstraße 29
D-48268 Greven
Telefon: +49 (0)2571 9872-0
Telfax: +49 (0)2571 9872-99
Web: www.kiwa.de
e-mail: kiwatbu@kiwa.de
Geschäftsführer:
Michael Witthöft
Dr. Roland Hüttl
Wissenschaftlicher Leiter:
Prof.Dr.-Ing. Jochen Müller-Rochholz

RAMSAUER 1240 FLEX Dichtungsschlämme
UND TECEDRAINPOINT KUNSTSTOFFABLAUF MIT SEAL SYSTEM DICHTMANSCHETTE

Typ: Einkomponentige, zementäre Dichtungsschlämme
Gruppe: Kunststoff-Zement-Mörtel-Kombination (M)
Zulassung: Allgemeines bauaufsichtliches Prüfzeugnis (abP)
Kennzeichnung: Ü-Zeichen
Beanspruchungsklassen zusammen mit Ablauf und Seal System Dichtmanschette:
A C gem. PG-AIV-F
A0 gem. ZDB-Merkblatt (Hinweise für die Ausführung von flüssig zu verarbeitenden Verbundabdichtungen mit Bekleidungen und Belägen aus Fliesen und Platten für den Innen- und Außenbereich; August 2012)

VERARBEITUNGSSCHRITTE:

1. Kunststoffablauf wird nach Montageanleitung komplett in den Estrich eingebaut. Hierbei wird der Dichtflansch durch die Schutzfolie vor Verschmutzung geschützt.
2. Estrich trocknen lassen.
3. Estrichuntergrund gründlich reinigen. Untergründe für Abdichtungen müssen tragfähig, formbeständig sowie frei von klaffenden Rissen und haftungsmindernden Stoffen (z. B. Staub, Öl, Wachs, Trennmittel, Ausblühungen, Sinterschichten, Lack- und Farbreste, alte Bodenklebstoffreste) sein.
4. Schutzfolie vom Flansch des Ablaufs abziehen.
5. Erste Schicht der zementären Dichtschlämme 1240 Flex aufbringen.
6. Seal System Dichtmanschette auf dem Ablaufflansch und der noch feuchten Dichtschlämme platzieren.
7. Dichtschlämme trocknen lassen.
8. Zweite Schicht der zementären Dichtschlämme 1240 Flex aufbringen.

Die zementäre Dichtschlämme ist entsprechend des Technischen Merkblatts 1240 Flex der Ramsauer GmbH zu verarbeiten. Dieses Merkblatt kann unter **www.sealsystem.net** heruntergeladen werden.

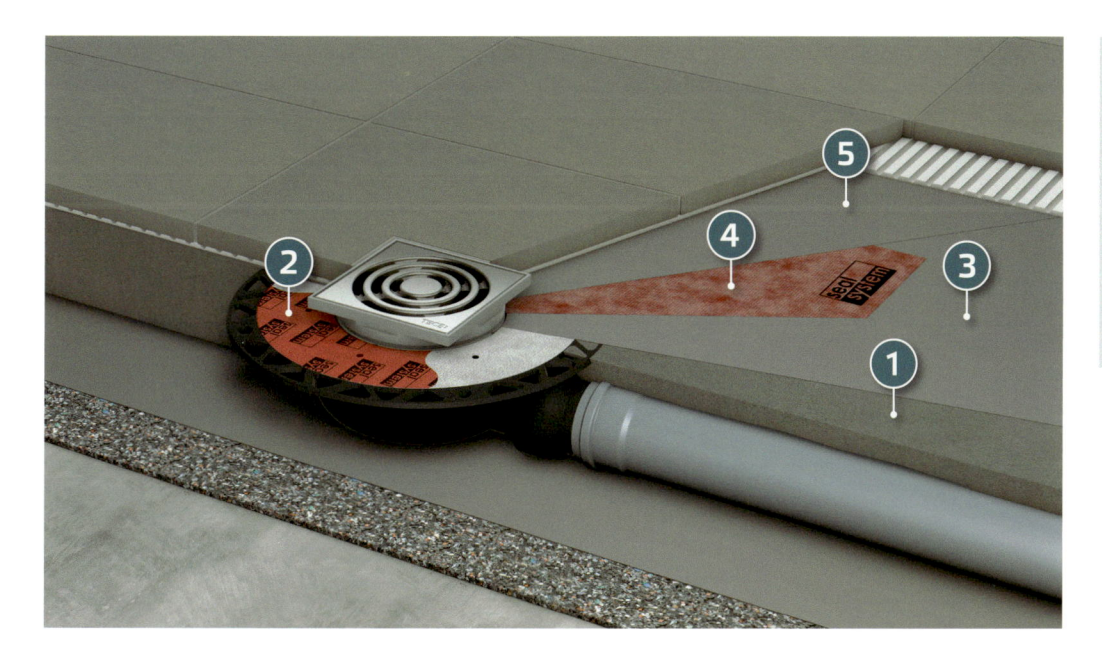

SYSTEMAUFBAU:

1. Estrich
2. Schutzfolie Ablaufflansch
3. Erste Schicht Dichtschlämme
4. Seal System Dichtmanschette
5. Zweite Schicht Dichtschlämme

6. Zertifikate und Systemaufbauten

kiwa
Partner for progress

Kiwa TBU GmbH
www.kiwa.de

Zertifikat

Prüfgrundsätze zur Erteilung von allgemeinen bauaufsichtlichen Prüfzeugnissen für Abdichtungen im Verbund mit Fliesen- und Plattenbelägen
Teil 1: Flüssig zu verarbeitende Abdichtungsstoffe
(PG-AIV-F, Ausgabe Juni 2010)

Prüfung durch die Kiwa TBU GmbH

Firma: TECE GmbH, Hollefeldstraße 57,
48282 Emsdetten, Deutschland
Ausstellungsdatum: 01.02.2012
Geltungsdauer bis: 01.02.2017

Systemkomp.: rechteckige Edelstahlduschrinne
TECEdrainline
selbstklebendes einseitig vlieskaschiertes Dichtband
Seal System Dichtband
2 komponentige zementäre Dichtungsschlämme
1280 Flex 2-K-Dichtungsschlämme
(Bezeichnungen des Auftraggebers)

Prüfung:	Prüfgrundsatz:	Ergebnis:
Wasserdichtheit im Einbauzustand (für Beanspruchungsklasse A und C)	PG-AIV-F	DICHT

Die genauen Prüfbedingungen sind im Prüfbericht 2.1/29183/1332.0.1-2011 beschrieben.

i.A. Ch. Star
Dr.-Ing. Dipl.-Geol. Ernő Németh

Kiwa TBU GmbH
Gutenbergstraße 29
D-48268 Greven
Telefon: +49 (0)2571 9872-0
Telfax: +49 (0)2571 9872-99
Web: www.kiwa.de
e-mail: kiwatbu@kiwa.de
Geschäftsführer:
Michael Witthöft
Dr. Roland Hüttl
Wissenschaftlicher Leiter:
Prof.Dr.-Ing. Jochen Müller-Rochholz

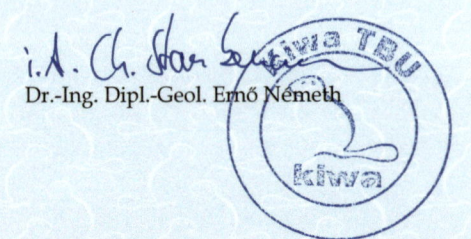

X:\tbu\QMSneu\QMS\2 KP\2.4 TBU-Mon\Kunden Mon\29183\Zertifikate zum ausdrucken\1332.0.1-2011zert.doc

RAMSAUER 1280 FLEX 2-K-Dichtungsschlämme
UND TECEDRAINLINE DUSCHRINNE MIT SEAL SYSTEM DICHTBAND

Typ: Zweikomponentige, zementäre Dichtungsschlämme
Gruppe: Kunststoff-Zement-Mörtel-Kombination (M)
Zulassung: Allgemeines bauaufsichtliches Prüfzeugnis (abP)
Kennzeichnung: Ü-Zeichen
Beanspruchungsklassen zusammen mit Duschrinne und Seal System Dichtband:
A C gem. PG-AIV-F
A0 gem. ZDB-Merkblatt (Hinweise für die Ausführung von flüssig zu verarbeitenden Verbundabdichtungen mit Bekleidungen und Belägen aus Fliesen und Platten für den Innen- und Außenbereich; August 2012)

VERARBEITUNGSSCHRITTE:

1. Duschrinne wird nach Montageanleitung komplett in den Estrich eingebaut. Hierbei wird der Dichtflansch durch die Schutzfolie vor Verschmutzung geschützt.
2. Estrich trocknen lassen.
3. Estrichuntergrund gründlich reinigen. Untergründe für Abdichtungen müssen tragfähig, formbeständig sowie frei von klaffenden Rissen und haftungsmindernden Stoffen (z. B. Staub, Öl, Wachs, Trennmittel, Ausblühungen, Sinterschichten, Lack- und Farbreste, alte Bodenklebstoffreste) sein.
4. Seal System Dichtband zuschneiden, sodass die Enden beim Aufkleben überlappen können.
5. Schutzfolie vom Flansch der Rinne abziehen.
6. Schutzfolie vom Seal System Dichtband entfernen.
7. Dichtband an den Enden überlappend auf den Flansch der Edelstahlrinne und den Untergrund kleben.
8. Erste Schicht der zementären Dichtschlämme 1280 Flex aufbringen und trocknen lassen.
9. Zweite Schicht der zementären Dichtschlämme 1280 Flex aufbringen.

Die zementäre Dichtschlämme ist entsprechend des Technischen Merkblatts 1280 Flex der Ramsauer GmbH zu verarbeiten. Dieses Merkblatt kann unter **www.sealsystem.net** heruntergeladen werden.

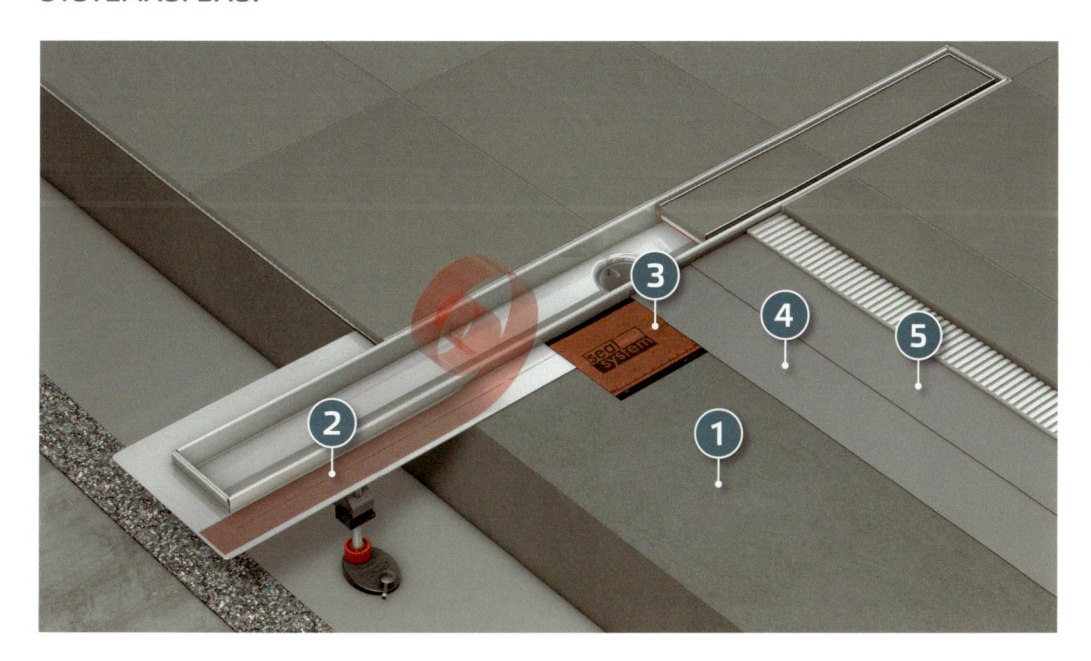

SYSTEMAUFBAU:

1. Estrich
2. Schutzfolie Rinnenflansch
3. Seal System Dichtband
4. Erste Schicht Dichtschlämme
5. Zweite Schicht Dichtschlämme

6. Zertifikate und Systemaufbauten

kiwa
Partner for progress

Kiwa TBU GmbH
www.kiwa.de

Prüfgrundsätze zur Erteilung von allgemeinen bauaufsichtlichen Prüfzeugnissen für Abdichtungen im Verbund mit Fliesen- und Plattenbelägen
Teil 1: Flüssig zu verarbeitende Abdichtungsstoffe
(PG-AIV-F, Ausgabe Juni 2010)

Prüfung durch die Kiwa TBU GmbH

Firma: TECE GmbH, Hollefeldstraße 57, 48282 Emsdetten, Deutschland
Ausstellungsdatum: 01.02.2012
Geltungsdauer bis: 01.02.2017

Systemkomp.: runder Bodenablauf (Flansch-Ø 252 mm) mit angespritztem Vliesstoff
TECEdrainpoint
beidseitig vlieskaschierte Dichtmanschette
Seal System Dichtmanschette
2 komponentige zementäre Dichtungsschlämme
1280 Flex 2-K-Dichtungsschlämme
(Bezeichnungen des Auftraggebers)

Prüfung:	Prüfgrundsatz:	Ergebnis:
Wasserdichtheit im Einbauzustand (für Beanspruchungsklasse A und C)	PG-AIV-F	DICHT

Die genauen Prüfbedingungen sind im Prüfbericht 2.1/29183/1333.0.1-2011 beschrieben.

Dr.-Ing. Dipl.-Geol. Ernő Németh

Kiwa TBU GmbH
Gutenbergstraße 29
D-48268 Greven
Telefon: +49 (0)2571 9872-0
Telefax: +49 (0)2571 9872-99
Web: www.kiwa.de
e-mail: kiwatbu@kiwa.de
Geschäftsführer:
Michael Witthöft
Dr. Roland Hüttl
Wissenschaftlicher Leiter:
Prof.Dr.-Ing. Jochen Müller-Rochholz

RAMSAUER 1280 FLEX 2-K-Dichtungsschlämme
UND TECEDRAINPOINT KUNSTSTOFFABLAUF MIT SEAL SYSTEM DICHTMANSCHETTE

Typ: Zweikomponentige, zementäre Dichtungsschlämme
Gruppe: Kunststoff-Zement-Mörtel-Kombination (M)
Zulassung: Allgemeines bauaufsichtliches Prüfzeugnis (abP)
Kennzeichnung: Ü-Zeichen
Beanspruchungsklassen zusammen mit Ablauf und Seal System Dichtmanschette:
A **C** gem. PG-AIV-F
A0 gem. ZDB-Merkblatt (Hinweise für die Ausführung von flüssig zu verarbeitenden Verbundabdichtungen mit Bekleidungen und Belägen aus Fliesen und Platten für den Innen- und Außenbereich; August 2012)

VERARBEITUNGSSCHRITTE:

1. Kunststoffablauf wird nach Montageanleitung komplett in den Estrich eingebaut. Hierbei wird der Dichtflansch durch die Schutzfolie vor Verschmutzung geschützt.
2. Estrich trocknen lassen.
3. Estrichuntergrund gründlich reinigen. Untergründe für Abdichtungen müssen tragfähig, formbeständig sowie frei von klaffenden Rissen und haftungsmindernden Stoffen (z. B. Staub, Öl, Wachs, Trennmittel, Ausblühungen, Sinterschichten, Lack- und Farbreste, alte Bodenklebstoffreste) sein.
4. Schutzfolie vom Flansch des Ablaufs abziehen.
5. Erste Schicht der zementären Dichtschlämme 1280 Flex aufbringen.
6. Seal System Dichtmanschette auf dem Ablaufflansch und der noch feuchten Dichtschlämme platzieren.
7. Dichtschlämme trocknen lassen.
8. Zweite Schicht der zementären Dichtschlämme 1280 Flex aufbringen.

Die zementäre Dichtschlämme ist entsprechend des Technischen Merkblatts 1280 Flex der Ramsauer GmbH zu verarbeiten. Dieses Merkblatt kann unter **www.sealsystem.net** heruntergeladen werden.

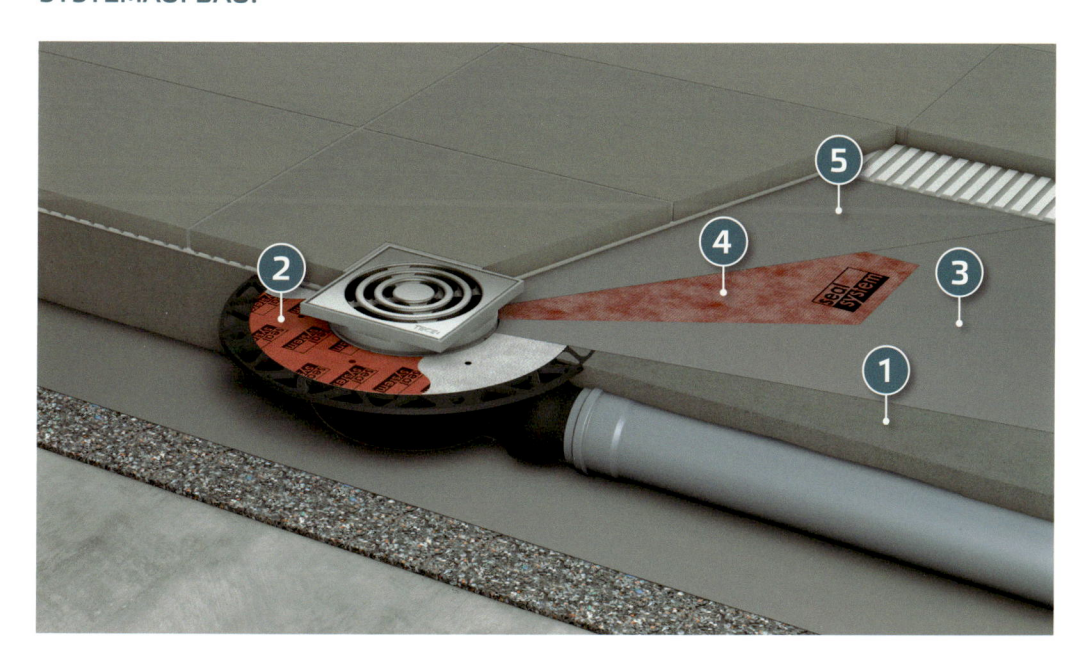

SYSTEMAUFBAU:

1. Estrich
2. Schutzfolie Ablaufflansch
3. Erste Schicht Dichtschlämme
4. Seal System Dichtmanschette
5. Zweite Schicht Dichtschlämme

6. Zertifikate und Systemaufbauten

kiwa
Partner for progress

Kiwa TBU GmbH
www.kiwa.de

Prüfgrundsätze zur Erteilung von allgemeinen bauaufsichtlichen Prüfzeugnissen für Abdichtungen im Verbund mit Fliesen- und Plattenbelägen
Teil 1: Flüssig zu verarbeitende Abdichtungsstoffe
(PG-AIV-F, Ausgabe Juni 2010)

Prüfung durch die Kiwa TBU GmbH

Firma: TECE GmbH, Hollefeldstraße 57, 48282 Emsdetten, Deutschland
Ausstellungsdatum: 01.02.2012
Geltungsdauer bis: 01.02.2017

Systemkomp.: rechteckige Edelstahlduschrinne
TECEdrainline
selbstklebendes einseitig vlieskaschiertes Dichtband
Seal System Dichtband
2 komponentige zementäre Dichtungsschlämme
Rywalit DS 01 X
(Bezeichnungen des Auftraggebers)

Prüfung:	Prüfgrundsatz:	Ergebnis:
Wasserdichtheit im Einbauzustand (für Beanspruchungsklasse A und C)	PG-AIV-F	DICHT

Die genauen Prüfbedingungen sind im Prüfbericht 2.1/29183/1336.0.1-2011 beschrieben.

Dr.-Ing. Dipl.-Geol. Ernő Németh

Kiwa TBU GmbH
Gutenbergstraße 29
D-48268 Greven
Telefon: +49 (0)2571 9872-0
Telefax: +49 (0)2571 9872-99
Web: www.kiwa.de
e-mail: kiwatbu@kiwa.de
Geschäftsführer:
Michael Witthöft
Dr. Roland Hüttl
Wissenschaftlicher Leiter:
Prof.Dr.-Ing. Jochen Müller-Rochholz

RYWALIT DS 01 X Flexible Dichtungsschlämme
UND TECEDRAINLINE DUSCHRINNE MIT SEAL SYSTEM DICHTBAND

Typ: Zweikomponentige, zementäre Dichtungsschlämme
Gruppe: Kunststoff-Zement-Mörtel-Kombination (M)
Zulassung: Allgemeines bauaufsichtliches Prüfzeugnis (abP)
Kennzeichnung: Ü-Zeichen
Beanspruchungsklassen zusammen mit Duschrinne und Seal System Dichtband:
A C gem. PG-AIV-F
A0 gem. ZDB-Merkblatt (Hinweise für die Ausführung von flüssig zu verarbeitenden Verbundabdichtungen mit Bekleidungen und Belägen aus Fliesen und Platten für den Innen- und Außenbereich; August 2012)

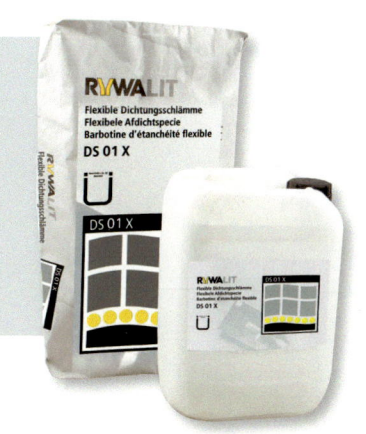

VERARBEITUNGSSCHRITTE:

1. Duschrinne wird nach Montageanleitung komplett in den Estrich eingebaut. Hierbei wird der Dichtflansch durch die Schutzfolie vor Verschmutzung geschützt.
2. Estrich trocknen lassen.
3. Estrichuntergrund gründlich reinigen. Untergründe für Abdichtungen müssen tragfähig, formbeständig sowie frei von klaffenden Rissen und haftungsmindernden Stoffen (z. B. Staub, Öl, Wachs, Trennmittel, Ausblühungen, Sinterschichten, Lack- und Farbreste, alte Bodenklebstoffreste) sein.
4. Seal System Dichtband zuschneiden, sodass die Enden beim Aufkleben überlappen können.
5. Schutzfolie vom Flansch der Rinne abziehen.
6. Schutzfolie vom Seal System Dichtband entfernen.
7. Dichtband an den Enden überlappend auf den Flansch der Edelstahlrinne und den Untergrund kleben.
8. Erste Schicht der zementären Dichtschlämme Rywalit DS 01 X aufbringen und trocknen lassen.
9. Zweite Schicht der zementären Dichtschlämme Rywalit DS 01 X aufbringen.

Die zementäre Dichtschlämme ist entsprechend des Technischen Merkblatts Rywalit DS 01 X der RYWA GmbH & Co. KG zu verarbeiten. Dieses Merkblatt kann unter **www.sealsystem.net** heruntergeladen werden.

SYSTEMAUFBAU:

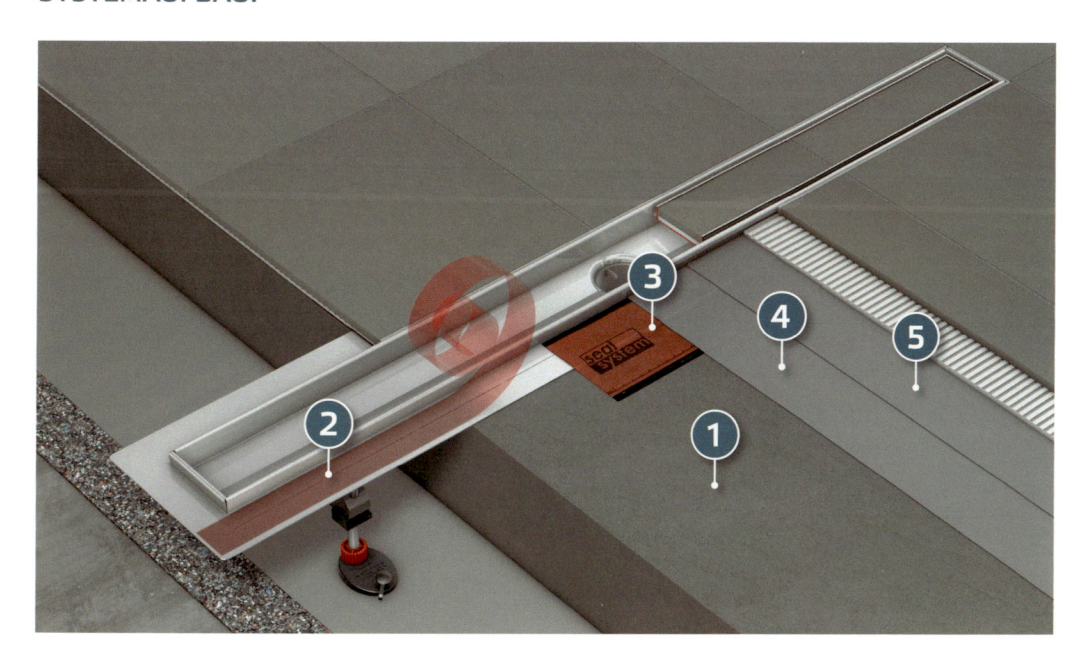

1. Estrich
2. Schutzfolie Rinnenflansch
3. Seal System Dichtband
4. Erste Schicht Dichtschlämme
5. Zweite Schicht Dichtschlämme

6. Zertifikate und Systemaufbauten

kiwa
Partner for progress

Kiwa TBU GmbH
www.kiwa.de

Zertifikat

Prüfgrundsätze zur Erteilung von allgemeinen bauaufsichtlichen Prüfzeugnissen für Abdichtungen im Verbund mit Fliesen- und Plattenbelägen
Teil 1: Flüssig zu verarbeitende Abdichtungsstoffe
(PG-AIV-F, Ausgabe Juni 2010)

Prüfung durch die Kiwa TBU GmbH

Firma: TECE GmbH, Hollefeldstraße 57,
48282 Emsdetten, Deutschland
Ausstellungsdatum: 01.02.2012
Geltungsdauer bis: 01.02.2017

Systemkomp.: runder Bodenablauf (Flansch-Ø 252 mm) mit angespritztem Vliesstoff
TECEdrainpoint
beidseitig vlieskaschierte Dichtmanschette
Seal System Dichtmanschette
2 komponentige zementäre Dichtungsschlämme
Rywalit DS 01 X
(Bezeichnungen des Auftraggebers)

Prüfung:	Prüfgrundsatz:	Ergebnis:
Wasserdichtheit im Einbauzustand (für Beanspruchungsklasse A und C)	PG-AIV-F	DICHT

Die genauen Prüfbedingungen sind im Prüfbericht 2.1/29183/1337.0.1-2011 beschrieben.

Dr.-Ing. Dipl.-Geol. Ernő Németh

Kiwa TBU GmbH
Gutenbergstraße 29
D-48268 Greven
Telefon: +49 (0)2571 9872-0
Telefax: +49 (0)2571 9872-99
Web: www.kiwa.de
e-mail: kiwatbu@kiwa.de
Geschäftsführer:
Michael Witthöft
Dr. Roland Hüttl
Wissenschaftlicher Leiter:
Prof.Dr.-Ing. Jochen Müller-Rochholz

RYWALIT DS 01 X Flexible Dichtungsschlämme
UND TECEDRAINPOINT KUNSTSTOFFABLAUF MIT SEAL SYSTEM DICHTMANSCHETTE

Typ: Zweikomponentige, zementäre Dichtungsschlämme
Gruppe: Kunststoff-Zement-Mörtel-Kombination (M)
Zulassung: Allgemeines bauaufsichtliches Prüfzeugnis (abP)
Kennzeichnung: Ü-Zeichen
Beanspruchungsklassen zusammen mit Ablauf und Seal System Dichtmanschette:
A C gem. PG-AIV-F
A0 gem. ZDB-Merkblatt (Hinweise für die Ausführung von flüssig zu verarbeitenden Verbundabdichtungen mit Bekleidungen und Belägen aus Fliesen und Platten für den Innen- und Außenbereich; August 2012)

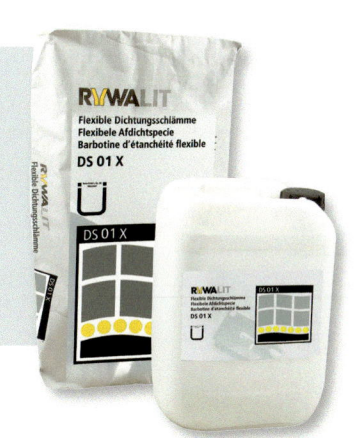

VERARBEITUNGSSCHRITTE:

1. Kunststoffablauf wird nach Montageanleitung komplett in den Estrich eingebaut. Hierbei wird der Dichtflansch durch die Schutzfolie vor Verschmutzung geschützt.
2. Estrich trocknen lassen.
3. Estrichuntergrund gründlich reinigen. Untergründe für Abdichtungen müssen tragfähig, formbeständig sowie frei von klaffenden Rissen und haftungsmindernden Stoffen (z. B. Staub, Öl, Wachs, Trennmittel, Ausblühungen, Sinterschichten, Lack- und Farbreste, alte Bodenklebstoffreste) sein.
4. Schutzfolie vom Flansch des Ablaufs abziehen.
5. Erste Schicht der zementären Dichtschlämme Rywalit DS 01 X aufbringen.
6. Seal System Dichtmanschette auf dem Ablaufflansch und der noch feuchten Dichtschlämme platzieren.
7. Dichtschlämme trocknen lassen.
8. Zweite Schicht der zementären Dichtschlämme Rywalit DS 01 X aufbringen.

Die zementäre Dichtschlämme ist entsprechend des Technischen Merkblatts Rywalit DS 01 X der RYWA GmbH & Co. KG zu verarbeiten. Dieses Merkblatt kann unter **www.sealsystem.net** heruntergeladen werden.

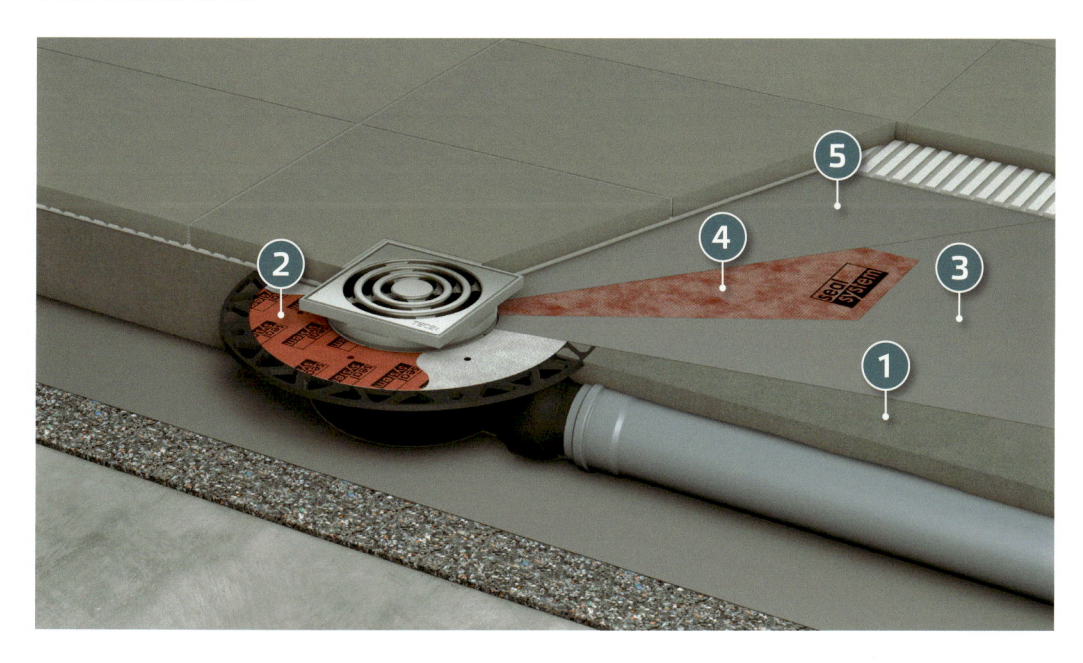

SYSTEMAUFBAU:

1. Estrich
2. Schutzfolie Ablaufflansch
3. Erste Schicht Dichtschlämme
4. Seal System Dichtmanschette
5. Zweite Schicht Dichtschlämme

kiwa
Partner for progress

Kiwa TBU GmbH
www.kiwa.de

Prüfgrundsätze zur Erteilung von allgemeinen bauaufsichtlichen Prüfzeugnissen für Abdichtungen im Verbund mit Fliesen- und Plattenbelägen
Teil 1: Flüssig zu verarbeitende Abdichtungsstoffe
(PG-AIV-F, Ausgabe Juni 2010)

Prüfung durch die Kiwa TBU GmbH

Firma: TECE GmbH, Hollefeldstraße 57, 48282 Emsdetten, Deutschland
Ausstellungsdatum: 01.02.2012
Geltungsdauer bis: 01.02.2017

Systemkomp.: rechteckige Edelstahlduschrinne
TECEdrainline
selbstklebendes einseitig vlieskaschiertes Dichtband
Seal System Dichtband
zementäre Dichtungsschlämme
Rywalit DS 99 X
(Bezeichnungen des Auftraggebers)

Prüfung:	Prüfgrundsatz:	Ergebnis:
Wasserdichtheit im Einbauzustand (für Beanspruchungsklasse A und C)	PG-AIV-F	DICHT

Die genauen Prüfbedingungen sind im Prüfbericht 2.1/29183/1334.0.1-2011 beschrieben.

i.A. Ch. Stausberg
Dr.-Ing. Dipl.-Geol. Ernő Németh

Kiwa TBU GmbH
Gutenbergstraße 29
D-48268 Greven
Telefon: +49 (0)2571 9872-0
Telfax: +49 (0)2571 9872-99
Web: www.kiwa.de
e-mail: kiwatbu@kiwa.de
Geschäftsführer:
Michael Witthöft
Dr. Roland Hüttl
Wissenschaftlicher Leiter:
Prof.Dr.-Ing. Jochen Müller-Rochholz

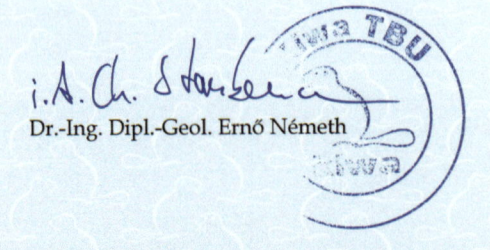

RYWALIT DS 99 X Flexible Dichtungsschlämme
UND TECEDRAINLINE DUSCHRINNE MIT SEAL SYSTEM DICHTBAND

Typ: Einkomponentige, zementäre Dichtungsschlämme
Gruppe: Kunststoff-Zement-Mörtel-Kombination (M)
Zulassung: Allgemeines bauaufsichtliches Prüfzeugnis (abP)
Kennzeichnung: Ü-Zeichen
Beanspruchungsklassen zusammen mit Duschrinne und Seal System Dichtband:
A C gem. PG-AIV-F
A0 gem. ZDB-Merkblatt (Hinweise für die Ausführung von flüssig zu verarbeitenden Verbundabdichtungen mit Bekleidungen und Belägen aus Fliesen und Platten für den Innen- und Außenbereich; August 2012)

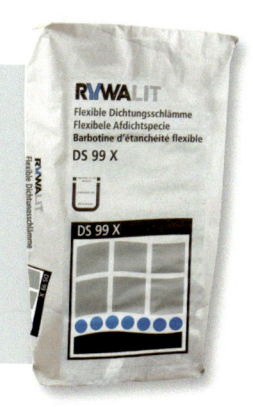

VERARBEITUNGSSCHRITTE:

1. Duschrinne wird nach Montageanleitung komplett in den Estrich eingebaut. Hierbei wird der Dichtflansch durch die Schutzfolie vor Verschmutzung geschützt.
2. Estrich trocknen lassen.
3. Estrichuntergrund gründlich reinigen. Untergründe für Abdichtungen müssen tragfähig, formbeständig sowie frei von klaffenden Rissen und haftungsmindernden Stoffen (z. B. Staub, Öl, Wachs, Trennmittel, Ausblühungen, Sinterschichten, Lack- und Farbreste, alte Bodenklebstoffreste) sein.
4. Seal System Dichtband zuschneiden, sodass die Enden beim Aufkleben überlappen können.
5. Schutzfolie vom Flansch der Rinne abziehen.
6. Schutzfolie vom Seal System Dichtband entfernen.
7. Dichtband an den Enden überlappend auf den Flansch der Edelstahlrinne und den Untergrund kleben.
8. Erste Schicht der zementären Dichtschlämme Rywalit DS 99 X aufbringen und trocknen lassen.
9. Zweite Schicht der zementären Dichtschlämme Rywalit DS 99 X aufbringen.

Die zementäre Dichtschlämme ist entsprechend des Technischen Merkblatts Rywalit DS 99 X der RYWA GmbH & Co. KG zu verarbeiten. Dieses Merkblatt kann unter **www.sealsystem.net** heruntergeladen werden.

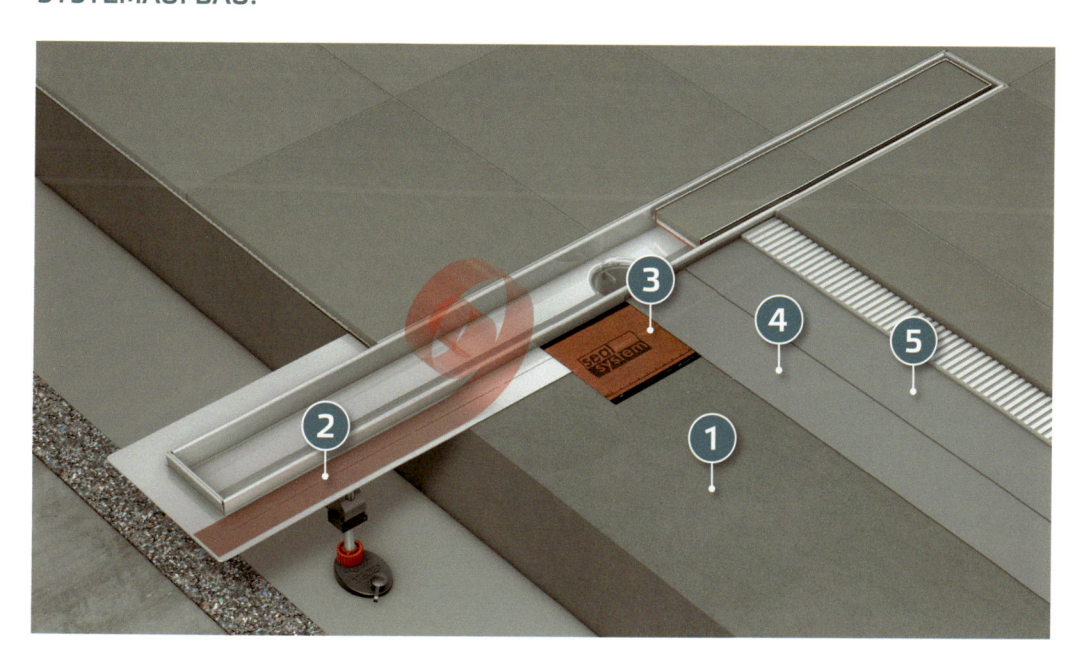

SYSTEMAUFBAU:

1. Estrich
2. Schutzfolie Rinnenflansch
3. Seal System Dichtband
4. Erste Schicht Dichtschlämme
5. Zweite Schicht Dichtschlämme

6. Zertifikate und Systemaufbauten

kiwa
Partner for progress

Kiwa TBU GmbH
www.kiwa.de

Prüfgrundsätze zur Erteilung von allgemeinen bauaufsichtlichen Prüfzeugnissen für Abdichtungen im Verbund mit Fliesen- und Plattenbelägen
Teil 1: Flüssig zu verarbeitende Abdichtungsstoffe
(PG-AIV-F, Ausgabe Juni 2010)

Prüfung durch die Kiwa TBU GmbH

Firma: TECE GmbH, Hollefeldstraße 57, 48282 Emsdetten, Deutschland
Ausstellungsdatum: 01.02.2012
Geltungsdauer bis: 01.02.2017

Systemkomp.: runder Bodenablauf (Flansch-Ø 252 mm) mit angespritztem Vliesstoff
TECEdrainpoint
beidseitig vlieskaschierte Dichtmanschette
Seal System Dichtmanschette
zementäre Dichtungsschlämme
Rywalit DS 99 X
(Bezeichnungen des Auftraggebers)

Prüfung:	Prüfgrundsatz:	Ergebnis:
Wasserdichtheit im Einbauzustand (für Beanspruchungsklasse A und C)	PG-AIV-F	DICHT

Die genauen Prüfbedingungen sind im Prüfbericht 2.1/29183/1335.0.1-2011 beschrieben.

Dr.-Ing. Dipl.-Geol. Ernő Németh

Kiwa TBU GmbH
Gutenbergstraße 29
D-48268 Greven
Telefon: +49 (0)2571 9872-0
Telefax: +49 (0)2571 9872-99
Web: www.kiwa.de
e-mail: kiwatbu@kiwa.de
Geschäftsführer:
Michael Witthöft
Dr. Roland Hüttl
Wissenschaftlicher Leiter:
Prof.Dr.-Ing. Jochen Müller-Rochholz

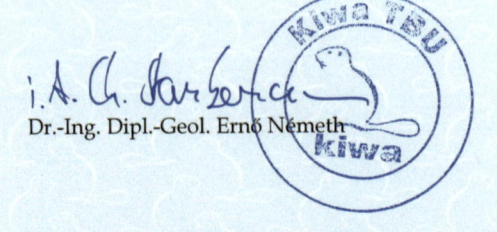

6. Zertifikate und Systemaufbauten

RYWALIT DS 99 X Flexible Dichtungsschlämme
UND TECEDRAINPOINT KUNSTSTOFFABLAUF MIT SEAL SYSTEM DICHTMANSCHETTE

Typ: Einkomponentige, zementäre Dichtungsschlämme
Gruppe: Kunststoff-Zement-Mörtel-Kombination (M)
Zulassung: Allgemeines bauaufsichtliches Prüfzeugnis (abP)
Kennzeichnung: Ü-Zeichen
Beanspruchungsklassen zusammen mit Ablauf und Seal System Dichtmanschette:
A C gem. PG-AIV-F
A0 gem. ZDB-Merkblatt (Hinweise für die Ausführung von flüssig zu verarbeitenden Verbundabdichtungen mit Bekleidungen und Belägen aus Fliesen und Platten für den Innen- und Außenbereich; August 2012)

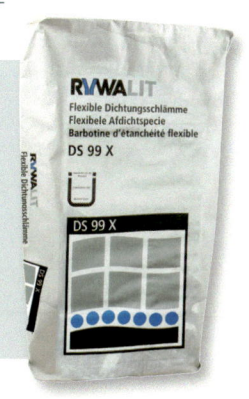

VERARBEITUNGSSCHRITTE:

1. Kunststoffablauf wird nach Montageanleitung komplett in den Estrich eingebaut. Hierbei wird der Dichtflansch durch die Schutzfolie vor Verschmutzung geschützt.
2. Estrich trocknen lassen.
3. Estrichuntergrund gründlich reinigen. Untergründe für Abdichtungen müssen tragfähig, formbeständig sowie frei von klaffenden Rissen und haftungsmindernden Stoffen (z. B. Staub, Öl, Wachs, Trennmittel, Ausblühungen, Sinterschichten, Lack- und Farbreste, alte Bodenklebstoffreste) sein.
4. Schutzfolie vom Flansch des Ablaufs abziehen.
5. Erste Schicht der zementären Dichtschlämme Rywalit DS 99 X aufbringen.
6. Seal System Dichtmanschette auf dem Ablaufflansch und der noch feuchten Dichtschlämme platzieren.
7. Dichtschlämme trocknen lassen.
8. Zweite Schicht der zementären Dichtschlämme Rywalit DS 99 X aufbringen.

Die zementäre Dichtschlämme ist entsprechend des Technischen Merkblatts Rywalit DS 99 X der RYWA GmbH & Co. KG zu verarbeiten. Dieses Merkblatt kann unter **www.sealsystem.net** heruntergeladen werden.

SYSTEMAUFBAU:

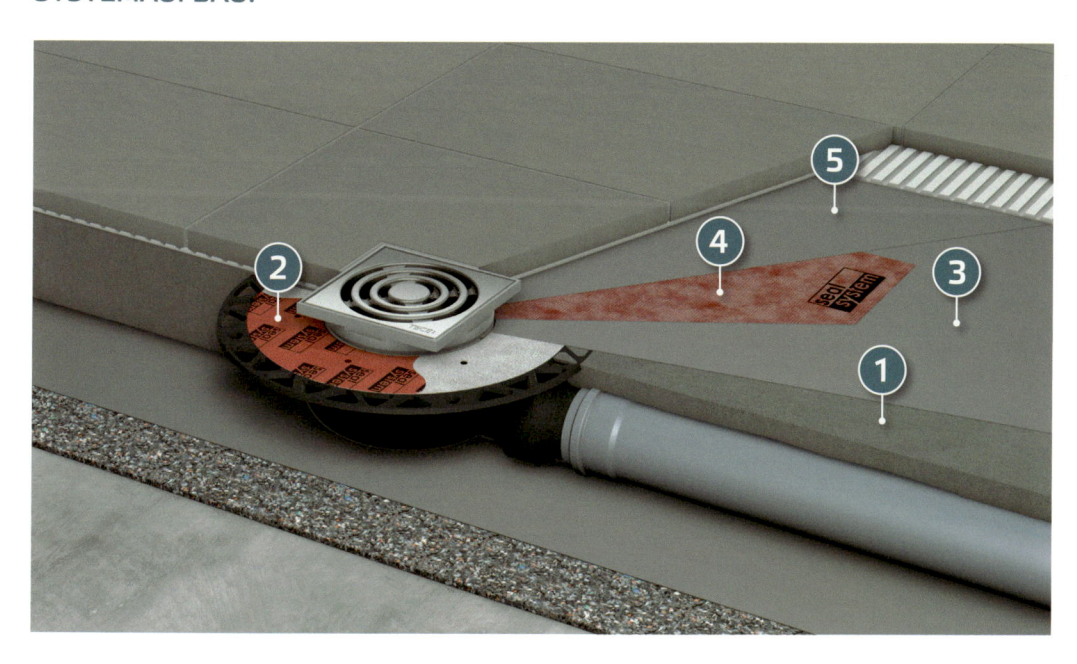

1. Estrich
2. Schutzfolie Ablaufflansch
3. Erste Schicht Dichtschlämme
4. Seal System Dichtmanschette
5. Zweite Schicht Dichtschlämme

6. Zertifikate und Systemaufbauten

kiwa — Partner for progress

Kiwa TBU GmbH
www.kiwa.de

Prüfgrundsätze zur Erteilung von allgemeinen bauaufsichtlichen Prüfzeugnissen für Abdichtungen im Verbund mit Fliesen- und Plattenbelägen
Teil 1: Flüssig zu verarbeitende Abdichtungsstoffe
(PG-AIV-F, Ausgabe Juni 2010)

Prüfung durch die Kiwa TBU GmbH

Firma: TECE GmbH, Hollefeldstraße 57, 48282 Emsdetten, Deutschland
Ausstellungsdatum: 01.02.2012
Geltungsdauer bis: 01.02.2017

Systemkomp.: rechteckige Edelstahlduschrinne
TECEdrainline
selbstklebendes einseitig vlieskaschiertes Dichtband
Seal System Dichtband
flüssige Dichtfolie
Rywalit Lastodicht
(Bezeichnungen des Auftraggebers)

Prüfung:	Prüfgrundsatz:	Ergebnis:
Wasserdichtheit im Einbauzustand (für Beanspruchungsklasse A)	PG-AIV-F	DICHT

Die genauen Prüfbedingungen sind im Prüfbericht 2.1/29183/1380.0.1-2011 beschrieben.

i.A. Ch. Hansen
Dr.-Ing. Dipl.-Geol. Ernő Németh

Kiwa TBU GmbH
Gutenbergstraße 29
D-48268 Greven
Telefon: +49 (0)2571 9872-0
Telefax: +49 (0)2571 9872-99
Web: www.kiwa.de
e-mail: kiwatbu@kiwa.de
Geschäftsführer:
Michael Witthöft
Dr. Roland Hüttl
Wissenschaftlicher Leiter:
Prof.Dr.-Ing. Jochen Müller-Rochholz

X:\tbu\QMSneu\QMS\2 KP\2.4 TBU-Mon\Kunden Mon\29183\Zertifikate zum ausdrucken\1380.0.1-2011zert.doc

6. Zertifikate und Systemaufbauten

RYWALIT LASTODICHT Dichtfolie
UND TECEDRAINLINE DUSCHRINNE MIT SEAL SYSTEM DICHTBAND

Typ: Einkomponentige, flüssige Dichtfolie
Gruppe: Polymerdispersionen (D)
Zulassung: Allgemeines bauaufsichtliches Prüfzeugnis (abP)
Kennzeichnung: Ü-Zeichen
Beanspruchungsklassen zusammen mit Duschrinne und Seal System Dichtband:
- **A** nur im Wandbereich gem. PG-AIV-F
- **A0** gem. ZDB-Merkblatt (Hinweise für die Ausführung von flüssig zu verarbeitenden Verbundabdichtungen mit Bekleidungen und Belägen aus Fliesen und Platten für den Innen- und Außenbereich; August 2012)

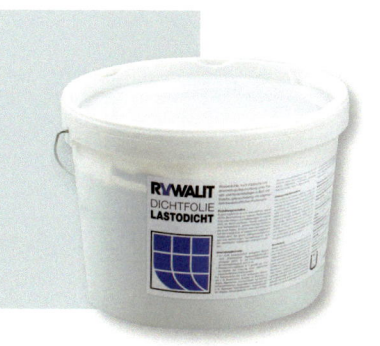

VERARBEITUNGSSCHRITTE:

1. Duschrinne wird nach Montageanleitung komplett in den Estrich eingebaut. Hierbei wird der Dichtflansch durch die Schutzfolie vor Verschmutzung geschützt.
2. Estrich trocknen lassen.
3. Estrichuntergrund gründlich reinigen. Untergründe für Abdichtungen müssen tragfähig, formbeständig sowie frei von klaffenden Rissen und haftungsmindernden Stoffen (z. B. Staub, Öl, Wachs, Trennmittel, Ausblühungen, Sinterschichten, Lack- und Farbreste, alte Bodenklebstoffreste) sein.
4. Seal System Dichtband zuschneiden, sodass die Enden beim Aufkleben überlappen können.
5. Schutzfolie vom Flansch der Rinne abziehen.
6. Schutzfolie vom Seal System Dichtband entfernen.
7. Dichtband an den Enden überlappend auf den Flansch der Edelstahlrinne und den Untergrund kleben.
8. Erste Schicht der Dichtfolie Rywalit Lastodicht aufbringen und trocknen lassen.
9. Zweite Schicht der Dichtfolie Rywalit Lastodicht aufbringen.

Die flüssige Dichtfolie ist entsprechend des Technischen Merkblatts Rywalit Lastodicht der RYWA GmbH & Co. KG zu verarbeiten. Dieses Merkblatt kann unter **www.sealsystem.net** heruntergeladen werden.

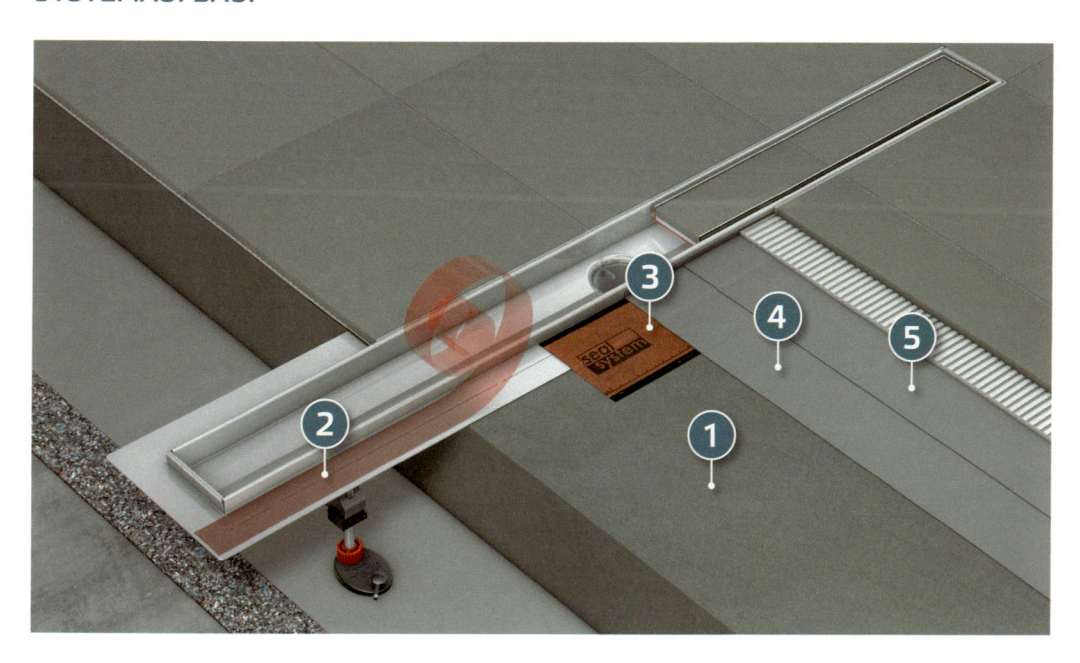

SYSTEMAUFBAU:

1. Estrich
2. Schutzfolie Rinnenflansch
3. Seal System Dichtband
4. Erste Schicht Dichtfolie
5. Zweite Schicht Dichtfolie

6. Zertifikate und Systemaufbauten

kiwa
Partner for progress

Kiwa TBU GmbH
www.kiwa.de

Prüfgrundsätze zur Erteilung von allgemeinen bauaufsichtlichen Prüfzeugnissen für Abdichtungen im Verbund mit Fliesen- und Plattenbelägen
Teil 1: Flüssig zu verarbeitende Abdichtungsstoffe
(PG-AIV-F, Ausgabe Juni 2010)

Prüfung durch die Kiwa TBU GmbH

Firma: TECE GmbH, Hollefeldstraße 57,
48282 Emsdetten, Deutschland
Ausstellungsdatum: 01.02.2012
Geltungsdauer bis: 01.02.2017

Systemkomp.: runder Bodenablauf (Flansch-Ø 252 mm) mit angespritztem Vliesstoff
TECEdrainpoint
beidseitig vlieskaschierte Dichtmanschette
Seal System Dichtmanschette
flüssige Dichtfolie
Rywalit Lastodicht
(Bezeichnungen des Auftraggebers)

Prüfung:	Prüfgrundsatz:	Ergebnis:
Wasserdichtheit im Einbauzustand (für Beanspruchungsklasse A)	PG-AIV-F	DICHT

Die genauen Prüfbedingungen sind im Prüfbericht 2.1/29183/1381.0.1-2011 beschrieben.

Dr.-Ing. Dipl.-Geol. Ernő Németh

Kiwa TBU GmbH
Gutenbergstraße 29
D-48268 Greven
Telefon: +49 (0)2571 9872-0
Telefax: +49 (0)2571 9872-99
Web: www.kiwa.de
e-mail: kiwatbu@kiwa.de
Geschäftsführer:
Michael Witthöft
Dr. Roland Hüttl
Wissenschaftlicher Leiter:
Prof.Dr.-Ing. Jochen Müller-Rochholz

RYWALIT LASTODICHT Dichtfolie
UND TECEDRAINPOINT KUNSTSTOFFABLAUF MIT SEAL SYSTEM DICHTMANSCHETTE

Typ: Einkomponentige, flüssige Dichtfolie
Gruppe: Polymerdispersionen (D)
Zulassung: Allgemeines bauaufsichtliches Prüfzeugnis (abP)
Kennzeichnung: Ü-Zeichen
Beanspruchungsklassen zusammen mit Ablauf und Seal System Dichtmanschette:
A nur im Wandbereich gem. PG-AIV-F
A0 gem. ZDB-Merkblatt (Hinweise für die Ausführung von flüssig zu verarbeitenden Verbundabdichtungen mit Bekleidungen und Belägen aus Fliesen und Platten für den Innen- und Außenbereich; August 2012)

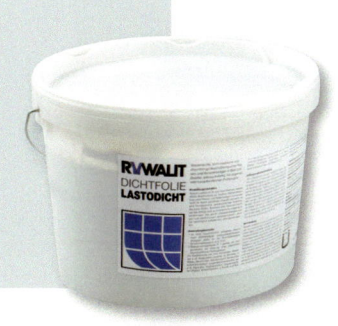

VERARBEITUNGSSCHRITTE:

1. Kunststoffablauf wird nach Montageanleitung komplett in den Estrich eingebaut. Hierbei wird der Dichtflansch durch die Schutzfolie vor Verschmutzung geschützt.
2. Estrich trocknen lassen.
3. Estrichuntergrund gründlich reinigen. Untergründe für Abdichtungen müssen tragfähig, formbeständig sowie frei von klaffenden Rissen und haftungsmindernden Stoffen (z. B. Staub, Öl, Wachs, Trennmittel, Ausblühungen, Sinterschichten, Lack- und Farbreste, alte Bodenklebstoffreste) sein.
4. Schutzfolie vom Flansch des Ablaufs abziehen.
5. Erste Schicht der Dichtfolie Rywalit Lastodicht aufbringen.
6. Seal System Dichtmanschette auf dem Ablaufflansch und der noch feuchten Dichtfolie platzieren.
7. Dichtfolie trocknen lassen.
8. Zweite Schicht der Dichtfolie Rywalit Lastodicht aufbringen.

Die flüssige Dichtfolie ist entsprechend des Technischen Merkblatts Rywalit Lastodicht der RYWA GmbH & Co. KG zu verarbeiten. Dieses Merkblatt kann unter **www.sealsystem.net** heruntergeladen werden.

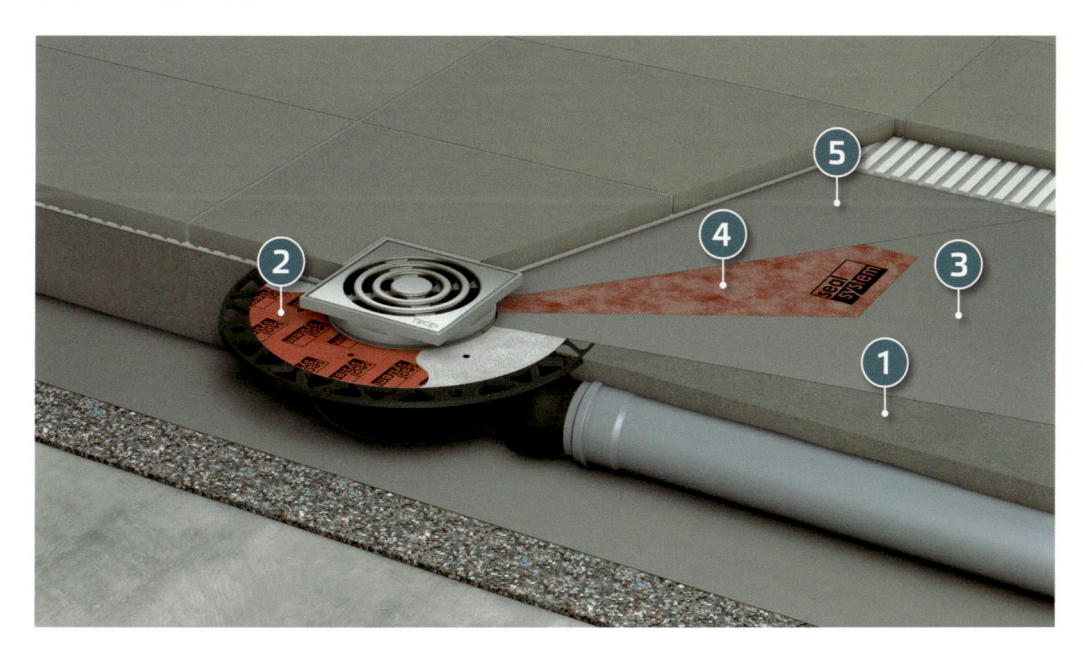

SYSTEMAUFBAU:

1. Estrich
2. Schutzfolie Ablaufflansch
3. Erste Schicht Dichtfolie
4. Seal System Dichtmanschette
5. Zweite Schicht Dichtfolie

6. Zertifikate und Systemaufbauten

kiwa Partner for progress

Kiwa TBU GmbH
www.kiwa.de

Zertifikat

Prüfgrundsätze zur Erteilung von allgemeinen bauaufsichtlichen Prüfzeugnissen für Abdichtungen im Verbund mit Fliesen- und Plattenbelägen
Teil 1: Flüssig zu verarbeitende Abdichtungsstoffe
(PG-AIV-F, Ausgabe Juni 2010)

Prüfung durch die Kiwa TBU GmbH

Firma: TECE GmbH, Hollefeldstraße 57, 48282 Emsdetten, Deutschland
Ausstellungsdatum: 01.02.2012
Geltungsdauer bis: 01.02.2017

Systemkomp.: rechteckige Edelstahlduschrinne
TECEdrainline
selbstklebendes einseitig vlieskaschiertes Dichtband
Seal System Dichtband
zementäre Dichtschlämme
SAKRET Flexible Dichtschlämme FDS
(Bezeichnungen des Auftraggebers)

Prüfung:	Prüfgrundsatz:	Ergebnis:
Wasserdichtheit im Einbauzustand (für Beanspruchungsklasse A und C)	PG-AIV-F	DICHT

Die genauen Prüfbedingungen sind im Prüfbericht 2.1/29183/1384.0.1-2011 beschrieben.

Dr.-Ing. Dipl.-Geol. Ernő Németh

Kiwa TBU GmbH
Gutenbergstraße 29
D-48268 Greven
Telefon: +49 (0)2571 9872-0
Telfax: +49 (0)2571 9872-99
Web: www.kiwa.de
e-mail: kiwatbu@kiwa.de
Geschäftsführer:
Michael Witthöft
Dr. Roland Hüttl
Wissenschaftlicher Leiter:
Prof.Dr.-Ing. Jochen Müller-Rochholz

T:\tbu\QMSneu\QMS\2 KP\2.4 TBU-Mon\Kunden Mon\29183\Kopien - korrigierte Zertifikate zu Drucken 15.10.2012\1384.0.1-2011zert.doc

SAKRET FLEXIBLE DICHTSCHLÄMME FDS
UND TECEDRAINLINE DUSCHRINNE MIT SEAL SYSTEM DICHTBAND

Typ: Einkomponentige, zementäre Dichtungsschlämme
Gruppe: Kunststoff-Zement-Mörtel-Kombination (M)
Zulassung: Allgemeines bauaufsichtliches Prüfzeugnis (abP)
Kennzeichnung: Ü-Zeichen
Beanspruchungsklassen zusammen mit Duschrinne und Seal System Dichtband:
A C gem. PG-AIV-F
A0 gem. ZDB-Merkblatt (Hinweise für die Ausführung von flüssig zu verarbeitenden Verbundabdichtungen mit Bekleidungen und Belägen aus Fliesen und Platten für den Innen- und Außenbereich; August 2012)

VERARBEITUNGSSCHRITTE:

1. Duschrinne wird nach Montageanleitung komplett in den Estrich eingebaut. Hierbei wird der Dichtflansch durch die Schutzfolie vor Verschmutzung geschützt.
2. Estrich trocknen lassen.
3. Estrichuntergrund gründlich reinigen. Untergründe für Abdichtungen müssen tragfähig, formbeständig sowie frei von klaffenden Rissen und haftungsmindernden Stoffen (z. B. Staub, Öl, Wachs, Trennmittel, Ausblühungen, Sinterschichten, Lack- und Farbreste, alte Bodenklebstoffreste) sein.
4. Seal System Dichtband zuschneiden, sodass die Enden beim Aufkleben überlappen können.
5. Schutzfolie vom Flansch der Rinne abziehen.
6. Schutzfolie vom Seal System Dichtband entfernen.
7. Dichtband an den Enden überlappend auf den Flansch der Edelstahlrinne und den Untergrund kleben.
8. Erste Schicht der zementären Dichtschlämme SAKRET FDS aufbringen und trocknen lassen.
9. Zweite Schicht der zementären Dichtschlämme SAKRET FDS aufbringen.

Die zementäre Dichtungsschlämme ist entsprechend des Technischen Merkblatts SAKRET Flexible Dichtschlämme FDS der SAKRET Trockenbaustoffe Europa GmbH & Co. KG zu verarbeiten. Dieses Merkblatt kann unter **www.sealsystem.net** heruntergeladen werden.

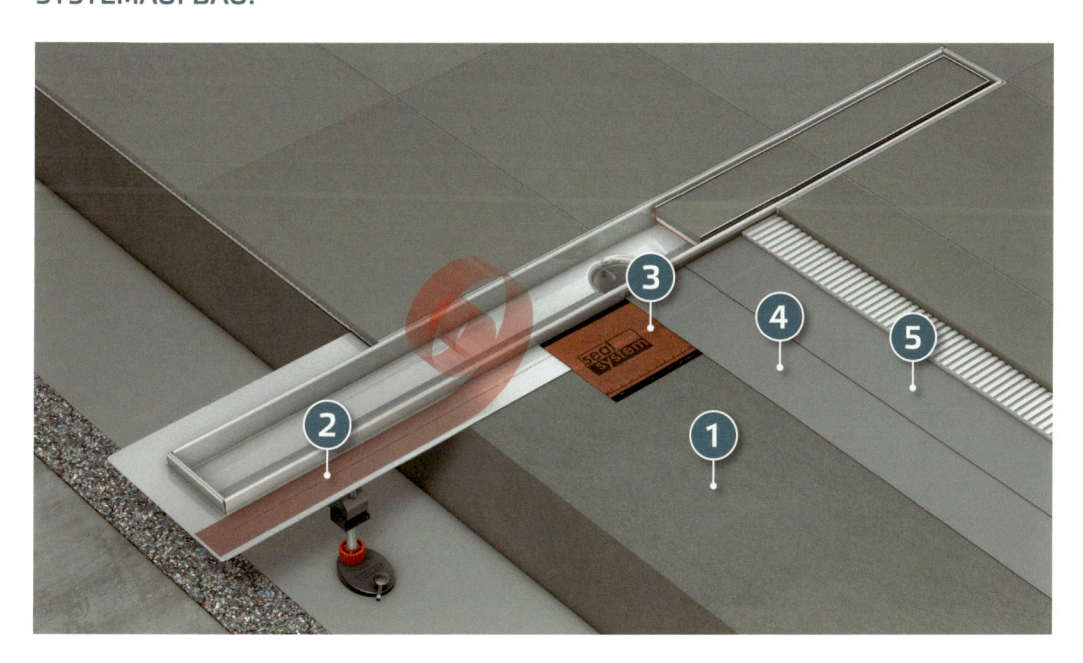

SYSTEMAUFBAU:

1. Estrich
2. Schutzfolie Rinnenflansch
3. Seal System Dichtband
4. Erste Schicht Dichtschlämme
5. Zweite Schicht Dichtschlämme

Zertifikat

kiwa — Partner for progress

Kiwa TBU GmbH
www.kiwa.de

Prüfgrundsätze zur Erteilung von allgemeinen bauaufsichtlichen Prüfzeugnissen für Abdichtungen im Verbund mit Fliesen- und Plattenbelägen
Teil 1: Flüssig zu verarbeitende Abdichtungsstoffe
(PG-AIV-F, Ausgabe Juni 2010)

Prüfung durch die Kiwa TBU GmbH

Firma: TECE GmbH, Hollefeldstraße 57, 48282 Emsdetten, Deutschland
Ausstellungsdatum: 01.02.2012
Geltungsdauer bis: 01.02.2017

Systemkomp.: runder Bodenablauf (Flansch-Ø 252 mm) mit angespritztem Vliesstoff
TECEdrainpoint
beidseitig vlieskaschierte Dichtmanschette
Seal System Dichtmanschette
zementäre Dichtschlämme
SAKRET Flexible Dichtungsschlämme FDS
(Bezeichnungen des Auftraggebers)

Prüfung:	Prüfgrundsatz:	Ergebnis:
Wasserdichtheit im Einbauzustand (für Beanspruchungsklasse A und C)	PG-AIV-F	DICHT

Die genauen Prüfbedingungen sind im Prüfbericht 2.1/29183/1385.0.1-2011 beschrieben.

Dr.-Ing. Dipl.-Geol. Ernö Németh

Kiwa TBU GmbH
Gutenbergstraße 29
D-48268 Greven
Telefon: +49 (0)2571 9872-0
Telfax: +49 (0)2571 9872-99
Web: www.kiwa.de
e-mail: kiwatbu@kiwa.de
Geschäftsführer:
Michael Witthöft
Dr. Roland Hüttl
Wissenschaftlicher Leiter:
Prof.Dr.-Ing. Jochen Müller-Rochholz

SAKRET FLEXIBLE DICHTSCHLÄMME FDS
UND TECEDRAINPOINT KUNSTSTOFFABLAUF MIT SEAL SYSTEM DICHTMANSCHETTE

Typ: Einkomponentige, zementäre Dichtungsschlämme
Gruppe: Kunststoff-Zement-Mörtel-Kombination (M)
Zulassung: Allgemeines bauaufsichtliches Prüfzeugnis (abP)
Kennzeichnung: Ü-Zeichen
Beanspruchungsklassen zusammen mit Ablauf und Seal System Dichtmanschette:
  A C gem. PG-AIV-F
  A0 gem. ZDB-Merkblatt (Hinweise für die Ausführung von flüssig zu verarbeitenden Verbundabdichtungen mit Bekleidungen und Belägen aus Fliesen und Platten für den Innen- und Außenbereich; August 2012)

VERARBEITUNGSSCHRITTE:

1. Kunststoffablauf wird nach Montageanleitung komplett in den Estrich eingebaut. Hierbei wird der Dichtflansch durch die Schutzfolie vor Verschmutzung geschützt.
2. Estrich trocknen lassen.
3. Estrichuntergrund gründlich reinigen. Untergründe für Abdichtungen müssen tragfähig, formbeständig sowie frei von klaffenden Rissen und haftungsmindernden Stoffen (z. B. Staub, Öl, Wachs, Trennmittel, Ausblühungen, Sinterschichten, Lack- und Farbreste, alte Bodenklebstoffreste) sein.
4. Schutzfolie vom Flansch des Ablaufs abziehen.
5. Erste Schicht der zementären Dichtschlämme SAKRET FDS aufbringen.
6. Seal System Dichtmanschette auf dem Ablaufflansch und der noch feuchten Dichtschlämme platzieren.
7. Dichtschlämme trocknen lassen.
8. Zweite Schicht der zementären Dichtschlämme SAKRET FDS aufbringen.

Die zementäre Dichtungsschlämme ist entsprechend des Technischen Merkblatts SAKRET Flexible Dichtschlämme FDS der SAKRET Trockenbaustoffe Europa GmbH & Co. KG zu verarbeiten. Dieses Merkblatt kann unter **www.sealsystem.net** heruntergeladen werden.

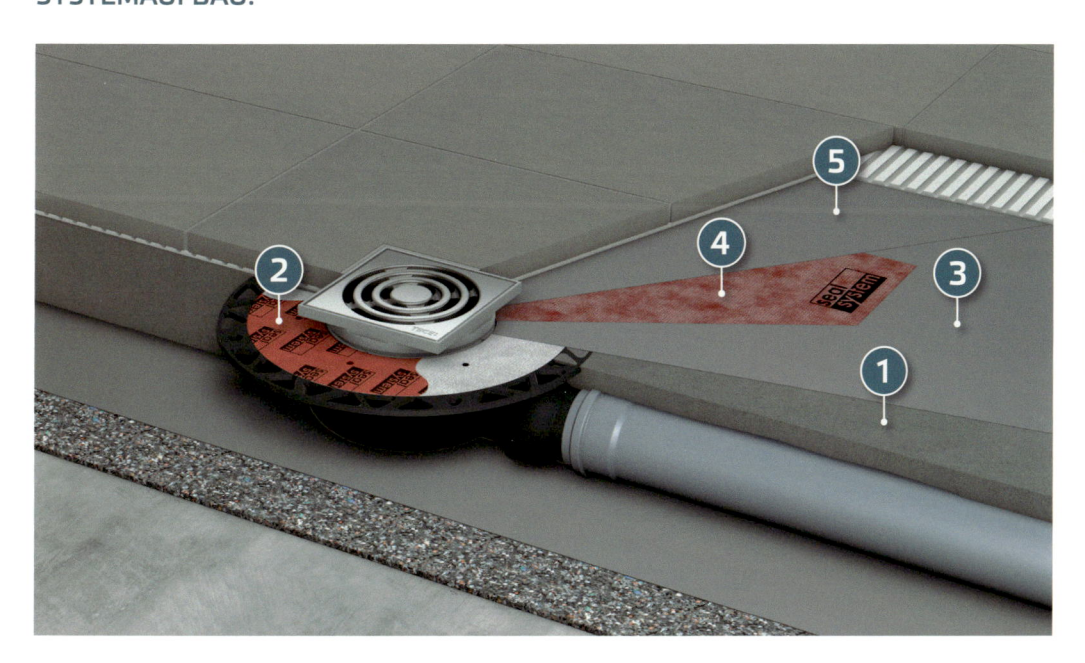

SYSTEMAUFBAU:

1. Estrich
2. Schutzfolie Ablaufflansch
3. Erste Schicht Dichtschlämme
4. Seal System Dichtmanschette
5. Zweite Schicht Dichtschlämme

6. Zertifikate und Systemaufbauten

kiwa Partner for progress

Kiwa TBU GmbH
www.kiwa.de

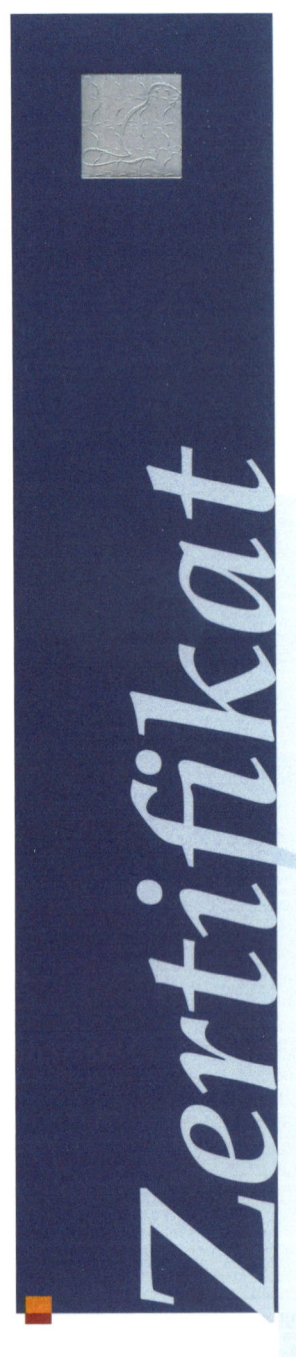

Prüfgrundsätze zur Erteilung von allgemeinen bauaufsichtlichen Prüfzeugnissen für Abdichtungen im Verbund mit Fliesen- und Plattenbelägen
Teil 1: Flüssig zu verarbeitende Abdichtungsstoffe
(PG-AIV-F, Ausgabe Juni 2010)

Prüfung durch die Kiwa TBU GmbH

Firma: TECE GmbH, Hollefeldstraße 57, 48282 Emsdetten, Deutschland
Ausstellungsdatum: 01.02.2012
Geltungsdauer bis: 01.02.2017

Systemkomp.: rechteckige Edelstahlduschrinne
TECEdrainline
selbstklebendes einseitig vlieskaschiertes Dichtband
Seal System Dichtband
flüssige Dichtfolie
Objektabdichtung OAD
(Bezeichnungen des Auftraggebers)

Prüfung:	Prüfgrundsatz:	Ergebnis:
Wasserdichtheit im Einbauzustand (für Beanspruchungsklasse A)	PG-AIV-F	DICHT

Die genauen Prüfbedingungen sind im Prüfbericht 2.1/29183/1342.0.1-2011 beschrieben.

i.A. Dr.-Ing. Dipl.-Geol. Ernő Németh

Kiwa TBU GmbH
Gutenbergstraße 29
D-48268 Greven
Telefon: +49 (0)2571 9872-0
Telefax: +49 (0)2571 9872-99
Web: www.kiwa.de
e-mail: kiwatbu@kiwa.de
Geschäftsführer:
Michael Witthöft
Dr. Roland Hüttl
Wissenschaftlicher Leiter:
Prof.Dr.-Ing. Jochen Müller-Rochholz

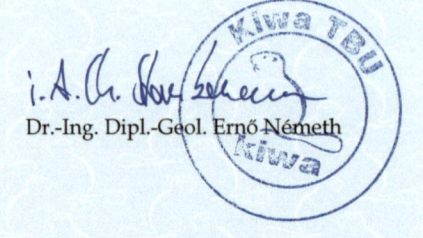

X:\tbu\QMSneu\QMS\2 KP\2.4 TBU-Mon\Kunden Mon\29183\Zertifikate zum ausdrucken\1342.0.1-2011zert.doc

6. Zertifikate und Systemaufbauten

SAKRET OBJEKTABDICHTUNG OAD
UND TECEDRAINLINE DUSCHRINNE MIT SEAL SYSTEM DICHTBAND

Typ: Einkomponentige, flüssige Dichtfolie
Gruppe: Polymerdispersionen (D)
Zulassung: Allgemeines bauaufsichtliches Prüfzeugnis (abP)
Kennzeichnung: Ü-Zeichen
Beanspruchungsklassen zusammen mit Duschrinne und Seal System Dichtband:
- **A** nur im Wandbereich gem. PG-AIV-F
- **A0** gem. ZDB-Merkblatt (Hinweise für die Ausführung von flüssig zu verarbeitenden Verbundabdichtungen mit Bekleidungen und Belägen aus Fliesen und Platten für den Innen- und Außenbereich; August 2012)

VERARBEITUNGSSCHRITTE:

1. Duschrinne wird nach Montageanleitung komplett in den Estrich eingebaut. Hierbei wird der Dichtflansch durch die Schutzfolie vor Verschmutzung geschützt.
2. Estrich trocknen lassen.
3. Estrichuntergrund gründlich reinigen. Untergründe für Abdichtungen müssen tragfähig, formbeständig sowie frei von klaffenden Rissen und haftungsmindernden Stoffen (z. B. Staub, Öl, Wachs, Trennmittel, Ausblühungen, Sinterschichten, Lack- und Farbreste, alte Bodenklebstoffreste) sein.
4. Seal System Dichtband zuschneiden, sodass die Enden beim Aufkleben überlappen können.
5. Schutzfolie vom Flansch der Rinne abziehen.
6. Schutzfolie vom Seal System Dichtband entfernen.
7. Dichtband an den Enden überlappend auf den Flansch der Edelstahlrinne und den Untergrund kleben.
8. Erste Schicht der Dichtfolie SAKRET OAD aufbringen und trocknen lassen.
9. Zweite Schicht der Dichtfolie SAKRET OAD aufbringen.

Die flüssige Dichtfolie ist entsprechend des Technischen Merkblatts SAKRET Objektabdichtung OAD der SAKRET Trockenbaustoffe Europa GmbH & Co. KG zu verarbeiten. Dieses Merkblatt kann unter **www.sealsystem.net** heruntergeladen werden.

SYSTEMAUFBAU:

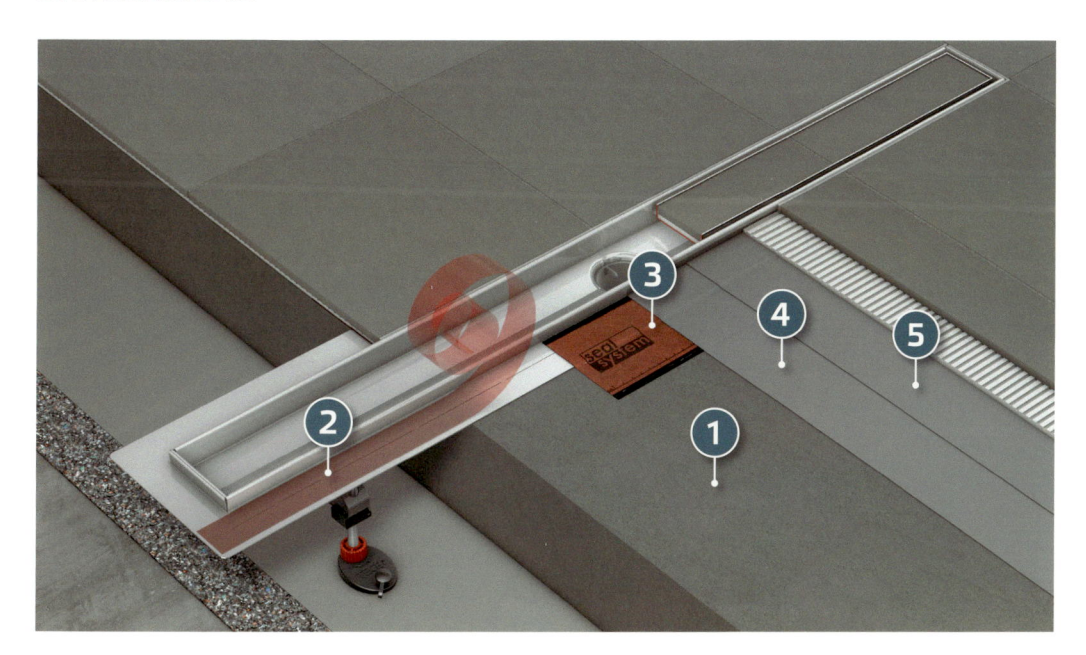

1. Estrich
2. Schutzfolie Rinnenflansch
3. Seal System Dichtband
4. Erste Schicht Dichtfolie
5. Zweite Schicht Dichtfolie

Zertifikat

kiwa — Partner for progress

Kiwa TBU GmbH
www.kiwa.de

Prüfgrundsätze zur Erteilung von allgemeinen bauaufsichtlichen Prüfzeugnissen für Abdichtungen im Verbund mit Fliesen- und Plattenbelägen
Teil 1: Flüssig zu verarbeitende Abdichtungsstoffe
(PG-AIV-F, Ausgabe Juni 2010)

Prüfung durch die Kiwa TBU GmbH

Firma: TECE GmbH, Hollefeldstraße 57, 48282 Emsdetten, Deutschland
Ausstellungsdatum: 01.02.2012
Geltungsdauer bis: 01.02.2017

Systemkomp.: runder Bodenablauf (Flansch-Ø 252 mm) mit angespritztem Vliesstoff
TECEdrainpoint
beidseitig vlieskaschierte Dichtmanschette
Seal System Dichtmanschette
flüssige Dichtfolie
Objektabdichtung OAD
(Bezeichnungen des Auftraggebers)

Prüfung:	Prüfgrundsatz:	Ergebnis:
Wasserdichtheit im Einbauzustand (für Beanspruchungsklasse A)	PG-AIV-F	DICHT

Die genauen Prüfbedingungen sind im Prüfbericht 2.1/29183/1343.0.1-2011 beschrieben.

Dr.-Ing. Dipl.-Geol. Ernő Németh

Kiwa TBU GmbH
Gutenbergstraße 29
D-48268 Greven
Telefon: +49 (0)2571 9872-0
Telefax: +49 (0)2571 9872-99
Web: www.kiwa.de
e-mail: kiwatbu@kiwa.de
Geschäftsführer:
Michael Witthöft
Dr. Roland Hüttl
Wissenschaftlicher Leiter:
Prof.Dr.-Ing. Jochen Müller-Rochholz

6. Zertifikate und Systemaufbauten

SAKRET OBJEKTABDICHTUNG OAD
UND TECEDRAINPOINT KUNSTSTOFFABLAUF MIT SEAL SYSTEM DICHTMANSCHETTE

Typ: Einkomponentige, flüssige Dichtfolie
Gruppe: Polymerdispersionen (D)
Zulassung: Allgemeines bauaufsichtliches Prüfzeugnis (abP)
Kennzeichnung: Ü-Zeichen
Beanspruchungsklassen zusammen mit Ablauf und Seal System Dichtmanschette:
- **A** nur im Wandbereich gem. PG-AIV-F
- **A0** gem. ZDB-Merkblatt (Hinweise für die Ausführung von flüssig zu verarbeitenden Verbundabdichtungen mit Bekleidungen und Belägen aus Fliesen und Platten für den Innen- und Außenbereich; August 2012)

VERARBEITUNGSSCHRITTE:

1. Kunststoffablauf wird nach Montageanleitung komplett in den Estrich eingebaut. Hierbei wird der Dichtflansch durch die Schutzfolie vor Verschmutzung geschützt.
2. Estrich trocknen lassen.
3. Estrichuntergrund gründlich reinigen. Untergründe für Abdichtungen müssen tragfähig, formbeständig sowie frei von klaffenden Rissen und haftungsmindernden Stoffen (z. B. Staub, Öl, Wachs, Trennmittel, Ausblühungen, Sinterschichten, Lack- und Farbreste, alte Bodenklebstoffreste) sein.
4. Schutzfolie vom Flansch des Ablaufs abziehen.
5. Erste Schicht der Dichtfolie SAKRET OAD aufbringen.
6. Seal System Dichtmanschette auf dem Ablaufflansch und der noch feuchten Dichtfolie platzieren.
7. Dichtfolie trocknen lassen.
8. Zweite Schicht der Dichtfolie SAKRET OAD aufbringen.

Die flüssige Dichtfolie ist entsprechend des Technischen Merkblatts SAKRET Objektabdichtung OAD der SAKRET Trockenbaustoffe Europa GmbH & Co. KG zu verarbeiten. Dieses Merkblatt kann unter **www.sealsystem.net** heruntergeladen werden.

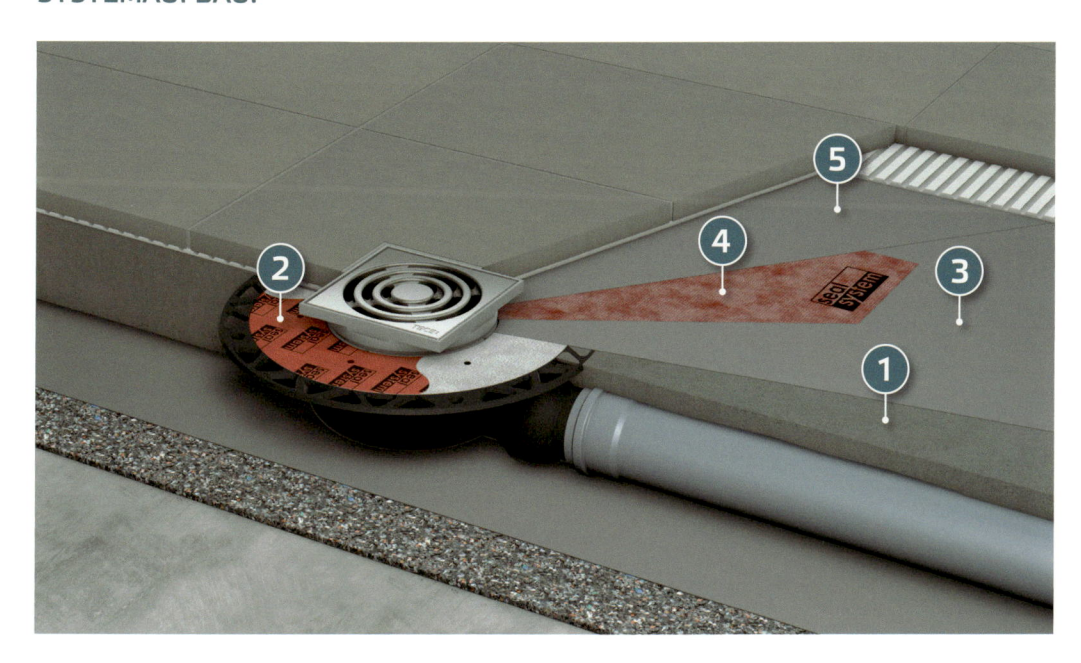

SYSTEMAUFBAU:

1. Estrich
2. Schutzfolie Ablaufflansch
3. Erste Schicht Dichtfolie
4. Seal System Dichtmanschette
5. Zweite Schicht Dichtfolie

6. Zertifikate und Systemaufbauten

kiwa
Partner for progress

Kiwa TBU GmbH
www.kiwa.de

Prüfgrundsätze zur Erteilung von allgemeinen bauaufsichtlichen Prüfzeugnissen für Abdichtungen im Verbund mit Fliesen- und Plattenbelägen
Teil 1: Flüssig zu verarbeitende Abdichtungsstoffe
(PG-AIV-F, Ausgabe Juni 2010)

Prüfung durch die Kiwa TBU GmbH

Firma: TECE GmbH, Hollefeldstraße 57, 48282 Emsdetten, Deutschland
Ausstellungsdatum: 01.02.2012
Geltungsdauer bis: 01.02.2017

Systemkomp.: rechteckige Edelstahlduschrinne
TECEdrainline
selbstklebendes einseitig vlieskaschiertes Dichtband
Seal System Dichtband
zementäre Dichtungsschlämme
AQUAFIN® -1K-FLEX
(Bezeichnungen des Auftraggebers)

Prüfung:	Prüfgrundsatz:	Ergebnis:
Wasserdichtheit im Einbauzustand (für Beanspruchungsklasse A und C)	PG-AIV-F	DICHT

Die genauen Prüfbedingungen sind im Prüfbericht 2.1/29183/1344.0.1-2011 beschrieben.

Dr.-Ing. Dipl.-Geol. Ernő Németh

Kiwa TBU GmbH
Gutenbergstraße 29
D-48268 Greven
Telefon: +49 (0)2571 9872-0
Telefax: +49 (0)2571 9872-99
Web: www.kiwa.de
e-mail: kiwatbu@kiwa.de
Geschäftsführer:
Michael Witthöft
Dr. Roland Hüttl
Wissenschaftlicher Leiter:
Prof.Dr.-Ing. Jochen Müller-Rochholz

SCHOMBURG AQUAFIN-1K-FLEX
UND TECEDRAINLINE DUSCHRINNE MIT SEAL SYSTEM DICHTBAND

Typ: Einkomponentige, zementäre Dichtungsschlämme
Gruppe: Kunststoff-Zement-Mörtel-Kombination (M)
Zulassung: Allgemeines bauaufsichtliches Prüfzeugnis (abP)
Kennzeichnung: Ü-Zeichen
Beanspruchungsklassen zusammen mit Duschrinne und Seal System Dichtband:
A C gem. PG-AIV-F
A0 gem. ZDB-Merkblatt (Hinweise für die Ausführung von flüssig zu verarbeitenden Verbundabdichtungen mit Bekleidungen und Belägen aus Fliesen und Platten für den Innen- und Außenbereich; August 2012)

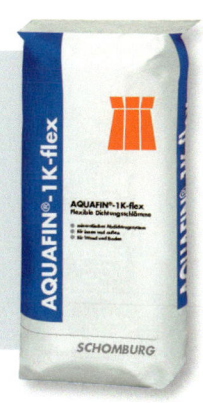

VERARBEITUNGSSCHRITTE:

1. Duschrinne wird nach Montageanleitung komplett in den Estrich eingebaut. Hierbei wird der Dichtflansch durch die Schutzfolie vor Verschmutzung geschützt.
2. Estrich trocknen lassen.
3. Estrichuntergrund gründlich reinigen. Untergründe für Abdichtungen müssen tragfähig, formbeständig sowie frei von klaffenden Rissen und haftungsmindernden Stoffen (z. B. Staub, Öl, Wachs, Trennmittel, Ausblühungen, Sinterschichten, Lack- und Farbreste, alte Bodenklebstoffreste) sein.
4. Seal System Dichtband zuschneiden, sodass die Enden beim Aufkleben überlappen können.
5. Schutzfolie vom Flansch der Rinne abziehen.
6. Schutzfolie vom Seal System Dichtband entfernen.
7. Dichtband an den Enden überlappend auf den Flansch der Edelstahlrinne und den Untergrund kleben.
8. Erste Schicht der zementären Dichtschlämme AQUAFIN-1K-FLEX aufbringen und trocknen lassen.
9. Zweite Schicht der zementären Dichtschlämme AQUAFIN-1K-FLEX aufbringen.

Die zementäre Dichtschlämme ist entsprechend des Technischen Merkblatts AQUAFIN-1K-FLEX der SCHOMBURG GmbH zu verarbeiten. Dieses Merkblatt kann unter **www.sealsystem.net** heruntergeladen werden.

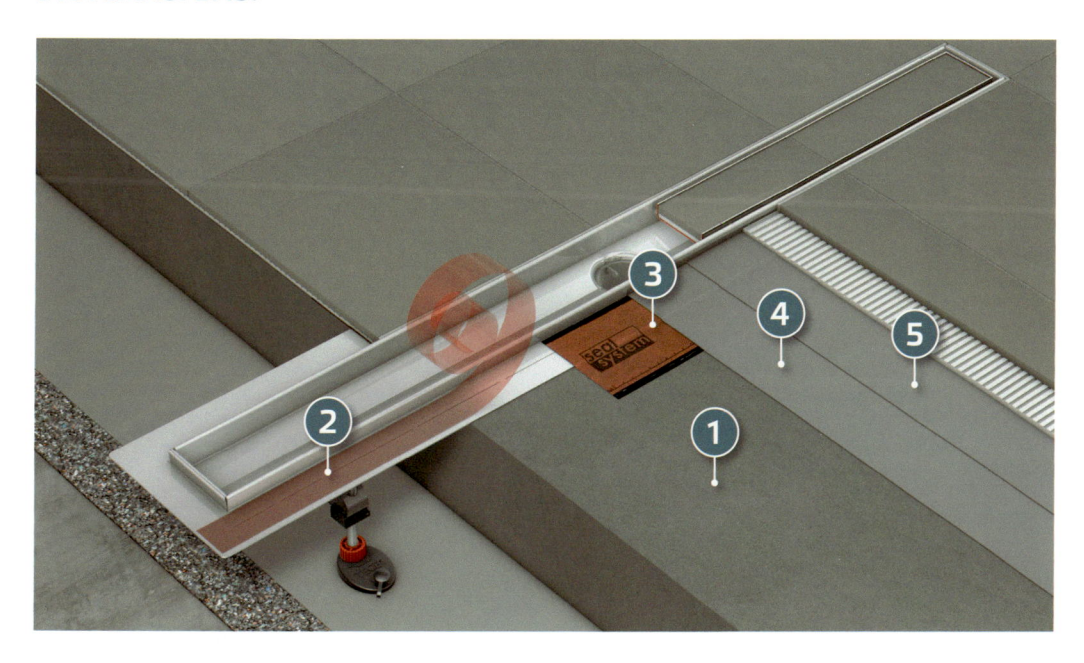

SYSTEMAUFBAU:

1. Estrich
2. Schutzfolie Rinnenflansch
3. Seal System Dichtband
4. Erste Schicht Dichtschlämme
5. Zweite Schicht Dichtschlämme

6. Zertifikate und Systemaufbauten

kiwa
Partner for progress

Kiwa TBU GmbH
www.kiwa.de

Prüfgrundsätze zur Erteilung von allgemeinen bauaufsichtlichen Prüfzeugnissen für Abdichtungen im Verbund mit Fliesen- und Plattenbelägen
Teil 1: Flüssig zu verarbeitende Abdichtungsstoffe
(PG-AIV-F, Ausgabe Juni 2010)

Prüfung durch die Kiwa TBU GmbH

Firma: TECE GmbH, Hollefeldstraße 57,
48282 Emsdetten, Deutschland
Ausstellungsdatum: 01.02.2012
Geltungsdauer bis: 01.02.2017

Systemkomp.: runder Bodenablauf (Flansch-Ø 252 mm) mit angespritztem Vliesstoff
TECEdrainpoint
beidseitig vlieskaschierte Dichtmanschette
Seal System Dichtmanschette
zementäre Dichtungsschlämme
AQUAFIN® -1K-FLEX
(Bezeichnungen des Auftraggebers)

Prüfung:	Prüfgrundsatz:	Ergebnis:
Wasserdichtheit im Einbauzustand (für Beanspruchungsklasse A und C)	PG-AIV-F	DICHT

Die genauen Prüfbedingungen sind im Prüfbericht 2.1/29183/1345.0.1-2011 beschrieben.

Dr.-Ing. Dipl.-Geol. Ernő Németh

Kiwa TBU GmbH
Gutenbergstraße 29
D-48268 Greven
Telefon: +49 (0)2571 9872-0
Telefax: +49 (0)2571 9872-99
Web: www.kiwa.de
e-mail: kiwatbu@kiwa.de
Geschäftsführer:
Michael Witthöft
Dr. Roland Hüttl
Wissenschaftlicher Leiter:
Prof.Dr.-Ing. Jochen Müller-Rochholz

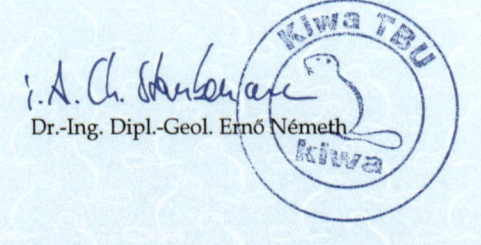

X:\tbu\QMSneu\QMS\2 KP\2.4 TBU-Mon\Kunden Mon\29183\Zertifikate zum ausdrucken\1345.0.1-2011zert.doc

SCHOMBURG AQUAFIN-1K-FLEX
UND TECEDRAINPOINT KUNSTSTOFFABLAUF MIT SEAL SYSTEM DICHTMANSCHETTE

Typ: Einkomponentige, zementäre Dichtungsschlämme
Gruppe: Kunststoff-Zement-Mörtel-Kombination (M)
Zulassung: Allgemeines bauaufsichtliches Prüfzeugnis (abP)
Kennzeichnung: Ü-Zeichen
Beanspruchungsklassen zusammen mit Ablauf und Seal System Dichtmanschette:
A **C** gem. PG-AIV-F
A0 gem. ZDB-Merkblatt (Hinweise für die Ausführung von flüssig zu verarbeitenden Verbundabdichtungen mit Bekleidungen und Belägen aus Fliesen und Platten für den Innen- und Außenbereich; August 2012)

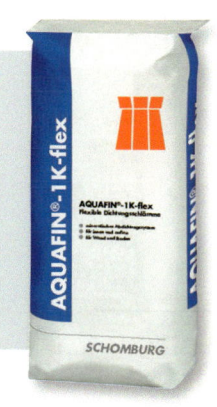

VERARBEITUNGSSCHRITTE:

1. Kunststoffablauf wird nach Montageanleitung komplett in den Estrich eingebaut. Hierbei wird der Dichtflansch durch die Schutzfolie vor Verschmutzung geschützt.
2. Estrich trocknen lassen.
3. Estrichuntergrund gründlich reinigen. Untergründe für Abdichtungen müssen tragfähig, formbeständig sowie frei von klaffenden Rissen und haftungsmindernden Stoffen (z. B. Staub, Öl, Wachs, Trennmittel, Ausblühungen, Sinterschichten, Lack- und Farbreste, alte Bodenklebstoffreste) sein.
4. Schutzfolie vom Flansch des Ablaufs abziehen.
5. Erste Schicht der zementären Dichtschlämme AQUAFIN-1K-FLEX aufbringen.
6. Seal System Dichtmanschette auf dem Ablaufflansch und der noch feuchten Dichtschlämme platzieren.
7. Dichtschlämme trocknen lassen.
8. Zweite Schicht der zementären Dichtschlämme AQUAFIN-1K-FLEX aufbringen.

Die zementäre Dichtschlämme ist entsprechend des Technischen Merkblatts AQUAFIN-1K-FLEX der SCHOMBURG GmbH zu verarbeiten. Dieses Merkblatt kann unter **www.sealsystem.net** heruntergeladen werden.

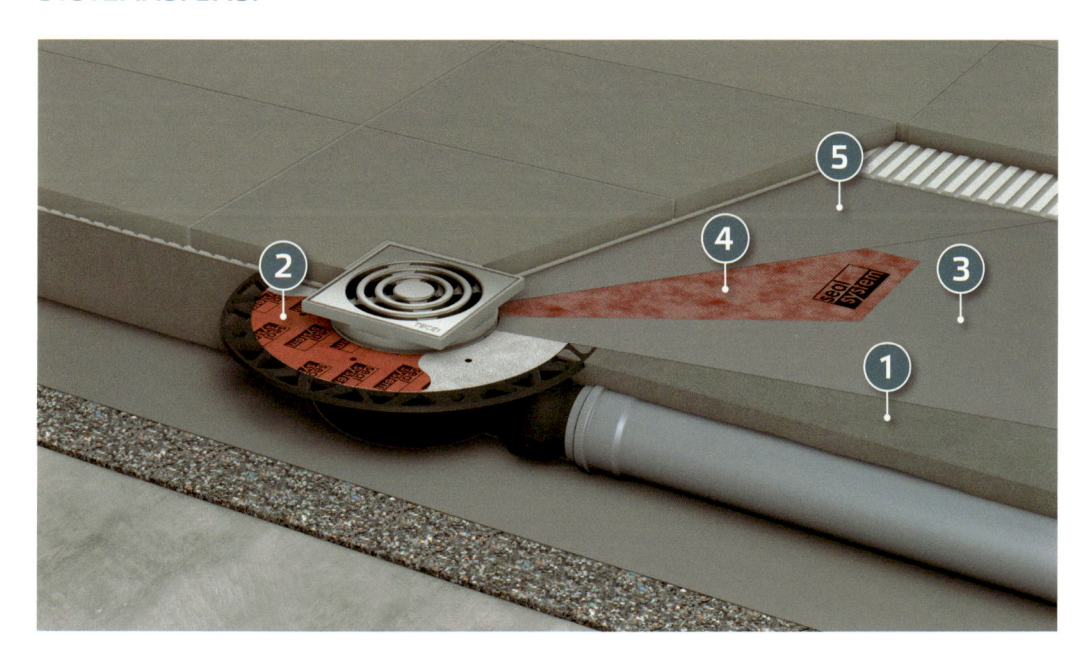

SYSTEMAUFBAU:

1. Estrich
2. Schutzfolie Ablaufflansch
3. Erste Schicht Dichtschlämme
4. Seal System Dichtmanschette
5. Zweite Schicht Dichtschlämme

Zertifikat

kiwa — Partner for progress

Kiwa TBU GmbH
www.kiwa.de

Prüfgrundsätze zur Erteilung von allgemeinen bauaufsichtlichen Prüfzeugnissen für Abdichtungen im Verbund mit Fliesen- und Plattenbelägen
Teil 1: Flüssig zu verarbeitende Abdichtungsstoffe
(PG-AIV-F, Ausgabe Juni 2010)

Prüfung durch die Kiwa TBU GmbH

Firma: TECE GmbH, Hollefeldstraße 57, 48282 Emsdetten, Deutschland
Ausstellungsdatum: 12.10.2012
Geltungsdauer bis: 12.10.2017

Systemkomp.: rechteckige Edelstahlduschrinne
TECEdrainline
selbstklebendes einseitig vlieskaschiertes Dichtband
Seal System Dichtband
2 komponentige zementäre Dichtungsschlämme
AQUAFIN 2K
(Bezeichnungen des Auftraggebers)

Prüfung:	Prüfgrundsatz:	Ergebnis:
Wasserdichtheit im Einbauzustand (für Beanspruchungsklasse A und C)	PG-AIV-F	DICHT

Die genauen Prüfbedingungen sind im Prüfbericht 2.1/29183/0408.0.1-2012 beschrieben.

Dr.-Ing. Dipl.-Geol. Ernő Németh

Kiwa TBU GmbH
Gutenbergstraße 29
D-48268 Greven
Telefon: +49 (0)2571 9872-0
Telefax: +49 (0)2571 9872-99
Web: www.kiwa.de
e-mail: kiwatbu@kiwa.de
Geschäftsführer:
Michael Witthöft
Dr. Roland Hüttl
Wissenschaftlicher Leiter:
Prof.Dr.-Ing. Jochen Müller-Rochholz

SCHOMBURG AQUAFIN-2K
UND TECEDRAINLINE DUSCHRINNE MIT SEAL SYSTEM DICHTBAND

Typ: Zweikomponentige, zementäre Dichtungsschlämme
Gruppe: Kunststoff-Zement-Mörtel-Kombination (M)
Zulassung: Allgemeines bauaufsichtliches Prüfzeugnis (abP)
Kennzeichnung: Ü-Zeichen
Beanspruchungsklassen zusammen mit Duschrinne und Seal System Dichtband:
A C gem. PG-AIV-F
A0 gem. ZDB-Merkblatt (Hinweise für die Ausführung von flüssig zu verarbeitenden Verbundabdichtungen mit Bekleidungen und Belägen aus Fliesen und Platten für den Innen- und Außenbereich; August 2012))

VERARBEITUNGSSCHRITTE:

1. Duschrinne wird nach Montageanleitung komplett in den Estrich eingebaut. Hierbei wird der Dichtflansch durch die Schutzfolie vor Verschmutzung geschützt.
2. Estrich trocknen lassen.
3. Estrichuntergrund gründlich reinigen. Untergründe für Abdichtungen müssen tragfähig, formbeständig sowie frei von klaffenden Rissen und haftungsmindernden Stoffen (z. B. Staub, Öl, Wachs, Trennmittel, Ausblühungen, Sinterschichten, Lack- und Farbreste, alte Bodenklebstoffreste) sein.
4. Seal System Dichtband zuschneiden, sodass die Enden beim Aufkleben überlappen können.
5. Schutzfolie vom Flansch der Rinne abziehen.
6. Schutzfolie vom Seal System Dichtband entfernen.
7. Dichtband an den Enden überlappend auf den Flansch der Edelstahlrinne und den Untergrund kleben.
8. Erste Schicht der zementären Dichtschlämme AQUAFIN-2K aufbringen und trocknen lassen.
9. Zweite Schicht der zementären Dichtschlämme AQUAFIN-2K aufbringen.

Die zementäre Dichtschlämme ist entsprechend des Technischen Merkblatts AQUAFIN-2K der SCHOMBURG GmbH zu verarbeiten. Dieses Merkblatt kann unter **www.sealsystem.net** heruntergeladen werden.

SYSTEMAUFBAU:

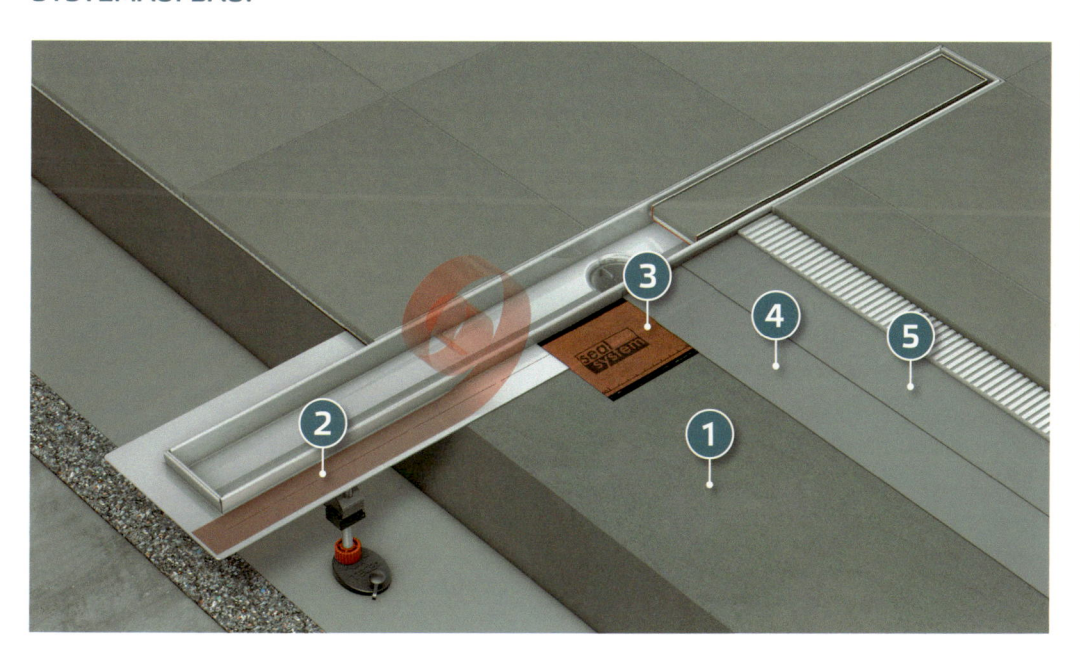

1. Estrich
2. Schutzfolie Rinnenflansch
3. Seal System Dichtband
4. Erste Schicht Dichtschlämme
5. Zweite Schicht Dichtschlämme

kiwa
Partner for progress

Kiwa TBU GmbH
www.kiwa.de

Zertifikat

Prüfgrundsätze zur Erteilung von allgemeinen bauaufsichtlichen Prüfzeugnissen für Abdichtungen im Verbund mit Fliesen- und Plattenbelägen
Teil 1: Flüssig zu verarbeitende Abdichtungsstoffe
(PG-AIV-F, Ausgabe Juni 2010)

Prüfung durch die Kiwa TBU GmbH

Firma: TECE GmbH, Hollefeldstraße 57, 48282 Emsdetten, Deutschland
Ausstellungsdatum: 15.03.2012
Geltungsdauer bis: 15.03.2017

Systemkomp.: runder Bodenablauf (Flansch-Ø 252 mm) mit angespritztem Vliesstoff
TECEdrainpoint
beidseitig vlieskaschierte Dichtmanschette
Seal System Dichtmanschette
2 komponentige zementäre Dichtungsschlämme
AQUAFIN® -2K
(Bezeichnungen des Auftraggebers)

Prüfung:	Prüfgrundsatz:	Ergebnis:
Wasserdichtheit im Einbauzustand (für Beanspruchungsklasse A und C)	PG-AIV-F	DICHT

Die genauen Prüfbedingungen sind im Prüfbericht 2.1/29183/1349.0.1-2011 beschrieben.

Dr.-Ing. Dipl.-Geol. Ernő Németh

Kiwa TBU GmbH
Gutenbergstraße 29
D-48268 Greven
Telefon: +49 (0)2571 9872-0
Telfax: +49 (0)2571 9872-99
Web: www.kiwa.de
e-mail: kiwatbu@kiwa.de
Geschäftsführer:
Michael Witthöft
Dr. Roland Hüttl
Wissenschaftlicher Leiter:
Prof.Dr.-Ing. Jochen Müller-Rochholz

6. Zertifikate und Systemaufbauten

SCHOMBURG AQUAFIN-2K
UND TECEDRAINPOINT KUNSTSTOFFABLAUF MIT SEAL SYSTEM DICHTMANSCHETTE

Typ: Zweikomponentige, zementäre Dichtungsschlämme
Gruppe: Kunststoff-Zement-Mörtel-Kombination (M)
Zulassung: Allgemeines bauaufsichtliches Prüfzeugnis (abP)
Kennzeichnung: Ü-Zeichen
Beanspruchungsklassen zusammen mit Ablauf und Seal System Dichtmanschette:
A **C** gem. PG-AIV-F
A0 gem. ZDB-Merkblatt (Hinweise für die Ausführung von flüssig zu verarbeitenden Verbundabdichtungen mit Bekleidungen und Belägen aus Fliesen und Platten für den Innen- und Außenbereich; August 2012)

VERARBEITUNGSSCHRITTE:

1. Kunststoffablauf wird nach Montageanleitung komplett in den Estrich eingebaut. Hierbei wird der Dichtflansch durch die Schutzfolie vor Verschmutzung geschützt.
2. Estrich trocknen lassen.
3. Estrichuntergrund gründlich reinigen. Untergründe für Abdichtungen müssen tragfähig, formbeständig sowie frei von klaffenden Rissen und haftungsmindernden Stoffen (z. B. Staub, Öl, Wachs, Trennmittel, Ausblühungen, Sinterschichten, Lack- und Farbreste, alte Bodenklebstoffreste) sein.
4. Schutzfolie vom Flansch des Ablaufs abziehen.
5. Erste Schicht der zementären Dichtschlämme AQUAFIN-2K aufbringen.
6. Seal System Dichtmanschette auf dem Ablaufflansch und der noch feuchten Dichtschlämme platzieren.
7. Dichtschlämme trocknen lassen.
8. Zweite Schicht der zementären Dichtschlämme AQUAFIN-2K aufbringen.

Die zementäre Dichtschlämme ist entsprechend des Technischen Merkblatts AQUAFIN-2K der SCHOMBURG GmbH zu verarbeiten. Dieses Merkblatt kann unter **www.sealsystem.net** heruntergeladen werden.

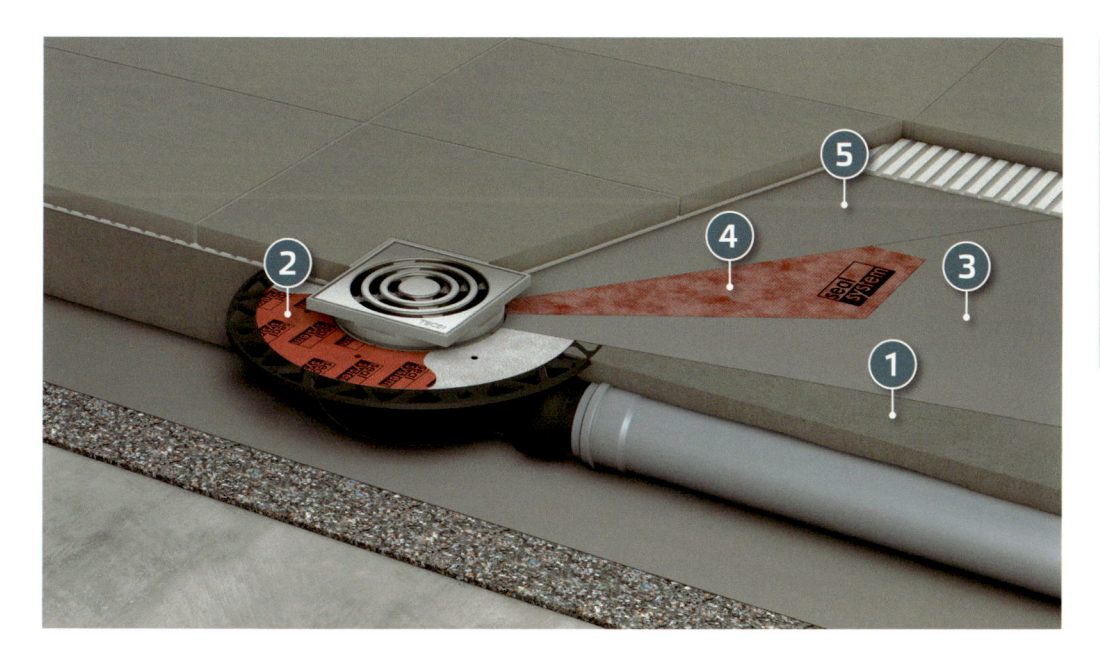

SYSTEMAUFBAU:

1. Estrich
2. Schutzfolie Ablaufflansch
3. Erste Schicht Dichtschlämme
4. Seal System Dichtmanschette
5. Zweite Schicht Dichtschlämme

6. Zertifikate und Systemaufbauten

kiwa
Partner for progress

Kiwa TBU GmbH
www.kiwa.de

Prüfgrundsätze zur Erteilung von allgemeinen bauaufsichtlichen Prüfzeugnissen für Abdichtungen im Verbund mit Fliesen- und Plattenbelägen
Teil 1: Flüssig zu verarbeitende Abdichtungsstoffe
(PG-AIV-F, Ausgabe Juni 2010)

Prüfung durch die Kiwa TBU GmbH

Firma: TECE GmbH, Hollefeldstraße 57, 48282 Emsdetten, Deutschland
Ausstellungsdatum: 01.02.2012
Geltungsdauer bis: 01.02.2017

Systemkomp.: rechteckige Edelstahlduschrinne
TECEdrainline
selbstklebendes einseitig vlieskaschiertes Dichtband
Seal System Dichtband
2 komponentige zementäre Dichtungsschlämme
AQUAFIN® -2K/M
(Bezeichnungen des Auftraggebers)

Prüfung:	Prüfgrundsatz:	Ergebnis:
Wasserdichtheit im Einbauzustand (für Beanspruchungsklasse A und C)	PG-AIV-F	DICHT

Die genauen Prüfbedingungen sind im Prüfbericht 2.1/29183/1350.0.1-2011 beschrieben.

Dr.-Ing. Dipl.-Geol. Ernő Németh

Kiwa TBU GmbH
Gutenbergstraße 29
D-48268 Greven
Telefon: +49 (0)2571 9872-0
Telfax: +49 (0)2571 9872-99
Web: www.kiwa.de
e-mail: kiwatbu@kiwa.de
Geschäftsführer:
Michael Witthöft
Dr. Roland Hüttl
Wissenschaftlicher Leiter:
Prof.Dr.-Ing. Jochen Müller-Rochholz

X:\tbu\QMSneu\QMS\2 KP\2.4 TBU-Mon\Kunden Mon\29183\Zertifikate zum ausdrucken\1350.0.1-2011zert.doc

6. Zertifikate und Systemaufbauten

SCHOMBURG AQUAFIN-2K/M
UND TECEDRAINLINE DUSCHRINNE MIT SEAL SYSTEM DICHTBAND

Typ: Zweikomponentige, zementäre Dichtungsschlämme
Gruppe: Kunststoff-Zement-Mörtel-Kombination (M)
Zulassung: Allgemeines bauaufsichtliches Prüfzeugnis (abP)
Kennzeichnung: Ü-Zeichen
Beanspruchungsklassen zusammen mit Duschrinne und Seal System Dichtband:
A **C** gem. PG-AIV-F
A0 gem. ZDB-Merkblatt (Hinweise für die Ausführung von flüssig zu verarbeitenden Verbundabdichtungen mit Bekleidungen und Belägen aus Fliesen und Platten für den Innen- und Außenbereich; August 2012)

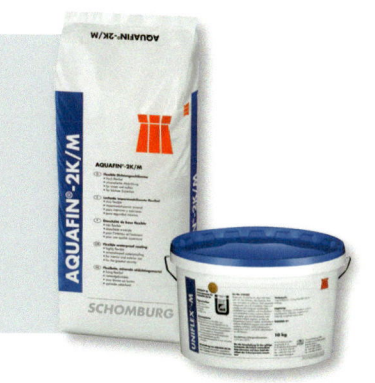

VERARBEITUNGSSCHRITTE:

1. Duschrinne wird nach Montageanleitung komplett in den Estrich eingebaut. Hierbei wird der Dichtflansch durch die Schutzfolie vor Verschmutzung geschützt.
2. Estrich trocknen lassen.
3. Estrichuntergrund gründlich reinigen. Untergründe für Abdichtungen müssen tragfähig, formbeständig sowie frei von klaffenden Rissen und haftungsmindernden Stoffen (z. B. Staub, Öl, Wachs, Trennmittel, Ausblühungen, Sinterschichten, Lack- und Farbreste, alte Bodenklebstoffreste) sein.
4. Seal System Dichtband zuschneiden, sodass die Enden beim Aufkleben überlappen können.
5. Schutzfolie vom Flansch der Rinne abziehen.
6. Schutzfolie vom Seal System Dichtband entfernen.
7. Dichtband an den Enden überlappend auf den Flansch der Edelstahlrinne und den Untergrund kleben.
8. Erste Schicht der zementären Dichtschlämme AQUAFIN-2K/M aufbringen und trocknen lassen.
9. Zweite Schicht der zementären Dichtschlämme AQUAFIN-2K/M aufbringen.

Die zementäre Dichtschlämme ist entsprechend des Technischen Merkblatts AQUAFIN-2K/M der SCHOMBURG GmbH zu verarbeiten. Dieses Merkblatt kann unter www.sealsystem.net heruntergeladen werden.

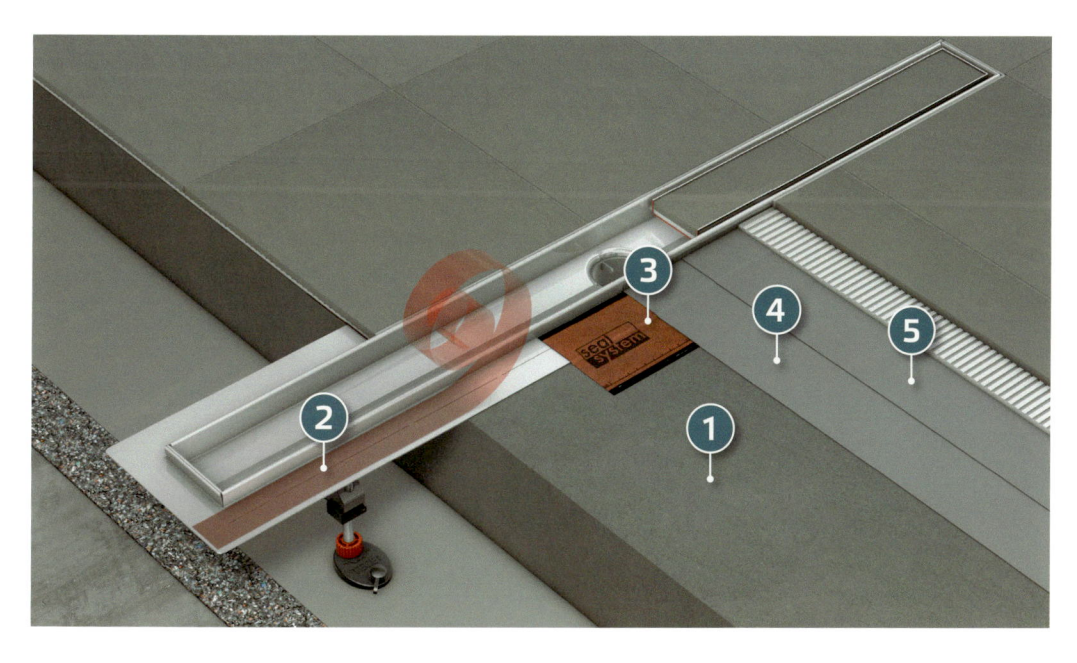

SYSTEMAUFBAU:

1. Estrich
2. Schutzfolie Rinnenflansch
3. Seal System Dichtband
4. Erste Schicht Dichtschlämme
5. Zweite Schicht Dichtschlämme

6. Zertifikate und Systemaufbauten

kiwa
Partner for progress

Kiwa TBU GmbH
www.kiwa.de

Zertifikat

Prüfgrundsätze zur Erteilung von allgemeinen bauaufsichtlichen Prüfzeugnissen für Abdichtungen im Verbund mit Fliesen- und Plattenbelägen
Teil 1: Flüssig zu verarbeitende Abdichtungsstoffe
(PG-AIV-F, Ausgabe Juni 2010)

Prüfung durch die Kiwa TBU GmbH

Firma: TECE GmbH, Hollefeldstraße 57, 48282 Emsdetten, Deutschland
Ausstellungsdatum: 01.02.2012
Geltungsdauer bis: 01.02.2017

Systemkomp.: runder Bodenablauf (Flansch-Ø 252 mm) mit angespritztem Vliesstoff
TECEdrainpoint
beidseitig vlieskaschierte Dichtmanschette
Seal System Dichtmanschette
2 komponentige zementäre Dichtungsschlämme
AQUAFIN® -2K/M
(Bezeichnungen des Auftraggebers)

Prüfung:	Prüfgrundsatz:	Ergebnis:
Wasserdichtheit im Einbauzustand (für Beanspruchungsklasse A und C)	PG-AIV-F	DICHT

Die genauen Prüfbedingungen sind im Prüfbericht 2.1/29183/1351.0.1-2011 beschrieben.

Dr.-Ing. Dipl.-Geol. Ernő Németh

Kiwa TBU GmbH
Gutenbergstraße 29
D-48268 Greven
Telefon: +49 (0)2571 9872-0
Telfax: +49 (0)2571 9872-99
Web: www.kiwa.de
e-mail: kiwatbu@kiwa.de
Geschäftsführer:
Michael Witthöft
Dr. Roland Hüttl
Wissenschaftlicher Leiter:
Prof.Dr.-Ing. Jochen Müller-Rochholz

X:\tbu\QMSneu\QMS\2 KP\2.4 TBU-Mon\Kunden Mon\29183\Zertifikate zum ausdrucken\1351.0.1-2011zert.doc

SCHOMBURG AQUAFIN-2K/M
UND TECEDRAINPOINT KUNSTSTOFFABLAUF MIT SEAL SYSTEM DICHTMANSCHETTE

Typ: Zweikomponentige, zementäre Dichtungsschlämme
Gruppe: Kunststoff-Zement-Mörtel-Kombination (M)
Zulassung: Allgemeines bauaufsichtliches Prüfzeugnis (abP)
Kennzeichnung: Ü-Zeichen
Beanspruchungsklassen zusammen mit Ablauf und Seal System Dichtmanschette:
A C gem. PG-AIV-F
A0 gem. ZDB-Merkblatt (Hinweise für die Ausführung von flüssig zu verarbeitenden Verbundabdichtungen mit Bekleidungen und Belägen aus Fliesen und Platten für den Innen- und Außenbereich; August 2012)

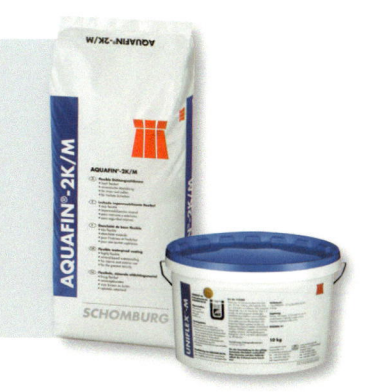

VERARBEITUNGSSCHRITTE:

1. Kunststoffablauf wird nach Montageanleitung komplett in den Estrich eingebaut. Hierbei wird der Dichtflansch durch die Schutzfolie vor Verschmutzung geschützt.
2. Estrich trocknen lassen.
3. Estrichuntergrund gründlich reinigen. Untergründe für Abdichtungen müssen tragfähig, formbeständig sowie frei von klaffenden Rissen und haftungsmindernden Stoffen (z. B. Staub, Öl, Wachs, Trennmittel, Ausblühungen, Sinterschichten, Lack- und Farbreste, alte Bodenklebstoffreste) sein.
4. Schutzfolie vom Flansch des Ablaufs abziehen.
5. Erste Schicht der zementären Dichtschlämme AQUAFIN-2K/M aufbringen.
6. Seal System Dichtmanschette auf dem Ablaufflansch und der noch feuchten Dichtschlämme platzieren.
7. Dichtschlämme trocknen lassen.
8. Zweite Schicht der zementären Dichtschlämme AQUAFIN-2K/M aufbringen.

Die zementäre Dichtschlämme ist entsprechend des Technischen Merkblatts AQUAFIN-2K/M der SCHOMBURG GmbH zu verarbeiten. Dieses Merkblatt kann unter **www.sealsystem.net** heruntergeladen werden.

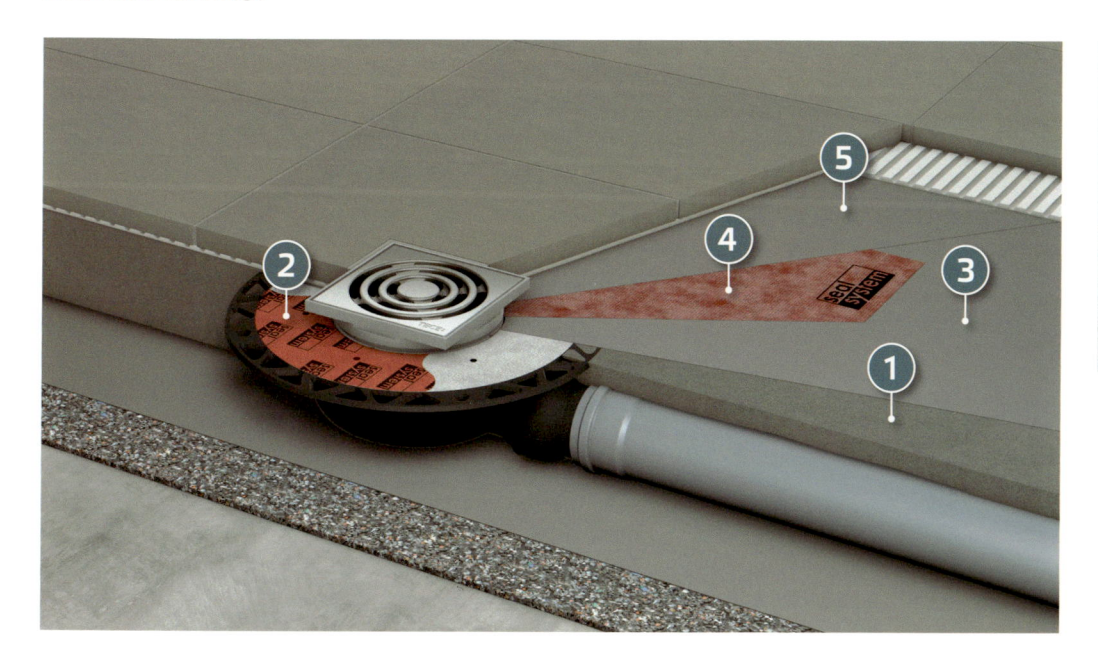

SYSTEMAUFBAU:

1. Estrich
2. Schutzfolie Ablaufflansch
3. Erste Schicht Dichtschlämme
4. Seal System Dichtmanschette
5. Zweite Schicht Dichtschlämme

6. Zertifikate und Systemaufbauten

kiwa
Partner for progress

Kiwa TBU GmbH
www.kiwa.de

Prüfgrundsätze zur Erteilung von allgemeinen bauaufsichtlichen Prüfzeugnissen für Abdichtungen im Verbund mit Fliesen- und Plattenbelägen
Teil 1: Flüssig zu verarbeitende Abdichtungsstoffe
(PG-AIV-F, Ausgabe Juni 2010)

Prüfung durch die Kiwa TBU GmbH

Firma: TECE GmbH, Hollefeldstraße 57, 48282 Emsdetten, Deutschland
Ausstellungsdatum: 01.02.2012
Geltungsdauer bis: 01.02.2017

Systemkomp.: rechteckige Edelstahlduschrinne
TECEdrainline
selbstklebendes einseitig vlieskaschiertes Dichtband
Seal System Dichtband
2 komponentige zementäre Dichtungsschlämme
AQUAFIN® -RS300
(Bezeichnungen des Auftraggebers)

Prüfung:	Prüfgrundsatz:	Ergebnis:
Wasserdichtheit im Einbauzustand (für Beanspruchungsklasse A und C)	PG-AIV-F	DICHT

Die genauen Prüfbedingungen sind im Prüfbericht 2.1/29183/1346.0.1-2011 beschrieben.

Dr.-Ing. Dipl.-Geol. Ernő Németh

Kiwa TBU GmbH
Gutenbergstraße 29
D-48268 Greven
Telefon: +49 (0)2571 9872-0
Telfax: +49 (0)2571 9872-99
Web: www.kiwa.de
e-mail: kiwatbu@kiwa.de
Geschäftsführer:
Michael Witthöft
Dr. Roland Hüttl
Wissenschaftlicher Leiter:
Prof.Dr.-Ing. Jochen Müller-Rochholz

SCHOMBURG AQUAFIN-RS300
UND TECEDRAINLINE DUSCHRINNE MIT SEAL SYSTEM DICHTBAND

Typ: Zweikomponentige, zementäre Dichtungsschlämme
Gruppe: Kunststoff-Zement-Mörtel-Kombination (M)
Zulassung: Allgemeines bauaufsichtliches Prüfzeugnis (abP)
Kennzeichnung: Ü-Zeichen
Beanspruchungsklassen zusammen mit Duschrinne und Seal System Dichtband:
A **C** gem. PG-AIV-F
A0 gem. ZDB-Merkblatt (Hinweise für die Ausführung von flüssig zu verarbeitenden Verbundabdichtungen mit Bekleidungen und Belägen aus Fliesen und Platten für den Innen- und Außenbereich; August 2012)

VERARBEITUNGSSCHRITTE:

1. Duschrinne wird nach Montageanleitung komplett in den Estrich eingebaut. Hierbei wird der Dichtflansch durch die Schutzfolie vor Verschmutzung geschützt.
2. Estrich trocknen lassen.
3. Estrichuntergrund gründlich reinigen. Untergründe für Abdichtungen müssen tragfähig, formbeständig sowie frei von klaffenden Rissen und haftungsmindernden Stoffen (z. B. Staub, Öl, Wachs, Trennmittel, Ausblühungen, Sinterschichten, Lack- und Farbreste, alte Bodenklebstoffreste) sein.
4. Seal System Dichtband zuschneiden, sodass die Enden beim Aufkleben überlappen können.
5. Schutzfolie vom Flansch der Rinne abziehen.
6. Schutzfolie vom Seal System Dichtband entfernen.
7. Dichtband an den Enden überlappend auf den Flansch der Edelstahlrinne und den Untergrund kleben.
8. Erste Schicht der zementären Dichtschlämme AQUAFIN-RS300 aufbringen und trocknen lassen.
9. Zweite Schicht der zementären Dichtschlämme AQUAFIN-RS300 aufbringen.

Die zementäre Dichtschlämme ist entsprechend des Technischen Merkblatts AQUAFIN-RS300 der SCHOMBURG GmbH zu verarbeiten. Dieses Merkblatt kann unter **www.sealsystem.net** heruntergeladen werden.

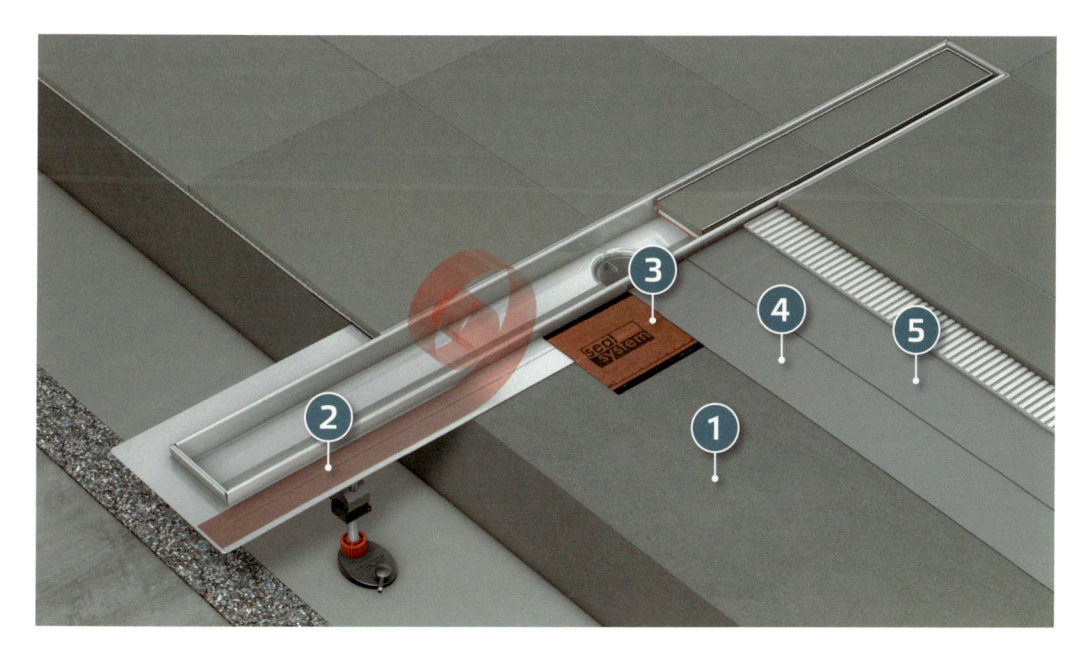

SYSTEMAUFBAU:

1. Estrich
2. Schutzfolie Rinnenflansch
3. Seal System Dichtband
4. Erste Schicht Dichtschlämme
5. Zweite Schicht Dichtschlämme

6. Zertifikate und Systemaufbauten

kiwa Partner for progress

Kiwa TBU GmbH
www.kiwa.de

Prüfgrundsätze zur Erteilung von allgemeinen bauaufsichtlichen Prüfzeugnissen für Abdichtungen im Verbund mit Fliesen- und Plattenbelägen
Teil 1: Flüssig zu verarbeitende Abdichtungsstoffe
(PG-AIV-F, Ausgabe Juni 2010)

Prüfung durch die Kiwa TBU GmbH

Firma: TECE GmbH, Hollefeldstraße 57, 48282 Emsdetten, Deutschland
Ausstellungsdatum: 01.02.2012
Geltungsdauer bis: 01.02.2017

Systemkomp.: runder Bodenablauf (Flansch-Ø 252 mm) mit angespritztem Vliesstoff
TECEdrainpoint
beidseitig vlieskaschierte Dichtmanschette
Seal System Dichtmanschette
2 komponentige zementäre Dichtungsschlämme
AQUAFIN® -RS300
(Bezeichnungen des Auftraggebers)

Prüfung:	Prüfgrundsatz:	Ergebnis:
Wasserdichtheit im Einbauzustand (für Beanspruchungsklasse A und C)	PG-AIV-F	DICHT

Die genauen Prüfbedingungen sind im Prüfbericht 2.1/29183/1347.0.1-2011 beschrieben.

Dr.-Ing. Dipl.-Geol. Ernő Németh

Kiwa TBU GmbH
Gutenbergstraße 29
D-48268 Greven
Telefon: +49 (0)2571 9872-0
Telefax: +49 (0)2571 9872-99
Web: www.kiwa.de
e-mail: kiwatbu@kiwa.de
Geschäftsführer:
Michael Witthöft
Dr. Roland Hüttl
Wissenschaftlicher Leiter:
Prof.Dr.-Ing. Jochen Müller-Rochholz

SCHOMBURG AQUAFIN-RS300
UND TECEDRAINPOINT KUNSTSTOFFABLAUF MIT SEAL SYSTEM DICHTMANSCHETTE

Typ: Zweikomponentige, zementäre Dichtungsschlämme
Gruppe: Kunststoff-Zement-Mörtel-Kombination (M)
Zulassung: Allgemeines bauaufsichtliches Prüfzeugnis (abP)
Kennzeichnung: Ü-Zeichen
Beanspruchungsklassen zusammen mit Ablauf und Seal System Dichtmanschette:
A C gem. PG-AIV-F
A0 gem. ZDB-Merkblatt (Hinweise für die Ausführung von flüssig zu verarbeitenden Verbundabdichtungen mit Bekleidungen und Belägen aus Fliesen und Platten für den Innen- und Außenbereich; August 2012)

VERARBEITUNGSSCHRITTE:

1. Kunststoffablauf wird nach Montageanleitung komplett in den Estrich eingebaut. Hierbei wird der Dichtflansch durch die Schutzfolie vor Verschmutzung geschützt.
2. Estrich trocknen lassen.
3. Estrichuntergrund gründlich reinigen. Untergründe für Abdichtungen müssen tragfähig, formbeständig sowie frei von klaffenden Rissen und haftungsmindernden Stoffen (z. B. Staub, Öl, Wachs, Trennmittel, Ausblühungen, Sinterschichten, Lack- und Farbreste, alte Bodenklebstoffreste) sein.
4. Schutzfolie vom Flansch des Ablaufs abziehen.
5. Erste Schicht der zementären Dichtschlämme AQUAFIN-RS300 aufbringen.
6. Seal System Dichtmanschette auf dem Ablaufflansch und der noch feuchten Dichtschlämme platzieren.
7. Dichtschlämme trocknen lassen.
8. Zweite Schicht der zementären Dichtschlämme AQUAFIN-RS300 aufbringen.

Die zementäre Dichtschlämme ist entsprechend des Technischen Merkblatts AQUAFIN-RS300 der SCHOMBURG GmbH zu verarbeiten. Dieses Merkblatt kann unter **www.sealsystem.net** heruntergeladen werden.

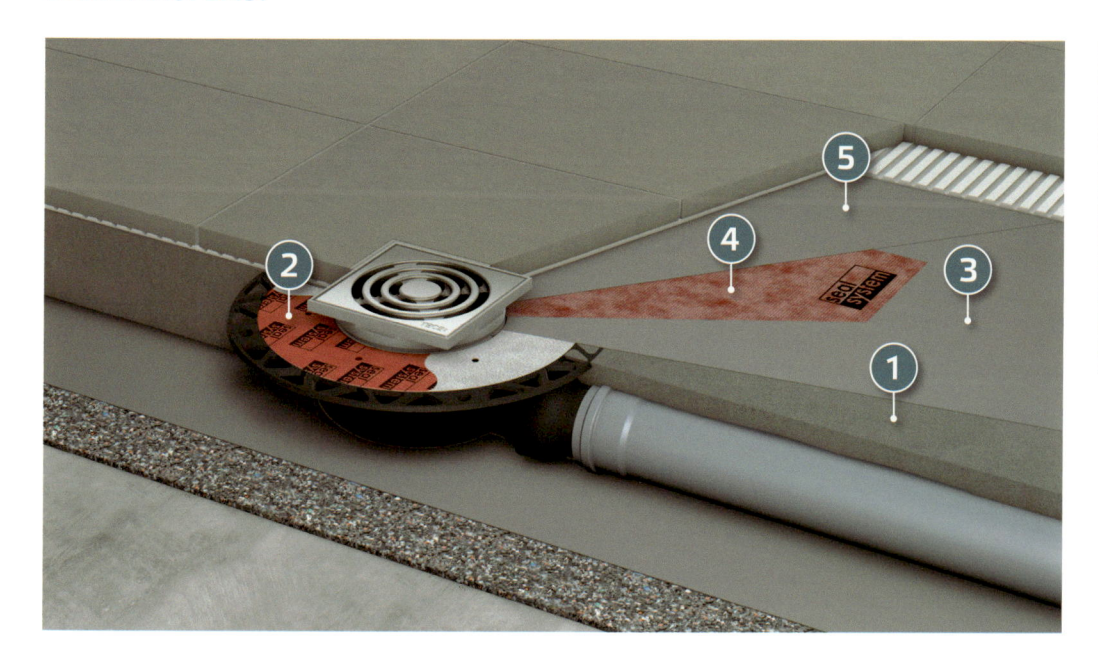

SYSTEMAUFBAU:

1. Estrich
2. Schutzfolie Ablaufflansch
3. Erste Schicht Dichtschlämme
4. Seal System Dichtmanschette
5. Zweite Schicht Dichtschlämme

6. Zertifikate und Systemaufbauten

kiwa
Partner for progress

Kiwa TBU GmbH
www.kiwa.de

Prüfgrundsätze zur Erteilung von allgemeinen bauaufsichtlichen Prüfzeugnissen für Abdichtungen im Verbund mit Fliesen- und Plattenbelägen
Teil 1: Flüssig zu verarbeitende Abdichtungsstoffe
(PG-AIV-F, Ausgabe Juni 2010)

Prüfung durch die Kiwa TBU GmbH

Firma: TECE GmbH, Hollefeldstraße 57, 48282 Emsdetten, Deutschland
Ausstellungsdatum: 02.02.2012
Geltungsdauer bis: 02.02.2017

Systemkomp.: rechteckige Edelstahlduschrinne
TECEdrainline
selbstklebendes einseitig vlieskaschiertes Dichtband
Seal System Dichtband
flüssige Dichtfolie
SANIFLEX
(Bezeichnungen des Auftraggebers)

Prüfung:	Prüfgrundsatz:	Ergebnis:
Wasserdichtheit im Einbauzustand (für Beanspruchungsklasse A)	PG-AIV-F	DICHT

Die genauen Prüfbedingungen sind im Prüfbericht 2.1/29183/1386.0.1-2011 beschrieben.

Dr.-Ing. Dipl.-Geol. Ernő Németh

Kiwa TBU GmbH
Gutenbergstraße 29
D-48268 Greven
Telefon: +49 (0)2571 9872-0
Telfax: +49 (0)2571 9872-99
Web: www.kiwa.de
e-mail: kiwatbu@kiwa.de
Geschäftsführer:
Michael Witthöft
Dr. Roland Hüttl
Wissenschaftlicher Leiter:
Prof.Dr.-Ing. Jochen Müller-Rochholz

X:\tbu\QMSneu\QMS\2 KP\2.4 TBU-Mon\Kunden Mon\29183\Zertifikate zum ausdrucken\1386.0.1-2011zert.doc

SCHOMBURG SANIFLEX
UND TECEDRAINLINE DUSCHRINNE MIT SEAL SYSTEM DICHTBAND

Typ: Einkomponentige, flüssige Dichtfolie
Gruppe: Polymerdispersionen (D)
Zulassung: Allgemeines bauaufsichtliches Prüfzeugnis (abP)
Kennzeichnung: Ü-Zeichen
Beanspruchungsklassen zusammen mit Duschrinne und Seal System Dichtband:
- A nur im Wandbereich gem. PG-AIV-F
- A0 gem. ZDB-Merkblatt (Hinweise für die Ausführung von flüssig zu verarbeitenden Verbundabdichtungen mit Bekleidungen und Belägen aus Fliesen und Platten für den Innen- und Außenbereich; August 2012)

VERARBEITUNGSSCHRITTE:

1. Duschrinne wird nach Montageanleitung komplett in den Estrich eingebaut. Hierbei wird der Dichtflansch durch die Schutzfolie vor Verschmutzung geschützt.
2. Estrich trocknen lassen.
3. Estrichuntergrund gründlich reinigen. Untergründe für Abdichtungen müssen tragfähig, formbeständig sowie frei von klaffenden Rissen und haftungsmindernden Stoffen (z. B. Staub, Öl, Wachs, Trennmittel, Ausblühungen, Sinterschichten, Lack- und Farbreste, alte Bodenklebstoffreste) sein.
4. Seal System Dichtband zuschneiden, sodass die Enden beim Aufkleben überlappen können.
5. Schutzfolie vom Flansch der Rinne abziehen.
6. Schutzfolie vom Seal System Dichtband entfernen.
7. Dichtband an den Enden überlappend auf den Flansch der Edelstahlrinne und den Untergrund kleben.
8. Erste Schicht der Dichtfolie SANIFLEX aufbringen und trocknen lassen.
9. Zweite Schicht der Dichtfolie SANIFLEX aufbringen.

Die flüssige Dichtfolie ist entsprechend des Technischen Merkblatts SANIFLEX der SCHOMBURG GmbH zu verarbeiten. Dieses Merkblatt kann unter www.sealsystem.net heruntergeladen werden.

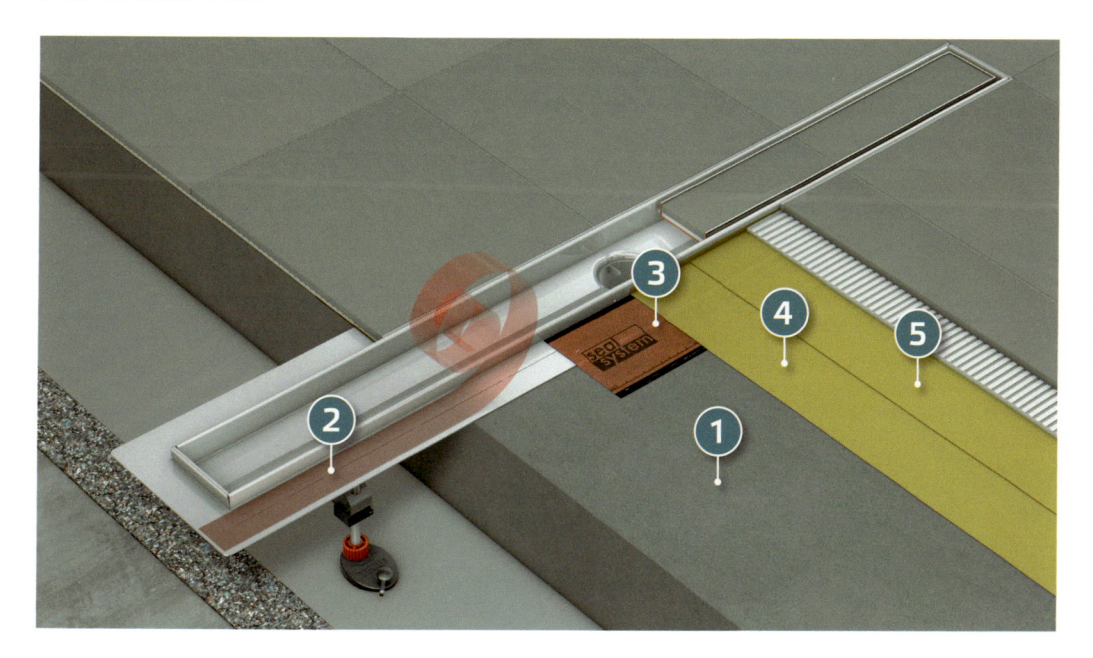

SYSTEMAUFBAU:

1. Estrich
2. Schutzfolie Rinnenflansch
3. Seal System Dichtband
4. Erste Schicht Dichtfolie
5. Zweite Schicht Dichtfolie

6. Zertifikate und Systemaufbauten

kiwa
Partner for progress

Kiwa TBU GmbH
www.kiwa.de

Zertifikat

Prüfgrundsätze zur Erteilung von allgemeinen bauaufsichtlichen Prüfzeugnissen für Abdichtungen im Verbund mit Fliesen- und Plattenbelägen
Teil 1: Flüssig zu verarbeitende Abdichtungsstoffe
(PG-AIV-F, Ausgabe Juni 2010)

Prüfung durch die Kiwa TBU GmbH

Firma: TECE GmbH, Hollefeldstraße 57, 48282 Emsdetten, Deutschland
Ausstellungsdatum: 02.02.2012
Geltungsdauer bis: 02.02.2017

Systemkomp.: runder Bodenablauf (Flansch-Ø 252 mm) mit angespritztem Vliesstoff
TECEdrainpoint
beidseitig vlieskaschierte Dichtmanschette
Seal System Dichtmanschette
flüssige Dichtfolie
SANIFLEX
(Bezeichnungen des Auftraggebers)

Prüfung:	Prüfgrundsatz:	Ergebnis:
Wasserdichtheit im Einbauzustand (für Beanspruchungsklasse A)	PG-AIV-F	DICHT

Die genauen Prüfbedingungen sind im Prüfbericht 2.1/29183/1387.0.1-2011 beschrieben.

Dr.-Ing. Dipl.-Geol. Ernő Németh

Kiwa TBU GmbH
Gutenbergstraße 29
D-48268 Greven
Telefon: +49 (0)2571 9872-0
Telefax: +49 (0)2571 9872-99
Web: www.kiwa.de
e-mail: kiwatbu@kiwa.de
Geschäftsführer:
Michael Witthöft
Dr. Roland Hüttl
Wissenschaftlicher Leiter:
Prof.Dr.-Ing. Jochen Müller-Rochholz

SCHOMBURG SANIFLEX
UND TECEDRAINPOINT KUNSTSTOFFABLAUF MIT SEAL SYSTEM DICHTMANSCHETTE

Typ: Einkomponentige, flüssige Dichtfolie
Gruppe: Polymerdispersionen (D)
Zulassung: Allgemeines bauaufsichtliches Prüfzeugnis (abP)
Kennzeichnung: Ü-Zeichen
Beanspruchungsklassen zusammen mit Ablauf und Seal System Dichtmanschette:
A nur im Wandbereich gem. PG-AIV-F
A0 gem. ZDB-Merkblatt (Hinweise für die Ausführung von flüssig zu verarbeitenden Verbundabdichtungen mit Bekleidungen und Belägen aus Fliesen und Platten für den Innen- und Außenbereich; August 2012)

VERARBEITUNGSSCHRITTE:

1. Kunststoffablauf wird nach Montageanleitung komplett in den Estrich eingebaut. Hierbei wird der Dichtflansch durch die Schutzfolie vor Verschmutzung geschützt.
2. Estrich trocknen lassen.
3. Estrichuntergrund gründlich reinigen. Untergründe für Abdichtungen müssen tragfähig, formbeständig sowie frei von klaffenden Rissen und haftungsmindernden Stoffen (z. B. Staub, Öl, Wachs, Trennmittel, Ausblühungen, Sinterschichten, Lack- und Farbreste, alte Bodenklebstoffreste) sein.
4. Schutzfolie vom Flansch des Ablaufs abziehen.
5. Erste Schicht der Dichtfolie SANIFLEX aufbringen.
6. Seal System Dichtmanschette auf dem Ablaufflansch und der noch feuchten Dichtfolie platzieren.
7. Dichtfolie trocknen lassen.
8. Zweite Schicht der Dichtfolie SANIFLEX aufbringen.

Die flüssige Dichtfolie ist entsprechend des Technischen Merkblatts SANIFLEX der SCHOMBURG GmbH zu verarbeiten. Dieses Merkblatt kann unter **www.sealsystem.net** heruntergeladen werden.

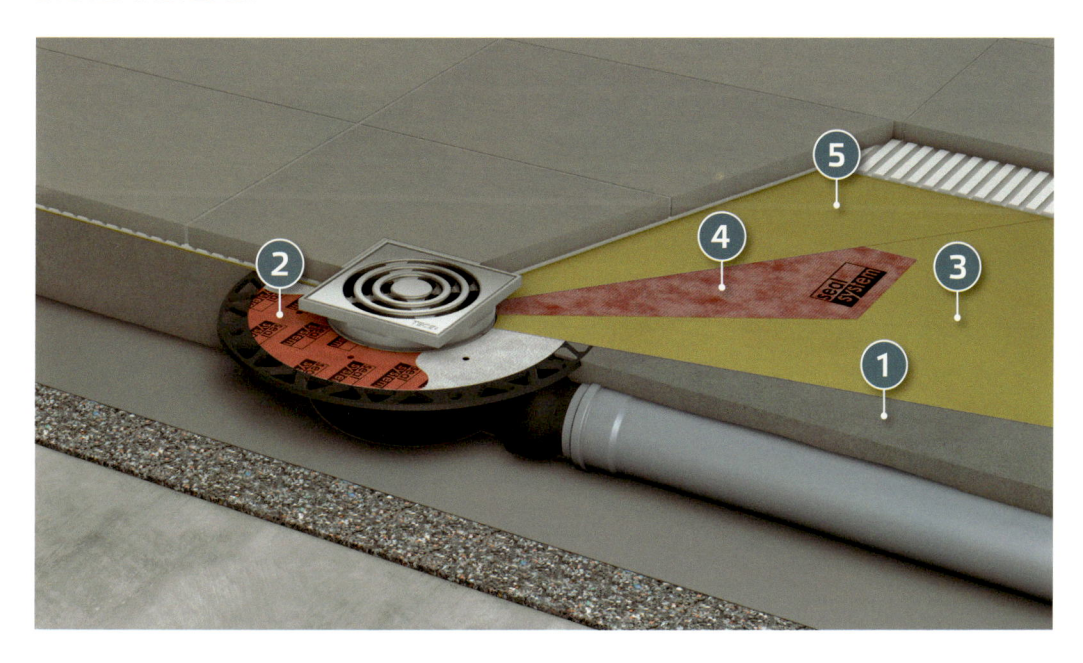

SYSTEMAUFBAU:

1. Estrich
2. Schutzfolie Ablaufflansch
3. Erste Schicht Dichtfolie
4. Seal System Dichtmanschette
5. Zweite Schicht Dichtfolie

6. Zertifikate und Systemaufbauten

kiwa Partner for progress

Kiwa TBU GmbH
www.kiwa.de

Prüfgrundsätze zur Erteilung von allgemeinen bauaufsichtlichen Prüfzeugnissen für Abdichtungen im Verbund mit Fliesen- und Plattenbelägen
Teil 1: Flüssig zu verarbeitende Abdichtungsstoffe
(PG-AIV-F, Ausgabe Juni 2010)

Prüfung durch die Kiwa TBU GmbH

Firma: TECE GmbH, Hollefeldstraße 57, 48282 Emsdetten, Deutschland
Ausstellungsdatum: 02.02.2012
Geltungsdauer bis: 02.02.2017

Systemkomp.: rechteckige Edelstahlduschrinne
TECEdrainline
selbstklebendes einseitig vlieskaschiertes Dichtband
Seal System Dichtband
2 komponentige zementäre Dichtungsschlämme
Schönox 2K-DS Rapid
(Bezeichnungen des Auftraggebers)

Prüfung:	Prüfgrundsatz:	Ergebnis:
Wasserdichtheit im Einbauzustand (für Beanspruchungsklasse A und C)	PG-AIV-F	DICHT

Die genauen Prüfbedingungen sind im Prüfbericht 2.1/29183/1607.0.1-2011 beschrieben.

Dr.-Ing. Dipl.-Geol. Ernő Németh

Kiwa TBU GmbH
Gutenbergstraße 29
D-48268 Greven
Telefon: +49 (0)2571 9872-0
Telefax: +49 (0)2571 9872-99
Web: www.kiwa.de
e-mail: kiwatbu@kiwa.de
Geschäftsführer:
Michael Witthöft
Dr. Roland Hüttl
Wissenschaftlicher Leiter:
Prof.Dr.-Ing. Jochen Müller-Rochholz

SCHÖNOX 2K DS RAPID
UND TECEDRAINLINE DUSCHRINNE MIT SEAL SYSTEM DICHTBAND

Typ: Zweikomponentige, zementäre Dichtungsschlämme
Gruppe: Kunststoff-Zement-Mörtel-Kombination (M)
Zulassung: Allgemeines bauaufsichtliches Prüfzeugnis (abP)
Kennzeichnung: Ü-Zeichen
Beanspruchungsklassen zusammen mit Duschrinne und Seal System Dichtband:
A C gem. PG-AIV-F
A0 gem. ZDB-Merkblatt (Hinweise für die Ausführung von flüssig zu verarbeitenden Verbundabdichtungen mit Bekleidungen und Belägen aus Fliesen und Platten für den Innen- und Außenbereich; August 2012)

VERARBEITUNGSSCHRITTE:

1. Duschrinne wird nach Montageanleitung komplett in den Estrich eingebaut. Hierbei wird der Dichtflansch durch die Schutzfolie vor Verschmutzung geschützt.
2. Estrich trocknen lassen.
3. Estrichuntergrund gründlich reinigen. Untergründe für Abdichtungen müssen tragfähig, formbeständig sowie frei von klaffenden Rissen und haftungsmindernden Stoffen (z. B. Staub, Öl, Wachs, Trennmittel, Ausblühungen, Sinterschichten, Lack- und Farbreste, alte Bodenklebstoffreste) sein.
4. Seal System Dichtband zuschneiden, sodass die Enden beim Aufkleben überlappen können.
5. Schutzfolie vom Flansch der Rinne abziehen.
6. Schutzfolie vom Seal System Dichtband entfernen.
7. Dichtband an den Enden überlappend auf den Flansch der Edelstahlrinne und den Untergrund kleben.
8. Erste Schicht der zementären Dichtschlämme SCHÖNOX 2K DS RAPID aufbringen und trocknen lassen.
9. Zweite Schicht der zementären Dichtschlämme SCHÖNOX 2K DS RAPID aufbringen.

Die zementäre Dichtschlämme ist entsprechend des Technischen Merkblatts SCHÖNOX 2K DS RAPID der SCHÖNOX GmbH zu verarbeiten. Dieses Merkblatt kann unter **www.sealsystem.net** heruntergeladen werden.

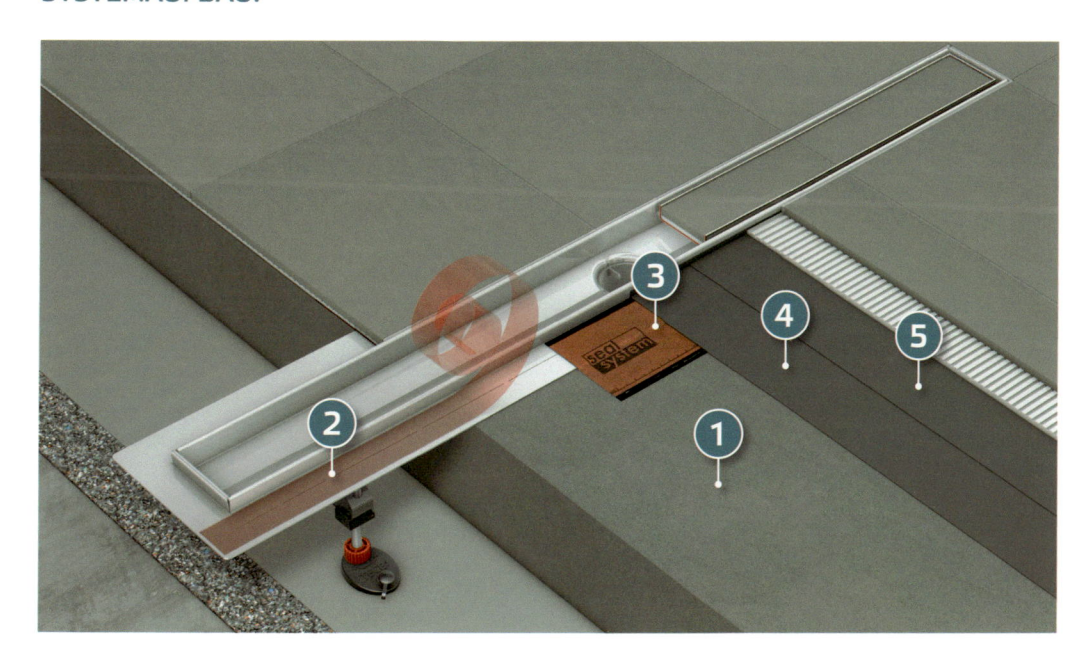

SYSTEMAUFBAU:

1. Estrich
2. Schutzfolie Rinnenflansch
3. Seal System Dichtband
4. Erste Schicht Dichtschlämme
5. Zweite Schicht Dichtschlämme

6. Zertifikate und Systemaufbauten

kiwa
Partner for progress

Kiwa TBU GmbH
www.kiwa.de

Prüfgrundsätze zur Erteilung von allgemeinen bauaufsichtlichen Prüfzeugnissen für Abdichtungen im Verbund mit Fliesen- und Plattenbelägen
Teil 1: Flüssig zu verarbeitende Abdichtungsstoffe
(PG-AIV-F, Ausgabe Juni 2010)

Prüfung durch die Kiwa TBU GmbH

Firma: TECE GmbH, Hollefeldstraße 57, 48282 Emsdetten, Deutschland
Ausstellungsdatum: 02.02.2012
Geltungsdauer bis: 02.02.2017

Systemkomp.: runder Bodenablauf (Flansch-Ø 252 mm) mit angespritztem Vliesstoff
TECEdrainpoint
beidseitig vlieskaschierte Dichtmanschette
Seal System Dichtmanschette
2 komponentige zementäre Dichtungsschlämme
Schönox 2K-DS Rapid
(Bezeichnungen des Auftraggebers)

Prüfung:	Prüfgrundsatz:	Ergebnis:
Wasserdichtheit im Einbauzustand (für Beanspruchungsklasse A und C)	PG-AIV-F	DICHT

Die genauen Prüfbedingungen sind im Prüfbericht 2.1/29183/1608.0.1-2011 beschrieben.

Dr.-Ing. Dipl.-Geol. Ernö Németh

Kiwa TBU GmbH
Gutenbergstraße 29
D-48268 Greven
Telefon: +49 (0)2571 9872-0
Telfax: +49 (0)2571 9872-99
Web: www.kiwa.de
e-mail: kiwatbu@kiwa.de
Geschäftsführer:
Michael Witthöft
Dr. Roland Hüttl
Wissenschaftlicher Leiter:
Prof.Dr.-Ing. Jochen Müller-Rochholz

SCHÖNOX 2K DS RAPID
UND TECEDRAINPOINT KUNSTSTOFFABLAUF MIT SEAL SYSTEM DICHTMANSCHETTE

Typ: Zweikomponentige, zementäre Dichtungsschlämme
Gruppe: Kunststoff-Zement-Mörtel-Kombination (M)
Zulassung: Allgemeines bauaufsichtliches Prüfzeugnis (abP)
Kennzeichnung: Ü-Zeichen
Beanspruchungsklassen zusammen mit Ablauf und Seal System Dichtmanschette:
A C gem. PG-AIV-F
A0 gem. ZDB-Merkblatt (Hinweise für die Ausführung von flüssig zu verarbeitenden Verbundabdichtungen mit Bekleidungen und Belägen aus Fliesen und Platten für den Innen- und Außenbereich; August 2012)

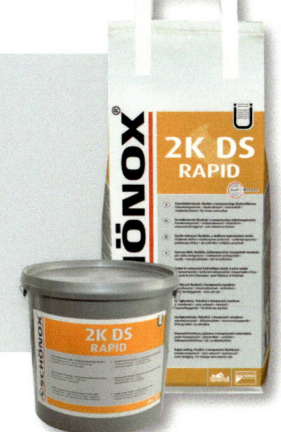

VERARBEITUNGSSCHRITTE:

1. Kunststoffablauf wird nach Montageanleitung komplett in den Estrich eingebaut. Hierbei wird der Dichtflansch durch die Schutzfolie vor Verschmutzung geschützt.
2. Estrich trocknen lassen.
3. Estrichuntergrund gründlich reinigen. Untergründe für Abdichtungen müssen tragfähig, formbeständig sowie frei von klaffenden Rissen und haftungsmindernden Stoffen (z. B. Staub, Öl, Wachs, Trennmittel, Ausblühungen, Sinterschichten, Lack- und Farbreste, alte Bodenklebstoffreste) sein.
4. Schutzfolie vom Flansch des Ablaufs abziehen.
5. Erste Schicht der Dichtschlämme SCHÖNOX 2K DS RAPID aufbringen.
6. Seal System Dichtmanschette auf dem Ablaufflansch und der noch feuchten Dichtschlämme platzieren.
7. Dichtschlämme trocknen lassen.
8. Zweite Schicht der zementäre Dichtschlämme SCHÖNOX 2K DS RAPID aufbringen.

Die zementäre Dichtschlämme ist entsprechend des Technischen Merkblatts SCHÖNOX 2K DS RAPID der SCHÖNOX GmbH zu verarbeiten. Dieses Merkblatt kann unter **www.sealsystem.net** heruntergeladen werden.

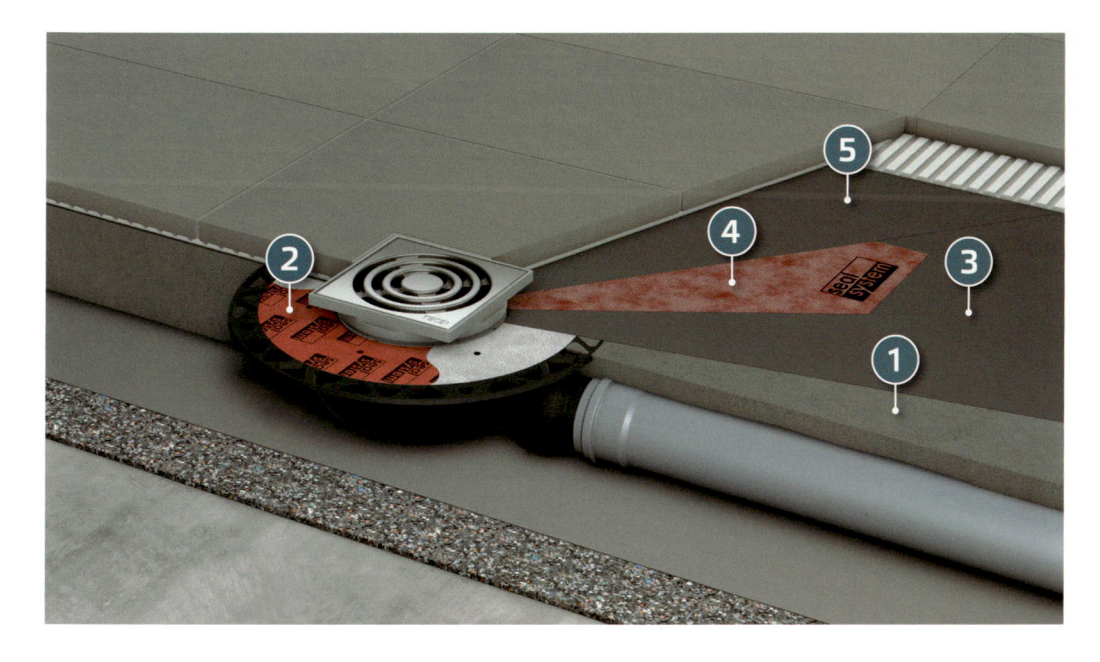

SYSTEMAUFBAU:

1. Estrich
2. Schutzfolie Ablaufflansch
3. Erste Schicht Dichtschlämme
4. Seal System Dichtmanschette
5. Zweite Schicht Dichtschlämme

6. Zertifikate und Systemaufbauten

kiwa — Partner for progress

Kiwa TBU GmbH
www.kiwa.de

Zertifikat

Prüfgrundsätze zur Erteilung von allgemeinen bauaufsichtlichen Prüfzeugnissen für Abdichtungen im Verbund mit Fliesen- und Plattenbelägen
Teil 1: Flüssig zu verarbeitende Abdichtungsstoffe
(PG-AIV-F, Ausgabe Juni 2010)

Prüfung durch die Kiwa TBU GmbH

Firma: TECE GmbH, Hollefeldstraße 57, 48282 Emsdetten, Deutschland
Ausstellungsdatum: 02.02.2012
Geltungsdauer bis: 02.02.2017

Systemkomp.: rechteckige Edelstahlduschrinne
TECEdrainline
selbstklebendes einseitig vlieskaschiertes Dichtband
Seal System Dichtband
flüssige Dichtfolie
Schönox HA
(Bezeichnungen des Auftraggebers)

Prüfung:	Prüfgrundsatz:	Ergebnis:
Wasserdichtheit im Einbauzustand (für Beanspruchungsklasse A)	PG-AIV-F	DICHT

Die genauen Prüfbedingungen sind im Prüfbericht 2.1/29183/1609.0.1-2011 beschrieben.

Dr.-Ing. Dipl.-Geol. Ernő Németh

Kiwa TBU GmbH
Gutenbergstraße 29
D-48268 Greven
Telefon: +49 (0)2571 9872-0
Telefax: +49 (0)2571 9872-99
Web: www.kiwa.de
e-mail: kiwatbu@kiwa.de
Geschäftsführer:
Michael Witthöft
Dr. Roland Hüttl
Wissenschaftlicher Leiter:
Prof.Dr.-Ing. Jochen Müller-Rochholz

SCHÖNOX HA
UND TECEDRAINLINE DUSCHRINNE MIT SEAL SYSTEM DICHTBAND

Typ: Einkomponentige, flüssige Dichtfolie
Gruppe: Polymerdispersionen (D)
Zulassung: Allgemeines bauaufsichtliches Prüfzeugnis (abP)
Kennzeichnung: Ü-Zeichen
Beanspruchungsklassen zusammen mit Duschrinne und Seal System Dichtband:
A nur im Wandbereich gem. PG-AIV-F
A0 gem. ZDB-Merkblatt (Hinweise für die Ausführung von flüssig zu verarbeitenden Verbundabdichtungen mit Bekleidungen und Belägen aus Fliesen und Platten für den Innen- und Außenbereich; August 2012)

VERARBEITUNGSSCHRITTE:

1. Duschrinne wird nach Montageanleitung komplett in den Estrich eingebaut. Hierbei wird der Dichtflansch durch die Schutzfolie vor Verschmutzung geschützt.
2. Estrich trocknen lassen.
3. Estrichuntergrund gründlich reinigen. Untergründe für Abdichtungen müssen tragfähig, formbeständig sowie frei von klaffenden Rissen und haftungsmindernden Stoffen (z. B. Staub, Öl, Wachs, Trennmittel, Ausblühungen, Sinterschichten, Lack- und Farbreste, alte Bodenklebstoffreste) sein.
4. Seal System Dichtband zuschneiden, sodass die Enden beim Aufkleben überlappen können.
5. Schutzfolie vom Flansch der Rinne abziehen.
6. Schutzfolie vom Seal System Dichtband entfernen.
7. Dichtband an den Enden überlappend auf den Flansch der Edelstahlrinne und den Untergrund kleben.
8. Erste Schicht der Dichtfolie SCHÖNOX HA aufbringen und trocknen lassen.
9. Zweite Schicht der Dichtfolie SCHÖNOX HA aufbringen.

Die flüssige Dichtfolie ist entsprechend des Technischen Merkblatts SCHÖNOX HA der SCHÖNOX GmbH zu verarbeiten. Dieses Merkblatt kann unter **www.sealsystem.net** heruntergeladen werden.

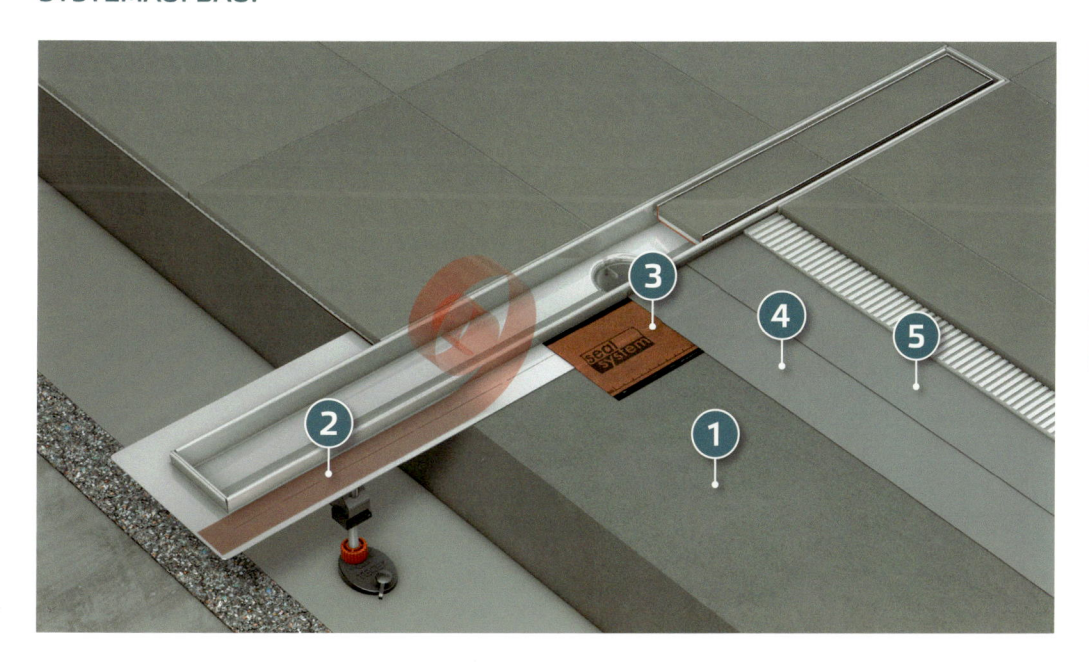

SYSTEMAUFBAU:

1. Estrich
2. Schutzfolie Rinnenflansch
3. Seal System Dichtband
4. Erste Schicht Dichtfolie
5. Zweite Schicht Dichtfolie

6. Zertifikate und Systemaufbauten

kiwa
Partner for progress

Kiwa TBU GmbH
www.kiwa.de

Prüfgrundsätze zur Erteilung von allgemeinen bauaufsichtlichen Prüfzeugnissen für Abdichtungen im Verbund mit Fliesen- und Plattenbelägen
Teil 1: Flüssig zu verarbeitende Abdichtungsstoffe
(PG-AIV-F, Ausgabe Juni 2010)

Prüfung durch die Kiwa TBU GmbH

Firma: TECE GmbH, Hollefeldstraße 57, 48282 Emsdetten, Deutschland
Ausstellungsdatum: 02.02.2012
Geltungsdauer bis: 02.02.2017

Systemkomp.: runder Bodenablauf (Flansch-Ø 252 mm) mit angespritztem Vliesstoff
TECEdrainpoint
beidseitig vlieskaschierte Dichtmanschette
Seal System Dichtband
flüssige Dichtfolie
Schönox HA
(Bezeichnungen des Auftraggebers)

Prüfung:	Prüfgrundsatz:	Ergebnis:
Wasserdichtheit im Einbauzustand (für Beanspruchungsklasse A)	PG-AIV-F	DICHT

Die genauen Prüfbedingungen sind im Prüfbericht 2.1/29183/1610.0.1-2011 beschrieben.

Dr.-Ing. Dipl.-Geol. Ernő Németh

Kiwa TBU GmbH
Gutenbergstraße 29
D-48268 Greven
Telefon: +49 (0)2571 9872-0
Telefax: +49 (0)2571 9872-99
Web: www.kiwa.de
e-mail: kiwatbu@kiwa.de
Geschäftsführer:
Michael Witthöft
Dr. Roland Hüttl
Wissenschaftlicher Leiter:
Prof.Dr.-Ing. Jochen Müller-Rochholz

6. Zertifikate und Systemaufbauten

SCHÖNOX HA
UND TECEDRAINPOINT KUNSTSTOFFABLAUF MIT SEAL SYSTEM DICHTMANSCHETTE

Typ: Einkomponentige, flüssige Dichtfolie
Gruppe: Polymerdispersionen (D)
Zulassung: Allgemeines bauaufsichtliches Prüfzeugnis (abP)
Kennzeichnung: Ü-Zeichen
Beanspruchungsklassen zusammen mit Ablauf und Seal System Dichtmanschette:
- **A** nur im Wandbereich gem. PG-AIV-F
- **A0** gem. ZDB-Merkblatt (Hinweise für die Ausführung von flüssig zu verarbeitenden Verbundabdichtungen mit Bekleidungen und Belägen aus Fliesen und Platten für den Innen- und Außenbereich; August 2012)

VERARBEITUNGSSCHRITTE:

1. Kunststoffablauf wird nach Montageanleitung komplett in den Estrich eingebaut. Hierbei wird der Dichtflansch durch die Schutzfolie vor Verschmutzung geschützt.
2. Estrich trocknen lassen.
3. Estrichuntergrund gründlich reinigen. Untergründe für Abdichtungen müssen tragfähig, formbeständig sowie frei von klaffenden Rissen und haftungsmindernden Stoffen (z. B. Staub, Öl, Wachs, Trennmittel, Ausblühungen, Sinterschichten, Lack- und Farbreste, alte Bodenklebstoffreste) sein.
4. Schutzfolie vom Flansch des Ablaufs abziehen.
5. Erste Schicht der Dichtfolie SCHÖNOX HA aufbringen.
6. Seal System Dichtmanschette auf dem Ablaufflansch und der noch feuchten Dichtfolie platzieren.
7. Dichtfolie trocknen lassen.
8. Zweite Schicht der Dichtfolie SCHÖNOX HA aufbringen.

Die flüssige Dichtfolie ist entsprechend des Technischen Merkblatts SCHÖNOX HA der SCHÖNOX GmbH zu verarbeiten. Dieses Merkblatt kann unter **www.sealsystem.net** heruntergeladen werden.

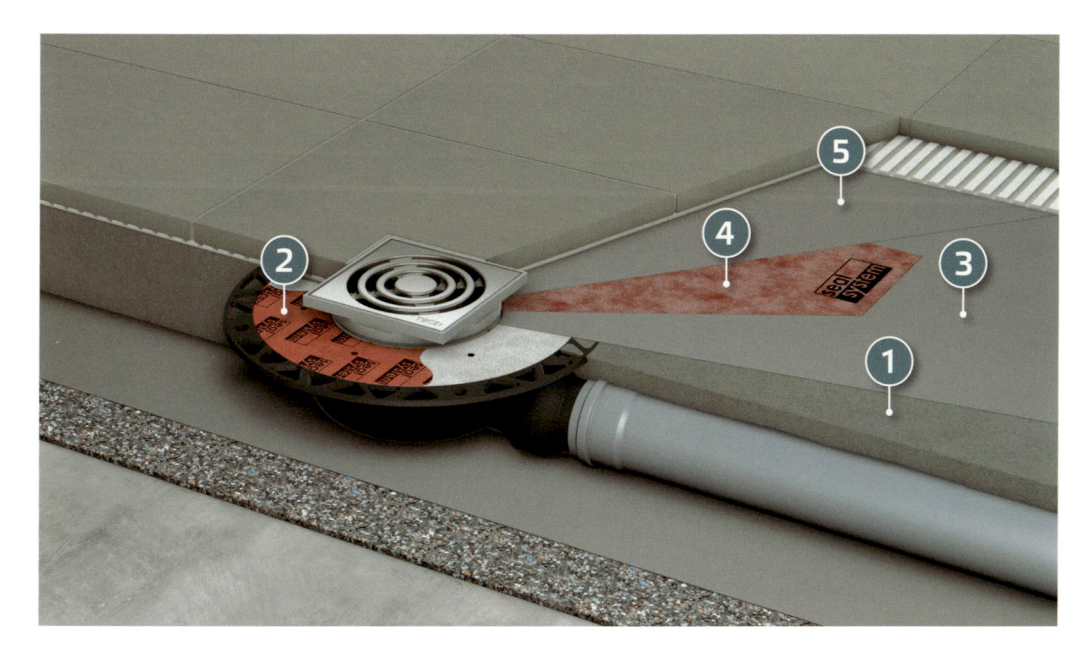

SYSTEMAUFBAU:

1. Estrich
2. Schutzfolie Ablaufflansch
3. Erste Schicht Dichtfolie
4. Seal System Dichtmanschette
5. Zweite Schicht Dichtfolie

kiwa
Partner for progress

Kiwa TBU GmbH
www.kiwa.de

**Prüfgrundsätze zur Erteilung von allgemeinen bauaufsichtlichen Prüfzeugnissen für Abdichtungen im Verbund mit Fliesen- und Plattenbelägen
Teil 1: Flüssig zu verarbeitende Abdichtungsstoffe
(PG-AIV-B, Ausgabe Juni 2006)**

Prüfung durch die Kiwa TBU GmbH

Firma: TECE GmbH, Hollefeldstraße 57,
48282 Emsdetten, Deutschland
Ausstellungsdatum: 02.02.2012
Geltungsdauer bis: 02.02.2017

Systemkomp.: rechteckige Edelstahlduschrinne
TECEdrainline
selbstklebendes einseitig vlieskaschiertes Dichtband
Seal System Dichtband
beidseitig vlieskaschierte Abdichtungsbahn
Sopro AEB 640
zementärer Fliesenkleber
Sopro's No. 1 Flexkleber
2 komponentige zementäre Dichtungsschlämme
Sopro TDS 823
(Bezeichnungen des Auftraggebers)

Prüfung:	Prüfgrundsatz:	Ergebnis:
Wasserdichtheit im Einbauzustand (für Beanspruchungsklasse A und C)	PG-AIV-B	DICHT

Die genauen Prüfbedingungen sind im Prüfbericht 2.1/29183/1394.0.1-2011 beschrieben.

Kiwa TBU GmbH
Gutenbergstraße 29
D-48268 Greven
Telefon: +49 (0)2571 9872-0
Telfax: +49 (0)2571 9872-99
Web: www.kiwa.de
e-mail: kiwatbu@kiwa.de
Geschäftsführer:
Michael Witthöft
Dr. Roland Hüttl
Wissenschaftlicher Leiter:
Prof.Dr.-Ing. Jochen Müller-Rochholz

Dr.-Ing. Dipl.-Geol. Ernő Németh

SOPRO AEB 640 Abdichtungs- und Entkopplungsbahn
UND TECEDRAINLINE DUSCHRINNE MIT SEAL SYSTEM DICHTBAND

Typ: Abdichtungsbahn
Material: Beidseitig vlieskaschierte Polyethylen-Bahn
Zulassung: Allgemeines bauaufsichtliches Prüfzeugnis (abP)
Kennzeichnung: Ü-Zeichen
Beanspruchungsklassen zusammen mit Duschrinne und Seal System Dichtband:
A C gem. PG-AIV-B
A0 gem. ZDB-Merkblatt (Hinweise für die Ausführung von flüssig zu verarbeitenden Verbundabdichtungen mit Bekleidungen und Belägen aus Fliesen und Platten für den Innen- und Außenbereich; August 2012)

Verklebung zwischen Seal System Dichtband und Sopro AEB 640 Abdichtungsbahn mit Sopro´s No.1 Flexkleber oder Sopro Turbo-DichtSchlämme 2-K

VERARBEITUNGSSCHRITTE:

1. Duschrinne wird nach Montageanleitung komplett in den Estrich eingebaut. Hierbei wird der Dichtflansch durch die Schutzfolie vor Verschmutzung geschützt.
2. Estrich trocknen lassen.
3. Estrichuntergrund gründlich reinigen. Untergründe für Abdichtungen müssen tragfähig, formbeständig sowie frei von klaffenden Rissen und haftungsmindernden Stoffen (z. B. Staub, Öl, Wachs, Trennmittel, Ausblühungen, Sinterschichten, Lack- und Farbreste, alte Bodenklebstoffreste) sein.
4. Seal System Dichtband zuschneiden, sodass die Enden beim Aufkleben überlappen können.
5. Schutzfolie vom Flansch der Rinne abziehen.
6. Schutzfolie vom Seal System Dichtband entfernen.
7. Dichtband an den Enden überlappend auf den Flansch der Edelstahlrinne und den Untergrund kleben.
8. Abdichtbahn passgenau zuschneiden.
9. Seal System Dichtband und Sopro AEB 640 Abdichtbahn mit Sopro´s No.1 Flexkleber oder Sopro TurboDichtSchlämme 2-K vollflächig verkleben.
10. Sopro AEB 640 Abdichtbahn nach Verarbeitungsrichtlinie mit dem Estrichuntergrund verkleben.

Die Abdichtungsbahn ist entsprechend des Technischen Merkblatts Sopro AEB 640 der Sopro Bauchemie GmbH zu verarbeiten. Dieses Merkblatt kann unter **www.sealsystem.net** heruntergeladen werden.

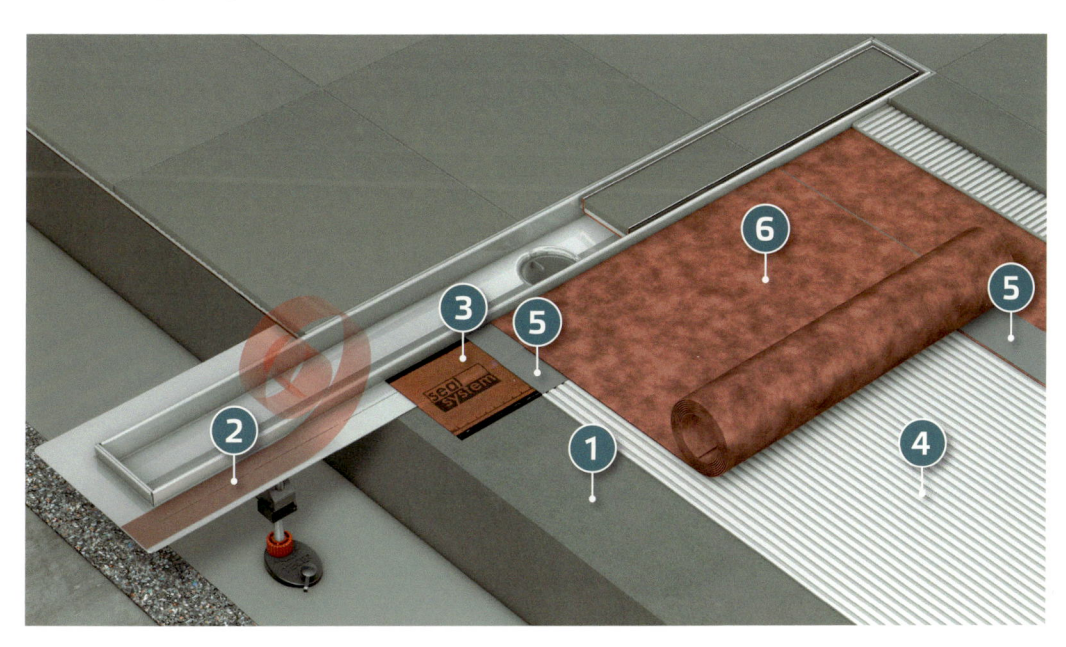

SYSTEMAUFBAU:

1. Estrich
2. Schutzfolie Rinnenflansch
3. Seal System Dichtband
4. Fliesenkleber
5. Dichtschlämme
6. Abdichtbahn

Zertifikat

Kiwa TBU GmbH
www.kiwa.de

Prüfgrundsätze zur Erteilung von allgemeinen bauaufsichtlichen Prüfzeugnissen für Abdichtungen im Verbund mit Fliesen- und Plattenbelägen
Teil 1: Flüssig zu verarbeitende Abdichtungsstoffe
(PG-AIV-B, Ausgabe Juni 2006)

Prüfung durch die Kiwa TBU GmbH

Firma: TECE GmbH, Hollefeldstraße 57, 48282 Emsdetten, Deutschland
Ausstellungsdatum: 02.02.2012
Geltungsdauer bis: 02.02.2017

Systemkomp.: runder Bodenablauf (Flansch-Ø 252 mm) mit angespritztem Vliesstoff
TECEdrainpoint
selbstklebendes einseitig vlieskaschiertes Dichtband
Seal System Dichtband
beidseitig vlieskaschierte Abdichtungsbahn
Sopro AEB 640
zementärer Fliesenkleber
Sopro's No. 1 Flexkleber
2 komponentige zementäre Dichtungsschlämme
Sopro TDS 823
(Bezeichnungen des Auftraggebers)

Prüfung:	Prüfgrundsatz:	Ergebnis:
Wasserdichtheit im Einbauzustand (für Beanspruchungsklasse A und C)	PG-AIV-B	DICHT

Die genauen Prüfbedingungen sind im Prüfbericht 2.1/29183/1395.0.1-2011 beschrieben.

Dr.-Ing. Dipl.-Geol. Ernő Németh

Kiwa TBU GmbH
Gutenbergstraße 29
D-48268 Greven
Telefon: +49 (0)2571 9872-0
Telfax: +49 (0)2571 9872-99
Web: www.kiwa.de
e-mail: kiwatbu@kiwa.de
Geschäftsführer:
Michael Witthöft
Dr. Roland Hüttl
Wissenschaftlicher Leiter:
Prof.Dr.-Ing. Jochen Müller-Rochholz

SOPRO AEB 640 Abdichtungs- und Entkopplungsbahn
UND TECEDRAINPOINT KUNSTSTOFFABLAUF MIT SEAL SYSTEM DICHTMANSCHETTE

Typ: Abdichtungsbahn
Material: Beidseitig vlieskaschierte Polyethylen-Bahn
Zulassung: Allgemeines bauaufsichtliches Prüfzeugnis (abP)
Kennzeichnung: Ü-Zeichen
Beanspruchungsklassen zusammen mit Ablauf und Seal System Dichtmanschette:
A **C** gem. PG-AIV-B
A0 gem. ZDB-Merkblatt (Hinweise für die Ausführung von flüssig zu verarbeitenden Verbundabdichtungen mit Bekleidungen und Belägen aus Fliesen und Platten für den Innen- und Außenbereich; August 2012)

Verklebung zwischen Seal System Dichtmanschette und Sopro AEB 640 Abdichtungsbahn mit Sopro´s No.1 Flexkleber oder Sopro TurboDichtSchlämme 2-K

VERARBEITUNGSSCHRITTE:

1. Kunststoffablauf wird nach Montageanleitung komplett in den Estrich eingebaut. Hierbei wird der Dichtflansch durch die Schutzfolie vor Verschmutzung geschützt.
2. Estrich trocknen lassen.
3. Estrichuntergrund gründlich reinigen. Untergründe für Abdichtungen müssen tragfähig, formbeständig sowie frei von klaffenden Rissen und haftungsmindernden Stoffen (z. B. Staub, Öl, Wachs, Trennmittel, Ausblühungen, Sinterschichten, Lack- und Farbreste, alte Bodenklebstoffreste) sein.
4. Schutzfolie vom Flansch des Ablaufs abziehen.
5. Fliesenkleber Sopro Racofix aufbringen und die Dichtmanschette einbringen.
6. Abdichtbahn passgenau zuschneiden.
7. Die Sopro AEB 640 Abdichtbahn mit 5 cm Überlappung in den Fliesenkleber legen und andrücken.
8. Die Überlappung mit der zementären Dichtschlämme Sopro TurboDichtSchlämme 2-K verkleben.

Die Abdichtungsbahn ist entsprechend des Technischen Merkblatts Sopro AEB 640 der Sopro Bauchemie GmbH zu verarbeiten. Dieses Merkblatt kann unter **www.sealsystem.net** heruntergeladen werden.

SYSTEMAUFBAU:

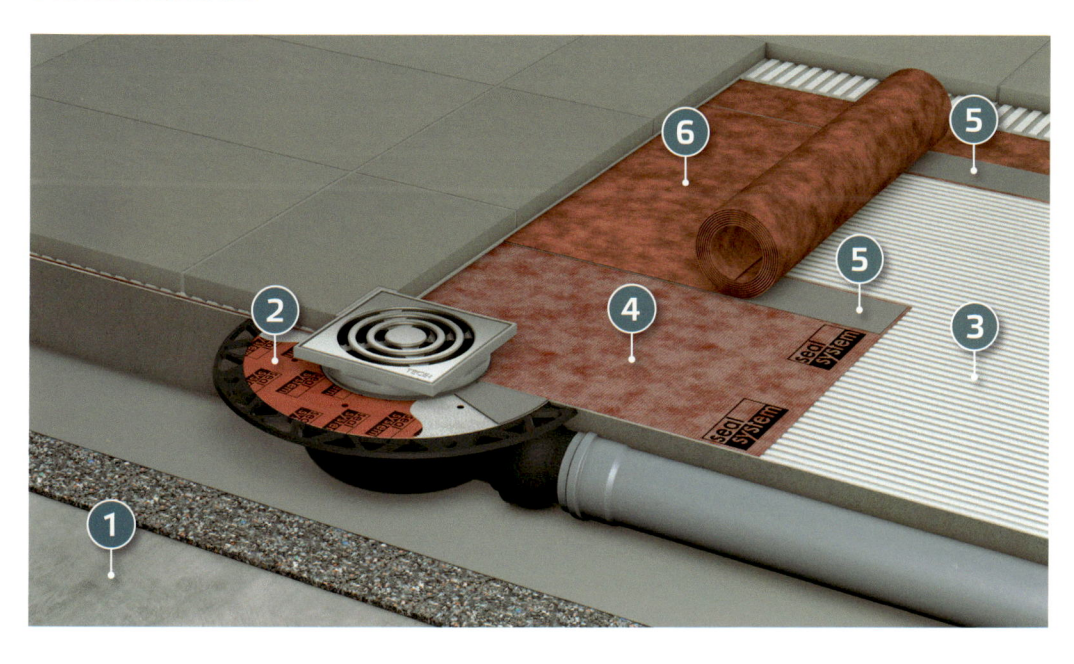

1. Estrich
2. Schutzfolie Ablaufflansch
3. Fliesenkleber
4. Seal System Dichtmanschette
5. Dichtschlämme
6. Abdichtbahn

6. Zertifikate und Systemaufbauten

kiwa
Partner for progress

Kiwa TBU GmbH
www.kiwa.de

Prüfgrundsätze zur Erteilung von allgemeinen bauaufsichtlichen Prüfzeugnissen für Abdichtungen im Verbund mit Fliesen- und Plattenbelägen
Teil 1: Flüssig zu verarbeitende Abdichtungsstoffe
(PG-AIV-F, Ausgabe Juni 2010)

Prüfung durch die Kiwa TBU GmbH

Firma: TECE GmbH, Hollefeldstraße 57, 48282 Emsdetten, Deutschland
Ausstellungsdatum: 01.02.2012
Geltungsdauer bis: 01.02.2017

Systemkomp.: rechteckige Edelstahlduschrinne
TECEdrainline
selbstklebendes einseitig vlieskaschiertes Dichtband
Seal System Dichtband
2 komponentige zementäre Dichtungsschlämme
Sopro DSF 423
(Bezeichnungen des Auftraggebers)

Prüfung:	Prüfgrundsatz:	Ergebnis:
Wasserdichtheit im Einbauzustand (für Beanspruchungsklasse A und C)	PG-AIV-F	DICHT

Die genauen Prüfbedingungen sind im Prüfbericht 2.1/29183/1352.0.1-2011 beschrieben.

i. A. Ch. Stan...
Dr.-Ing. Dipl.-Geol. Ernő Németh

Kiwa TBU GmbH
Gutenbergstraße 29
D-48268 Greven
Telefon: +49 (0)2571 9872-0
Telefax: +49 (0)2571 9872-99
Web: www.kiwa.de
e-mail: kiwatbu@kiwa.de
Geschäftsführer:
Michael Witthöft
Dr. Roland Hüttl
Wissenschaftlicher Leiter:
Prof.Dr.-Ing. Jochen Müller-Rochholz

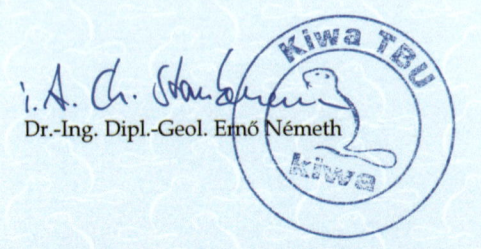

X:\tbu\QMSneu\QMS\2 KP\2.4 TBU-Mon\Kunden Mon\29183\Zertifikate zum ausdrucken\1352.0.1-2011zert.doc

SOPRO DSF 423 DichtSchlämme Flex 2-K
UND TECEDRAINLINE DUSCHRINNE MIT SEAL SYSTEM DICHTBAND

Typ: Zweikomponentige, zementäre Dichtungsschlämme
Gruppe: Kunststoff-Zement-Mörtel-Kombinationen (M)
Zulassung: Allgemeines bauaufsichtliches Prüfzeugnis (abP)
Kennzeichnung: Ü-Zeichen
Beanspruchungsklassen zusammen mit Duschrinne und Seal System Dichtband:
A C gem. PG-AIV-F
A0 gem. ZDB-Merkblatt (Hinweise für die Ausführung von flüssig zu verarbeitenden Verbundabdichtungen mit Bekleidungen und Belägen aus Fliesen und Platten für den Innen- und Außenbereich; August 2012)

VERARBEITUNGSSCHRITTE:

1. Duschrinne wird nach Montageanleitung komplett in den Estrich eingebaut. Hierbei wird der Dichtflansch durch die Schutzfolie vor Verschmutzung geschützt.
2. Estrich trocknen lassen.
3. Estrichuntergrund gründlich reinigen. Untergründe für Abdichtungen müssen tragfähig, formbeständig sowie frei von klaffenden Rissen und haftungsmindernden Stoffen (z. B. Staub, Öl, Wachs, Trennmittel, Ausblühungen, Sinterschichten, Lack- und Farbreste, alte Bodenklebstoffreste) sein.
4. Seal System Dichtband zuschneiden, sodass die Enden beim Aufkleben überlappen können.
5. Schutzfolie vom Flansch der Rinne abziehen.
6. Schutzfolie vom Seal System Dichtband entfernen.
7. Dichtband an den Enden überlappend auf den Flansch der Edelstahlrinne und den Untergrund kleben.
8. Erste Schicht der zementären Dichtschlämme Sopro DSF 423 aufbringen und trocknen lassen.
9. Zweite Schicht der zementären Dichtschlämme Sopro DSF 423 aufbringen.

Die zementäre Dichtschlämme ist entsprechend des Technischen Merkblatts Sopro DSF 423 der Sopro Bauchemie GmbH zu verarbeiten. Dieses Merkblatt kann unter **www.sealsystem.net** heruntergeladen werden.

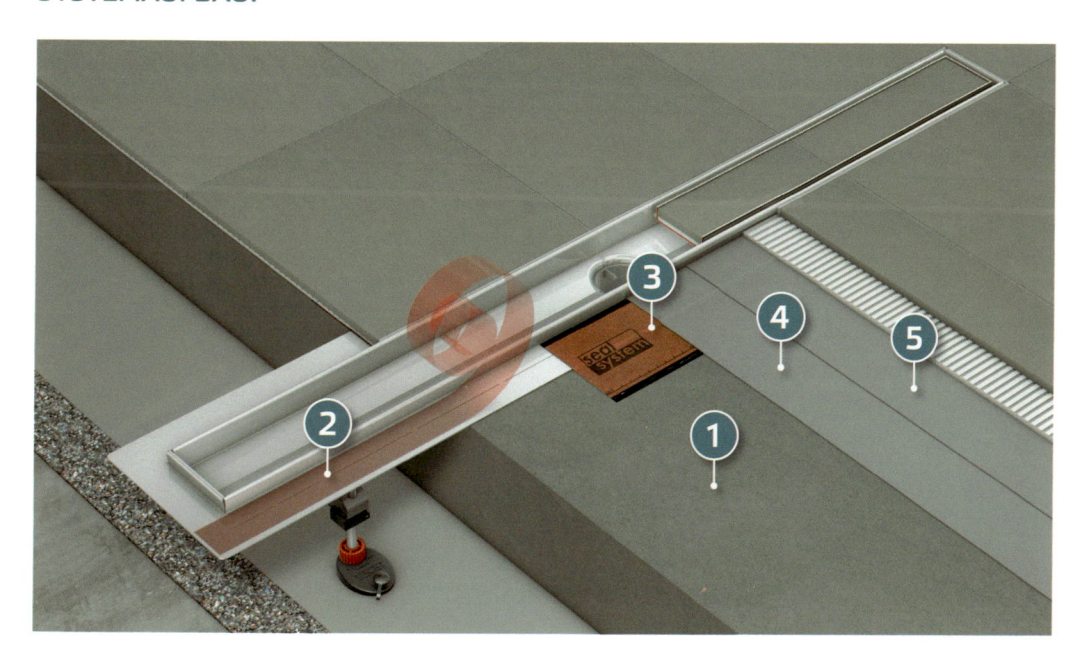

SYSTEMAUFBAU:

1. Estrich
2. Schutzfolie Rinnenflansch
3. Seal System Dichtband
4. Erste Schicht Dichtschlämme
5. Zweite Schicht Dichtschlämme

Zertifikat

kiwa Partner for progress

Kiwa TBU GmbH
www.kiwa.de

Prüfgrundsätze zur Erteilung von allgemeinen bauaufsichtlichen Prüfzeugnissen für Abdichtungen im Verbund mit Fliesen- und Plattenbelägen
Teil 1: Flüssig zu verarbeitende Abdichtungsstoffe
(PG-AIV-F, Ausgabe Juni 2010)

Prüfung durch die Kiwa TBU GmbH

Firma: TECE GmbH, Hollefeldstraße 57, 48282 Emsdetten, Deutschland
Ausstellungsdatum: 01.02.2012
Geltungsdauer bis: 01.02.2017

Systemkomp.: runder Bodenablauf (Flansch-Ø 252 mm) mit angespritztem Vliesstoff
TECEdrainpoint
beidseitig vlieskaschierte Dichtmanschette
Seal System Dichtmanschette
2 komponentige zementäre Dichtungsschlämme
Sopro DSF 423
(Bezeichnungen des Auftraggebers)

Prüfung:	Prüfgrundsatz:	Ergebnis:
Wasserdichtheit im Einbauzustand (für Beanspruchungsklasse A und C)	PG-AIV-F	DICHT

Die genauen Prüfbedingungen sind im Prüfbericht 2.1/29183/1353.0.1-2011 beschrieben.

Dr.-Ing. Dipl.-Geol. Ernő Németh

Kiwa TBU GmbH
Gutenbergstraße 29
D-48268 Greven
Telefon: +49 (0)2571 9872-0
Telfax: +49 (0)2571 9872-99
Web: www.kiwa.de
e-mail: kiwatbu@kiwa.de
Geschäftsführer:
Michael Witthöft
Dr. Roland Hüttl
Wissenschaftlicher Leiter:
Prof.Dr.-Ing. Jochen Müller-Rochholz

SOPRO DSF 423 DichtSchlämme Flex 2-K
UND TECEDRAINPOINT KUNSTSTOFFABLAUF MIT SEAL SYSTEM DICHTMANSCHETTE

Typ: Zweikomponentige, zementäre Dichtungsschlämme
Gruppe: Kunststoff-Zement-Mörtel-Kombinationen (M)
Zulassung: Allgemeines bauaufsichtliches Prüfzeugnis (abP)
Kennzeichnung: Ü-Zeichen
Beanspruchungsklassen zusammen mit Ablauf und Seal System Dichtmanschette:
A C gem. PG-AIV-F
A0 gem. ZDB-Merkblatt (Hinweise für die Ausführung von flüssig zu verarbeitenden Verbundabdichtungen mit Bekleidungen und Belägen aus Fliesen und Platten für den Innen- und Außenbereich; August 2012)

VERARBEITUNGSSCHRITTE:

1. Kunststoffablauf wird nach Montageanleitung komplett in den Estrich eingebaut. Hierbei wird der Dichtflansch durch die Schutzfolie vor Verschmutzung geschützt.
2. Estrich trocknen lassen.
3. Estrichuntergrund gründlich reinigen. Untergründe für Abdichtungen müssen tragfähig, formbeständig sowie frei von klaffenden Rissen und haftungsmindernden Stoffen (z. B. Staub, Öl, Wachs, Trennmittel, Ausblühungen, Sinterschichten, Lack- und Farbreste, alte Bodenklebstoffreste) sein.
4. Schutzfolie vom Flansch des Ablaufs abziehen.
5. Erste Schicht der zementären Dichtschlämme Sopro DSF 423 aufbringen.
6. Seal System Dichtmanschette auf dem Ablaufflansch und der noch feuchten Dichtschlämme platzieren.
7. Dichtschlämme trocknen lassen.
8. Zweite Schicht der zementären Dichtschlämme Sopro DSF 423 aufbringen.

Die zementäre Dichtschlämme ist entsprechend des Technischen Merkblatts Sopro DSF 423 der Sopro Bauchemie GmbH zu verarbeiten. Dieses Merkblatt kann unter **www.sealsystem.net** heruntergeladen werden.

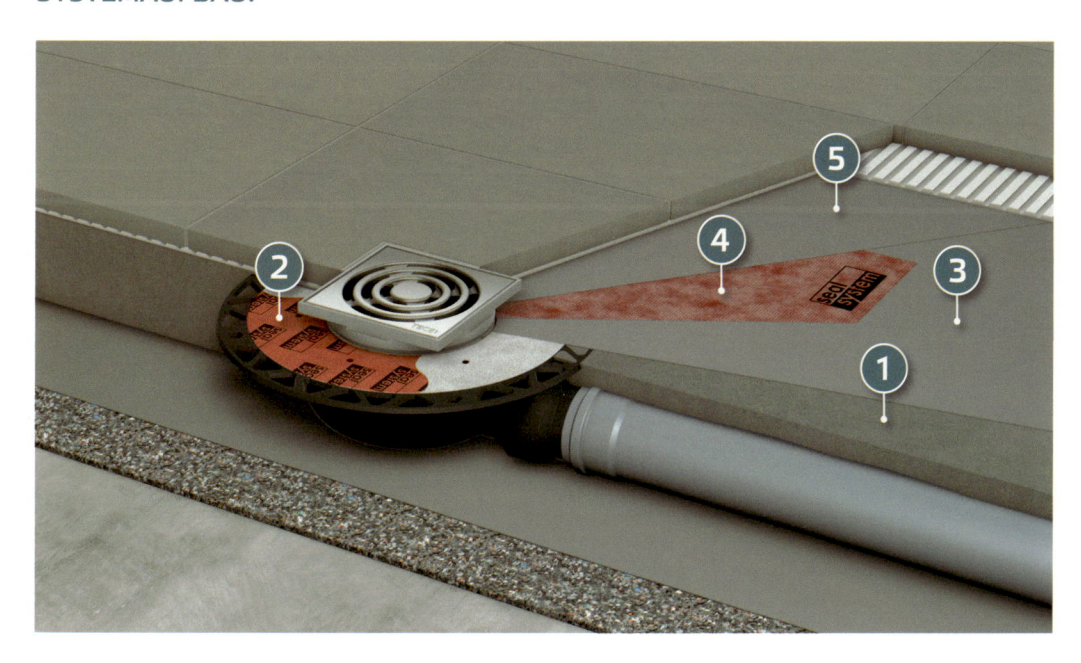

SYSTEMAUFBAU:

1. Estrich
2. Schutzfolie Ablaufflansch
3. Erste Schicht Dichtschlämme
4. Seal System Dichtmanschette
5. Zweite Schicht Dichtschlämme

Zertifikat

kiwa
Partner for progress

Kiwa TBU GmbH
www.kiwa.de

Prüfgrundsätze zur Erteilung von allgemeinen bauaufsichtlichen Prüfzeugnissen für Abdichtungen im Verbund mit Fliesen- und Plattenbelägen
Teil 1: Flüssig zu verarbeitende Abdichtungsstoffe
(PG-AIV-F, Ausgabe Juni 2010)

Prüfung durch die Kiwa TBU GmbH

Firma: TECE GmbH, Hollefeldstraße 57, 48282 Emsdetten, Deutschland
Ausstellungsdatum: 01.02.2012
Geltungsdauer bis: 01.02.2017

Systemkomp.: rechteckige Edelstahlduschrinne
TECEdrainline
selbstklebendes einseitig vlieskaschiertes Dichtband
Seal System Dichtband
zementäre Dichtungsschlämme
Sopro DSF 523
(Bezeichnungen des Auftraggebers)

Prüfung:	Prüfgrundsatz:	Ergebnis:
Wasserdichtheit im Einbauzustand (für Beanspruchungsklasse A und C)	PG-AIV-F	DICHT

Die genauen Prüfbedingungen sind im Prüfbericht 2.1/29183/1354.0.1-2011 beschrieben.

Dr.-Ing. Dipl.-Geol. Ernő Németh

Kiwa TBU GmbH
Gutenbergstraße 29
D-48268 Greven
Telefon: +49 (0)2571 9872-0
Telefax: +49 (0)2571 9872-99
Web: www.kiwa.de
e-mail: kiwatbu@kiwa.de
Geschäftsführer:
Michael Witthöft
Dr. Roland Hüttl
Wissenschaftlicher Leiter:
Prof.Dr.-Ing. Jochen Müller-Rochholz

SOPRO DSF 523 DichtSchlämme Flex 1-K
UND TECEDRAINLINE DUSCHRINNE MIT SEAL SYSTEM DICHTBAND

Typ: Einkomponentige, zementäre Dichtungsschlämme
Gruppe: Kunststoff-Zement-Mörtel-Kombinationen (M)
Zulassung: Allgemeines bauaufsichtliches Prüfzeugnis (abP)
Kennzeichnung: Ü-Zeichen
Beanspruchungsklassen zusammen mit Duschrinne und Seal System Dichtband:
A C gem. PG-AIV-F
A0 gem. ZDB-Merkblatt (Hinweise für die Ausführung von flüssig zu verarbeitenden Verbundabdichtungen mit Bekleidungen und Belägen aus Fliesen und Platten für den Innen- und Außenbereich; August 2012)

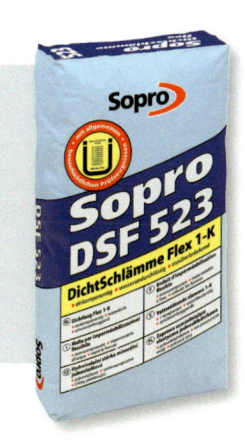

VERARBEITUNGSSCHRITTE:

1. Duschrinne wird nach Montageanleitung komplett in den Estrich eingebaut. Hierbei wird der Dichtflansch durch die Schutzfolie vor Verschmutzung geschützt.
2. Estrich trocknen lassen.
3. Estrichuntergrund gründlich reinigen. Untergründe für Abdichtungen müssen tragfähig, formbeständig sowie frei von klaffenden Rissen und haftungsmindernden Stoffen (z. B. Staub, Öl, Wachs, Trennmittel, Ausblühungen, Sinterschichten, Lack- und Farbreste, alte Bodenklebstoffreste) sein.
4. Seal System Dichtband zuschneiden, sodass die Enden beim Aufkleben überlappen können.
5. Schutzfolie vom Flansch der Rinne abziehen.
6. Schutzfolie vom Seal System Dichtband entfernen.
7. Dichtband an den Enden überlappend auf den Flansch der Edelstahlrinne und den Untergrund kleben.
8. Erste Schicht der zementären Dichtschlämme Sopro DSF 523 aufbringen und trocknen lassen.
9. Zweite Schicht der zementären Dichtschlämme Sopro DSF 523 aufbringen.

Die zementäre Dichtschlämme ist entsprechend des Technischen Merkblatts Sopro DSF 523 der Sopro Bauchemie GmbH zu verarbeiten. Dieses Merkblatt kann unter **www.sealsystem.net** heruntergeladen werden.

SYSTEMAUFBAU:

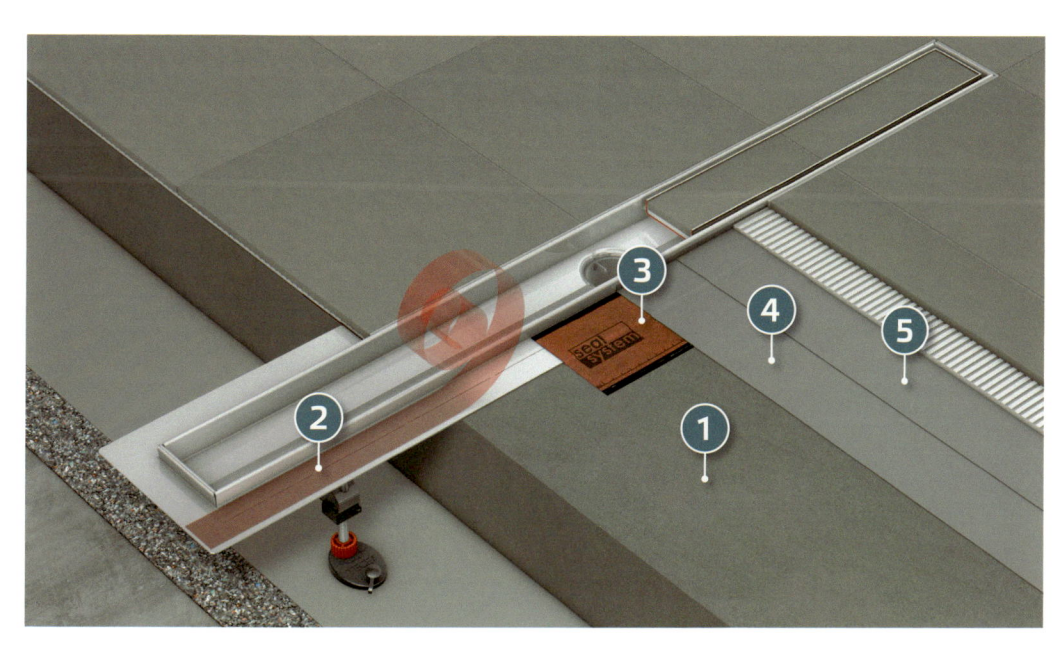

1. Estrich
2. Schutzfolie Rinnenflansch
3. Seal System Dichtband
4. Erste Schicht Dichtschlämme
5. Zweite Schicht Dichtschlämme

6. Zertifikate und Systemaufbauten

kiwa Partner for progress

Kiwa TBU GmbH
www.kiwa.de

Prüfgrundsätze zur Erteilung von allgemeinen bauaufsichtlichen Prüfzeugnissen für Abdichtungen im Verbund mit Fliesen- und Plattenbelägen
Teil 1: Flüssig zu verarbeitende Abdichtungsstoffe
(PG-AIV-F, Ausgabe Juni 2010)

Prüfung durch die Kiwa TBU GmbH

Firma: TECE GmbH, Hollefeldstraße 57, 48282 Emsdetten, Deutschland
Ausstellungsdatum: 01.02.2012
Geltungsdauer bis: 01.02.2017

Systemkomp.: runder Bodenablauf (Flansch-Ø 252 mm) mit angespritztem Vliesstoff
TECEdrainpoint
beidseitig vlieskaschierte Dichtmanschette
Seal System Dichtmanschette
zementäre Dichtungsschlämme
Sopro DSF 523
(Bezeichnungen des Auftraggebers)

Prüfung:	Prüfgrundsatz:	Ergebnis:
Wasserdichtheit im Einbauzustand (für Beanspruchungsklasse A und C)	PG-AIV-F	DICHT

Die genauen Prüfbedingungen sind im Prüfbericht 2.1/29183/1355.0.1-2011 beschrieben.

Dr.-Ing. Dipl.-Geol. Ernő Németh

Kiwa TBU GmbH
Gutenbergstraße 29
D-48268 Greven
Telefon: +49 (0)2571 9872-0
Telfax: +49 (0)2571 9872-99
Web: www.kiwa.de
e-mail: kiwatbu@kiwa.de
Geschäftsführer:
Michael Witthöft
Dr. Roland Hüttl
Wissenschaftlicher Leiter:
Prof.Dr.-Ing. Jochen Müller-Rochholz

SOPRO DSF 523 DichtSchlämme Flex 1-K
UND TECEDRAINPOINT KUNSTSTOFFABLAUF MIT SEAL SYSTEM DICHTMANSCHETTE

Typ: Einkomponentige, zementäre Dichtungsschlämme
Gruppe: Kunststoff-Zement-Mörtel-Kombinationen (M)
Zulassung: Allgemeines bauaufsichtliches Prüfzeugnis (abP)
Kennzeichnung: Ü-Zeichen
Beanspruchungsklassen zusammen mit Ablauf und Seal System Dichtmanschette:
A C gem. PG-AIV-F
A0 gem. ZDB-Merkblatt (Hinweise für die Ausführung von flüssig zu verarbeitenden Verbundabdichtungen mit Bekleidungen und Belägen aus Fliesen und Platten für den Innen- und Außenbereich; August 2012)

VERARBEITUNGSSCHRITTE:

1. Kunststoffablauf wird nach Montageanleitung komplett in den Estrich eingebaut. Hierbei wird der Dichtflansch durch die Schutzfolie vor Verschmutzung geschützt.
2. Estrich trocknen lassen.
3. Estrichuntergrund gründlich reinigen. Untergründe für Abdichtungen müssen tragfähig, formbeständig sowie frei von klaffenden Rissen und haftungsmindernden Stoffen (z. B. Staub, Öl, Wachs, Trennmittel, Ausblühungen, Sinterschichten, Lack- und Farbreste, alte Bodenklebstoffreste) sein.
4. Schutzfolie vom Flansch des Ablaufs abziehen.
5. Erste Schicht der zementären Dichtschlämme Sopro DSF 523 aufbringen.
6. Seal System Dichtmanschette auf dem Ablaufflansch und der noch feuchten Dichtschlämme platzieren.
7. Dichtschlämme trocknen lassen.
8. Zweite Schicht der zementären Dichtschlämme Sopro DSF 523 aufbringen.

Die zementäre Dichtschlämme ist entsprechend des Technischen Merkblatts Sopro DSF 523 der Sopro Bauchemie GmbH zu verarbeiten. Dieses Merkblatt kann unter **www.sealsystem.net** heruntergeladen werden.

SYSTEMAUFBAU:

1. Estrich
2. Schutzfolie Ablaufflansch
3. Erste Schicht Dichtschlämme
4. Seal System Dichtmanschette
5. Zweite Schicht Dichtschlämme

6. Zertifikate und Systemaufbauten

kiwa
Partner for progress

Kiwa TBU GmbH
www.kiwa.de

Zertifikat

Prüfgrundsätze zur Erteilung von allgemeinen bauaufsichtlichen Prüfzeugnissen für Abdichtungen im Verbund mit Fliesen- und Plattenbelägen
Teil 1: Flüssig zu verarbeitende Abdichtungsstoffe
(PG-AIV-F, Ausgabe Juni 2010)

Prüfung durch die Kiwa TBU GmbH

Firma: TECE GmbH, Hollefeldstraße 57, 48282 Emsdetten, Deutschland
Ausstellungsdatum: 01.02.2012
Geltungsdauer bis: 01.02.2017

Systemkomp.: rechteckige Edelstahlduschrinne
TECEdrainline
selbstklebendes einseitig vlieskaschiertes Dichtband
Seal System Dichtband
zementäre Dichtungsschlämme
Sopro DSF 623
(Bezeichnungen des Auftraggebers)

Prüfung:	Prüfgrundsatz:	Ergebnis:
Wasserdichtheit im Einbauzustand (für Beanspruchungsklasse A und C)	PG-AIV-F	DICHT

Die genauen Prüfbedingungen sind im Prüfbericht 2.1/29183/1356.0.1-2011 beschrieben.

Dr.-Ing. Dipl.-Geol. Ernő Németh

Kiwa TBU GmbH
Gutenbergstraße 29
D-48268 Greven
Telefon: +49 (0)2571 9872-0
Telefax: +49 (0)2571 9872-99
Web: www.kiwa.de
e-mail: kiwatbu@kiwa.de
Geschäftsführer:
Michael Witthöft
Dr. Roland Hüttl
Wissenschaftlicher Leiter:
Prof.Dr.-Ing. Jochen Müller-Rochholz

X:\tbu\QMSneu\QMS\2 KP\2.4 TBU-Mon\Kunden Mon\29183\Zertifikate zum ausdrucken\1356.0.1-2011zert.doc

6. Zertifikate und Systemaufbauten

SOPRO DSF 623 DichtSchlämme Flex 1-K schnell
UND TECEDRAINLINE DUSCHRINNE MIT SEAL SYSTEM DICHTBAND

Typ: Einkomponentige, zementäre Dichtungsschlämme
Gruppe: Kunststoff-Zement-Mörtel-Kombinationen (M)
Zulassung: Allgemeines bauaufsichtliches Prüfzeugnis (abP)
Kennzeichnung: Ü-Zeichen
Beanspruchungsklassen zusammen mit Duschrinne und Seal System Dichtband:
  A **C** gem. PG-AIV-F
  A0 gem. ZDB-Merkblatt (Hinweise für die Ausführung von flüssig zu verarbeitenden Verbundabdichtungen mit Bekleidungen und Belägen aus Fliesen und Platten für den Innen- und Außenbereich; August 2012)

VERARBEITUNGSSCHRITTE:

1. Duschrinne wird nach Montageanleitung komplett in den Estrich eingebaut. Hierbei wird der Dichtflansch durch die Schutzfolie vor Verschmutzung geschützt.
2. Estrich trocknen lassen.
3. Estrichuntergrund gründlich reinigen. Untergründe für Abdichtungen müssen tragfähig, formbeständig sowie frei von klaffenden Rissen und haftungsmindernden Stoffen (z. B. Staub, Öl, Wachs, Trennmittel, Ausblühungen, Sinterschichten, Lack- und Farbreste, alte Bodenklebstoffreste) sein.
4. Seal System Dichtband zuschneiden, sodass die Enden beim Aufkleben überlappen können.
5. Schutzfolie vom Flansch der Rinne abziehen.
6. Schutzfolie vom Seal System Dichtband entfernen.
7. Dichtband an den Enden überlappend auf den Flansch der Edelstahlrinne und den Untergrund kleben.
8. Erste Schicht der zementären Dichtschlämme Sopro DSF 623 aufbringen und trocknen lassen.
9. Zweite Schicht der zementären Dichtschlämme Sopro DSF 623 aufbringen.

Die zementäre Dichtschlämme ist entsprechend des Technischen Merkblatts Sopro DSF 623 der Sopro Bauchemie GmbH zu verarbeiten. Dieses Merkblatt kann unter **www.sealsystem.net** heruntergeladen werden.

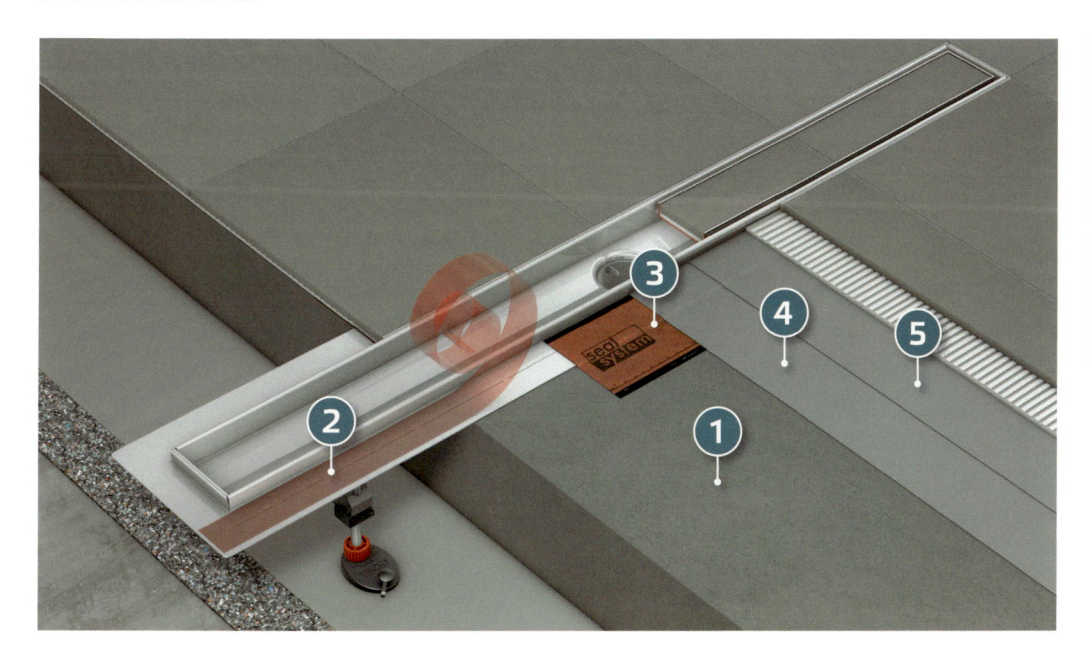

SYSTEMAUFBAU:

1. Estrich
2. Schutzfolie Rinnenflansch
3. Seal System Dichtband
4. Erste Schicht Dichtschlämme
5. Zweite Schicht Dichtschlämme

6. Zertifikate und Systemaufbauten

kiwa
Partner for progress

Kiwa TBU GmbH
www.kiwa.de

Prüfgrundsätze zur Erteilung von allgemeinen bauaufsichtlichen Prüfzeugnissen für Abdichtungen im Verbund mit Fliesen- und Plattenbelägen
Teil 1: Flüssig zu verarbeitende Abdichtungsstoffe
(PG-AIV-F, Ausgabe Juni 2010)

Prüfung durch die Kiwa TBU GmbH

Firma: TECE GmbH, Hollefeldstraße 57,
48282 Emsdetten, Deutschland
Ausstellungsdatum: 01.02.2012
Geltungsdauer bis: 01.02.2017

Systemkomp.: runder Bodenablauf (Flansch-Ø 252 mm) mit angespritztem Vliesstoff
TECEdrainpoint
beidseitig vlieskaschierte Dichtmanschette
Seal System Dichtmanschette
zementäre Dichtungsschlämme
Sopro DSF 623
(Bezeichnungen des Auftraggebers)

Prüfung:	Prüfgrundsatz:	Ergebnis:
Wasserdichtheit im Einbauzustand (für Beanspruchungsklasse A und C)	PG-AIV-F	DICHT

Die genauen Prüfbedingungen sind im Prüfbericht 2.1/29183/1357.0.1-2011 beschrieben.

Dr.-Ing. Dipl.-Geol. Ernő Németh

Kiwa TBU GmbH
Gutenbergstraße 29
D-48268 Greven
Telefon: +49 (0)2571 9872-0
Telfax: +49 (0)2571 9872-99
Web: www.kiwa.de
e-mail: kiwatbu@kiwa.de
Geschäftsführer:
Michael Witthöft
Dr. Roland Hüttl
Wissenschaftlicher Leiter:
Prof.Dr.-Ing. Jochen Müller-Rochholz

X:\tbu\QMSneu\QMS\2 KP\2.4 TBU-Mon\Kunden Mon\29183\Zertifikate zum ausdrucken\1357.0.1-2011zert.doc

SOPRO DSF 623 DichtSchlämme Flex 1-K schnell
UND TECEDRAINPOINT KUNSTSTOFFABLAUF MIT SEAL SYSTEM DICHTMANSCHETTE

Typ: Einkomponentige, zementäre Dichtungsschlämme
Gruppe: Kunststoff-Zement-Mörtel-Kombinationen (M)
Zulassung: Allgemeines bauaufsichtliches Prüfzeugnis (abP)
Kennzeichnung: Ü-Zeichen
Beanspruchungsklassen zusammen mit Ablauf und Seal System Dichtmanschette:
 A C gem. PG-AIV-F
 A0 gem. ZDB-Merkblatt (Hinweise für die Ausführung von flüssig zu verarbeitenden Verbundabdichtungen mit Bekleidungen und Belägen aus Fliesen und Platten für den Innen- und Außenbereich; August 2012)

VERARBEITUNGSSCHRITTE:

1. Kunststoffablauf wird nach Montageanleitung komplett in den Estrich eingebaut. Hierbei wird der Dichtflansch durch die Schutzfolie vor Verschmutzung geschützt.
2. Estrich trocknen lassen.
3. Estrichuntergrund gründlich reinigen. Untergründe für Abdichtungen müssen tragfähig, formbeständig sowie frei von klaffenden Rissen und haftungsmindernden Stoffen (z. B. Staub, Öl, Wachs, Trennmittel, Ausblühungen, Sinterschichten, Lack- und Farbreste, alte Bodenklebstoffreste) sein.
4. Schutzfolie vom Flansch des Ablaufs abziehen.
5. Erste Schicht der zementären Dichtschlämme Sopro DSF 623 aufbringen.
6. Seal System Dichtmanschette auf dem Ablaufflansch und der noch feuchten Dichtschlämme platzieren.
7. Dichtschlämme trocknen lassen.
8. Zweite Schicht der zementären Dichtschlämme Sopro DSF 623 aufbringen.

Die zementäre Dichtschlämme ist entsprechend des Technischen Merkblatts Sopro DSF 623 der Sopro Bauchemie GmbH zu verarbeiten. Dieses Merkblatt kann unter **www.sealsystem.net** heruntergeladen werden.

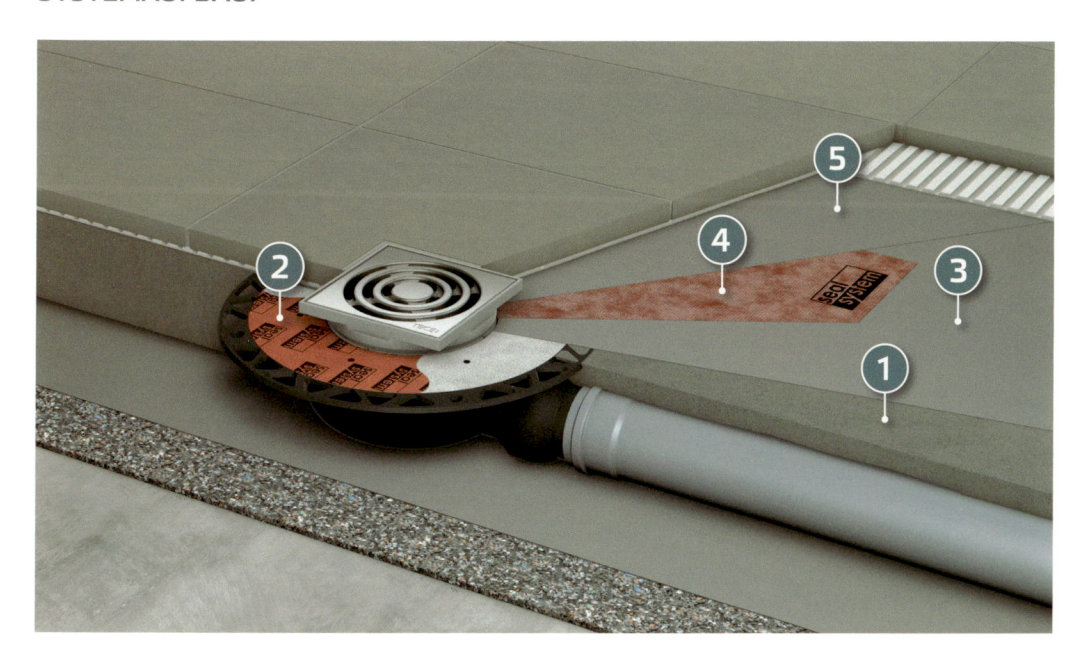

SYSTEMAUFBAU:

1. Estrich
2. Schutzfolie Ablaufflansch
3. Erste Schicht Dichtschlämme
4. Seal System Dichtmanschette
5. Zweite Schicht Dichtschlämme

Zertifikat

kiwa Partner for progress

Kiwa TBU GmbH
www.kiwa.de

Prüfgrundsätze zur Erteilung von allgemeinen bauaufsichtlichen Prüfzeugnissen für Abdichtungen im Verbund mit Fliesen- und Plattenbelägen
Teil 1: Flüssig zu verarbeitende Abdichtungsstoffe
(PG-AIV-F, Ausgabe Juni 2010)

Prüfung durch die Kiwa TBU GmbH

Firma: TECE GmbH, Hollefeldstraße 57, 48282 Emsdetten, Deutschland
Ausstellungsdatum: 02.02.2012
Geltungsdauer bis: 02.02.2017

Systemkomp.: rechteckige Edelstahlduschrinne
TECEdrainline
selbstklebendes einseitig vlieskaschiertes Dichtband
Seal System Dichtband
flüssige Dichtfolie
Sopro FDF FlächenDicht flexibel
(Bezeichnungen des Auftraggebers)

Prüfung:	Prüfgrundsatz:	Ergebnis:
Wasserdichtheit im Einbauzustand (für Beanspruchungsklasse A)	PG-AIV-F	DICHT

Die genauen Prüfbedingungen sind im Prüfbericht 2.1/29183/1388.0.1-2011 beschrieben.

Dr.-Ing. Dipl.-Geol. Ernő Németh

Kiwa TBU GmbH
Gutenbergstraße 29
D-48268 Greven
Telefon: +49 (0)2571 9872-0
Telfax: +49 (0)2571 9872-99
Web: www.kiwa.de
e-mail: kiwatbu@kiwa.de
Geschäftsführer:
Michael Witthöft
Dr. Roland Hüttl
Wissenschaftlicher Leiter:
Prof.Dr.-Ing. Jochen Müller-Rochholz

X:\tbu\QMSneu\QMS\2 KP\2.4 TBU-Mon\Kunden Mon\29183\Zertifikate zum ausdrucken\1388.0.1-2011zert.doc

SOPRO FDF FlächenDicht flexibel
UND TECEDRAINLINE DUSCHRINNE MIT SEAL SYSTEM DICHTBAND

Typ: Einkomponentige, flüssige Dichtfolie
Gruppe: Polymerdispersionenen (D)
Zulassung: Allgemeines bauaufsichtliches Prüfzeugnis (abP)
Kennzeichnung: Ü-Zeichen
Beanspruchungsklassen zusammen mit Duschrinne und Seal System Dichtband:
- **A** nur im Wandbereich gem. PG-AIV-F
- **A0** gem. ZDB-Merkblatt (Hinweise für die Ausführung von flüssig zu verarbeitenden Verbundabdichtungen mit Bekleidungen und Belägen aus Fliesen und Platten für den Innen- und Außenbereich; August 2012)

VERARBEITUNGSSCHRITTE:

1. Duschrinne wird nach Montageanleitung komplett in den Estrich eingebaut. Hierbei wird der Dichtflansch durch die Schutzfolie vor Verschmutzung geschützt.
2. Estrich trocknen lassen.
3. Estrichuntergrund gründlich reinigen. Untergründe für Abdichtungen müssen tragfähig, formbeständig sowie frei von klaffenden Rissen und haftungsmindernden Stoffen (z. B. Staub, Öl, Wachs, Trennmittel, Ausblühungen, Sinterschichten, Lack- und Farbreste, alte Bodenklebstoffreste) sein.
4. Seal System Dichtband zuschneiden, sodass die Enden beim Aufkleben überlappen können.
5. Schutzfolie vom Flansch der Rinne abziehen.
6. Schutzfolie vom Seal System Dichtband entfernen.
7. Dichtband an den Enden überlappend auf den Flansch der Edelstahlrinne und den Untergrund kleben.
8. Erste Schicht der Dichtfolie Sopro FDF FlächenDicht flexibel aufbringen und trocknen lassen.
9. Zweite Schicht der Dichtfolie Sopro FDF FlächenDicht flexibel aufbringen.

Die flüssige Dichtfolie ist entsprechend des Technischen Merkblatts FDF FlächenDicht flexibel der Sopro Bauchemie GmbH zu verarbeiten. Dieses Merkblatt kann unter **www.sealsystem.net** heruntergeladen werden.

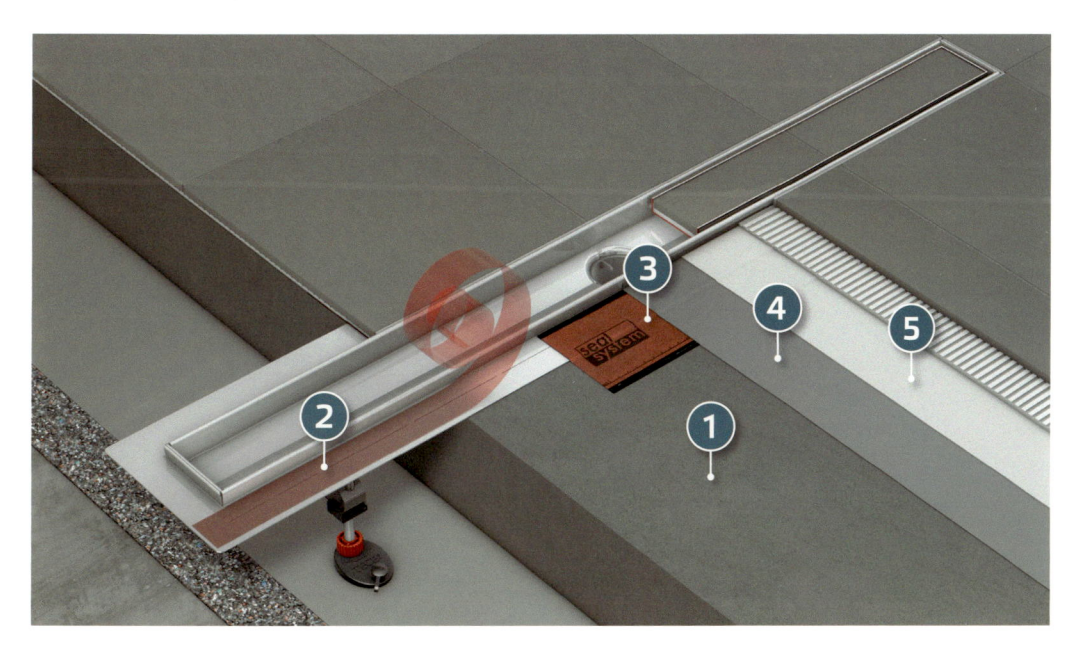

SYSTEMAUFBAU:

1. Estrich
2. Schutzfolie Rinnenflansch
3. Seal System Dichtband
4. Erste Schicht Dichtfolie
5. Zweite Schicht Dichtfolie

6. Zertifikate und Systemaufbauten

kiwa Partner for progress

Kiwa TBU GmbH
www.kiwa.de

Zertifikat

Prüfgrundsätze zur Erteilung von allgemeinen bauaufsichtlichen Prüfzeugnissen für Abdichtungen im Verbund mit Fliesen- und Plattenbelägen
Teil 1: Flüssig zu verarbeitende Abdichtungsstoffe
(PG-AIV-F, Ausgabe Juni 2010)

Prüfung durch die Kiwa TBU GmbH

Firma: TECE GmbH, Hollefeldstraße 57, 48282 Emsdetten, Deutschland
Ausstellungsdatum: 02.02.2012
Geltungsdauer bis: 02.02.2017

Systemkomp.: runder Bodenablauf (Flansch-Ø 252 mm) mit angespritztem Vliesstoff
TECEdrainpoint
beidseitig vlieskaschierte Dichtmanschette
Seal System Dichtmanschette
flüssige Dichtfolie
Sopro FDF FlächenDicht flexibel
(Bezeichnungen des Auftraggebers)

Prüfung:	Prüfgrundsatz:	Ergebnis:
Wasserdichtheit im Einbauzustand (für Beanspruchungsklasse A)	PG-AIV-F	DICHT

Die genauen Prüfbedingungen sind im Prüfbericht 2.1/29183/1389.0.1-2011 beschrieben.

i.A. Ch. Stenkeram
Dr.-Ing. Dipl.-Geol. Ernő Németh

Kiwa TBU GmbH
Gutenbergstraße 29
D-48268 Greven
Telefon: +49 (0)2571 9872-0
Telfax: +49 (0)2571 9872-99
Web: www.kiwa.de
e-mail: kiwatbu@kiwa.de
Geschäftsführer:
Michael Witthöft
Dr. Roland Hüttl
Wissenschaftlicher Leiter:
Prof.Dr.-Ing. Jochen Müller-Rochholz

X:\tbu\QMSneu\QMS\2 KP\2.4 TBU-Mon\Kunden Mon\29183\Zertifikate zum ausdrucken\1389.0.1-2011zert.doc

SOPRO FDF FlächenDicht flexibel
UND TECEDRAINPOINT KUNSTSTOFFABLAUF MIT SEAL SYSTEM DICHTMANSCHETTE

Typ: Einkomponentige, flüssige Dichtfolie
Gruppe: Polymerdispersionen (D)
Zulassung: Allgemeines bauaufsichtliches Prüfzeugnis (abP)
Kennzeichnung: Ü-Zeichen
Beanspruchungsklassen zusammen mit Ablauf und Seal System Dichtmanschette:
A nur im Wandbereich gem. PG-AIV-F
A0 gem. ZDB-Merkblatt (Hinweise für die Ausführung von flüssig zu verarbeitenden Verbundabdichtungen mit Bekleidungen und Belägen aus Fliesen und Platten für den Innen- und Außenbereich; August 2012)

VERARBEITUNGSSCHRITTE:

1. Kunststoffablauf wird nach Montageanleitung komplett in den Estrich eingebaut. Hierbei wird der Dichtflansch durch die Schutzfolie vor Verschmutzung geschützt.
2. Estrich trocknen lassen.
3. Estrichuntergrund gründlich reinigen. Untergründe für Abdichtungen müssen tragfähig, formbeständig sowie frei von klaffenden Rissen und haftungsmindernden Stoffen (z. B. Staub, Öl, Wachs, Trennmittel, Ausblühungen, Sinterschichten, Lack- und Farbreste, alte Bodenklebstoffreste) sein.
4. Schutzfolie vom Flansch des Ablaufs abziehen.
5. Erste Schicht der Dichtfolie Sopro FDF FlächenDicht flexibel aufbringen.
6. Seal System Dichtmanschette auf dem Ablaufflansch und der noch feuchten Dichtfolie platzieren.
7. Dichtfolie trocknen lassen.
8. Zweite Schicht der Dichtfolie Sopro FDF FlächenDicht flexibel aufbringen.

Die flüssige Dichtfolie ist entsprechend des Technischen Merkblatts FDF FlächenDicht flexibel der Sopro Bauchemie GmbH zu verarbeiten. Dieses Merkblatt kann unter **www.sealsystem.net** heruntergeladen werden.

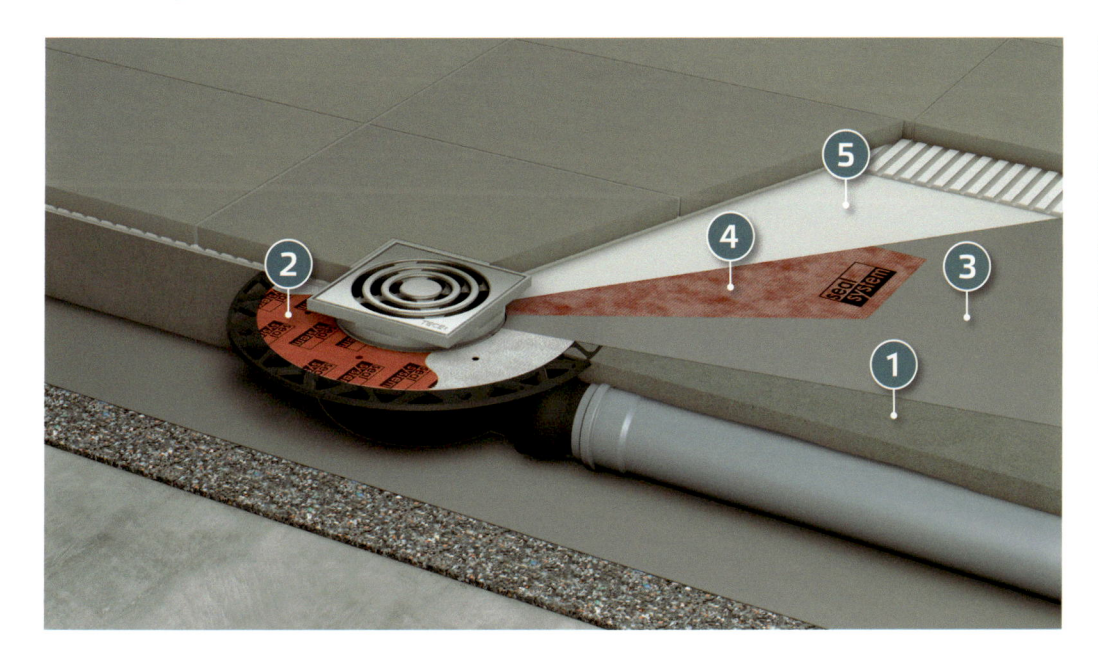

SYSTEMAUFBAU:

1. Estrich
2. Schutzfolie Ablaufflansch
3. Erste Schicht Dichtfolie
4. Seal System Dichtmanschette
5. Zweite Schicht Dichtfolie

6. Zertifikate und Systemaufbauten

Kiwa TBU GmbH
www.kiwa.de

Prüfgrundsätze zur Erteilung von allgemeinen bauaufsichtlichen Prüfzeugnissen für Abdichtungen im Verbund mit Fliesen- und Plattenbelägen
Teil 1: Flüssig zu verarbeitende Abdichtungsstoffe
(PG-AIV-F, Ausgabe Juni 2010)

Prüfung durch die Kiwa TBU GmbH

Firma: TECE GmbH, Hollefeldstraße 57, 48282 Emsdetten, Deutschland
Ausstellungsdatum: 01.02.2012
Geltungsdauer bis: 01.02.2017

Systemkomp.: rechteckige Edelstahlduschrinne
TECEdrainline
selbstklebendes einseitig vlieskaschiertes Dichtband
Seal System Dichtband
2 komponentige zementäre Dichtungsschlämme
Sopro TDS 823
(Bezeichnungen des Auftraggebers)

Prüfung:	Prüfgrundsatz:	Ergebnis:
Wasserdichtheit im Einbauzustand (für Beanspruchungsklasse A und C)	PG-AIV-F	DICHT

Die genauen Prüfbedingungen sind im Prüfbericht 2.1/29183/1358.0.1-2011 beschrieben.

Dr.-Ing. Dipl.-Geol. Ernő Németh

Kiwa TBU GmbH
Gutenbergstraße 29
D-48268 Greven
Telefon: +49 (0)2571 9872-0
Telfax: +49 (0)2571 9872-99
Web: www.kiwa.de
e-mail: kiwatbu@kiwa.de
Geschäftsführer:
Michael Witthöft
Dr. Roland Hüttl
Wissenschaftlicher Leiter:
Prof.Dr.-Ing. Jochen Müller-Rochholz

SOPRO TDS 823 TurboDichtSchlämme 2-K
UND TECEDRAINLINE DUSCHRINNE MIT SEAL SYSTEM DICHTBAND

Typ: Zweikomponentige, zementäre Dichtungsschlämme
Gruppe: Kunststoff-Zement-Mörtel-Kombinationen (M)
Zulassung: Allgemeines bauaufsichtliches Prüfzeugnis (abP)
Kennzeichnung: Ü-Zeichen
Beanspruchungsklassen zusammen mit Duschrinne und Seal System Dichtband:
A C gem. PG-AIV-F
A0 gem. ZDB-Merkblatt (Hinweise für die Ausführung von flüssig zu verarbeitenden Verbundabdichtungen mit Bekleidungen und Belägen aus Fliesen und Platten für den Innen- und Außenbereich; August 2012)

VERARBEITUNGSSCHRITTE:

1. Duschrinne wird nach Montageanleitung komplett in den Estrich eingebaut. Hierbei wird der Dichtflansch durch die Schutzfolie vor Verschmutzung geschützt.
2. Estrich trocknen lassen.
3. Estrichuntergrund gründlich reinigen. Untergründe für Abdichtungen müssen tragfähig, formbeständig sowie frei von klaffenden Rissen und haftungsmindernden Stoffen (z. B. Staub, Öl, Wachs, Trennmittel, Ausblühungen, Sinterschichten, Lack- und Farbreste, alte Bodenklebstoffreste) sein.
4. Seal System Dichtband zuschneiden, sodass die Enden beim Aufkleben überlappen können.
5. Schutzfolie vom Flansch der Rinne abziehen.
6. Schutzfolie vom Seal System Dichtband entfernen.
7. Dichtband an den Enden überlappend auf den Flansch der Edelstahlrinne und den Untergrund kleben.
8. Erste Schicht der zementären Dichtschlämme Sopro TDS 823 aufbringen und trocknen lassen.
9. Zweite Schicht der zementären Dichtschlämme Sopro TDS 823 aufbringen.

Die zementäre Dichtschlämme ist entsprechend des Technischen Merkblatts Sopro TDS 823 der Sopro Bauchemie GmbH zu verarbeiten. Dieses Merkblatt kann unter **www.sealsystem.net** heruntergeladen werden.

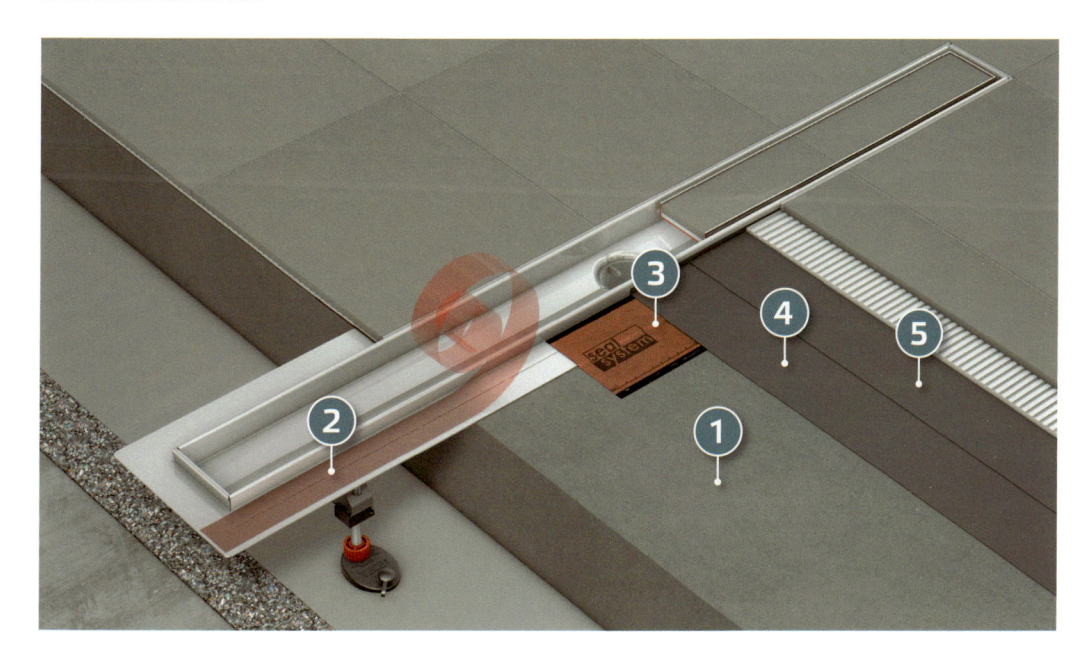

SYSTEMAUFBAU:

1. Estrich
2. Schutzfolie Rinnenflansch
3. Seal System Dichtband
4. Erste Schicht Dichtschlämme
5. Zweite Schicht Dichtschlämme

kiwa
Partner for progress

Kiwa TBU GmbH
www.kiwa.de

**Prüfgrundsätze zur Erteilung von allgemeinen bauaufsichtlichen Prüfzeugnissen für Abdichtungen im Verbund mit Fliesen- und Plattenbelägen
Teil 1: Flüssig zu verarbeitende Abdichtungsstoffe
(PG-AIV-F, Ausgabe Juni 2010)**

Prüfung durch die Kiwa TBU GmbH

Firma: TECE GmbH, Hollefeldstraße 57, 48282 Emsdetten, Deutschland
Ausstellungsdatum: 01.02.2012
Geltungsdauer bis: 01.02.2017

Systemkomp.: runder Bodenablauf (Flansch-Ø 252 mm) mit angespritztem Vliesstoff
TECEdrainpoint
beidseitig vlieskaschierte Dichtmanschette
Seal System Dichtmanschette
2 komponentige zementäre Dichtungsschlämme
Sopro TDS 823
(Bezeichnungen des Auftraggebers)

Prüfung:	Prüfgrundsatz:	Ergebnis:
Wasserdichtheit im Einbauzustand (für Beanspruchungsklasse A und C)	PG-AIV-F	DICHT

Die genauen Prüfbedingungen sind im Prüfbericht 2.1/29183/1359.0.1-2011 beschrieben.

Dr.-Ing. Dipl.-Geol. Ernő Németh

Kiwa TBU GmbH
Gutenbergstraße 29
D-48268 Greven
Telefon: +49 (0)2571 9872-0
Telefax: +49 (0)2571 9872-99
Web: www.kiwa.de
e-mail: kiwatbu@kiwa.de
Geschäftsführer:
Michael Witthöft
Dr. Roland Hüttl
Wissenschaftlicher Leiter:
Prof.Dr.-Ing. Jochen Müller-Rochholz

SOPRO TDS 823 TurboDichtSchlämme 2-K
UND TECEDRAINPOINT KUNSTSTOFFABLAUF MIT SEAL SYSTEM DICHTMANSCHETTE

Typ: Zweikomponentige, zementäre Dichtungsschlämme
Gruppe: Kunststoff-Zement-Mörtel-Kombinationen (M)
Zulassung: Allgemeines bauaufsichtliches Prüfzeugnis (abP)
Kennzeichnung: Ü-Zeichen
Beanspruchungsklassen zusammen mit Ablauf und Seal System Dichtmanschette:
A C gem. PG-AIV-F
A0 gem. ZDB-Merkblatt (Hinweise für die Ausführung von flüssig zu verarbeitenden Verbundabdichtungen mit Bekleidungen und Belägen aus Fliesen und Platten für den Innen- und Außenbereich; August 2012)

VERARBEITUNGSSCHRITTE:

1. Kunststoffablauf wird nach Montageanleitung komplett in den Estrich eingebaut. Hierbei wird der Dichtflansch durch die Schutzfolie vor Verschmutzung geschützt.
2. Estrich trocknen lassen.
3. Estrichuntergrund gründlich reinigen. Untergründe für Abdichtungen müssen tragfähig, formbeständig sowie frei von klaffenden Rissen und haftungsmindernden Stoffen (z. B. Staub, Öl, Wachs, Trennmittel, Ausblühungen, Sinterschichten, Lack- und Farbreste, alte Bodenklebstoffreste) sein.
4. Schutzfolie vom Flansch des Ablaufs abziehen.
5. Erste Schicht der zementären Dichtschlämme Sopro TDS 823 aufbringen.
6. Seal System Dichtmanschette auf dem Ablaufflansch und der noch feuchten Dichtschlämme platzieren.
7. Dichtschlämme trocknen lassen.
8. Zweite Schicht der zementären Dichtschlämme Sopro TDS 823 aufbringen.

Die zementäre Dichtschlämme ist entsprechend des Technischen Merkblatts Sopro TDS 823 der Sopro Bauchemie GmbH zu verarbeiten. Dieses Merkblatt kann unter **www.sealsystem.net** heruntergeladen werden.

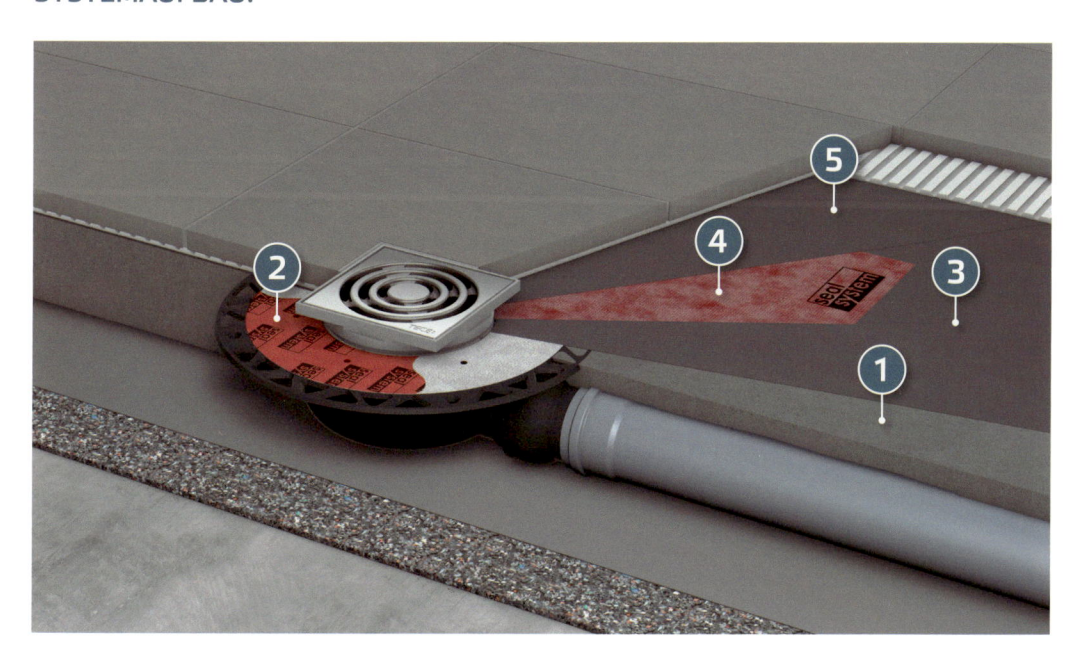

SYSTEMAUFBAU:

1. Estrich
2. Schutzfolie Ablaufflansch
3. Erste Schicht Dichtschlämme
4. Seal System Dichtmanschette
5. Zweite Schicht Dichtschlämme

6. Zertifikate und Systemaufbauten

kiwa
Partner for progress

Kiwa TBU GmbH
www.kiwa.de

Prüfgrundsätze zur Erteilung von allgemeinen bauaufsichtlichen Prüfzeugnissen für Abdichtungen im Verbund mit Fliesen- und Plattenbelägen
Teil 1: Flüssig zu verarbeitende Abdichtungsstoffe
(PG-AIV-F, Ausgabe Juni 2010)

Prüfung durch die Kiwa TBU GmbH

Firma: TECE GmbH, Hollefeldstraße 57, 48282 Emsdetten, Deutschland
Ausstellungsdatum: 01.02.2012
Geltungsdauer bis: 01.02.2017

Systemkomp.: rechteckige Edelstahlduschrinne
TECEdrainline
selbstklebendes einseitig vlieskaschiertes Dichtband
Seal System Dichtband
flüssige Dichtfolie
weber.tec 822
(Bezeichnungen des Auftraggebers)

Prüfung:	Prüfgrundsatz:	Ergebnis:
Wasserdichtheit im Einbauzustand (für Beanspruchungsklasse A)	PG-AIV-F	DICHT

Die genauen Prüfbedingungen sind im Prüfbericht 2.1/29183/1382.0.1-2011 beschrieben.

i.A. Ch. Sternberger
Dr.-Ing. Dipl.-Geol. Ernö Németh

Kiwa TBU GmbH
Gutenbergstraße 29
D-48268 Greven
Telefon: +49 (0)2571 9872-0
Telfax: +49 (0)2571 9872-99
Web: www.kiwa.de
e-mail: kiwatbu@kiwa.de
Geschäftsführer:
Michael Witthöft
Dr. Roland Hüttl
Wissenschaftlicher Leiter:
Prof.Dr.-Ing. Jochen Müller-Rochholz

X:\tbu\QMSneu\QMS\2 KP\2.4 TBU-Mon\Kunden Mon\29183\Zertifikate zum ausdrucken\1382.0.1-2011zert.doc

WEBER.TEC 822 SUPERFLEX 1
UND TECEDRAINLINE DUSCHRINNE MIT SEAL SYSTEM DICHTBAND

Typ: Einkomponentige, flüssige Dichtfolie
Gruppe: Polymerdispersionen (D)
Zulassung: Allgemeines bauaufsichtliches Prüfzeugnis (abP)
Kennzeichnung: Ü-Zeichen
Beanspruchungsklassen zusammen mit Duschrinne und Seal System Dichtband:
A nur im Wandbereich gem. PG-AIV-F
A0 gem. ZDB-Merkblatt (Hinweise für die Ausführung von flüssig zu verarbeitenden Verbundabdichtungen mit Bekleidungen und Belägen aus Fliesen und Platten für den Innen- und Außenbereich; August 2012)

VERARBEITUNGSSCHRITTE:

1. Duschrinne wird nach Montageanleitung komplett in den Estrich eingebaut. Hierbei wird der Dichtflansch durch die Schutzfolie vor Verschmutzung geschützt.
2. Estrich trocknen lassen.
3. Estrichuntergrund gründlich reinigen. Untergründe für Abdichtungen müssen tragfähig, formbeständig sowie frei von klaffenden Rissen und haftungsmindernden Stoffen (z. B. Staub, Öl, Wachs, Trennmittel, Ausblühungen, Sinterschichten, Lack- und Farbreste, alte Bodenklebstoffreste) sein.
4. Seal System Dichtband zuschneiden, sodass die Enden beim Aufkleben überlappen können.
5. Schutzfolie vom Flansch der Rinne abziehen.
6. Schutzfolie vom Seal System Dichtband entfernen.
7. Dichtband an den Enden überlappend auf den Flansch der Edelstahlrinne und den Untergrund kleben.
8. Erste Schicht der Dichtfolie weber.tec 822 aufbringen und trocknen lassen.
9. Zweite Schicht der Dichtfolie weber.tec 822 aufbringen.

Die flüssige Dichtfolie ist entsprechend des Technischen Merkblatts weber.tec 822 der Saint-Gobain Weber GmbH zu verarbeiten. Dieses Merkblatt kann unter **www.sealsystem.net** heruntergeladen werden.

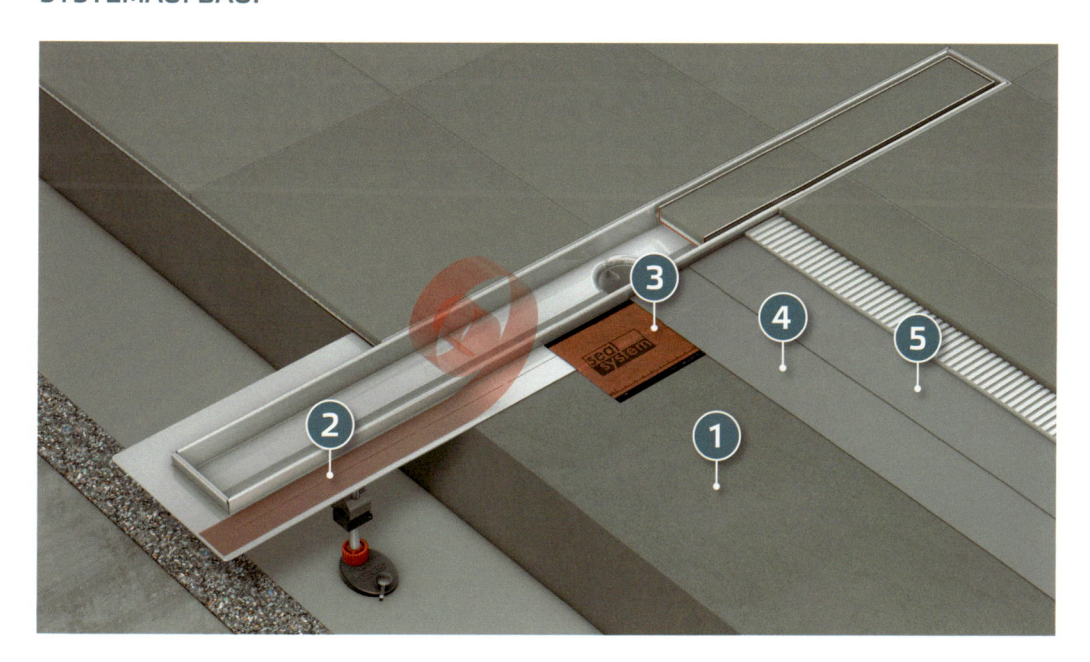

SYSTEMAUFBAU:

1. Estrich
2. Schutzfolie Rinnenflansch
3. Seal System Dichtband
4. Erste Schicht Dichtfolie
5. Zweite Schicht Dichtfolie

6. Zertifikate und Systemaufbauten

kiwa Partner for progress

Kiwa TBU GmbH
www.kiwa.de

Prüfgrundsätze zur Erteilung von allgemeinen bauaufsichtlichen Prüfzeugnissen für Abdichtungen im Verbund mit Fliesen- und Plattenbelägen
Teil 1: Flüssig zu verarbeitende Abdichtungsstoffe
(PG-AIV-F, Ausgabe Juni 2010)

Prüfung durch die Kiwa TBU GmbH

Firma: TECE GmbH, Hollefeldstraße 57, 48282 Emsdetten, Deutschland
Ausstellungsdatum: 01.02.2012
Geltungsdauer bis: 01.02.2017

Systemkomp.: runder Bodenablauf (Flansch-Ø 252 mm) mit angespritztem Vliesstoff
TECEdrainpoint
beidseitig vlieskaschierte Dichtmanschette
Seal System Dichtmanschette
flüssige Dichtfolie
weber.tec 822
(Bezeichnungen des Auftraggebers)

Prüfung:	Prüfgrundsatz:	Ergebnis:
Wasserdichtheit im Einbauzustand (für Beanspruchungsklasse A)	PG-AIV-F	DICHT

Die genauen Prüfbedingungen sind im Prüfbericht 2.1/29183/1383.0.1-2011 beschrieben.

Dr.-Ing. Dipl.-Geol. Ernő Németh

Kiwa TBU GmbH
Gutenbergstraße 29
D-48268 Greven
Telefon: +49 (0)2571 9872-0
Telefax: +49 (0)2571 9872-99
Web: www.kiwa.de
e-mail: kiwatbu@kiwa.de
Geschäftsführer:
Michael Witthöft
Dr. Roland Hüttl
Wissenschaftlicher Leiter:
Prof.Dr.-Ing. Jochen Müller-Rochholz

WEBER.TEC 822 SUPERFLEX 1
UND TECEDRAINPOINT KUNSTSTOFFABLAUF MIT SEAL SYSTEM DICHTMANSCHETTE

Typ: Einkomponentige, flüssige Dichtfolie
Gruppe: Polymerdispersionen (D)
Zulassung: Allgemeines bauaufsichtliches Prüfzeugnis (abP)
Kennzeichnung: Ü-Zeichen
Beanspruchungsklassen zusammen mit Ablauf und Seal System Dichtmanschette:
A nur im Wandbereich gem. PG-AIV-F
A0 gem. ZDB-Merkblatt (Hinweise für die Ausführung von flüssig zu verarbeitenden Verbundabdichtungen mit Bekleidungen und Belägen aus Fliesen und Platten für den Innen- und Außenbereich; August 2012)

VERARBEITUNGSSCHRITTE:

1 Kunststoffablauf wird nach Montageanleitung komplett in den Estrich eingebaut. Hierbei wird der Dichtflansch durch die Schutzfolie vor Verschmutzung geschützt.
2 Estrich trocknen lassen.
3 Estrichuntergrund gründlich reinigen. Untergründe für Abdichtungen müssen tragfähig, formbeständig sowie frei von klaffenden Rissen und haftungsmindernden Stoffen (z. B. Staub, Öl, Wachs, Trennmittel, Ausblühungen, Sinterschichten, Lack- und Farbreste, alte Bodenklebstoffreste) sein.
4 Schutzfolie vom Flansch des Ablaufs abziehen.
5 Erste Schicht der Dichtfolie weber.tec 822 aufbringen.
6 Seal System Dichtmanschette auf dem Ablaufflansch und der noch feuchten Dichtfolie platzieren.
7 Dichtfolie trocknen lassen.
8 Zweite Schicht der Dichtfolie weber.tec 822 aufbringen.

Die flüssige Dichtfolie ist entsprechend des Technischen Merkblatts weber.tec 822 der Saint-Gobain Weber GmbH zu verarbeiten. Dieses Merkblatt kann unter **www.sealsystem.net** heruntergeladen werden.

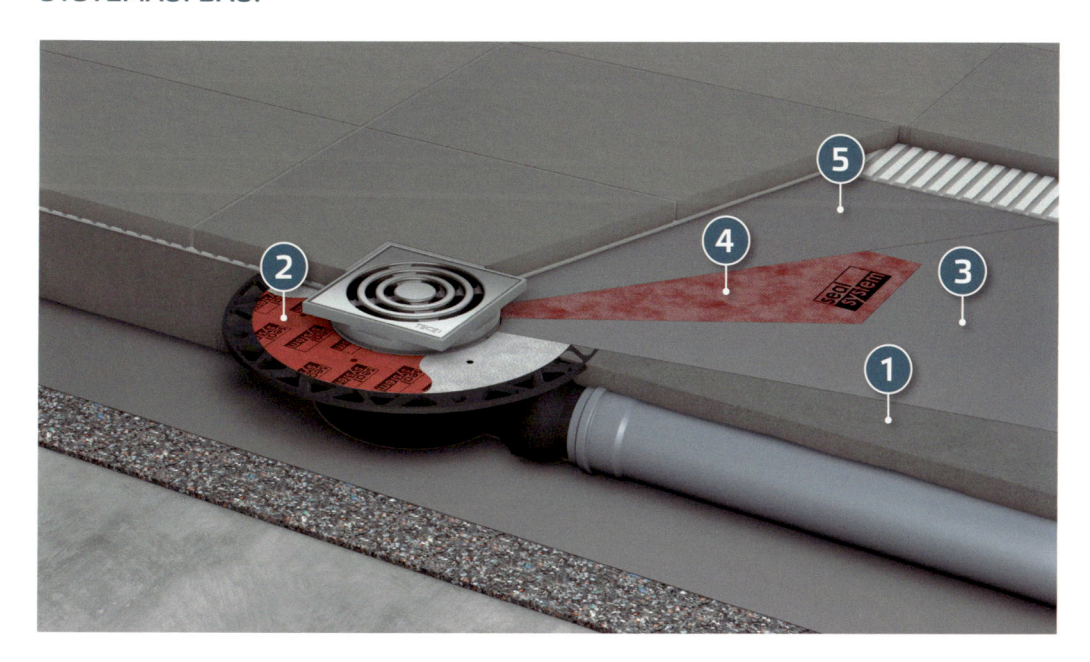

SYSTEMAUFBAU:

1 Estrich
2 Schutzfolie Ablaufflansch
3 Erste Schicht Dichtfolie
4 Seal System Dichtmanschette
5 Zweite Schicht Dichtfolie

6. Zertifikate und Systemaufbauten

kiwa Partner for progress

Kiwa TBU GmbH
www.kiwa.de

Zertifikat

Prüfgrundsätze zur Erteilung von allgemeinen bauaufsichtlichen Prüfzeugnissen für Abdichtungen im Verbund mit Fliesen- und Plattenbelägen
Teil 1: Flüssig zu verarbeitende Abdichtungsstoffe
(PG-AIV-F, Ausgabe Juni 2010)

Prüfung durch die Kiwa TBU GmbH

Firma: TECE GmbH, Hollefeldstraße 57, 48282 Emsdetten, Deutschland
Ausstellungsdatum: 01.02.2012
Geltungsdauer bis: 01.02.2017

Systemkomp.: rechteckige Edelstahlduschrinne
TECEdrainline
selbstklebendes einseitig vlieskaschiertes Dichtband
Seal System Dichtband
zementäre Dichtungsschlämme
weber.tec 824
(Bezeichnungen des Auftraggebers)

Prüfung:	Prüfgrundsatz:	Ergebnis:
Wasserdichtheit im Einbauzustand (für Beanspruchungsklasse A und C)	PG-AIV-F	DICHT

Die genauen Prüfbedingungen sind im Prüfbericht 2.1/29183/1338.0.1-2011 beschrieben.

Dr.-Ing. Dipl.-Geol. Ernő Németh

Kiwa TBU GmbH
Gutenbergstraße 29
D-48268 Greven
Telefon: +49 (0)2571 9872-0
Telefax: +49 (0)2571 9872-99
Web: www.kiwa.de
e-mail: kiwatbu@kiwa.de
Geschäftsführer:
Michael Witthöft
Dr. Roland Hüttl
Wissenschaftlicher Leiter:
Prof.Dr.-Ing. Jochen Müller-Rochholz

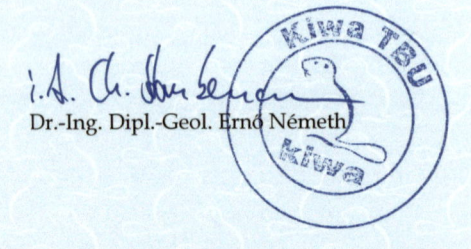

X:\tbu\QMSneu\QMS\2 KP\2.4 TBU-Mon\Kunden Mon\29183\Zertifikate zum ausdrucken\1338.0.1-2011zert.doc

WEBER.TEC 824 SUPERFLEX D 1
UND TECEDRAINLINE DUSCHRINNE MIT SEAL SYSTEM DICHTBAND

Typ: Einkomponentige, zementäre Dichtungsschlämme
Gruppe: Kunststoff-Zement-Mörtel-Kombination (M)
Zulassung: Allgemeines bauaufsichtliches Prüfzeugnis (abP)
Kennzeichnung: Ü-Zeichen
Beanspruchungsklassen zusammen mit Duschrinne und Seal System Dichtband:
A C gem. PG-AIV-F
A0 gem. ZDB-Merkblatt (Hinweise für die Ausführung von flüssig zu verarbeitenden Verbundabdichtungen mit Bekleidungen und Belägen aus Fliesen und Platten für den Innen- und Außenbereich; August 2012)

VERARBEITUNGSSCHRITTE:

1. Duschrinne wird nach Montageanleitung komplett in den Estrich eingebaut. Hierbei wird der Dichtflansch durch die Schutzfolie vor Verschmutzung geschützt.
2. Estrich trocknen lassen.
3. Estrichuntergrund gründlich reinigen. Untergründe für Abdichtungen müssen tragfähig, formbeständig sowie frei von klaffenden Rissen und haftungsmindernden Stoffen (z. B. Staub, Öl, Wachs, Trennmittel, Ausblühungen, Sinterschichten, Lack- und Farbreste, alte Bodenklebstoffreste) sein.
4. Seal System Dichtband zuschneiden, sodass die Enden beim Aufkleben überlappen können.
5. Schutzfolie vom Flansch der Rinne abziehen.
6. Schutzfolie vom Seal System Dichtband entfernen.
7. Dichtband an den Enden überlappend auf den Flansch der Edelstahlrinne und den Untergrund kleben.
8. Erste Schicht der Dichtschlämme weber.tec 824 aufbringen und trocknen lassen.
9. Zweite Schicht der Dichtschlämme weber.tec 824 aufbringen.

Die zementäre Dichtschlämme ist entsprechend des Technischen Merkblatts weber.tec 824 der Saint-Gobain Weber GmbH zu verarbeiten. Dieses Merkblatt kann unter **www.sealsystem.net** heruntergeladen werden.

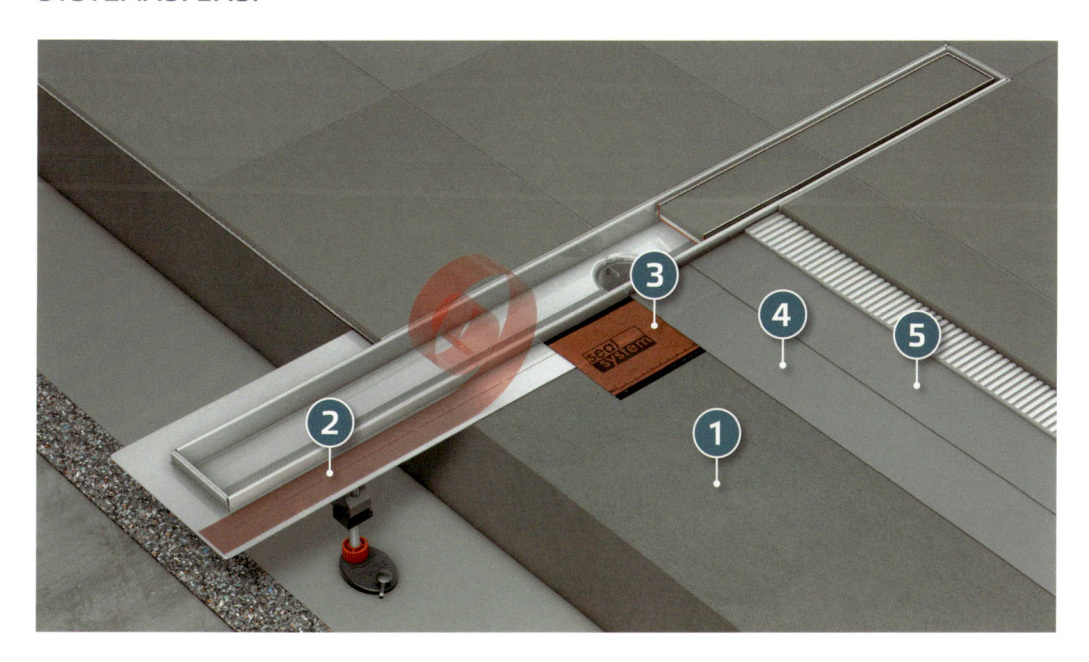

SYSTEMAUFBAU:

1. Estrich
2. Schutzfolie Rinnenflansch
3. Seal System Dichtband
4. Erste Schicht Dichtschlämme
5. Zweite Schicht Dichtschlämme

6. Zertifikate und Systemaufbauten

Zertifikat

kiwa Partner for progress

Kiwa TBU GmbH
www.kiwa.de

Prüfgrundsätze zur Erteilung von allgemeinen bauaufsichtlichen Prüfzeugnissen für Abdichtungen im Verbund mit Fliesen- und Plattenbelägen
Teil 1: Flüssig zu verarbeitende Abdichtungsstoffe
(PG-AIV-F, Ausgabe Juni 2010)

Prüfung durch die Kiwa TBU GmbH

Firma:	TECE GmbH, Hollefeldstraße 57, 48282 Emsdetten, Deutschland
Ausstellungsdatum:	01.02.2012
Geltungsdauer bis:	01.02.2017

Systemkomp.: runder Bodenablauf (Flansch-Ø 252 mm) mit angespritztem Vliesstoff
TECEdrainpoint
beidseitig vlieskaschierte Dichtmanschette
Seal System Dichtmanschette
zementäre Dichtungsschlämme
weber.tec 824
(Bezeichnungen des Auftraggebers)

Prüfung:	Prüfgrundsatz:	Ergebnis:
Wasserdichtheit im Einbauzustand (für Beanspruchungsklasse A und C)	PG-AIV-F	DICHT

Die genauen Prüfbedingungen sind im Prüfbericht 2.1/29183/1339.0.1-2011 beschrieben.

i.A. Ch. Stan...
Dr.-Ing. Dipl.-Geol. Ernő Németh

Kiwa TBU GmbH
Gutenbergstraße 29
D-48268 Greven
Telefon: +49 (0)2571 9872-0
Telefax: +49 (0)2571 9872-99
Web: www.kiwa.de
e-mail: kiwatbu@kiwa.de
Geschäftsführer:
Michael Witthöft
Dr. Roland Hüttl
Wissenschaftlicher Leiter:
Prof.Dr.-Ing. Jochen Müller-Rochholz

X:\tbu\QMSneu\QMS\2 KP\2.4 TBU-Mon\Kunden Mon\29183\Zertifikate zum ausdrucken\1339.0.1-2011zert.doc

WEBER.TEC 824 SUPERFLEX D 1
UND TECEDRAINPOINT KUNSTSTOFFABLAUF MIT SEAL SYSTEM DICHTMANSCHETTE

Typ: Einkomponentige, zementäre Dichtungsschlämme
Gruppe: Kunststoff-Zement-Mörtel-Kombination (M)
Zulassung: Allgemeines bauaufsichtliches Prüfzeugnis (abP)
Kennzeichnung: Ü-Zeichen
Beanspruchungsklassen zusammen mit Ablauf und Seal System Dichtmanschette:
A C gem. PG-AIV-F
A0 gem. ZDB-Merkblatt (Hinweise für die Ausführung von flüssig zu verarbeitenden Verbundabdichtungen mit Bekleidungen und Belägen aus Fliesen und Platten für den Innen- und Außenbereich; August 2012)

VERARBEITUNGSSCHRITTE:

1. Kunststoffablauf wird nach Montageanleitung komplett in den Estrich eingebaut. Hierbei wird der Dichtflansch durch die Schutzfolie vor Verschmutzung geschützt.
2. Estrich trocknen lassen.
3. Estrichuntergrund gründlich reinigen. Untergründe für Abdichtungen müssen tragfähig, formbeständig sowie frei von klaffenden Rissen und haftungsmindernden Stoffen (z. B. Staub, Öl, Wachs, Trennmittel, Ausblühungen, Sinterschichten, Lack- und Farbreste, alte Bodenklebstoffreste) sein.
4. Schutzfolie vom Flansch des Ablaufs abziehen.
5. Erste Schicht der zementären Dichtschlämme weber.tec 824 aufbringen.
6. Seal System Dichtmanschette auf dem Ablaufflansch und der noch feuchten Dichtschlämme platzieren.
7. Dichtschlämme trocknen lassen.
8. Zweite Schicht der zementären Dichtschlämme weber.tec 824 aufbringen.

Die zementäre Dichtschlämme ist entsprechend des Technischen Merkblatts weber.tec 824 der Saint-Gobain Weber GmbH zu verarbeiten. Dieses Merkblatt kann unter **www.sealsystem.net** heruntergeladen werden.

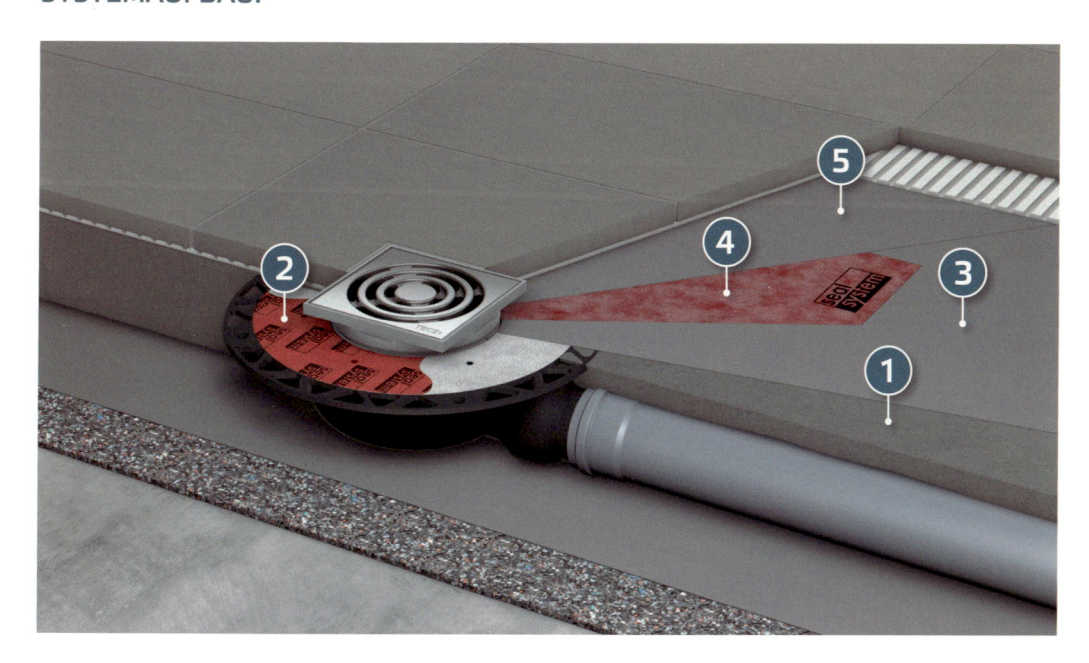

SYSTEMAUFBAU:

1. Estrich
2. Schutzfolie Ablaufflansch
3. Erste Schicht Dichtschlämme
4. Seal System Dichtmanschette
5. Zweite Schicht Dichtschlämme

6. Zertifikate und Systemaufbauten

kiwa
Partner for progress

Kiwa TBU GmbH
www.kiwa.de

Zertifikat

Prüfgrundsätze zur Erteilung von allgemeinen bauaufsichtlichen Prüfzeugnissen für Abdichtungen im Verbund mit Fliesen- und Plattenbelägen
Teil 1: Flüssig zu verarbeitende Abdichtungsstoffe
(PG-AIV-F, Ausgabe Juni 2010)

Prüfung durch die Kiwa TBU GmbH

Firma: TECE GmbH, Hollefeldstraße 57, 48282 Emsdetten, Deutschland
Ausstellungsdatum: 01.02.2012
Geltungsdauer bis: 01.02.2017

Systemkomp.: rechteckige Edelstahlduschrinne
TECEdrainline
selbstklebendes einseitig vlieskaschiertes Dichtband
Seal System Dichtband
2 komponentige zementäre Dichtungsschlämme
weber.tec Superflex D 2
(Bezeichnungen des Auftraggebers)

Prüfung:	Prüfgrundsatz:	Ergebnis:
Wasserdichtheit im Einbauzustand (für Beanspruchungsklasse A und C)	PG-AIV-F	DICHT

Die genauen Prüfbedingungen sind im Prüfbericht 2.1/29183/1340.0.1-2011 beschrieben.

i.A. Dr.-Ing. Dipl.-Geol. Ernő Németh

Kiwa TBU GmbH
Gutenbergstraße 29
D-48268 Greven
Telefon: +49 (0)2571 9872-0
Telfax: +49 (0)2571 9872-99
Web: www.kiwa.de
e-mail: kiwatbu@kiwa.de
Geschäftsführer:
Michael Witthöft
Dr. Roland Hüttl
Wissenschaftlicher Leiter:
Prof.Dr.-Ing. Jochen Müller-Rochholz

X:\tbu\QMSneu\QMS\2 KP\2.4 TBU-Mon\Kunden Mon\29183\Zertifikate zum ausdrucken\1340.0.1-2011zert.doc

WEBER.TEC SUPERFLEX D2
UND TECEDRAINLINE DUSCHRINNE MIT SEAL SYSTEM DICHTBAND

Typ: Zweikomponentige, zementäre Dichtungsschlämme
Gruppe: Kunststoff-Zement-Mörtel-Kombination (M)
Zulassung: Allgemeines bauaufsichtliches Prüfzeugnis (abP)
Kennzeichnung: Ü-Zeichen
Beanspruchungsklassen zusammen mit Duschrinne und Seal System Dichtband:
A C gem. PG-AIV-F
A0 gem. ZDB-Merkblatt (Hinweise für die Ausführung von flüssig zu verarbeitenden Verbundabdichtungen mit Bekleidungen und Belägen aus Fliesen und Platten für den Innen- und Außenbereich; August 2012)

VERARBEITUNGSSCHRITTE:

1. Duschrinne wird nach Montageanleitung komplett in den Estrich eingebaut. Hierbei wird der Dichtflansch durch die Schutzfolie vor Verschmutzung geschützt.
2. Estrich trocknen lassen.
3. Estrichuntergrund gründlich reinigen. Untergründe für Abdichtungen müssen tragfähig, formbeständig sowie frei von klaffenden Rissen und haftungsmindernden Stoffen (z. B. Staub, Öl, Wachs, Trennmittel, Ausblühungen, Sinterschichten, Lack- und Farbreste, alte Bodenklebstoffreste) sein.
4. Seal System Dichtband zuschneiden, sodass die Enden beim Aufkleben überlappen können.
5. Schutzfolie vom Flansch der Rinne abziehen.
6. Schutzfolie vom Seal System Dichtband entfernen.
7. Dichtband an den Enden überlappend auf den Flansch der Edelstahlrinne und den Untergrund kleben.
8. Erste Schicht der zementären Dichtschlämme weber.tec Superflex D2 aufbringen und trocknen lassen.
9. Zweite Schicht der zementären Dichtschlämme weber.tec Superflex D2 aufbringen.

Die zementäre Dichtschlämme ist entsprechend des Technischen Merkblatts weber.tec Superflex D2 der Saint-Gobain Weber GmbH zu verarbeiten. Dieses Merkblatt kann unter **www.sealsystem.net** heruntergeladen werden.

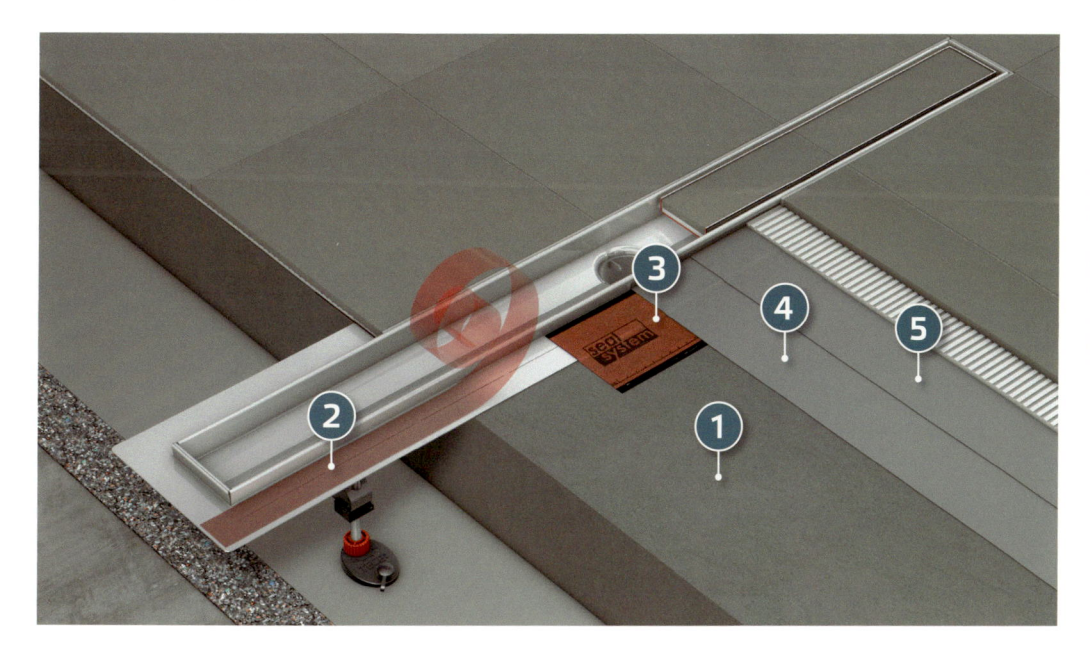

SYSTEMAUFBAU:

1. Estrich
2. Schutzfolie Rinnenflansch
3. Seal System Dichtband
4. Erste Schicht Dichtschlämme
5. Zweite Schicht Dichtschlämme

kiwa
Partner for progress

Kiwa TBU GmbH
www.kiwa.de

Prüfgrundsätze zur Erteilung von allgemeinen
bauaufsichtlichen Prüfzeugnissen für Abdichtungen im
Verbund mit Fliesen- und Plattenbelägen
Teil 1: Flüssig zu verarbeitende Abdichtungsstoffe
(PG-AIV-F, Ausgabe Juni 2010)

Prüfung durch die Kiwa TBU GmbH

Firma: TECE GmbH, Hollefeldstraße 57,
48282 Emsdetten, Deutschland
Ausstellungsdatum: 01.02.2012
Geltungsdauer bis: 01.02.2017

Systemkomp.: runder Bodenablauf (Flansch-Ø 252 mm) mit
angespritztem Vliesstoff
TECEdrainpoint
beidseitig vlieskaschierte Dichtmanschette
Seal System Dichtmanschette
2 komponentige zementäre Dichtungsschlämme
weber.tec Superflex D 2
(Bezeichnungen des Auftraggebers)

Prüfung:	Prüfgrundsatz:	Ergebnis:
Wasserdichtheit im Einbauzustand (für Beanspruchungsklasse A und C)	PG-AIV-F	DICHT

Die genauen Prüfbedingungen sind im Prüfbericht 2.1/29183/1341.0.1-2011 beschrieben.

Dr.-Ing. Dipl.-Geol. Ernő Németh

Kiwa TBU GmbH
Gutenbergstraße 29
D-48268 Greven
Telefon: +49 (0)2571 9872-0
Telfax: +49 (0)2571 9872-99
Web: www.kiwa.de
e-mail: kiwatbu@kiwa.de
Geschäftsführer:
Michael Witthöft
Dr. Roland Hüttl
Wissenschaftlicher Leiter:
Prof.Dr.-Ing. Jochen Müller-Rochholz

WEBER.TEC SUPERFLEX D2
UND TECEDRAINPOINT KUNSTSTOFFABLAUF MIT SEAL SYSTEM DICHTMANSCHETTE

Typ: Zweikomponentige, zementäre Dichtungsschlämme
Gruppe: Kunststoff-Zement-Mörtel-Kombination (M)
Zulassung: Allgemeines bauaufsichtliches Prüfzeugnis (abP)
Kennzeichnung: Ü-Zeichen
Beanspruchungsklassen zusammen mit Ablauf und Seal System Dichtmanschette:
A C gem. PG-AIV-F
A0 gem. ZDB-Merkblatt (Hinweise für die Ausführung von flüssig zu verarbeitenden Verbundabdichtungen mit Bekleidungen und Belägen aus Fliesen und Platten für den Innen- und Außenbereich; August 2012)

VERARBEITUNGSSCHRITTE:

1. Kunststoffablauf wird nach Montageanleitung komplett in den Estrich eingebaut. Hierbei wird der Dichtflansch durch die Schutzfolie vor Verschmutzung geschützt.
2. Estrich trocknen lassen.
3. Estrichuntergrund gründlich reinigen. Untergründe für Abdichtungen müssen tragfähig, formbeständig sowie frei von klaffenden Rissen und haftungsmindernden Stoffen (z. B. Staub, Öl, Wachs, Trennmittel, Ausblühungen, Sinterschichten, Lack- und Farbreste, alte Bodenklebstoffreste) sein.
4. Schutzfolie vom Flansch des Ablaufs abziehen.
5. Erste Schicht der zementären Dichtschlämme weber.tec Superflex D2 aufbringen.
6. Seal System Dichtmanschette auf dem Ablaufflansch und der noch feuchten Dichtschlämme platzieren.
7. Dichtschlämme trocknen lassen.
8. Zweite Schicht der zementären Dichtschlämme weber.tec Superflex D2 aufbringen.

Die zementäre Dichtschlämme ist entsprechend des Technischen Merkblatts weber.tec Superflex D2 der Saint-Gobain Weber GmbH zu verarbeiten. Dieses Merkblatt kann unter **www.sealsystem.net** heruntergeladen werden.

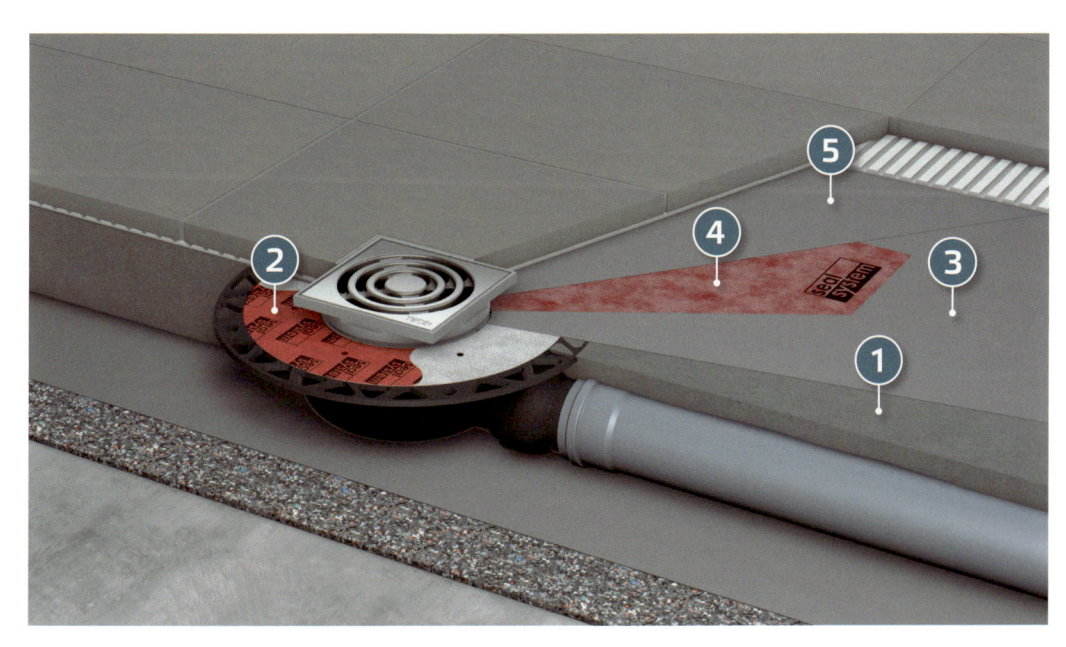

SYSTEMAUFBAU:

1. Estrich
2. Schutzfolie Ablaufflansch
3. Erste Schicht Dichtschlämme
4. Seal System Dichtmanschette
5. Zweite Schicht Dichtschlämme

STICHWORTVERZEICHNIS*

Abdichtring 36
Abdichtstoffe 15, **16**
Abdichtung, Ausführung der 23 ff.
Abdichtungsebene 33, 36
Abflussvermögen 32, **38**
Abflusswerte 38
Abläufe, Einsatzbereiche 31
Abschottungen 41
Abschottungen, klassifizierte 41
Arztpraxen 20

Bad, häusliches 21 f.
Badewannen 21, 22, **27**, 32
Bahnenabdichtung **24**, 27
Bauakustik 39
Bauaufsichtlich nicht geregelter Bereich 22
Bauen, barrierefreies 28
Bauplatten, zementgebundene mineralische 17, 18, 19
Bauregelliste A 11, **12 f.**
Beanspruchung, direkte 18, **20**, 21
Beanspruchung, geringe 20, 22
Beanspruchung, hohe 12, 14, 15, 16, 18, 19, 20, 27
Beanspruchung, indirekte 18, 19, **21**
Beanspruchung, mäßige 12, 14, 15, 18, 19, 20, 21
Beanspruchungsklassen 8, 12, **14 ff.**, 18, 19, 20 ff., 24
Belastungsklassen 37
Bewegungsfugen 25
Brandschutz **39 ff.**, **59**, 65
Butylkautschuk 53

CM-Gerät 17

Diagonalschnitte 46
Dichtband 13, 15, 24, 25, 27, 29, 50, **53**, 64, 65, 66
Dichtmanschette 24, 26, 29, **56**, 64, 65
Dichtstoffe, Verzeichnis der 71
Dichtungsbahn 11, **24**, 33, 34
Dickbettverfahren 60, 61, 62
DIN 18040 **28**, 47
DIN 18195 10, 11, 12, 13, 32
DIN 18534 11
DIN 1986-100 30, 31, 32, 41
Dübel 27
Dünnbett / Dünnbettverfahren / Dünnbettabdichtung 10, 56, **61**
Dünnbettflansch 33, 34
Durchführungen 26, 39, 40, 41, 42
Duschen in Schwimmbädern und Sportstätten 20, **21**
Duschrinne, Einbau 8, 30, 50, 51, **54 f.**
Duschwannen 21, **27**, 28, 32

*ausgenommen: 6. Zertifikate und Systemaufbauten

Stichwortverzeichnis

EOTA 12
EPDM-Abdichtungsbahn 33, 34
Estriche, calciumsulfatgebundene 16, 17, 19
ETAG 022 11, **12**, 13, 14, 15
Europäische Technische Zulassung 11, 12, 13, 40, 41

Feuchtigkeitsgehalt 17
Feuerwiderstandsdauer 40
Feuerwiderstandsklassen 40, 41
Flächenabdichtung **23** f., 25, 26, 27
Fliesen, großformatige 46, 47
Fliesenbild 44, 45, **46**, 52, 58
Fliesenträgerelemente **29**, 49

Gäste-WC 22
Gefälle 28, 29, 46, 49, 52
Gefälle-Estrich **28**, 49
Gegengefälle 51
Geruchverschluss **31**, 32, 38, 42
Gestaltung, architektonische 44
Gestaltungsmöglichkeiten 29, **44**
Gewährleistungsansprüche 63

Hartschaumträger 17, **29**, 49
Hohlräume 52
Holzkonstruktionen 16
HT-Rohr 35, 47

Inspektion 30, **42**

KG-Rohr 35
KML-Rohr 35
Kunststoff-Zementmörtel-Kombinationen 14, 15, **16**, 18, 19, 54, 57, 65

Laborräume 20
Leitungsanlagen-Richtlinie 32, 41

Material von Abläufen 47
Membrangeruchverschluss 56, 65
Membrangeruchverschluss, zweistufiger 56
Merkblätter, Technische 70
Montage, wandnahe 50

Nassschichtdicke 23
Naturstein 44, 46, 48, 52, 60 f., 65
Notentwässerung 46, 47, 56

Parallelwelten 60 ff.
Polymerdispersionen 14, 15, **16**, 18, 19, 23, 65, 66
Positionierung der Rinne 50 f.
Pressdichtungsflansch 33, 34
Prüfsiegel 65

Punktablauf, Einbau 8, 30, 34, **57** f.
Putze und Platten, gipsgebundene 16
PVC-Bodenbelag 33, 34

Randfugen 25
Raumübergänge 25
Reaktionsharze 12, 14, 15, **16**, 18, 19
Reinigung 45, 50, 52
Rinnenkante 48, 49, 51, 52,
Rohraußendurchmesser 35
Rohrdurchführungen **26**, 40
Rückstau 32, 36
Rutschhemmung 37

Schallschutz 30, **38** f., **59**, 65
Schallschutz, erhöhter 39
Schichtdicke 23
Schutzbedürftiger Raum 38, 39
Schwellen 47
Sichtkante 48, 65
Sickerwasser-Entwässerung 36, **49**
Sickerwasserring 36
SML-Rohr 35
Spritzwasser 10, 15, 22, 44
Stauhöhe 38
Styropor-Unterfütterung 49

TBU GmbH 8, 66
Trennschienen 25
Trockenbau 20, 49 f.
Trockenschichtdicke 16, 23
Türschwellen 28, 47

Universalflansch 56
Untergründe 14, 15, **16** ff.

Vlies 24, 25, 53, 56

Wandflansch 51
Wanneneinlauf 21, 22
Wartung 30, **42**
Wasserdichtigkeit, Prüfung der 66
Wasserentnahmestelle 31
Wellness-Raum 61
Winkelrinne 45, **50**, 65

ZDB-Merkblatt 11 f.
Zementestriche 16, 17, 19
Zertifikate 70 ff.